计算机基础与实训教材系列

中文版 Excel 2016电子表格实用教程

朱军 编著

清华大学出版社
北 京

内 容 简 介

本书由浅入深、循序渐进地介绍了Microsoft公司推出的电子表格处理软件——中文版Excel 2016。全书共12章，分别介绍了Excel 2016简介，操作工作簿和工作表，认识行、列及单元格，快速输入与编辑数据，整理Excel表格数据，格式化工作表，使用公式和函数，使用命名公式，使用Excel常用函数，使用图表与图形，使用Excel分析数据，使用Excel高级功能等内容。

本书内容丰富、结构清晰、语言简练、图文并茂，具有很强的实用性和可操作性，是一本适合于高等院校、职业学校及各类社会培训学校的优秀教材，也是广大初、中级电脑用户的自学参考书。

本书对应的电子教案、实例源文件和习题答案可以到http://www.tupwk.com.cn/edu网站下载。

图书在版编目(CIP)数据

中文版Excel 2016电子表格实用教程 / 朱军 编著. —北京：清华大学出版社，2017（2021.7重印）

(计算机基础与实训教材系列)

ISBN 978-7-302-47341-1

Ⅰ. ①中… Ⅱ. ①朱… Ⅲ. ①表处理软件—教材 Ⅳ. ①TP391.13

中国版本图书馆CIP数据核字(2017)第123625号

责任编辑：胡辰浩　高晓晴
版式设计：妙思品位
封面设计：孔祥峰
责任校对：成凤进
责任印制：丛怀宇

出版发行：清华大学出版社
网　　址：http://www.tup.com.cn，http://www.wqbook.com
地　　址：北京清华大学学研大厦A座　　**邮　　编：**100084
社 总 机：010-62770175　　**邮　　购：**010-62786544
投稿与读者服务：010-62776969，c-service@tup.tsinghua.edu.cn
质 量 反 馈：010-62772015，zhiliang@tup.tsinghua.edu.cn
印 装 者：北京鑫海金澳胶印有限公司
经　　销：全国新华书店
开　　本：190mm×260mm　　**印　　张：**19.25　　**字　　数：**505千字
版　　次：2017年7月第1版　　**印　　次：**2021年7月第3次印刷
定　　价：69.00元

产品编号：070052-03

编审委员会

丛书序

计算机已经广泛应用于现代社会的各个领域，熟练使用计算机已经成为人们必备的技能之一。因此，如何快速地掌握计算机知识和使用技术，并应用于现实生活和实际工作中，已成为新世纪人才迫切需要解决的问题。

为适应这种需求，各类高等院校、高职高专、中职中专、培训学校都开设了计算机专业的课程，同时也将非计算机专业学生的计算机知识和技能教育纳入教学计划，并陆续出台了相应的教学大纲。基于以上因素，清华大学出版社组织一线教学精英编写了这套“计算机基础与实训教材系列”丛书，以满足大中专院校、职业院校及各类社会培训学校的教学需要。

一、丛书书目

本套教材涵盖了计算机各个应用领域，包括计算机硬件知识、操作系统、数据库、编程语言、文字录入和排版、办公软件、计算机网络、图形图像、三维动画、网页制作以及多媒体制作等。众多的图书品种可以满足各类院校相关课程设置的需要。

⊙　已出版的图书书目

《计算机基础实用教程（第三版）》	《Excel 财务会计实战应用（第三版）》
《计算机基础实用教程(Windows 7+Office 2010 版)》	《Excel 财务会计实战应用（第四版）》
《新编计算机基础教程（Windows 7+Office 2010）》	《Word+Excel+PowerPoint 2010 实用教程》
《电脑入门实用教程（第三版）》	《中文版 Word 2010 文档处理实用教程》
《电脑办公自动化实用教程（第三版）》	《中文版 Excel 2010 电子表格实用教程》
《计算机组装与维护实用教程（第三版）》	《中文版 PowerPoint 2010 幻灯片制作实用教程》
《网页设计与制作(Dreamweaver+Flash+Photoshop)》	《Access 2010 数据库应用基础教程》
《ASP.NET 4.0 动态网站开发实用教程》	《中文版 Access 2010 数据库应用实用教程》
《ASP.NET 4.5 动态网站开发实用教程》	《中文版 Project 2010 实用教程》
《多媒体技术及应用》	《中文版 Office 2010 实用教程》
《中文版 PowerPoint 2013 幻灯片制作实用教程》	《Office 2013 办公软件实用教程》
《Access 2013 数据库应用基础教程》	《中文版 Word 2013 文档处理实用教程》
《中文版 Access 2013 数据库应用实用教程》	《中文版 Excel 2013 电子表格实用教程》
《中文版 Office 2013 实用教程》	《中文版 Photoshop CC 图像处理实用教程》
《AutoCAD 2014 中文版基础教程》	《中文版 Flash CC 动画制作实用教程》
《中文版 AutoCAD 2014 实用教程》	《中文版 Dreamweaver CC 网页制作实用教程》

(续表)

《AutoCAD 2015 中文版基础教程》	《中文版 InDesign CC 实用教程》
《中文版 AutoCAD 2015 实用教程》	《中文版 Illustrator CC 平面设计实用教程》
《AutoCAD 2016 中文版基础教程》	《中文版 CorelDRAW X7 平面设计实用教程》
《中文版 AutoCAD 2016 实用教程》	《中文版 Photoshop CC 2015 图像处理实用教程》
《中文版 Photoshop CS6 图像处理实用教程》	《中文版 Flash CC 2015 动画制作实用教程》
《中文版 Dreamweaver CS6 网页制作实用教程》	《中文版 Dreamweaver CC 2015 网页制作实用教程》
《中文版 Flash CS6 动画制作实用教程》	《Photoshop CC 2015 基础教程》
《中文版 Illustrator CS6 平面设计实用教程》	《中文版 3ds Max 2012 三维动画创作实用教程》
《中文版 InDesign CS6 实用教程》	《Mastercam X6 实用教程》
《中文版 Premiere Pro CS6 多媒体制作实用教程》	《Windows 8 实用教程》
《中文版 Premiere Pro CC 视频编辑实例教程》	《计算机网络技术实用教程》
《中文版 Illustrator CC 2015 平面设计实用教程》	《Oracle Database 11g 实用教程》
《AutoCAD 2017 中文版基础教程	《中文版 AutoCAD 2017 实用教程》
《中文版 CorelDRAW X8 平面设计实用教程》	《中文版 InDesign CC 2015 实用教程》
《Oracle Database 12c 实用教程》	《Access 2016 数据库应用基础教程》
《中文版 Office 2016 实用教程》	《中文版 Word 2016 文档处理实用教程》
《中文版 Access 2016 数据库应用实用教程》	《中文版 Excel 2016 电子表格实用教程》
《中文版 PowerPoint 2016 幻灯片制作实用教程》	《中文版 Project 2016 项目管理实用教程》
《Office 2010 办公软件实用教程》	

二、丛书特色

1. 选题新颖，策划周全——为计算机教学量身打造

本套丛书注重理论知识与实践操作的紧密结合，同时突出上机操作环节。丛书作者均为各大院校的教学专家和业界精英，他们熟悉教学内容的编排，深谙学生的需求和接受能力，并将这种教学理念充分融入本套教材的编写中。

本套丛书全面贯彻“理论→实例→上机→习题”4 阶段教学模式，在内容选择、结构安排上更加符合读者的认知习惯，从而达到老师易教、学生易学的目的。

2. 教学结构科学合理、循序渐进——完全掌握“教学”与“自学”两种模式

本套丛书完全以大中专院校、职业院校及各类社会培训学校的教学需要为出发点，紧密结合学科的教学特点，由浅入深地安排章节内容，循序渐进地完成各种复杂知识的讲解，使学生能够一学就会、即学即用。

对教师而言，本套丛书根据实际教学情况安排好课时，提前组织好课前备课内容，使课堂教学过程更加条理化，同时方便学生学习，让学生在学习完后有例可学、有题可练；对自学者而言，可以按照本书的章节安排逐步学习。

3. 内容丰富，学习目标明确——全面提升“知识”与“能力”

本套丛书内容丰富，信息量大，章节结构完全按照教学大纲的要求来安排，并细化了每一章内容，符合教学需要和计算机用户的学习习惯。在每章的开始，列出了学习目标和本章重点，便于教师和学生提纲挈领地掌握本章知识点，每章的最后还附带有上机练习和习题两部分内容，教师可以参照上机练习，实时指导学生进行上机操作，使学生及时巩固所学的知识。自学者也可以按照上机练习内容进行自我训练，快速掌握相关知识。

4. 实例精彩实用，讲解细致透彻——全方位解决实际遇到的问题

本套丛书精心安排了大量实例讲解，每个实例解决一个问题或是介绍一项技巧，以便读者在最短的时间内掌握计算机应用的操作方法，从而能够顺利解决实践工作中的问题。

范例讲解语言通俗易懂，通过添加大量的“提示”和“知识点”的方式突出重要知识点，以便加深读者对关键技术和理论知识的印象，使读者轻松领悟每一个范例的精髓所在，提高读者的思考能力和分析能力，同时也加强了读者的综合应用能力。

5. 版式简洁大方，排版紧凑，标注清晰明确——打造一个轻松阅读的环境

本套丛书的版式简洁、大方，合理安排图与文字的占用空间，对于标题、正文、提示和知识点等都设计了醒目的字体符号，读者阅读起来会感到轻松愉快。

三、读者定位

本丛书为所有从事计算机教学的老师和自学人员而编写，是一套适合于大中专院校、职业院校及各类社会培训学校的优秀教材，也可作为计算机初、中级用户和计算机爱好者学习计算机知识的自学参考书。

四、周到体贴的售后服务

为了方便教学，本套丛书提供精心制作的 PowerPoint 教学课件(即电子教案)、素材、源文件、习题答案等相关内容，可在网站上免费下载，也可发送电子邮件至 wkservice@vip.163.com 索取。

此外，如果读者在使用本系列图书的过程中遇到疑惑或困难，可以在丛书支持网站(http://www.tupwk.com.cn/edu)的互动论坛上留言，本丛书的作者或技术编辑会及时提供相应的技术支持。咨询电话：010-62796045。

前言

中文版 Excel 2016 是 Office 系列办公软件中非常优秀的电子表格制作软件，能够制作整齐、美观的电子表格，还能够像数据库一样对表格中的数据进行各种复杂的计算，是表格与数据库的完美结合。Excel 2016 可以将电子表格中的数据，通过各种图形、图表表现出来，以便更好地分析和管理数据。

本书从教学实际需求出发，合理安排知识结构，从零开始、由浅入深、循序渐进地讲解 Excel 2016 的基本知识和使用方法，本书共分为 12 章，主要内容如下：

第 1 章介绍 Excel 的主要功能和 Excel 2016 的工作环境；

第 2 章介绍创建、保存与恢复 Excel 工作簿的方法，以及 Excel 工作表的基本操作；

第 3 章介绍 Excel 2016 中行、列及单元格等重要对象的操作；

第 4 章介绍 Excel 中的各种数据类型，以及在表格中输入与编辑各类数据的方法；

第 5 章介绍处理已输入到 Excel 表格中数据的方法和技巧；

第 6 章介绍 Excel 2016 中格式化命令的使用方法和技巧；

第 7 章对函数与公式的定义、单元格引用、公式的运算符、计算限制等方面的知识进行了讲解；

第 8 章介绍对单元格引用、常量数据、公式进行命名的方法与技巧；

第 9 章介绍常用函数在电子表格中的应用方法与技巧；

第 10 章介绍创建与设置 Excel 迷你图、图表、图形的方法与技巧；

第 11 章介绍排序、筛选与分类汇总以及使用 Excel 数据透视表分析数据的方法；

第 12 章主要介绍条件格式、数据有效性、合并计算工具、链接和超链接、使用语音引擎等 Excel 高级功能。

本书图文并茂、条理清晰、通俗易懂、内容丰富，在讲解每个知识点时都配有相应的实例，方便读者上机实践。同时在难于理解和掌握的部分内容上给出相关提示，让读者能够快速地提高操作技能。此外，本书配有大量综合实例和练习，让读者在不断的实际操作中更加牢固地掌握书中讲解的内容。

为了方便教师的教学工作，我们免费提供本书对应的电子教案、实例源文件和习题答案，您可以到 http://www.tupwk.com.cn/edu 网站的相关页面进行下载。

本书由朱军组织编写，同时参与编写的人员还有陈笑、曹小震、高娟妮、李亮辉、洪妍、孔祥亮、陈跃华、杜思明、熊晓磊、曹汉鸣、陶晓云、王通、方峻、李小凤、曹晓松、蒋晓冬、邱培强等，在此表示感谢。

由于作者水平所限，本书难免有不足之处，欢迎广大读者批评指正。我们的邮箱是 huchenhao@263.net，电话 010-62796045。

作　者

2017 年 1 月

推荐课时安排

章 名	重点掌握内容	教学课时
第 1 章　Excel 2016 简介	1. Excel 的主要功能 2. Excel 的工作环境 3. Excel 的文件打印	3 学时
第 2 章　操作工作簿和工作表	1. Excel 工作簿的类型 2.创建、保存与恢复 Excel 工作簿 3. Excel 工作表的基本操作	2 学时
第 3 章　认识行、列及单元格	1. 行与列的基础知识 2. 在表格中插入行与列 3. 移动和复制行与列 4. 删除表格中的行与列 5. 单元格的基本概念 6. 选取表格中的单元格区域	3 学时
第 4 章　快速输入与编辑数据	1. 认识 Excel 中数据的类型 2. 学会在单元格中输入数据的方法 3. 掌握加快数据输入效率的技巧 4. 利用“自动填充”功能输入数据	2 学时
第 5 章　整理 Excel 表格数据	1. 为数据应用合适的数字格式 2. 处理表格中的文本型数字 3. 自定义表格中的数字格式 4. 复制与粘贴单元格及区域 5. 使用“查找与替换”功能 6. 隐藏和锁定表格中的单元格	3 学时
第 6 章　格式化工作表	1. 设置单元格格式 2. 应用单元格样式 3. 使用 Excel 主题 4. 在表格中使用批注 5. 为工作表插入背景	3 学时

(续表)

章　名	重点掌握内容	教学课时
第 7 章　使用公式和函数	1. 认识公式与函数 2. 掌握单元格引用 3. 输入与编辑函数	2 学时
第 8 章　使用命名公式	1. 认识 Excel 中的名称 2. 掌握定义名称的方法 3. 使用 Excel 名称管理器	2 学时
第 9 章　使用 Excel 常用函数	1. 应用文本与逻辑函数 2. 应用数学与三角函数 3. 应用日期与时间函数 4. 应用财务与统计函数 5. 应用引用与查找函数	2 学时
第 10 章　使用图表与图形	1. 创建与设置 Excel 迷你图 2. 创建、设置与打印图表 3. 使用图形与图片增强表格效果	2 学时
第 11 章　使用 Excel 分析数据	1. 排序与筛选表格数据 2. 创建分类汇总 3. 使用 Excel 分析工具库 4. 使用数据透视表分析数据	2 学时
第 12 章　使用 Excel 高级功能	1. 条件格式 2. 数据有效性 3. 合并计算	2 学时

注：1. 教学课时安排仅供参考，授课教师可根据情况进行调整。

2. 建议每章安排与教学课时相同时间的上机练习。

目录 CONTENTS

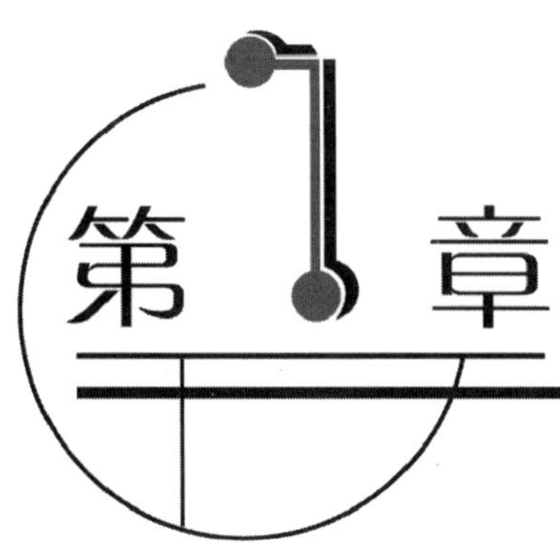

第1章 Excel 2016 简介

学习目标

本章作为全书的开端，将介绍 Excel 2016 的一些基本信息，帮助用户清楚地认识构成 Excel 的基本元素，了解并掌握相关基本操作，为进一步深入地学习 Excel 软件的高级功能、函数、图表、VBA 编程等内容打下坚实的基础。

虽然本章介绍的内容都是基础性的知识，但“基础”并不意味着“低级”，相信大多数读者都可以通过对基础知识的学习，获得不少有用的知识和技巧。

本章重点

- Excel 的主要功能
- Excel 的工作环境
- Excel 的文件打印

1.1 Excel 的主要功能

Excel 拥有强大的数据计算、分析、传递和共享功能，可以帮助用户将庞大而繁杂的数据转化为系统可用的信息，下面将介绍 Excel 能够实现的主要功能。

1.1.1 数据记录与整理

Excel 作为一款电子表格软件，围绕着表格的一系列操作是其最基本的功能。大到多表格视图的精确控制，小到一个单元格的格式设置，Excel 几乎能为用户做到他们在处理表格时想做的一切。除此之外，利用条件格式功能，用户还可以快速标识出表格中具有指定特征的数据而不必用肉眼去逐一查找；利用数据有效性功能，用户还可以设置允许输入哪些数据，而哪些数据不被允许，如图 1-1 所示。

另外，对于内容复杂的表格，Excel 分级显示功能可以帮助用户随心所欲地调整其阅读模式，如图 1-2 所示。

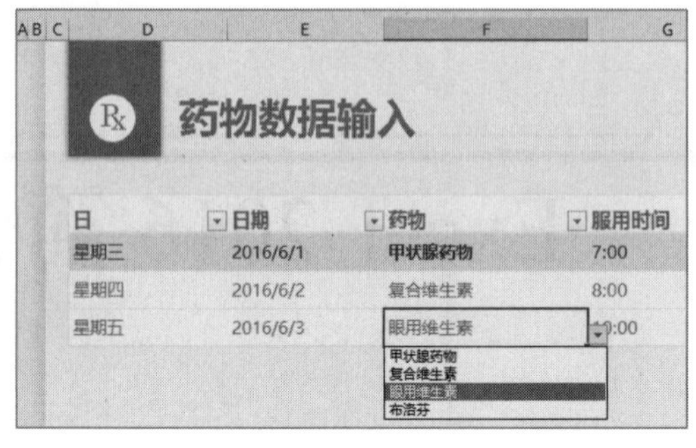

图 1-1　设置允许预置的数据内容被表格记录

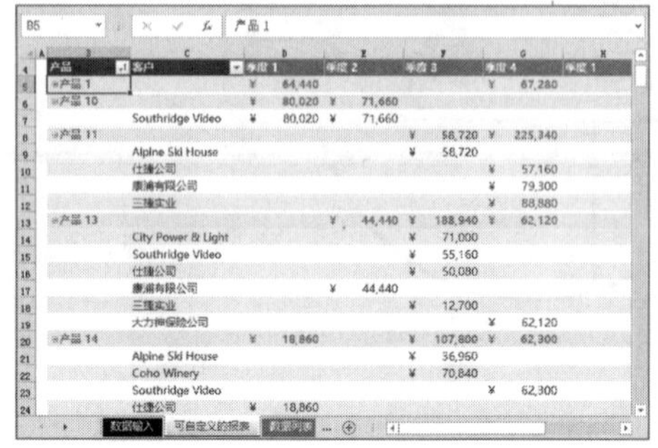

图 1-2　数据的分级显示

1.1.2　数据计算与分析

1. 数据计算

Excel 的计算功能与普通计算器相比完全不可同日而语。开方乘幂、四则运算这些计算只需要简单的公式即可完成，而在 Excel 中借助函数，可以执行非常复杂的运算。

Excel 内置了数百个函数，分为多个类别。用户利用单个函数，或不同的函数组合，几乎可以完成绝大多数领域的常规计算任务。在以前，这些计算任务都是需要专业计算机研究人员进行复杂的编程才能实现，现在任何一个掌握函数的用户只需要在 Excel 上做简单的操作就可以轻松实现。

2. 数据分析

如果用户需要从大量的数据中获取需要的信息，仅仅依靠计算是不够的，还需要利用科学的方法和正确的思路，对数据进行分析。数据分析是 Excel 的一项非常强大的功能。

在 Excel 中，排序、筛选和分类汇总是最简单的数据分析方法，熟练掌握这些操作后，用户能够合理地对表格中的数据做进一步的归类与组织。“表”是 Excel 一个非常实用的功能，它允许用户在一张工作表中创建多个独立的数据列表，以便对数据进行不同的分类和组合，如图 1-3 所示。

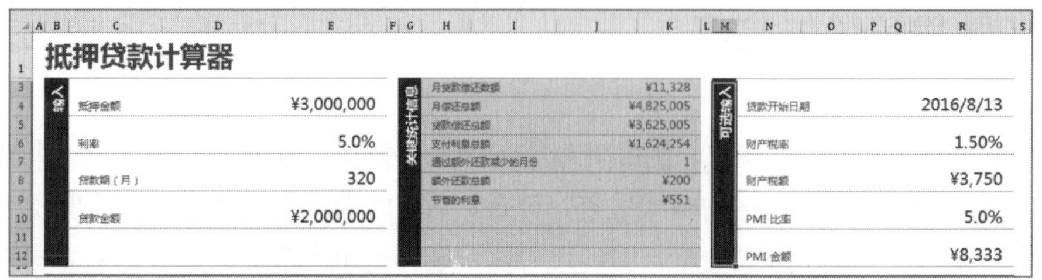

图 1-3　Excel 中的“表”功能

除此之外，Excel 中还有数据透视表，它是软件中最具有特色的数据分析功能，用户只需要在其中进行简单的操作，就可以灵活地以多种不同的方式展示数据的特征，变换出各种类型的报表，实现对数据背后信息的透视，如图 1-4 所示。

产品	客户	季度 1	季度 2	季度 3	季度 4	季度 1	
产品 1		¥ 64,440			¥ 67,280		¥ 131,720
产品 10		¥ 80,020	¥ 71,660				¥ 151,680
	Southridge Video	¥ 80,020	¥ 71,660				¥ 151,680
产品 11				¥ 58,720	¥ 225,340		¥ 284,060
	Alpine Ski House			¥ 58,720			¥ 58,720
	仕捷公司				¥ 57,160		¥ 57,160
	康浦有限公司				¥ 79,300		¥ 79,300
	三捷实业				¥ 88,880		¥ 88,880
产品 13			¥ 44,440	¥ 188,940	¥ 62,120		¥ 295,500
	City Power & Light			¥ 71,000			¥ 71,000
	Southridge Video			¥ 55,160			¥ 55,160
	仕捷公司			¥ 50,080			¥ 50,080
	康浦有限公司		¥ 44,440				¥ 44,440
	三捷实业			¥ 12,700			¥ 12,700
	大力神保险公司				¥ 62,120		¥ 62,120
产品 14		¥ 18,860		¥ 107,800	¥ 62,300		¥ 188,960
	Alpine Ski House			¥ 36,960			¥ 36,960
	Coho Winery			¥ 70,840			¥ 70,840
	Southridge Video				¥ 62,300		¥ 62,300
	仕捷公司	¥ 18,860					¥ 18,860
产品 15		¥ 23,060	¥ 40,120				¥ 63,180
	City Power & Light	¥ 23,060					¥ 23,060

图 1-4　利用数据透视表挖掘数据背后的信息

1.1.3　图表制作

在 Excel 中，通过插入图表可以更直观地表现表格中数据的发展趋势或分布状况，用户可以创建、编辑和修改各种图表来分析表格内的数据，如图 1-5 所示。

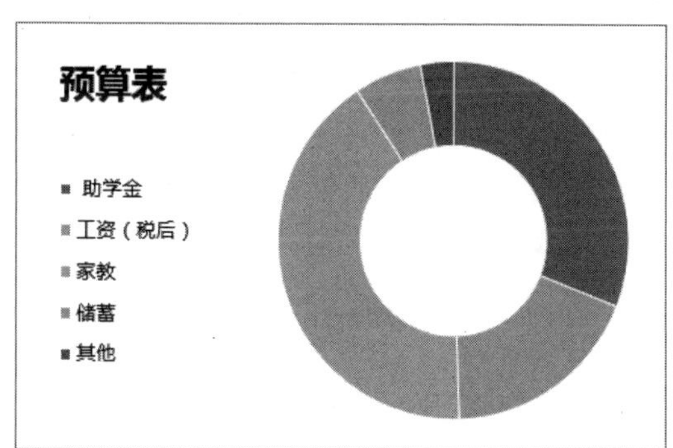

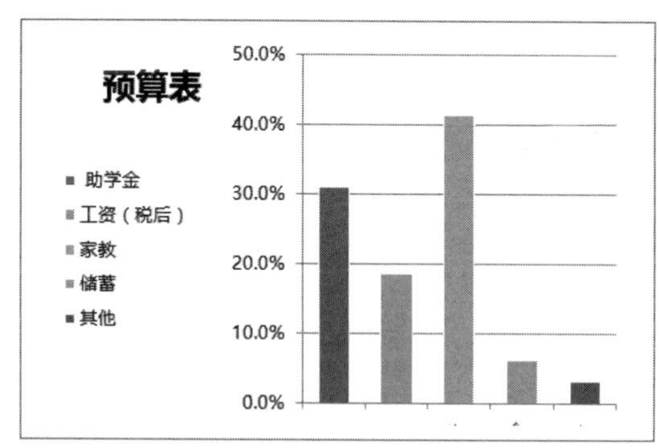

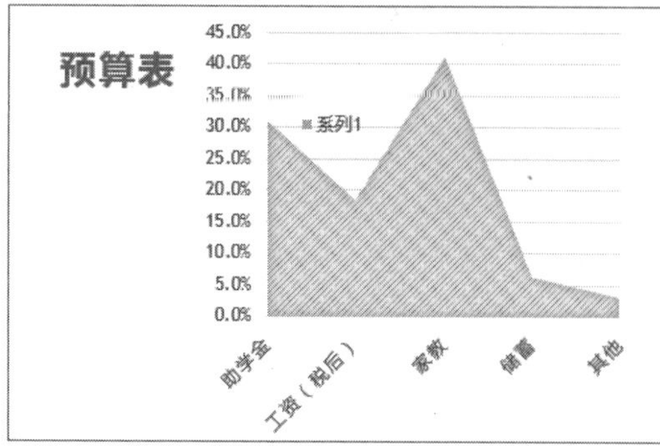

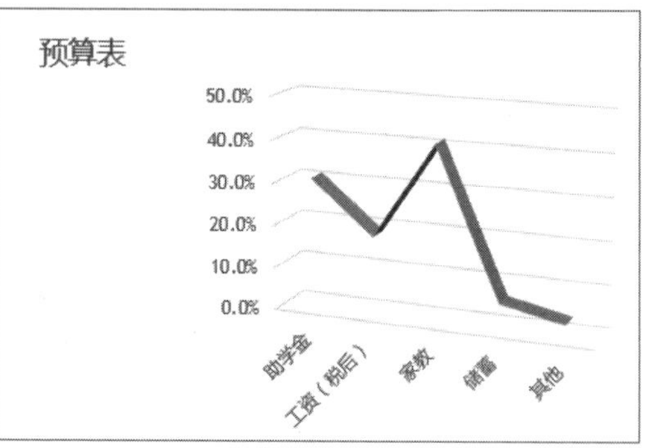

图 1-5　通过图表直观地呈现数据

1.1.4 信息传递和共享

协同功能是 Excel 的一个重要的功能，Excel 不但可以与其他 Office 软件无缝连接，还可以帮助用户通过 Intranet 或 Internet 与其他用户进行协同工作，从而实现信息的交换与共享，如图 1-6 所示。

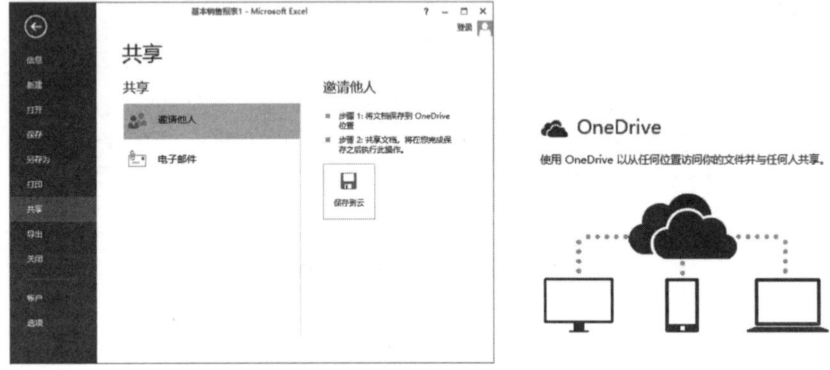

图 1-6 通过 OneDrive 实现表格数据的传递与共享

1.1.5 定制功能和用途

Excel 提供了很多好用的功能和函数，但是还是有很多工作无法用现有功能或函数批量完成，比如多个 Excel 表格的合并与拆分。而借助 VBA 语言编写的宏代码，这些看似 Excel 无法胜任的工作，将瞬间变得非常简单。从只有几行代码的小程序，到功能齐备的专业管理系统，通过 VBA，用户可以以 Excel 作为平台，开发自己的自动化办公解决方案。

1.2 Excel 的工作环境

本节将主要介绍在使用 Excel 之前，用户需要了解的 Excel 工作环境，包括 Excel 文件的概念、文件的格式、工作簿和工作表的概念、认识 Excel 工作窗口、通过选项设置调整窗口元素以及使用与定义快速访问工具栏(QAT)等。这些知识将帮助用户掌握 Excel 的基本操作方法，为今后进一步学习与使用软件的功能做好准备。

1.2.1 Excel 文件的概念

在使用 Excel 软件处理数据之前，用户需要了解 Excel 软件中“文件”的概念。用计算机专业术语来说，“文件”就是“存储在磁盘上的信息实体”。用户在使用计算机时，无时无刻都在

与各种类型的文件打交道。不同功能的文件，有不同类型的划分。在 Windows 操作系统中，不同类型的文件通常会显示为不同的图表，以帮助使用者进行区分。Excel 文件的图表显示为一个绿色的 Excel 图标。

除了图表之外，用于区别文件类型的另一个重要的依据就是文件“扩展名”。扩展名也被称为“后缀名”，它是完整文件名的一部分。例如，“成绩表.xlsx”这个文件，“.”之后的“xlsx”就是文件的扩展名，表示了文件的类型，如图 1-7 所示。

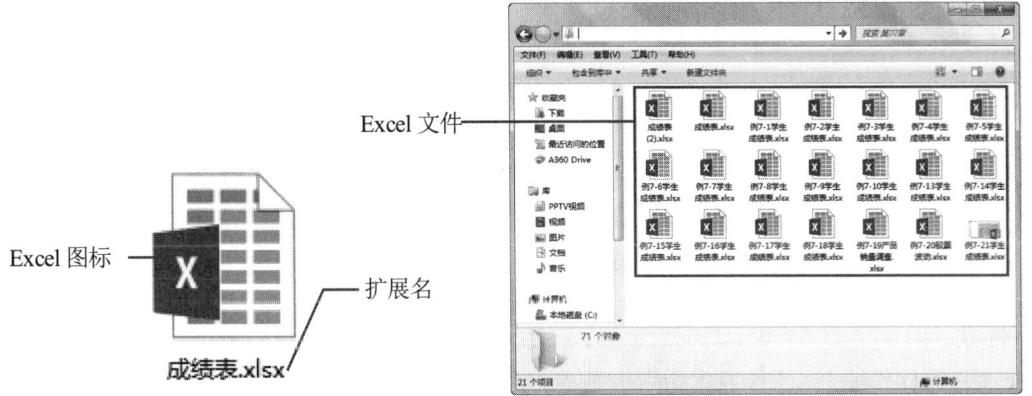

图 1-7　Excel 文件和文件的扩展名

1.2.2　Excel 文件的类型

通常情况下，Excel 文件指的是 Excel 工作簿文件，即扩展名为.xlsx 的文件，这是 Excel 最基础的电子表格文件类型。但是与 Excel 相关的文件类型并非仅此一种，下面将介绍几种可以通过 Excel 软件创建的文件类型。

- 启用宏的工作簿(.xlsm)：启用宏的工作簿是一种特殊的工作簿，它是自 Excel 2007 以后版本所特有的，是 Excel 2007 和 Excel 2010 基于 XML 和启用宏的文件格式，用于存储 VBA 宏代码或者 Excel 宏工作表(.xlm)。启用宏的工作簿扩展名为.xlsm。从 Excel 2007 以后的版本开始，基于安全的考虑，普通工作簿无法存储宏代码，而保存为这种工作簿则可以保留其中的宏代码。
- 模板文件(.xltx/.xltm)：模板是用来创建具有相同风格的工作簿或者工作表的模型，如果用户需要使自己创建的工作簿或工作表具有自定义的颜色、文字样式、表格样式、显示设置等统一的样式，可以使用模板文件来实现。
- 加载宏文件(.xlam)：加载宏是一些包含了 Excel 扩展功能的程序，其中既包括 Excel 自带的加载宏程序(如分析工具库、规划求解等)，也包括用户自己或者第三方软件厂商所创建的加载宏程序(例如自定义函数命令等)。加载宏文件(.xlam)就是包含了这些程序的文件，通过移植加载宏文件，用户可以在不同的计算机上使用自己所需功能的加载宏程序。

- 网页文件(.mht、htm)：Excel 可以从网上获取数据，也可以把包含数据的表格保存为网页格式发布，其中还可以设置保存为“交互式”网页，转化后的网页中保留了使用 Excel 继续进行编辑和数据处理的功能。Excel 保存的网页文件分为单个文件的网页(.mht 或.mhtml)和普通网页(.htm)，这些 Excel 创建的网页与普通的网页并不完全相同，其中包含了不少与 Excel 格式相关的信息。

1.2.3 工作簿与工作表的概念

1. 工作簿

扩展名为.xlsx 的文件就是通常所称的 Excel 工作簿文件，它是用户进行 Excel 操作的主要对象和载体。用户使用 Excel 创建数据表格、在表格中进行编辑以及操作完成后进行保存等一系列操作的过程，大都是在工作簿这个对象上完成的。

2. 工作表

如果把工作簿比作图书，工作表就相当于书本的书页，工作表是工作簿的组成部分，如图 1-8 所示。

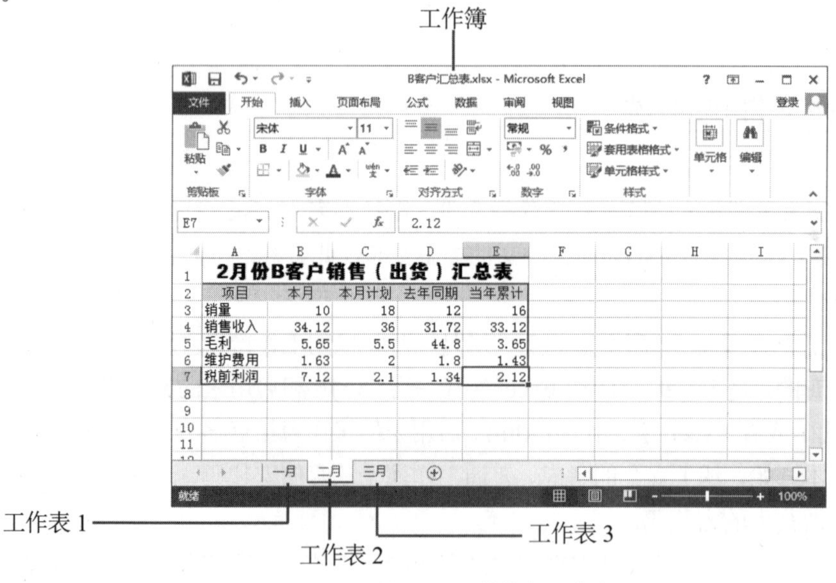

图 1-8　工作簿与工作表

Excel 工作簿的工作表数量与当前计算机的内存有关，只要内存充足，就可以不断创建新的工作表。

1.2.4 Excel 的工作窗口

Excel 2016 沿用了之前版本的功能区(Ribbon)界面风格，如图 1-9 所示，其工作窗口界面中设

置了一些便捷的工具栏和按钮，如【快速访问工具栏】、【拼写检查】按钮、【分页浏览】按钮和【显示比例】滑动条等，如图 1-9 所示。

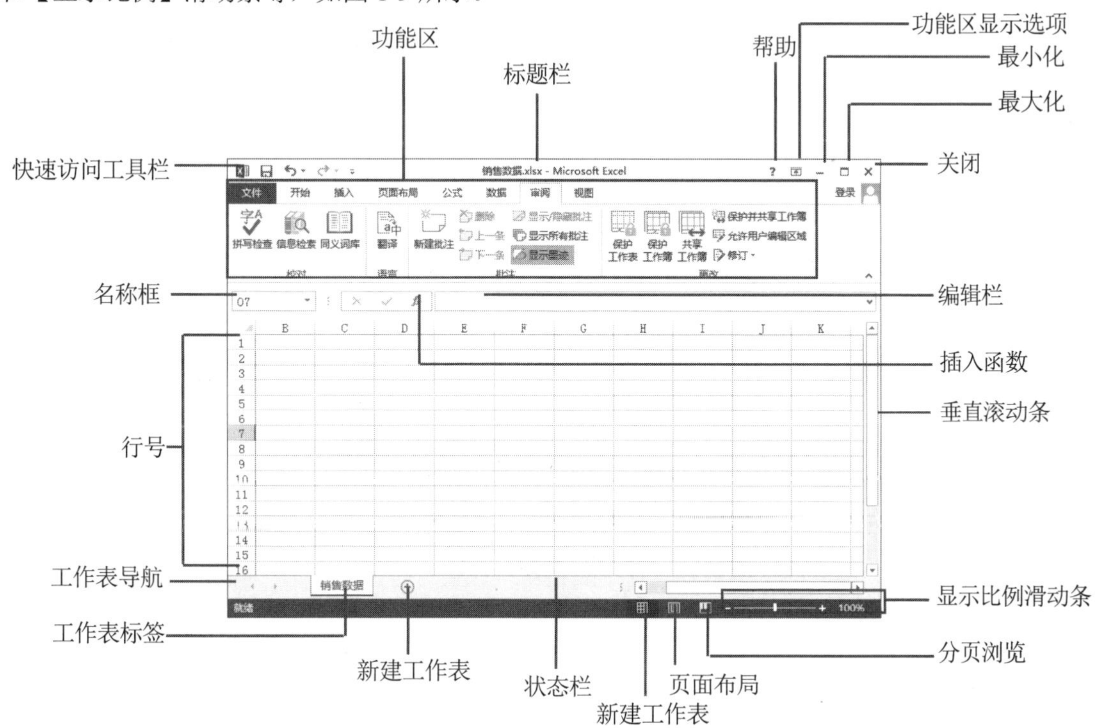

图 1-9　Excel 2016 的工作窗口

1.2.5　Excel 的 Ribbon 功能区

1. 功能区选项卡

功能区是 Excel 窗口界面中的重要元素，通常位于标题栏的下方。功能区由一组选项卡面板组成，单击选项卡标签可以切换到不同的选项卡功能面板，如图 1-10 所示。

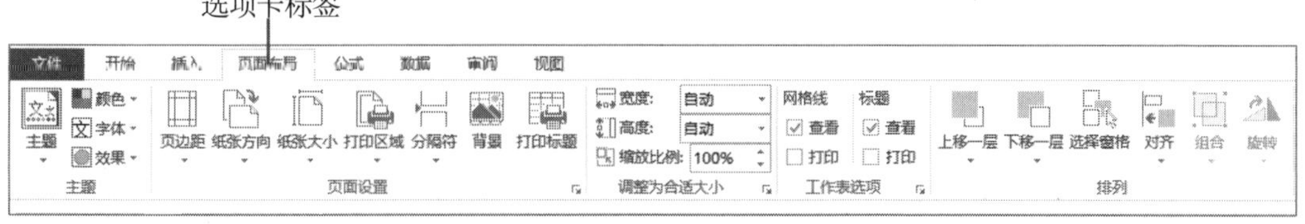

图 1-10　Excel 2016 的功能区

如图 1-10 所示的功能区，当前选中的是【页面布局】选项卡，被选中的选项卡被称为【活动选项卡】。每个选项卡中包含多个命令组，每个命令组通常都由一些密切相关的命令所组成。例如图 1-10 中【页面布局】选项卡中包含了【主题】、【页面设置】、【调整为合适大小】、【工作表选项】和【排列】等 5 个命令组，而【主题】命令组中则包含了多个插入主题的命令。

按下 Ctrl+F1 组合键或单击 Excel 功能区右上角的【功能区显示选项】按钮，可以设置隐藏和显示功能区，只保留显示各选项卡的标签，如图 1-11 所示。

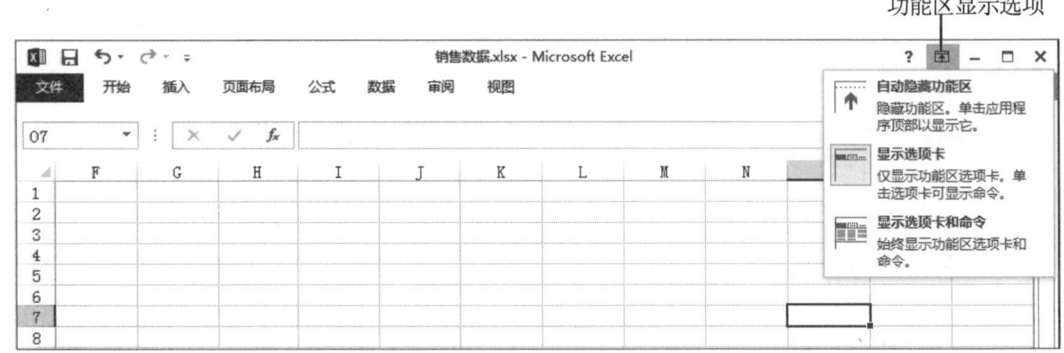

图 1-11　功能区隐藏与显示

下面将介绍几个 Excel 中主要的选项卡。

◉ 【文件】选项卡：该选项卡是一个比较特殊的功能区选项卡，由一组纵向的菜单列表组成，其中包括了文件的创建、打开、保存、打印、共享以及 Excel 的选项设置功能，如图 1-12 所示。

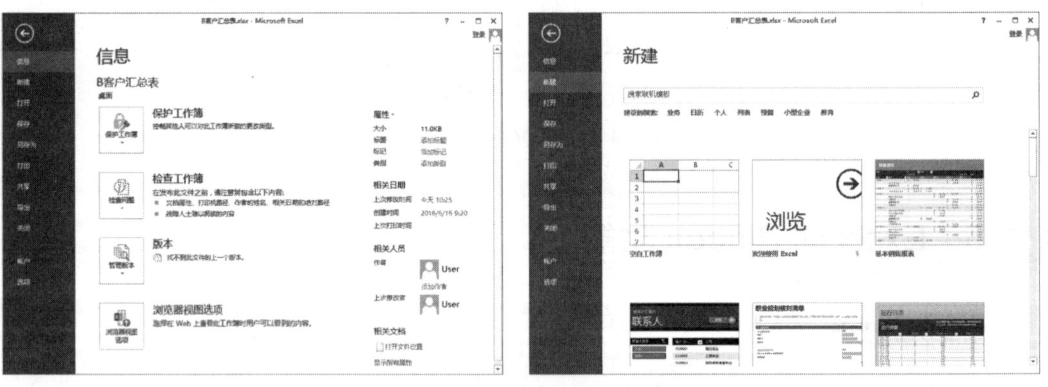

图 1-12　【文件】选项卡

◉ 【开始】选项卡：该选项卡包含了一些最常用的命令，例如基本的剪贴板命令、字体格式化、单元格对齐方式、单元格格式和样式、条件格式等。

◉ 【插入】选项卡：该选项卡几乎包含了大多数可以插入到工作表中的对象，主要包括图表、图片和图形剪贴画、SmartArt、符号、文本框、单元格和行列的插入删除命令等。

◉ 【页面布局】选项卡：该选项卡包含了影响工作表外观的命令，包括主题设置、图形对象排列位置等，同时也包含了打印所使用的页面设置和缩放比例等。

◉ 【公式】选项卡：该选项卡包含了函数、公式、计算相关的命令，如插入函数、名称管理、公式审核以及控制 Excel 执行计算的选项等。

◉ 【数据】选项卡：该选项卡包含了数据处理相关的命令，如外部数据的管理、排序和筛选，分列、数据有效性、合并计算、假设分析、删除重复项以及分类汇总等。

- 【审阅】选项卡：该选项卡包含拼写检查、翻译文字、批注管理及工作簿、工作表的权限管理等。
- 【视图】选项卡：该选项卡中包含了 Excel 窗口界面底部状态栏附近的几个主要按钮功能，包括显示视图切换、显示比例缩放和录制宏命令。除此之外，还包括窗口冻结和拆分、网络线、标题标号等窗口元素的显示、隐藏等。

2. 上下文选项卡

除了上面介绍的 Excel 常用选项卡以外，Excel 2016 还包含了许多附加的选项卡，它们只在进行特定操作时才会显现出来，因此也被称为“上下文选项卡”。例如选中某些类型的对象时(如图表、表格)，功能区中就会显示处理该对象的专用选项卡，如图 1-13 所示，显示了编辑 SmartArt 对象时所出现的【SmartArt 工具】上下文选项卡，其中包含了【设计】和【格式】两个子选项卡。

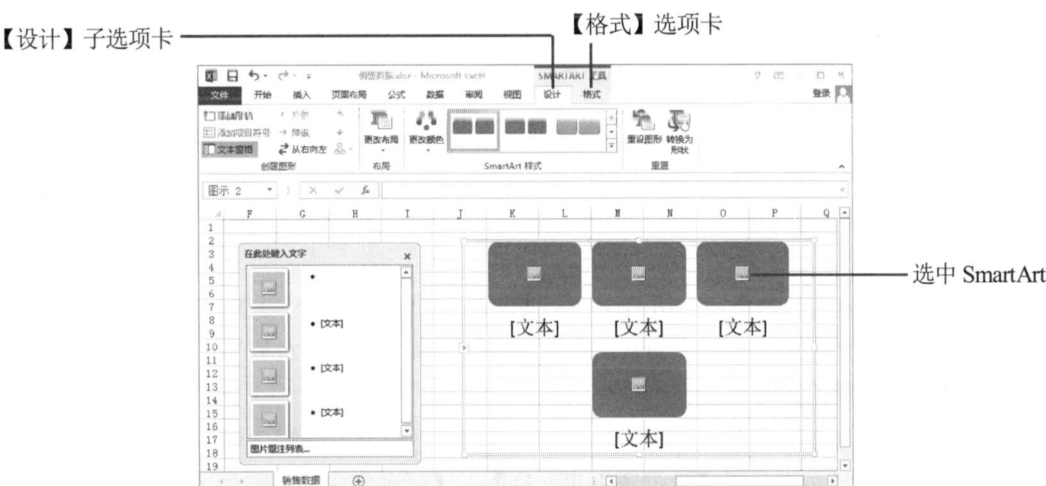

图 1-13　显示上下文选项卡

3. 选项卡中的命名控件类型

功能区选项卡中包含了多个命令组，每个命令组中包含了一些功能相近或相互关联的命令，这些命令通过多种不同类型的控件显示在选项卡面板中，认识和了解它们的类型和特性有助于正确使用功能区命令。

- 按钮：可以通过单击按钮执行一项命令或一项操作，例如【开始】选项卡中的【剪切】、【复制】、【格式刷】等，如图 1-14 所示。
- 切换按钮：可以通过单击切换按钮在两种状态之间来回切换，例如【审阅】选项卡中的【显示所有批注】、【显示墨迹】等，如图 1-15 所示。
- 下拉按钮：下拉按钮包含一个黑色的倒三角标识符号，通过单击下拉按钮可以显示详细的命令列表和图标库，或显示多级扩展菜单，例如【页面布局】选项卡中的【分隔符】、【效果】、【主题】、【纸张大小】等，如图 1-16 所示。

- 拆分按钮：拆分按钮是一种新型的控件形式，由按钮和下拉按钮组合而成，单击其中的按钮部分可以执行特定的命令，而单击其下拉按钮部分则可以在下拉列表中选择其他相近或相关的命令，例如【开始】选项卡中的【粘贴】，如图 1-17 所示。

图 1-14　按钮

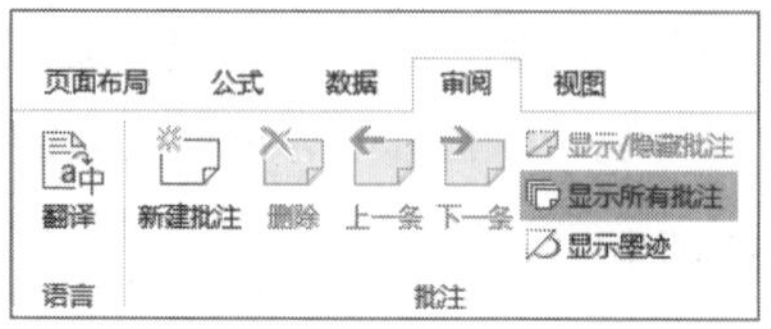

图 1-15　切换按钮

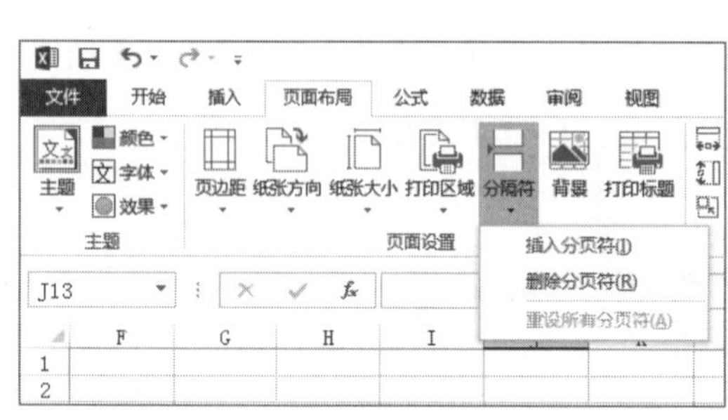

图 1-16　下拉按钮

图 1-17　拆分按钮

- 复选框：复选框与切换按钮的作用相似，通过选中复选框可以在【选中】和【取消选中】两种状态之间来回切换，通常用于选项设置，例如【页面布局】选项卡中的【查看】、【打印】等，如图 1-18 所示。
- 文本框：文本框可以显示文本，并且允许用户进行对齐编辑，例如【数据透视表工具】|【分析】选项卡中的【数据透视表名称】、【活动字段】等，如图 1-19 所示。

图 1-18　复选框

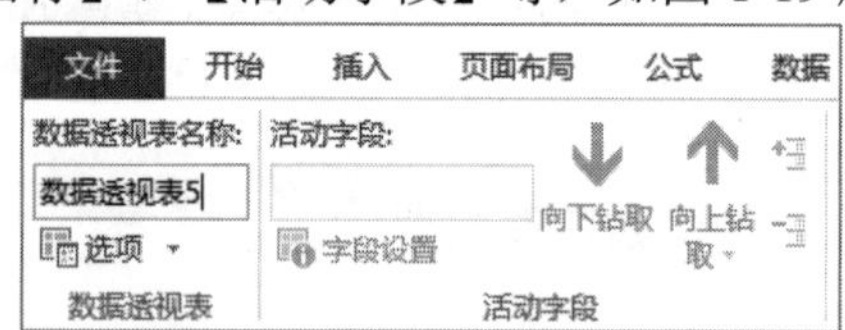

图 1-19　文本框

- 库：库包含了一个图标容器，在其中显示一组可供用户选择的命令或方案图标，例如【图表工具】|【设计】选项卡中的【图表样式】库，如图 1-20 所示。

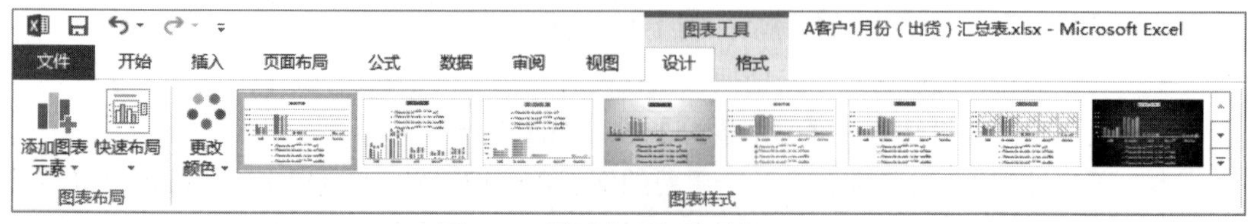

图 1-20　显示上下文选项卡

- 微调按钮：微调按钮包含一对方向相反的三角形箭头按钮，通过单击这对按钮，可以对文本框中的数值大小进行调节，例如【页面布局】选项卡中的【宽度】、【高度】和【缩放比例】等，如图 1-21 所示。
- 对话框启动器：对话框启动器是一种特殊的按钮控件，它位于特定的命令组右下角，与命令组相关联。对话框启动器显示为斜角箭头图标，单击它可以打开与命令组相关的对话框或窗格，如图 1-22 所示。

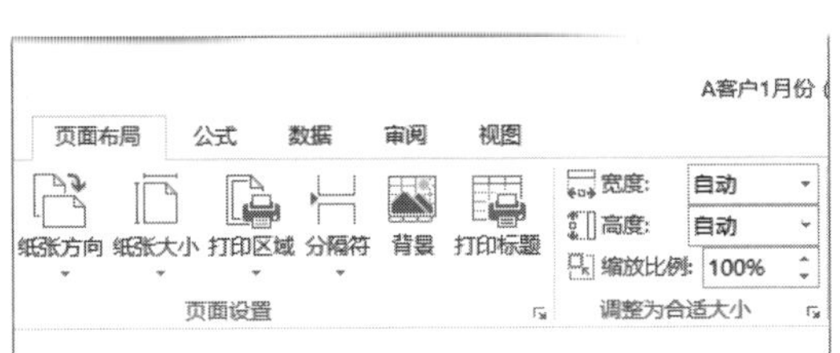

图 1-21　微调按钮

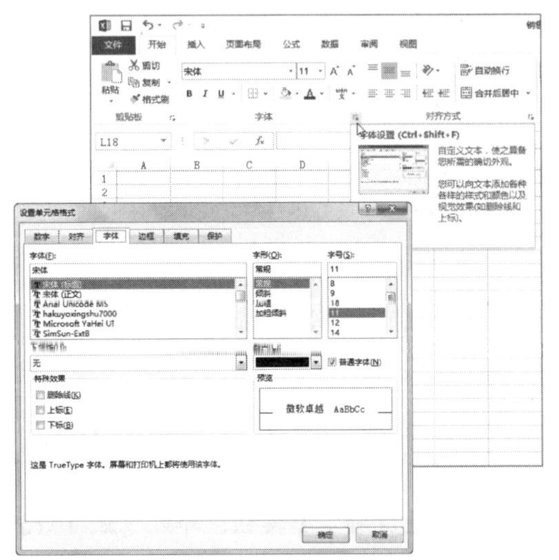

图 1-22　单击对话框启动器打开对话框

1.2.6　自定义 Excel 窗口元素

在 Excel 中，用户可以根据自己的使用习惯，对窗口元素进行自定义设置，包括显示、隐藏、调整次序等。

1. 显示和隐藏选项卡

在 Excel 工作窗口中，默认显示有【文件】、【开始】、【插入】、【页面布局】、【公式】、【数据】、【审阅】、【视图】8 个选项卡，其中【文件】选项卡是一个特殊选项卡，默认其始终在 Excel 中显示，其余 7 个选项卡，用户可以通过在【Excel 选项】对话框中的【自定义功能区】选项卡的【自定义功能区】设置显示或隐藏(选项卡分为主选项卡和工具选项卡)。

【例 1-1】在【Excel 选项】对话框中设置隐藏【审阅】选项卡，并显示【开发工具】选项卡。

(1) 在 Excel 2016 中选择【文件】选项卡，在打开的菜单中选择【选项】选项。

(2) 打开【Excel 选项】对话框，选择【自定义功能区】选项卡，取消【审阅】复选框的选中状态，并选中【开发工具】复选框，如图 1-23 所示。

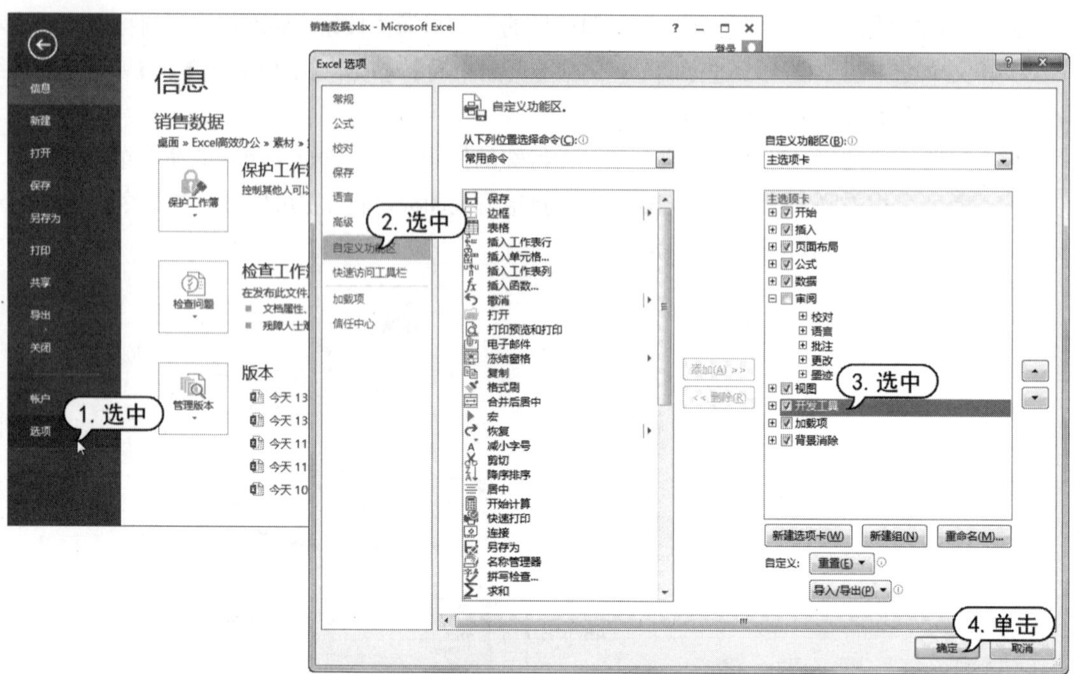

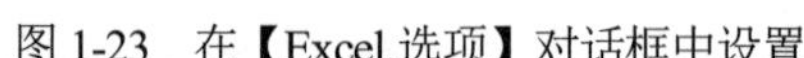
图 1-23　在【Excel 选项】对话框中设置

(3) 单击【确定】按钮，即可隐藏 Excel 窗口中的【审阅】选项卡，并显示【开发工具】选项卡，如图 1-24 所示。

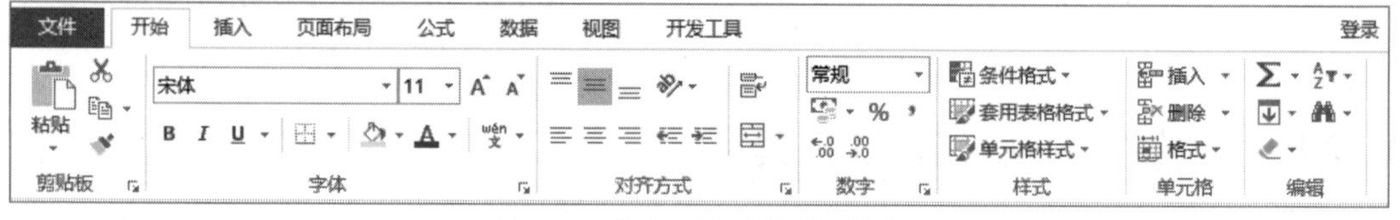

图 1-24　隐藏与显示选项卡效果

2. 添加和删除自定义选项卡

用户可以在 Excel 2016 中自行添加或删除自定义选项卡，具体操作方法如下。

【例 1-2】继续【例 1-1】的操作，在 Excel 中添加一个名为【常用按钮】的新选项卡。

(1) 打开【Excel 选项】对话框后，选择【自定义功能区】选项卡，单击【新建选项卡】按钮，创建一个【新建选项卡】和【新建组】。

(2) 选中【新建组】，选中对话框左侧命令列表中的命令，然后单击【添加】按钮，在该组中添加命令。

(3) 完成命令的添加后，选中【新建组】，单击【重命名】按钮，在打开的【重命名】对话框中输入【工作按钮】，并单击【确定】按钮，如图 1-25 所示。

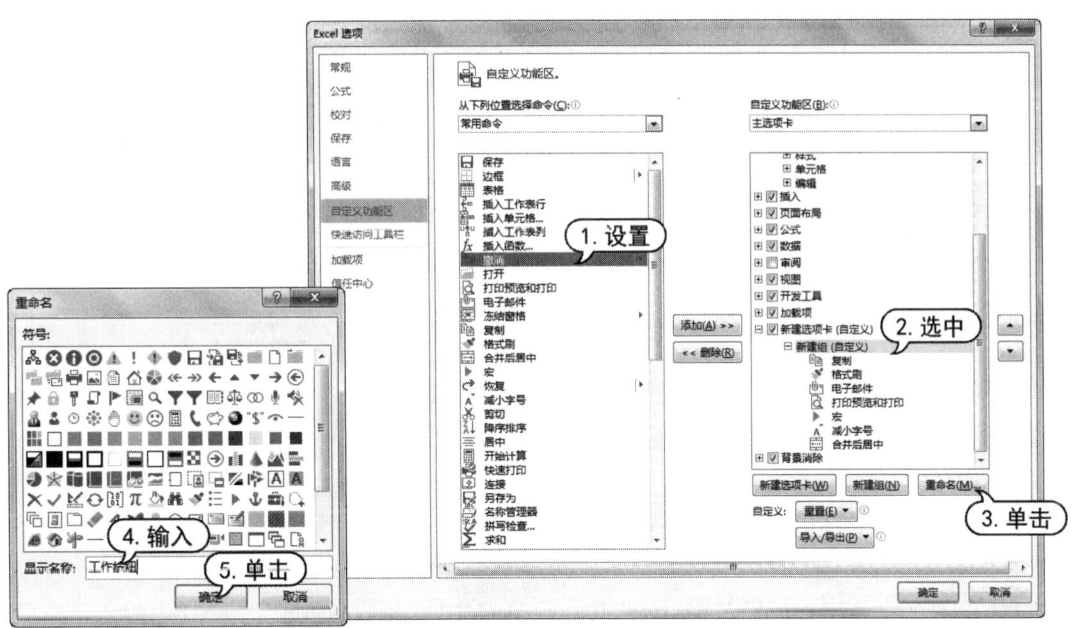

图 1-25　设置新建选项卡中的新建组

(4) 在【自定义功能区】中选择【新建选项卡】选项，单击【重命名】按钮，将该选项卡的名称命名为【常用按钮】。

(5) 单击【确定】按钮，后将在 Excel 中添加一个如图 1-26 所示的自定义选项卡。

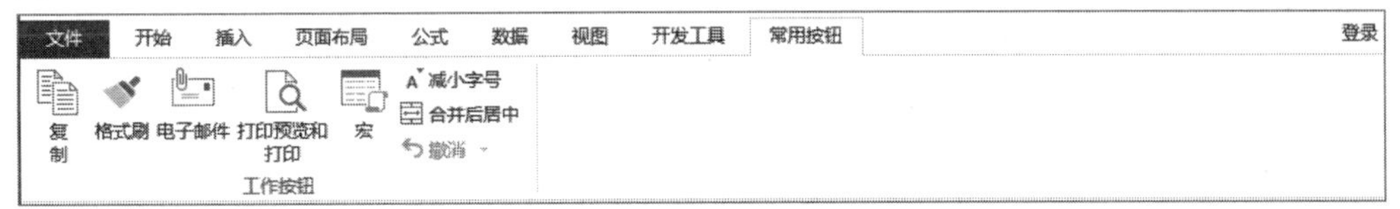

图 1-26　添加【常用按钮】选项卡

如果用户需要删除自定义的选项卡，可以在【Excel 选项】对话框中选中该选项卡，然后单击【删除】按钮，或者右击鼠标，在弹出的菜单中选择【删除】命令。

3. 自定义命令组

在创建新的自定义选项卡时，Excel 软件会自动为该选项卡附带新的自定义命令组，如图 1-25 所示，在不添加自定义选项卡的情况下，用户也可以在系统原有的内置选项卡中添加自定义命令，为内置选项卡增加可操作的命令。

例如，要在【页面布局】选项卡中新建一个命令组，将【全部刷新】命令添加到该命令组中，可以参照以下方法操作。

【例 1-3】在【页面布局】选项卡中添加一个新的工作组，并为该组添加【全部刷新】命令。

(1) 打开【Excel 选项】对话框后，选择【自定义功能区】选项卡，选择【页面布局】选项卡并单击【新建组】按钮，在该选项卡中新建一个命令组。

(2) 选中新建的命令组，然后在对话框左侧的列表中选择【全部刷新】命令，并单击【添加】

按钮，将其添加至新建命令组中，如图 1-27 所示。

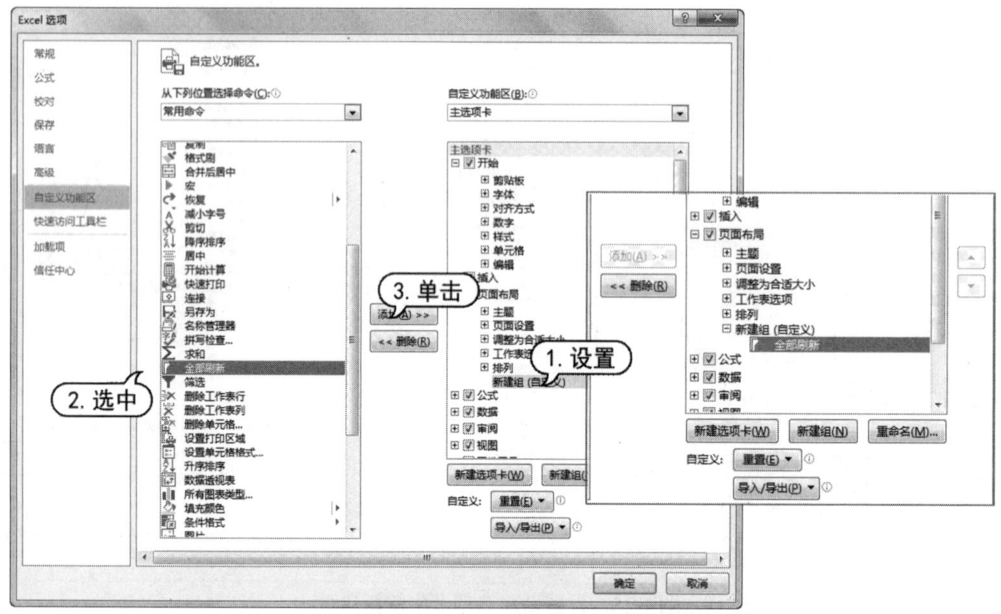

图 1-27　向新建命令组中添加【全部刷新】命令

(3) 单击【确定】按钮，即可在【页面布局】选项卡中添加一个如图 1-28 所示的新建组。

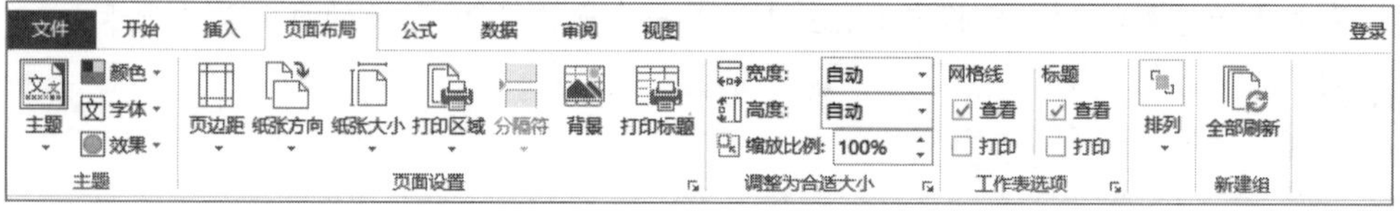

图 1-28　自定义命令组在选项卡中的显示

4. 恢复 Excel 默认设置

如果用户需要恢复 Excel 程序默认的主选项卡或者工具选项卡的默认安装设置，可以在【Excel 选项】对话框中单击【重置】下拉按钮，选择【重置所有自定义项】命令，也可以选择【仅重置所选功能区选项卡】命令对选定的选项进行重置操作。

1.2.7　使用快速访问工具栏

Excel 中的快速访问工具栏是一个可以自定义的工具栏，它包含一组常用的命令快捷按钮，并支持用户自定义其中的命令，用户可以根据需要快速添加或删除其所包含的命令按钮。

1. 使用快速访问工具栏

快速访问工具栏位于功能区的上方，软件默认其包含保存、撤销和恢复 3 个命令按钮。单击

工具栏右侧的下拉箭头，可以在扩展菜单中显示更多的内置命令选项，其中包括新建、打开、电子邮件、拼写检查、快速打印等，如图 1-29 所示。

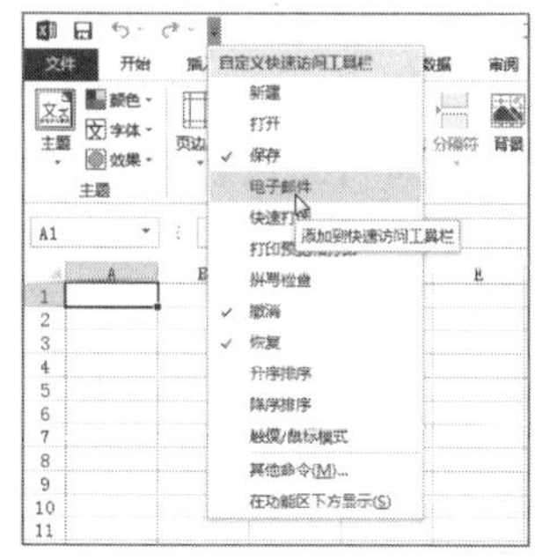

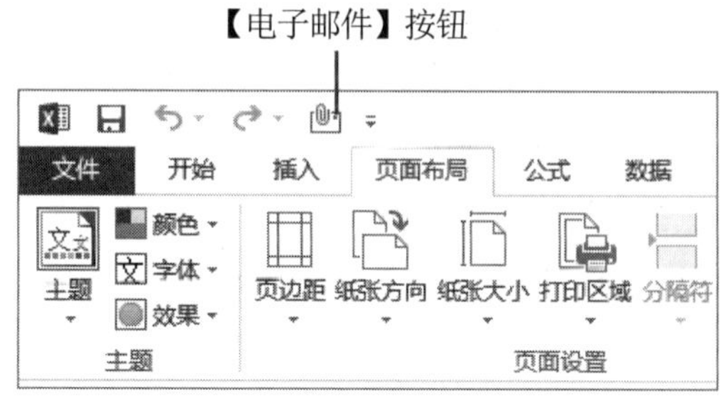

图 1-29　在快速访问工具栏中显示更多命令

2. 自定义快速访问工具栏

除了 Excel 软件内置的几项命令以外，用户还可以通过自定义快速访问工具栏按钮，将其他命令添加到此工具栏上。

【例 1-4】在 Excel 快速访问工具栏中添加【筛选】命令。

(1) 在 Excel 中单击快速访问工具栏右下角的下拉按钮，在弹出的菜单中选择【其他命令】命令，打开【Excel 选项】对话框，选择【快速访问工具栏】选项卡。

(2) 将对话框左侧列表内的【筛选】命令添加至右侧列表中，如图 1-30 所示。

图 1-30　自定义快速访问工具栏中的命令

(3) 单击【确定】按钮，即可将【筛选】命令添加至快速访问工具栏中。

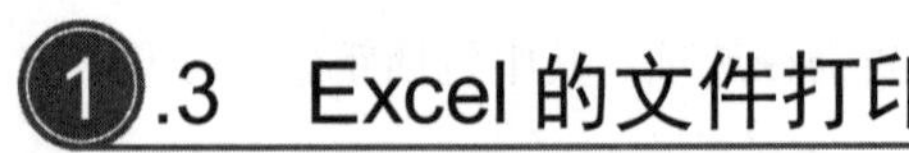

1.3 Excel 的文件打印

尽管现在都在提倡无纸办公，但在具体的工作中将电子文档打印成纸质文档还是必不可少的。大多数 Office 软件用户都擅长使用 Word 软件打印文稿，而对于 Excel 的打印，可能就并不熟悉了。本节将介绍使用 Excel 打印文件的方法与技巧。

1.3.1 快速打印 Excel 文件

如果要快速地打印 Excel 表格，最简捷的方法是执行【快速打印】命令，具体步骤如下。

(1) 单击 Excel 窗口左上方"快速访问工具栏"右侧的下拉按钮，在弹出的下拉列表中选择【快速打印】命令，在"快速访问工具栏"中显示【快速打印】按钮。

(2) 将鼠标悬停在【快速打印】按钮上，可以显示当前的打印机名称(通常是系统默认打印机)，单击该按钮即可使用当前打印机进行打印，如图 1-31 所示。

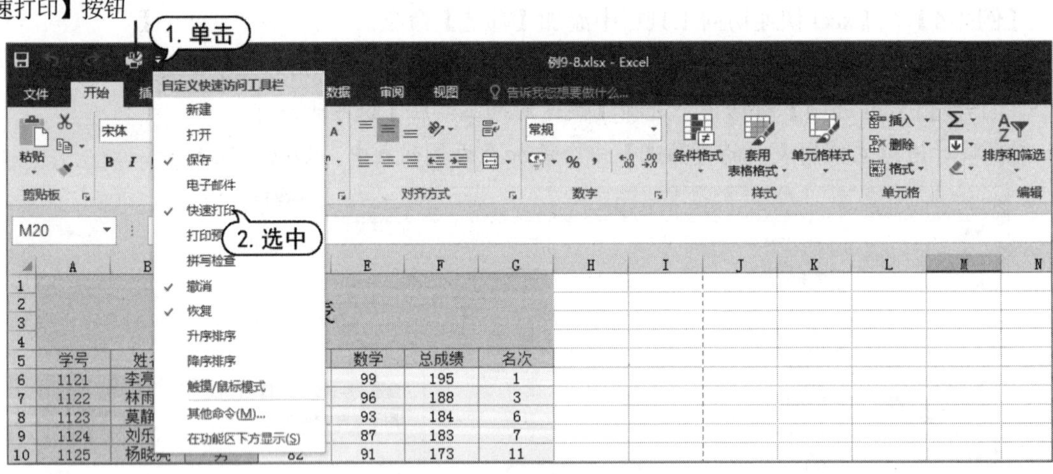

图 1-31　快速打印电子表格

所谓"快速打印"指的是不需要用户进行确认即可直接将电子表格输入到打印机的任务中，并执行打印的操作。如果当前工作表没有进行任何有关打印的选项设置，则 Excel 将会自动以默认打印方式对其进行设置，这些默认设置中包括以下内容。

- 打印内容：当前选定工作表中所包含数据或格式的区域，以及图表、图形、控件等对象，但不包括单元格批注。
- 打印份数：默认为 1 份。
- 打印范围：整个工作表中包含数据和格式的区域。
- 打印方向：默认为"纵向"。
- 打印顺序：从上至下，再从左到右。
- 打印缩放：无缩放，即100%正常尺寸。

- 页边距：上下页边距为 1.91 厘米，左右页边距为 1.78 厘米，页眉页脚边距为 0.76 厘米。
- 页眉页脚：无页眉页脚。
- 打印标题：默认为无标题。

如果用户对打印设置进行了更改，则按用户的设置打印输出，并且在保存工作簿时会将相应的设置保存在当前工作表中。

1.3.2 合理设定打印内容

在打印输出之前，用户首先要确定需要打印的内容以及表格区域。通过以下的介绍，用户将了解到如何选择打印输出的工作表区域以及需要在打印中显示的各种表格内容。

1. 选取需要打印的工作表

在默认打印设置下，Excel 仅打印活动工作表上的内容。如果用户同时选中多个工作表后执行打印命令，则可以同时打印选中的多个工作表内容。如果用户要打印当前工作簿中的所有工作表，可以在打印之前同时选中工作簿中的所有工作表，也可以使用【打印】中的【设置】进行设置，具体方法如下。

(1) 选择【文件】选项卡，在弹出的菜单中选择【打印】命令，或者按下 Ctrl+P 键，打开打印选项菜单。

(2) 单击【打印活动工作表】下拉按钮，在弹出的下拉列表中选择【打印整个工作簿】命令，然后单击【打印】按钮，即可打印当前工作簿中的所有工作表，如图 1-32 所示。

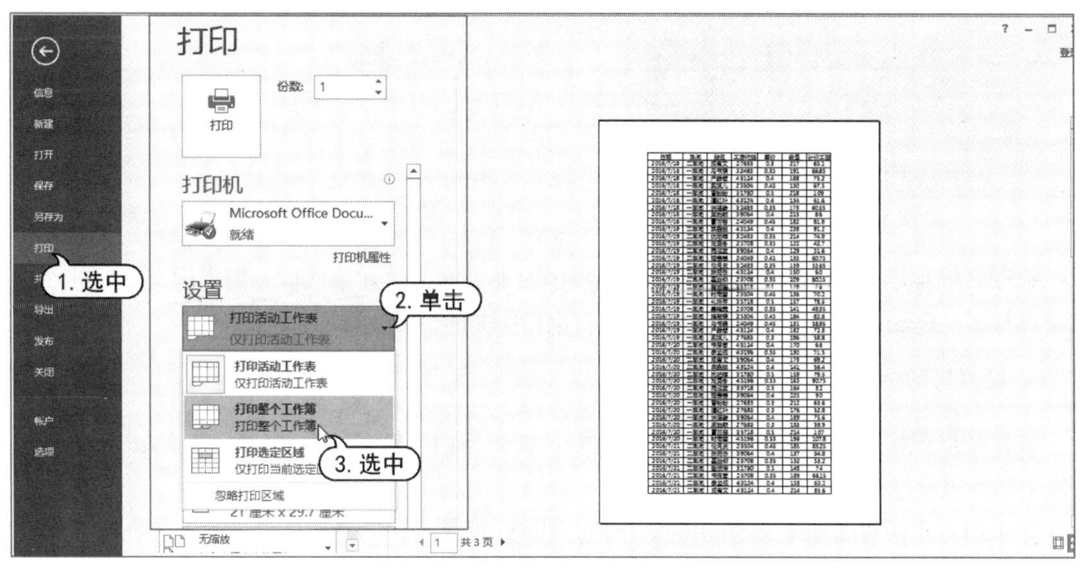

图 1-32 【打印】中的【设置】选项

2. 设置打印区域

在默认方式下，Excel 只打印那些包含数据或格式的单元格区域，如果选定的工作表中不包含任何数据或格式以及图表图形等对象，则在执行打印命令时会打开警告窗口，提示用户未发现打印内容。但如果用户选定了需要打印的固定区域，即使其中不包含任何内容，Excel 也允许将其打印输出。设置打印区域有如下几种方法。

- 选定需要打印的区域后，按下 Ctrl+P 键，打开如图 1-32 所示的打印选项菜单，单击【打印活动工作表】下拉按钮，在弹出的下拉列表中选择【打印选定区域】命令，然后单击【打印】命令。
- 选定需要打印的区域后，单击【页面布局】选项卡中的【打印区域】下拉按钮，在弹出的下拉列表中选择【设置打印区域】命令，即可将当前选定区域设置为打印区域，如图 1-33 所示。

选择【页面布局】选项卡，在【页面设置】命令组中单击【打印标题】按钮，打开【页面设置】对话框，选择【工作表】选项卡，如图 1-34 所示。将鼠标定位到【打印区域】的编辑栏中，然后在当前工作表中选取需要打印的区域，选取完成后在对话框中单击【确定】按钮即可。

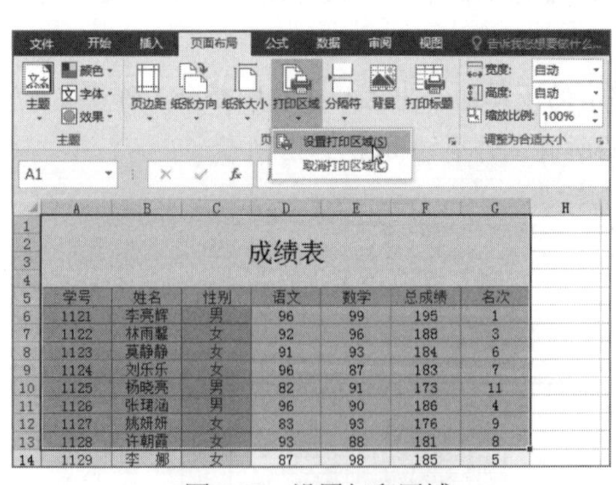

图 1-33　设置打印区域

图 1-34　设置【页面设置】对话框

打印区域可以是连续的单元格区域，也可以是非连续的单元格区域。如果用户选取非连续区域进行打印，Excel 将会把不同的区域各自打印在单独的纸张页面之上。

3. 设置打印标题

许多数据表格都包含有标题行或者标题列，在表格内容较多，需要打印成多页时，Excel 允许将标题行或标题列重复打印在每个页面上。

如果用户希望对如图 1-35 所示的表格进行设置，使其列标题及行标题能够在打印时多页重复显示，可以使用以下方法操作。

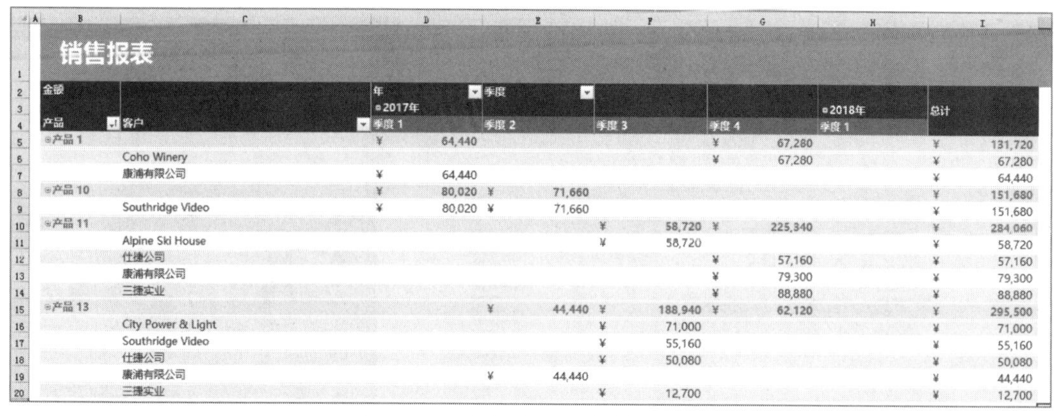

图 1-35　需要设置打印标题的表格

(1) 选择【页面布局】选项卡，在【页面设置】命令组中单击【打印标题】按钮，打开【页面设置】对话框，选择【工作表】选项卡。

(2) 将鼠标定位到【顶端标题行】文本框中，在工作表中选择行标题区域，如图 1-36 所示。

(3) 将鼠标定位到【左端标题栏】文本框中，在工作表中选择列标题区域，如图 1-37 所示。

图 1-36　设置打印行标题

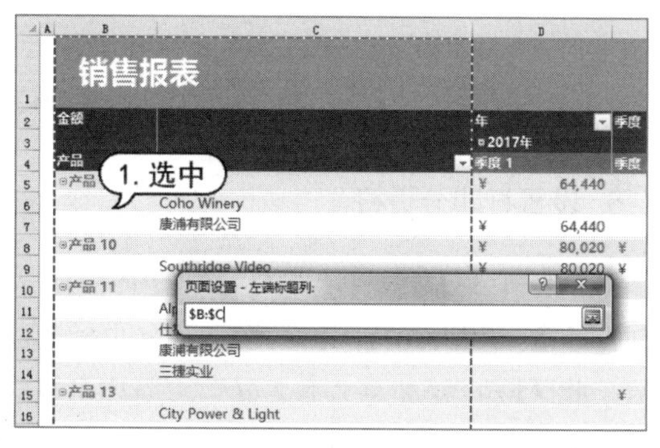

图 1-37　设置打印列标题

(4) 返回【页面设置】对话框后单击【确定】按钮，在打印电子表格时，显示纵向和横向内容的每页都有相同的标题。

4. 调整打印区域

在 Excel 中使用【分页浏览】的视图模式，可以很方便地显示当前工作表的打印区域以及分页设置，并且可以直接在视图中调整分页。单击【视图】选项卡中的【分页视图】按钮，可以进入如图 1-38 所示的分页预览模式。

在【分页预览】视图中，被粗实线框所围起来的白色表格区域是打印区域，而线框外的灰色区域是非打印区域。

将鼠标指针移动至粗实线的边框上，当鼠标指针显示为黑色双向箭头时，用户可以按住鼠标左键拖动，调整打印区域的范围大小。除此之外，用户也可以在选中需要打印的区域后，右击鼠标，在弹出的菜单中选择【设置打印区域】命令，重新设置打印区域。

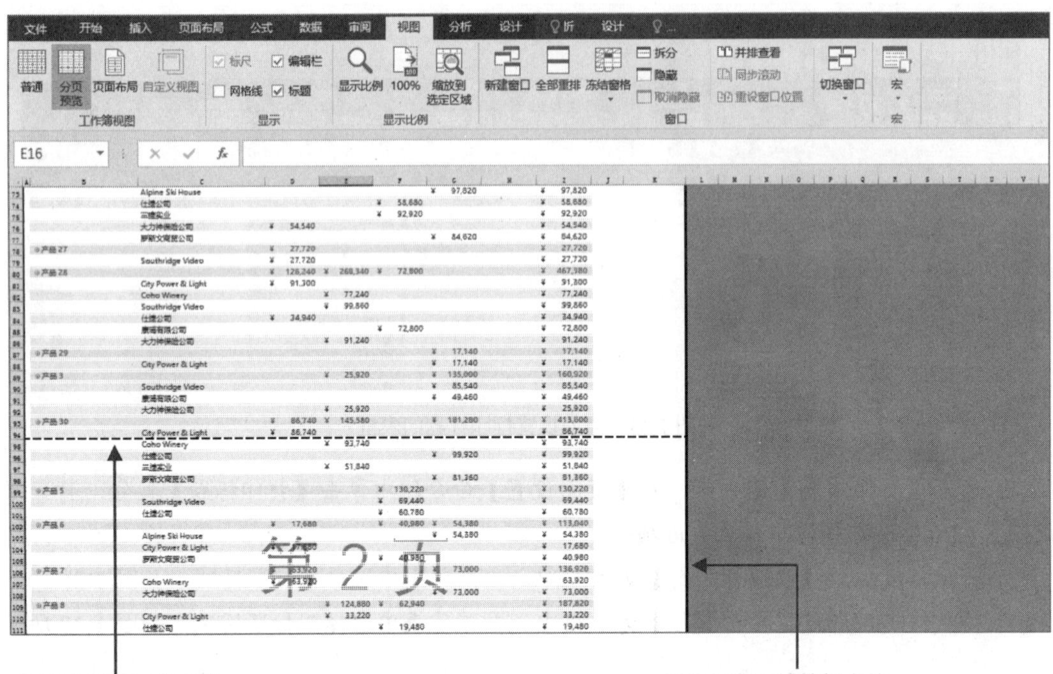

标识分页符的粗虚线　　　　标识打印区域的粗实线

图 1-38　需要设置打印标题的表格

5. 设置打印分页符

在如图 1-38 所示的分页浏览视图中，打印区域中粗虚线的名称为“自动分页符”，它是 Excel 根据打印区域和页面范围自动设置的分页标志。在虚线上方的表格区域中，背景下方的灰色文字显示了此区域的页次为“第 2 页”。用户可以对自动产生的分页符位置进行调整，将鼠标移动至粗虚线的上方，当鼠标指针显示为黑色双向箭头时，按住鼠标左键拖动，可以移动分页符的位置，移动后的分页符由粗虚线改变为粗实线显示，此粗实线为“人工分页符”，如图 1-39 所示。

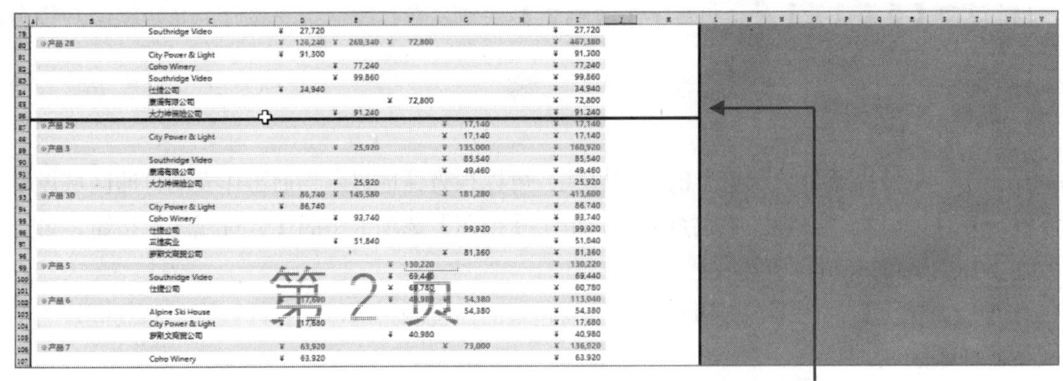

调整后的人工分页符

图 1-39　调整分页符

除了调整分页符以外，用户还可以在打印区域中插入新的分页符，具体方法如下。

- 如果需要插入水平分页符(将多行内容划分在不同页面上)，则需要选定分页符的下一行的最左侧单元格，右击鼠标，在弹出的菜单中选择【插入分页符】命令，Excel 将沿着选定单元格的边框上沿插入一条水平方向的分页符实线。如图 1-40 所示，如果希望从第 50 行开始的内容分页显示，则可以选中 A50 单元格插入水平分页符。
- 如果需要插入垂直分页符(将多列内容划分在不同页面上)，则需要选定分页位置的右侧列的最顶端单元格，右击鼠标，在弹出的菜单中选择【插入分页符】命令，Excel 将沿着选定单元格的左侧边框插入一条垂直方向的分页符实线。如图 1-41 所示，如果希望将 D 列开始的内容分页显示，则可以选中 D1 单元格插入垂直分页符。

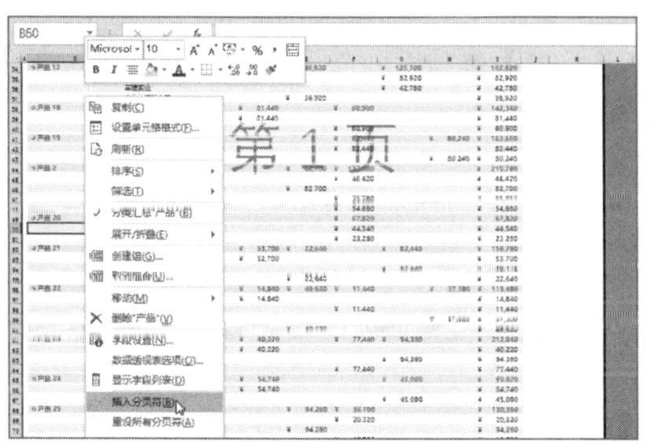

图 1-40 插入水平分页符

图 1-41 插入垂直分页符

如果选定的单元格并非处于打印区域的边缘，则在选择【插入分页符】命令后，会沿着单元格的左侧边框和上侧边框同时插入垂直分页符和水平分页符各一条。

删除人工分页符的操作方法非常简单，选定需要删除的水平分页符下方的单元格，或选中垂直分页符右侧的单元格，右击鼠标，在弹出的菜单中选择【删除分页符】即可。

如果用户希望去除所有的人工分页设置，恢复自动分页的初始状态，可以在打印区域中的任意单元格上右击鼠标，在弹出的菜单中选择【重置所有分页符】命令。

以上分页符的插入、删除与重置操作除了通过右键菜单以外，还可以通过【页面布局】选项卡中的【分隔符】下拉菜单中的相关命令来实现，如图 1-42 所示。

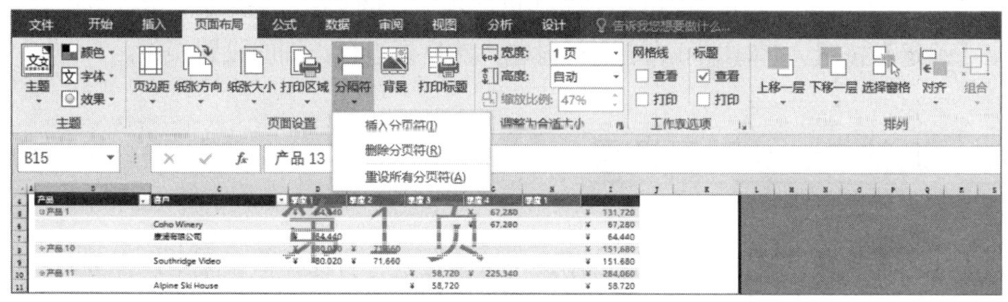

图 1-42 利用【分隔符】下拉菜单插入、删除与重置

选择【视图】选项卡，在【工作簿视图】命令组中单击【普通】按钮，将视图切换到普通视图模式，但分页符仍将保留显示。如果用户不希望在普通视图模式下显示分页符，可以在【文件】选项卡中选择【选项】命令，打开【Excel 选项】对话框，单击【高级】选项，在【此工作表的

显示选项】中取消【显示分页符】复选框的选中状态。取消分页符的显示并不会改变当前工作表的分页设置。

6. 对象的打印设置

在 Excel 的默认设置中，几乎所有对象都是可以在打印输出时显示的，这些对象包括图表、图片、图形、艺术字、控件等。如果用户不需要打印表格中的某个对象，可以修改这个对象的打印属性。例如要取消某张图片的打印显示，操作方法如下。

(1) 选中表格中的图片，右击鼠标，在弹出的菜单中选择【设置图片格式】命令，如图 1-43 所示。

(2) 打开【设置图片格式】窗格，选择【大小与属性】选项卡，展开【属性】选项区域，取消【打印对象】复选框的选中状态即可，如图 1-44 所示。

图 1-43　设置图片格式

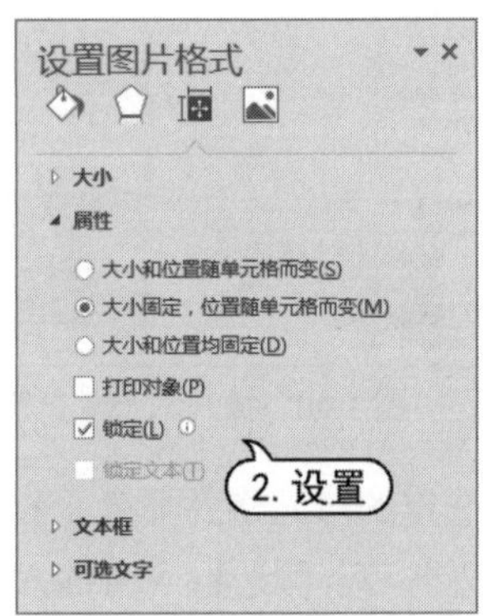

图 1-44　取消打印对象

以上步骤中的快捷菜单命令以及对话框的具体名称都取决于选中对象的类型。如果选定的不是图片而是艺术字，则右键菜单会相应地显示【设置形状格式】命令，但操作方法基本相同，对于其他对象的设置可以参考以上对图片的设置方法。

如果用户希望同时更改多个对象的打印属性，可以在键盘上按下 Ctrl+G 组合键，打开【定位】对话框，在对话框中单击【定位条件】按钮，在进一步显示的【定位条件】对话框中选择【对象】，然后单击【确定】按钮。此时即可选定全部对象，然后再进行详细的设置操作。

1.3.3 调整 Excel 页面设置

在选定了打印区域以及打印目标后，用户可以直接进行打印，但如果用户需要对打印的页面进行更多的设置，例如打印方向、纸张大小、页眉页脚等设置，则可以通过【页面设置】对话框进行进一步的调整。

在【页面布局】选项卡的【页面设置】命令组中单击【打印标题】按钮，可以显示【页面设置】对话框。其中包括了【页面】、【页边距】、【页眉/页脚】和【工作表】等 4 个选项卡，如图 1-45 所示。

图 1-45　打开【页面设置】对话框

1. 设置页面

在【页面设置】对话框中选择【页面】选项卡，显示如图 1-46 所示。在该选项卡中可以进行以下设置。

- 【方向】：Excel 默认的打印方向为纵向打印，但对于某些行数较少而列数跨度较大的表格，使用横向打印的效果也许更为理想。此外，在【页面布局】选项卡的【页面设置】命令组中单击【纸张方向】下拉列表，也可以对打印方向进行调整，如图 1-47 所示。

图 1-46　【页面】选项卡

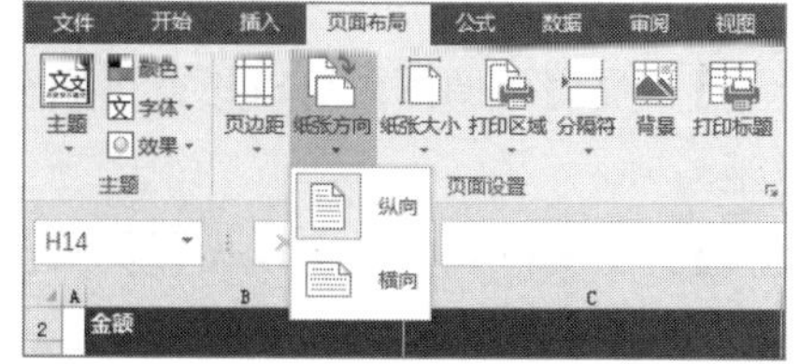

图 1-47　【纸张方向】下拉列表

- 【缩放】：可以调整打印时的缩放比例。用户可以在【缩放比例】的微调框内选择缩放百分比，可以把范围调整在 10%~400%之间，或者也可以让 Excel 根据指定的页数来自动调整缩放比例。

◉ 【纸张大小】：在该下拉列表中可以选择纸张尺寸。可供选择的纸张尺寸与当前选定的打印机有关。此外，在【页面布局】选项卡中单击【纸张大小】按钮也可对纸张尺寸进行选择。

◉ 【打印质量】：可以选择打印的精度。对于需要显示图片细节内容的情况可以选择高质量的打印方式，而对于只需要显示普通文字内容的情况则可以相应地选择较低的打印质量。打印质量的高低影响到打印机耗材的消耗程度。

◉ 【起始页码】：Excel 默认设置为【自动】，即以数字 1 开始为页码标号，但如果用户需要页码起始于其他数字，则可在此文本框内填入相应的数字。例如输入数字 7，则第一张的页码即为 7，第二张的页码为 8，以此类推。

2. 设置页边距

在【页面设置】对话框中选择【页边距】选项卡，如图 1-48 所示，在该对话框中可以进行以下设置。

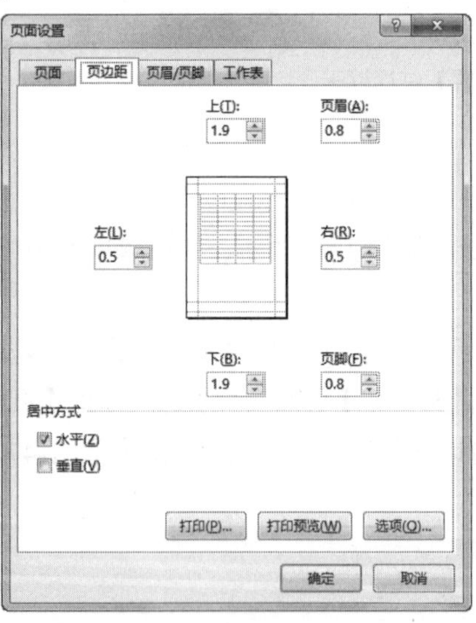

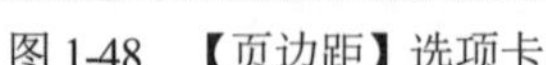
图 1-48 【页边距】选项卡

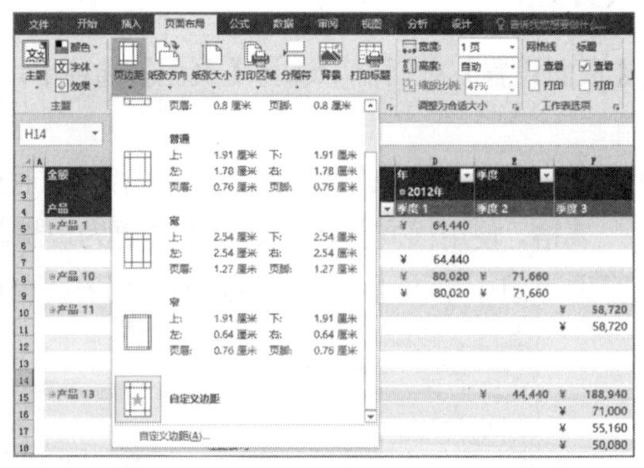

图 1-49 通过【页边距】按钮调整页边距

◉ 【页边距】：可以在上、下、左、右 4 个方向上设置打印区域与纸张边界之间的留空距离。

◉ 【页眉】：页眉微调框内可以设置页眉至纸张顶端之间的间距，通常此距离需要小于上页边距。

◉ 【页脚】：页脚微调框内可以设置页脚至纸张底端之间的间距，通常此距离需要小于下页边距。

◉ 【居中方式】：如果在页边距范围内的打印区域还没有被打印内容填满，则可以在【居中方式】区域中选择将打印内容显示为【水平】或【垂直】居中，也可以同时选中两种居中方式。在对话框中间的矩形框内会显示当前设置下的表格内容位置。

此外，在【页面布局】选项卡中单击【页边距】按钮也可以对边距进行调整，【页边距】下

拉列表中提供了【上次的自定义设置】、【普通】、【宽】和【窄】4 种设置方式，如图 1-49 所示，单击【自定义边距】后将返回如图 1-48 所示的【页面设置】对话框。

3. 设置页眉页脚

在【页面设置】对话框中选择【页眉/页脚】选项卡，显示如图 1-50 所示。在该对话框中可以对打印输出时的页眉页脚进行设置。页眉和页脚指的是打印在每张纸张页面顶部和底部的固定文字或图片，通常情况下用户会在这些区域设置一些表格标题、页码、时间、Logo 等内容。

要为当前工作表添加页眉，可在此对话框中单击【页面】列表框的下拉箭头，在下拉列表中从 Excel 内置的一些页眉样式中选择，然后单击【确定】按钮完成页眉设置。

如果下拉列表中没有用户中意的页眉样式，也可以单击【自定义页眉】按钮来设计页眉的样式，【页眉】对话框如图 1-51 所示。

图 1-50　【页眉/页脚】选项卡

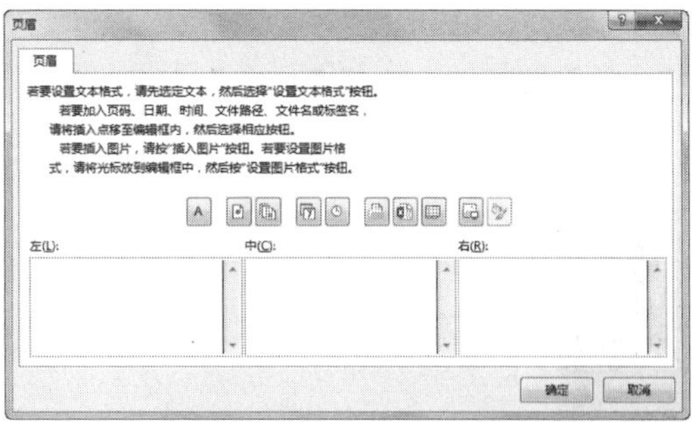

图 1-51　【页眉】对话框

在【页眉】对话框中，用户可以在左、中、右 3 个位置设定页眉的样式，相应的内容会显示在纸张页面顶部的左端、中间和右端。

【页眉】对话框中各按钮的含义如下。

- 字体：单击该按钮，可以设置页面中所包含文字的字体格式。
- 页码：单击该按钮，会在页眉中插入页码的代码“&[页码]”，实际打印时显示当前页的页码数。
- 总页数：单击该按钮，会在页眉中插入总页数的代码“&[总页数]”，实际打印时显示当前分页状态下文档总共所包含的页码数。
- 日期：在页眉中插入当前日期的代码“&[日期]”，显示打印时的实际日期。
- 时间：在页眉中插入当前时间的代码“&[时间]”，显示打印时的实际时间。
- 文件路径及文件名：在页眉中插入包含文件路径及名称的代码“&[路径]&[文件]”，会在打印时显示当前工作簿的路径以及工作簿文件名。

◉ 文件名：在页眉中插入文件名的代码“&文件”，会在打印时显示当前工作簿的文件名。

◉ 标签名：在页眉中插入工作表标签的代码“&[标签名]”，会在打印时显示当前工作表的名称。

◉ 图片：可以在页眉中插入图片，例如插入 Logo 图片。

◉ 设置图片格式：可以对插入的图片进行进一步的设置。

除了上面介绍的按钮，用户也可以在页眉中输入自己定义的文本内容，如果与按钮所产生的代码相结合，则可以显示一些更符合日常习惯且更容易理解的页眉内容。例如使用“&[页码]页，共有&[总页数]页”的代码组合，可以在实际打印时显示为“第几页，共有几页”的样式。设置页脚的方式与此类似。

要删除已经添加的页眉或页脚，可在如图 1-50 所示的【页眉/页脚】对话框中，在【页眉】或【页脚】列表框中选择【无】选项。

1.3.4 打印设置与打印预览

1. 打印设置

在【文件】选项卡中选择【打印】命令，或按下 Ctrl+P 键，打开打印选项菜单，在此菜单中可以对打印方式进行更多的设置，如图 1-52 所示。

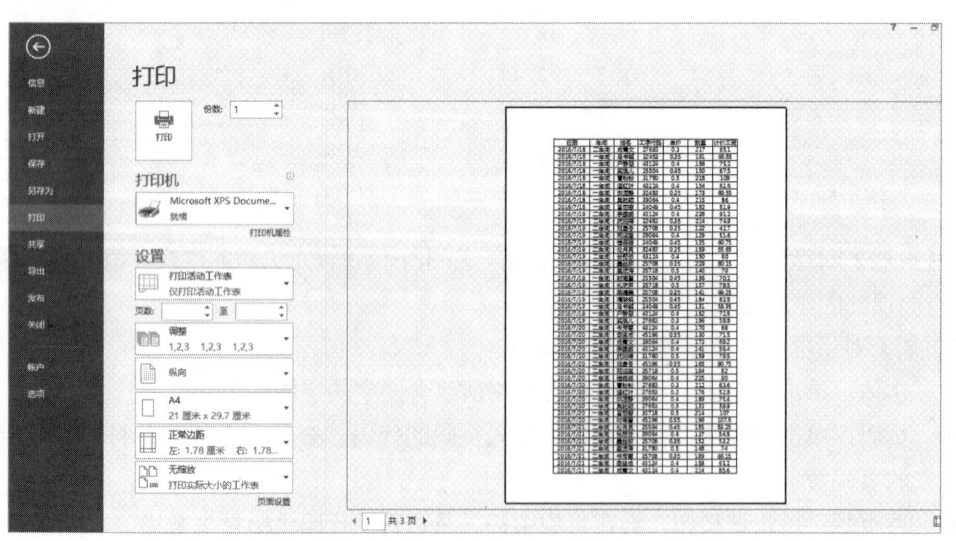

图 1-52 打印选项菜单

◉ 【打印机】：在【打印机】区域的下拉列表框中可以选择当前计算机上所安装的打印机。如图 1-52 所示，当前选定的打印机是一台名为 Microsoft XPS Document Writer 的打印机，这是在 Office 软件中默认安装中所包含的虚拟打印机，使用该打印机可以将当前的文档输出为 XPS 格式的可携式文件之后再打印。

- 【页数】：可以选择打印的页面范围，全部打印或指定某个页面范围。
- 【打印活动工作表】：可以选择打印的对象。默认为选定工作表，也可以选择整个工作簿或当前选定区域等。
- 【份数】：可以选择打印文档的份数。
- 【调整】：如果选择打印多份，在【调整】下拉列表中可进一步选择打印多份文档的顺序。默认为 123 类型逐份打印，即打印完一份完整文档后继续打印下一份副本。如果选择【取消排序】选项，则会以 111 类型按页方式打印，即打印完第一页的多个副本后再打印第二页的多个副本，以此类推。

单击【打印】按钮，可以按照当前的打印设置方式进行打印。此外，在【打印】菜单中还可以进行【纸张方向】、【纸张大小】、【页面边距】和【文件缩放】的一些设置。

2. 打印预览

在对 Excel 进行最终打印之前，用户可以通过【打印预览】来观察当前的打印设置是否符合要求。在【视图】选项卡中单击【页面布局】按钮也可以对文档进行预览，如图 1-53 所示。

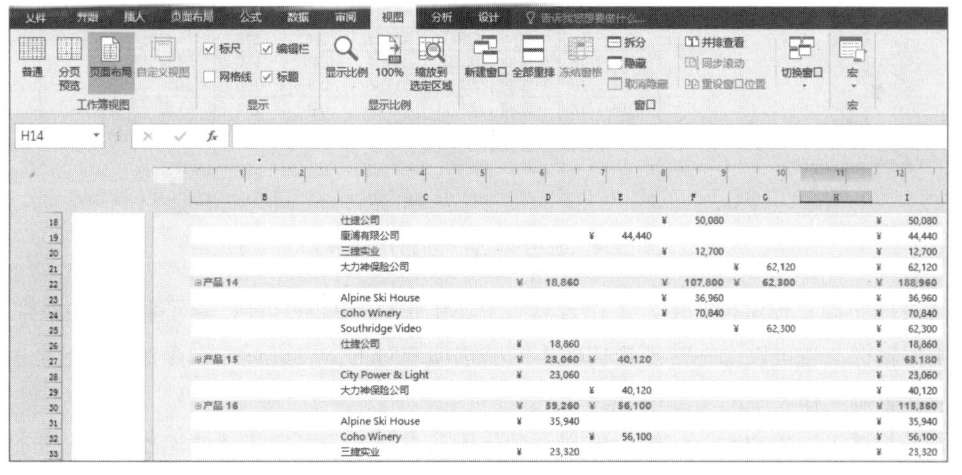

图 1-53　【页面布局】中的预览模式

在【页面布局】预览模式下，【视图】选项卡中各个按钮的具体作用如下所示。

- 【普通】：返回【普通】视图模式。
- 【分页预览】：退出【页面布局】视图模式，以【分页预览】的视图模式显示工作表。
- 【页面布局】：进入【页面布局】视图模式。
- 【自定义视图】：打开【视图管理器】对话框，用户可以添加自定义的视图。
- 【标尺】：显示在编辑栏的下方，拖动【标尺】的灰色区域可以调整页边距，取消选中【标尺】复选框将不显示标尺。
- 【网格线】：显示工作表中默认的网格线，取消【网格线】复选框的选中状态将不再显示网格线。

- 【编辑栏】：输入公式或编辑文本，取消【编辑栏】复选框的选中状态将隐藏【编辑栏】。
- 【标题】：显示行号和列标，取消【标题】复选框的选中状态将不再显示行号和列标。
- 【显示比例】：放大或缩小预览显示。
- 【100%】：将文档缩放为正常大小的 100%。
- 【缩放到选定区域】：用于重点关注的表格区域，使当前选定单元格区域充满整个窗口。

在如图 1-53 所示的【页面布局】预览模式中，拖动【标尺】的灰色区域可以调整页边距，如图 1-54 所示。

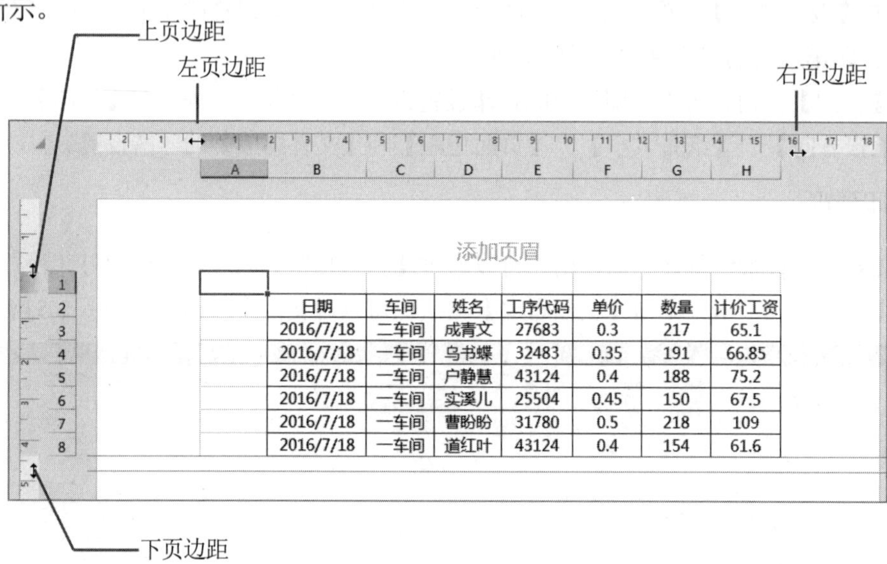

日期	车间	姓名	工序代码	单价	数量	计价工资
2016/7/18	二车间	成青文	27683	0.3	217	65.1
2016/7/18	一车间	乌书蝶	32483	0.35	191	66.85
2016/7/18	一车间	户静慧	43124	0.4	188	75.2
2016/7/18	一车间	实溪儿	25504	0.45	150	67.5
2016/7/18	一车间	曹盼盼	31780	0.5	218	109
2016/7/18	一车间	道红叶	43124	0.4	154	61.6

图 1-54　显示页边距标记的预览窗口

在【页面布局】预览模式下，工作表具有 Excel 完整的编辑功能，除了调整页边距以外，还可以使用编辑栏，也可以像往常那样切换不同的选项卡对工作表进行编辑操作，在这里所做的改动，同样会影响工作表中的实际内容。

在预览模式下，用户对打印输出的显示效果确认之后，即可单击【快速打印】按钮打印电子表格。

1.4　上机练习

本章的上机练习将通过实例操作，介绍 Excel 的一些常用技巧，例如打开受损的 Excel 文件以及设置 Excel 启动时自动打开文件等。

1.4.1　打开受损的 Excel 文件

当用户打开以前创建的 Excel 文件时，如果遇到无法打开或打开数据丢失的情况，可以通过将 Excel 文件转换为 SYLK 符号链接文件的方法来解决问题。

(1) 选择【文件】选项卡，在弹出的菜单中选择【另存为】命令，然后在显示的选项区域中单击【浏览】按钮，如图 1-55 所示。

(2) 在打开的【另存为】对话框中单击【保存类型】下拉列表按钮，在弹出的下拉列表中选择【SYLK(符号链接)】选项，然后单击【保存】按钮即可，如图 1-56 所示。

图 1-55　另存文件

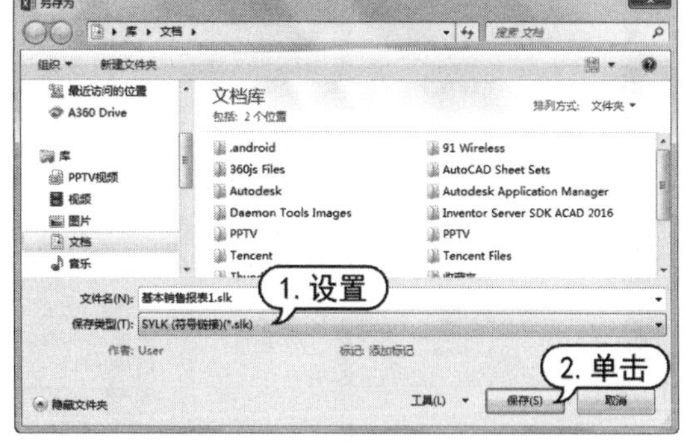

图 1-56　【另存为】对话框

(3) 除此之外，选择【文件】选项卡，在弹出的菜单中选择【打开】命令，在显示的选项区域中单击【浏览】按钮，如图 1-57 所示，打开【打开】对话框，然后在该对话框中选择需要恢复的 Excel 文件，单击【打开】按钮边的三角形下拉列表按钮，在弹出的下拉列表中选择【打开并修复】选项，也可以打开受损的 Excel 文件，如图 1-58 所示。

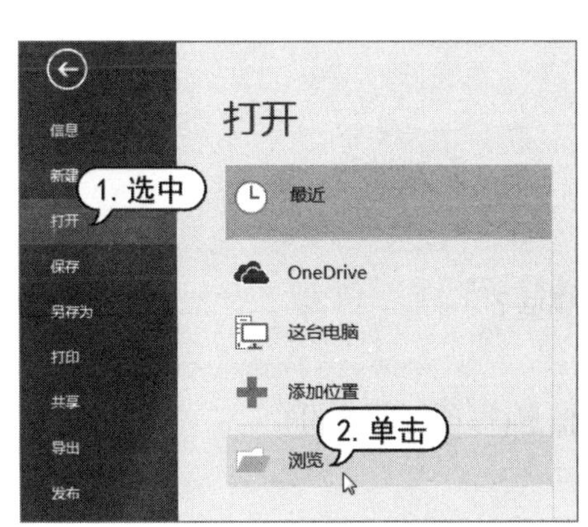

图 1-57　【打开】选项区域

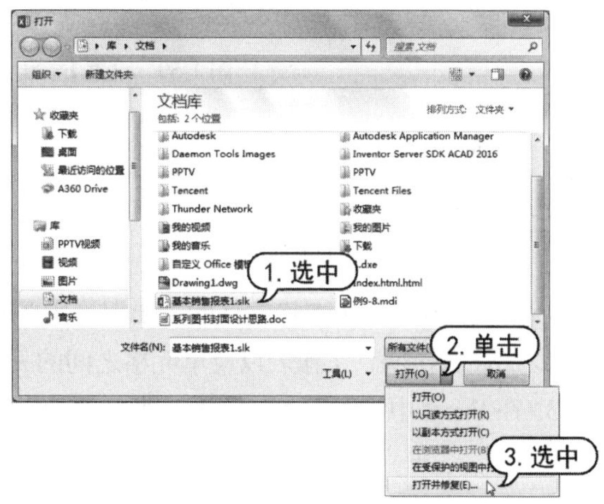

图 1-58　【打开】对话框

1.4.2　设置自动打开 Excel 文件

对于经常需要处理相同 Excel 文件数据的用户来说，让 Excel 文件随着 Excel 2016 软件启动自动打开，是一项非常便捷的操作。

(1) 选择【文件】选项卡，在弹出的菜单中选择【选项】命令。

(2) 打开【Excel 选项】对话框，在该对话框左侧的列表框中选择【高级】选项，然后在对话框右侧的选项区域中的【启动时打开此目录中的所有文件】文本框内输入需要打开的 Excel 文件路径，如图 1-59 所示。

图 1-59　设置 Excel 自动打开的文件路径

1.5 习题

1. Excel 2016 电子表格软件的主要用途主要有哪些？
2. 简述工作簿、工作表以及单元格之间的关系。
3. 在 Excel 中设置逐条打印电子表格中的详细信息(每项打印 5 份)。

第2章 操作工作簿和工作表

学习目标

本章将主要介绍 Excel 工作簿和工作表的基础操作，包括工作簿的创建、保存，工作表的创建、移动、删除等基础操作。通过对工作簿和工作表操作方法的熟练掌握，可以帮助用户在日常办公中提高 Excel 的操作效率，解决实际的工作问题。

本章重点

- Excel 工作簿的类型
- 创建、保存与恢复 Excel 工作簿
- Excel 工作表的基本操作

2.1 操作 Excel 工作簿

工作簿(Workbook)是用户使用 Excel 进行操作的主要对象和载体，本节将介绍 Excel 工作簿的基础知识与常用操作。

2.1.1 工作簿的类型

在 Excel 中，用于存储并处理工作数据的文件被称为工作簿。工作簿有多重类型，当保存一个新的工作簿时，可以在【另存为】对话框的【保存类型】下拉列表中选择所需要保存的 Excel 文件格式，如图 2-1 所示。默认情况下，Excel 2016 保存的文件类型为“Excel 工作簿(*.xlsx)”，如果用户需要和使用早期版本 Excel 的用户共享电子表格，或者需要制作包含宏代码的工作簿时，可以通过在【Excel 选项】对话框中选择【保存】选项卡，设置工作簿的默认保存文件格式，如图 2-2 所示。

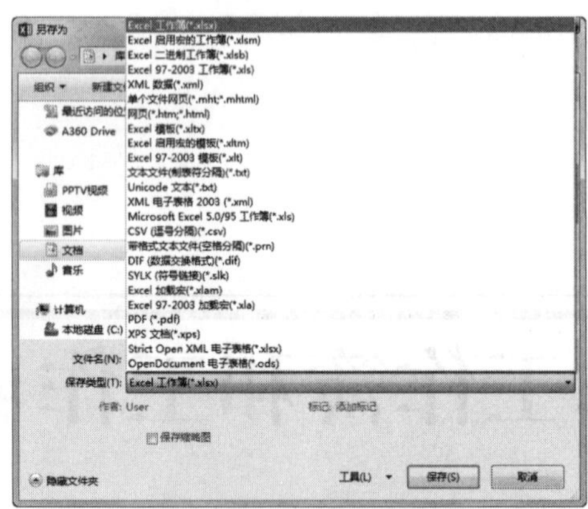

图 2-1　Excel 工作簿的保存格式

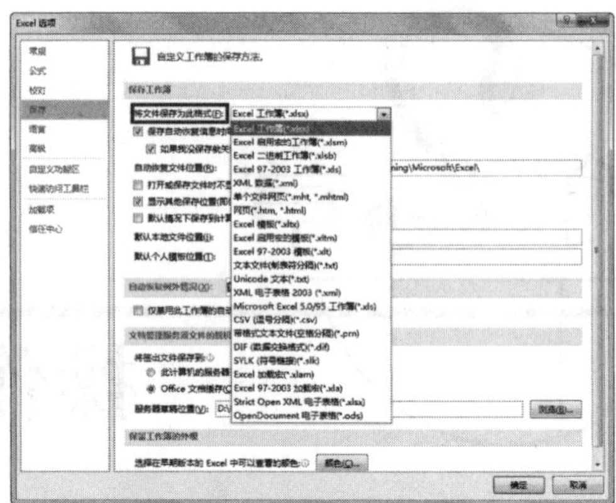

图 2-2　设置默认的文件保存类型

2.1.2　创建工作簿

在 Excel 2016 中，用户可以通过以下几种方法创建新的工作簿。

1. 在 Excel 工作窗口中创建工作簿

在 Excel 工作窗口中，有以下两种操作方法可以创建新的工作簿。

- 在功能区上方选择【文件】选项卡，然后选择【新建】选项，并在显示的选项区域中单击【新工作簿】选项。
- 按下 Ctrl+N 组合键。

2. 在操作系统中创建工作簿文件

在 Windows 操作系统中安装了 Excel 2016 软件后，右击系统桌面，在弹出的菜单中选择【新建】命令，在该命令的子菜单中将显示【Excel 工作表】命令，选择该命令将可以在计算机硬盘中创建一个 Excel 工作簿文件。

2.1.3　保存工作簿

当用户需要将工作簿保存在计算机硬盘中时，可以参考如下几种方法。

- 在功能区中选择【文件】选项卡，在打开的菜单中选择【保存】或【另存为】选项。
- 单击快速访问工具栏中的【保存】按钮。
- 按下 Ctrl+S 组合键。
- 按下 Shift+F12 组合键。

此外，经过编辑修改却未经过保存的工作簿在被关闭时，将自动弹出一个警告对话框，询问用户是否需要保存工作簿，单击其中的【保存】按钮，也可以保存当前工作簿。

Excel 中有两个和保存功能相关的菜单命令，分别是【保存】和【另存为】，这两个命令有以下区别：

- 执行【保存】命令不会打开【另存为】对话框，而是直接将编辑修改后的数据保存到当前工作簿中。工作簿在保存后文件名、存放路径不会发生任何改变。
- 执行【另存为】命令后，将会打开【另存为】对话框，允许用户重新设置工作簿的存放路径、文件名并设置保存选项。

2.1.4　设置更多保存选项

用户在打开的【另存为】对话框中保存工作簿时，可以单击对话框底部的【工具】下拉按钮，在弹出的列表中选择【常规选项】选项，打开【常规选项】对话框，如图 2-3 所示。

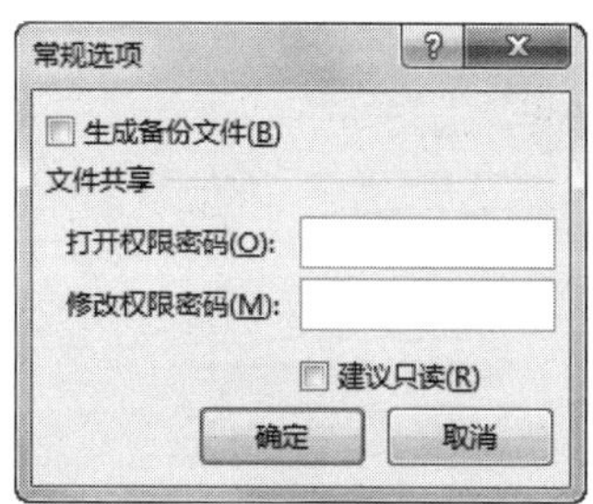

图 2-3　从【另存为】对话框打开【常规选项】对话框

在【常规选项】对话框中，用户可以为工作簿设置更多的保存选项。

- 生成备份文件：选中【常规选项】对话框中的【生成备份文件】复选框，可以在每次保存工作簿时，自动创建备份文件(备份文件只会在工作簿保存时生成，并且不会“自动”生成，用户从备份文件中只能获取前一次保存时的状态，并不能恢复到更久以前的状态)。
- 打开权限密码：在该文本框中输入密码可以为保存的工作簿设置打开文件的密码保护，没有输入正确的密码就无法用常规的方法读取所保存的工作簿文件(密码长度最大为 15 位，并支持中文字符)。
- 修改权限密码：与打开权限密码有所不同，修改权限密码可以保护工作表不被其他的用户修改。打开设置修改权限密码的工作簿时，会弹出对话框要求用户输入密码或者以只读方式打开文件。只有掌握密码的用户才可以在编辑工作簿后对其进行保存，否则只能以“只读”方式打开工作簿，在“只读”方式下，用户不能将工作簿内容所做的修改保存到原文件中，而只能保存到其他副本中。
- 建议只读：选中【建议只读】复选框并保存工作簿后，再次打开该工作簿时，将弹出一个提示对话框，建议用户以“只读”方式打开工作簿。

2.1.5 使用自动保存功能

在 Excel 中设置使用“自动保存”功能，可以减少因突发原因造成的数据丢失。

1. 设置自动保存

在 Excel 2016 中，用户可以通过在【Excel 选项】对话框中启用并设置“自动保存”功能。

【例 2-1】启动“自动保存”功能，并设置每间隔 15 分钟自动保存一次当前工作簿。

(1) 打开【Excel 选项】对话框，选择【保存】选项卡，然后选中【保存自动恢复信息时间间隔】复选框(默认被选中)，即可设置启动“自动保存”功能。

(2) 在【保存自动恢复信息时间间隔】复选框后的文本中输入 15，然后单击【确定】按钮即可完成自动保存时间的设置，如图 2-4 所示。

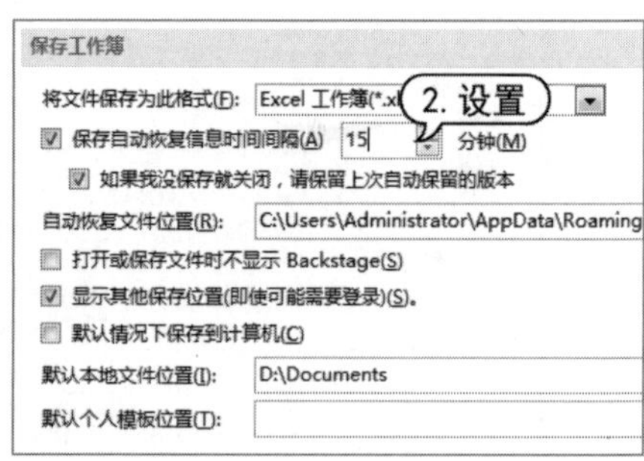

图 2-4　设置“自动保存”功能

自动保存的间隔时间在实际使用时遵循以下几条规则：

- 只有在工作簿发生新的修改时，自动保存计时才开始启动计时，到达指定的间隔时间后发生保存动作。如果在保存后没有新的修改编辑产生，计时器将不会被再次激活，也不会有新的备份副本产生。
- 在一个计时周期过程中，如果进行了手动保存操作，计时器将立即清零，直到下一次工作簿发生修改时再次开始激活计时。

2. 恢复文档

利用 Excel 自动保存功能恢复工作簿的方式根据 Excel 软件关闭的情况不同而分为两种，一种是用户手动关闭 Excel 程序之前没有保存文档。

这种情况通常由误操作造成，要恢复之前所编辑的状态，可以重新打开目标工作簿文档后在功能区单击【文件】选项卡，在弹出的菜单中选择【信息】选项，窗口右侧会显示工作簿最近一次自动保存的文档副本，如图 2-5 所示。单击该副本即可将其打开，并在编辑栏上方显示提示信息，如图 2-6 所示，单击【还原】按钮可以将工作簿恢复到相应的版本。

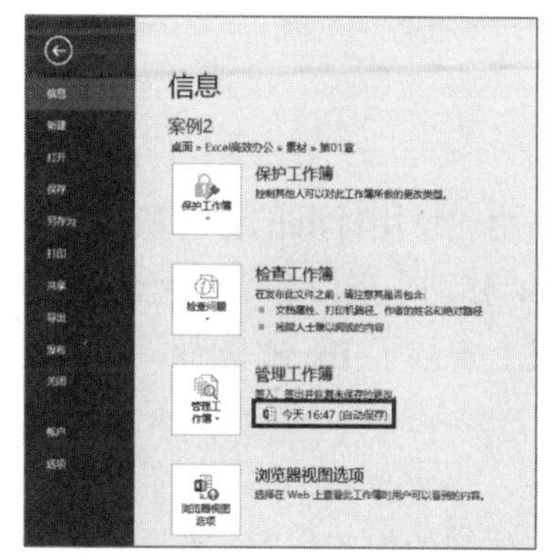

图 2-5 显示最近一次自动保存的文档

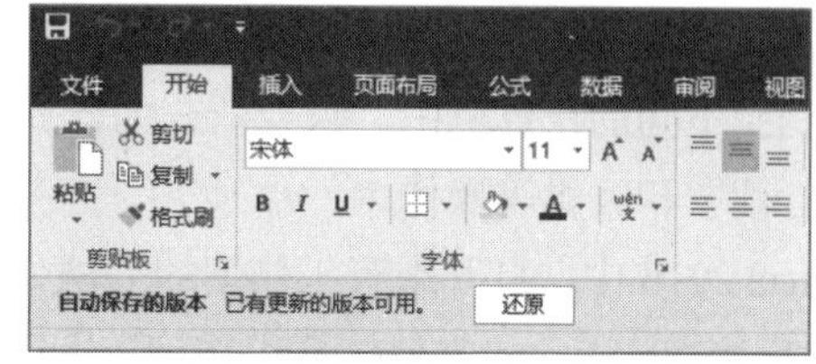

图 2-6 恢复未保存的工作簿文档

第二种情况是 Excel 因发生突然性的断电、程序崩溃等状况而意外退出，导致 Excel 工作窗口非正常关闭，这种情况下再次启动 Excel 时会自动显示一个【文档恢复】窗格，提示用户可以选择打开 Excel 自动保存的文件版本。

2.1.6 恢复未保存的工作簿

Excel 具有“恢复未保存工作簿”功能，该功能与自动保存功能相关，但在对象和方式上与前面介绍的“自动保存”功能有所区别，具体如下。

(1) 打开如图 2-4 所示的【Excel 选项】对话框，选择【保存】选项卡，选中【如果我没保存就关闭，请保留上次自动保留的版本】复选框，并在【自动恢复文件位置】文本框中输入保存恢复文件的路径。

(2) 选择【文件】选项卡，在弹出的菜单中选择【打开】命令，在显示的选项区域的右下方单击【恢复未保存的工作簿】按钮。

(3) 在打开的【打开】对话框中打开步骤(1)设置的路径后，选择需要恢复的文件，并单击【打开】按钮即可恢复未保存的工作簿，如图 2-7 所示。

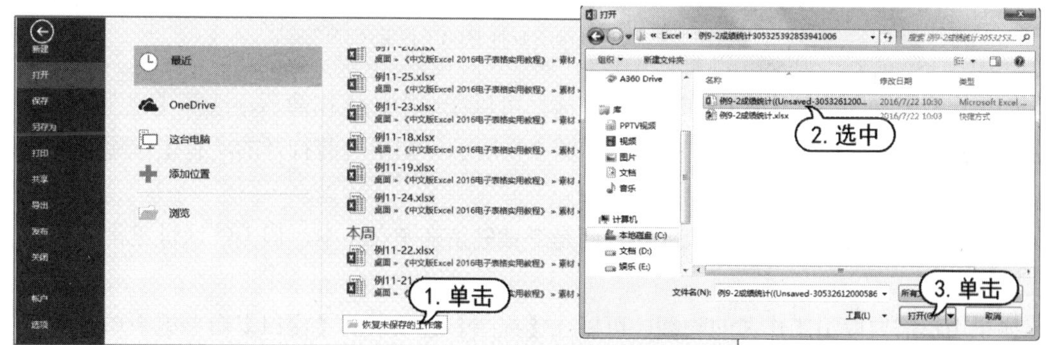

图 2-7 恢复未保存的工作簿

Excel 中的“恢复未保存的工作簿”功能仅对从未保存过的新建工作簿或临时文件有效。

2.1.7 打开现有工作簿

经过保存的工作簿在计算机磁盘上形成文件，用户使用标准的计算机文件管理操作方法就可以对工作簿文件进行管理，例如复制、剪切、删除、移动、重命名等。无论工作簿被保存在何处，或者被复制到不同的计算机中，只要所在的计算机上安装了 Excel 软件，工作簿文件就可以被再次打开执行读取和编辑等操作。

在 Excel 2016 中，打开现有工作簿的方法如下。

- 直接双击 Excel 文件打开工作簿：找到工作簿的保存位置，直接双击其文件图标，Excel 软件将自动识别并打开该工作簿。
- 使用【最近使用的工作簿】列表打开工作簿：在 Excel 2016 中单击【文件】按钮，在打开的【打开】选项区域中单击一个最近打开过的工作簿文件，如图 2-7 所示。
- 通过【打开】对话框打开工作簿：在 Excel 2016 中单击【文件】按钮，在打开的【打开】选项区域中单击【浏览】按钮，打开【打开】对话框，在该对话框中选择一个 Excel 文件后，单击【打开】按钮即可。

2.1.8 显示和隐藏工作簿

在 Excel 中同时打开多个工作簿，Windows 系统的任务栏上就会显示所有的工作簿标签。此时，用户若在 Excel 功能区中选择【视图】选项卡，单击【窗口】命令组中的【切换窗口】下拉按钮，在弹出的下拉列表中可以查看所有被打开的工作簿列表，如图 2-8 所示。

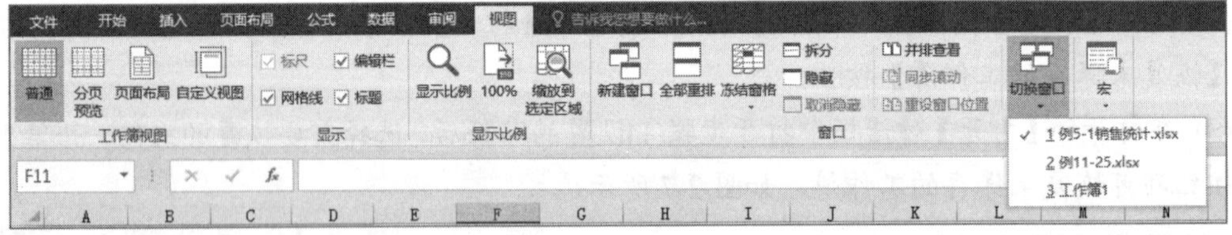

图 2-8　显示所有打开的工作簿

如果用户需要隐藏某个已经打开的工作簿，可以在选中该工作簿后，选择【视图】选项卡，在【窗口】命令组中单击【隐藏】按钮，如图 2-8 所示。如果当前打开的所有工作簿都被隐藏，Excel 将显示如图 2-9 所示的窗口界面。

隐藏后的工作簿并没有退出或关闭，而是继续驻留在 Excel 中，但无法通过正常的窗口切换方法来显示。

如果用户需要取消工作簿的隐藏，可以在【视图】选项卡的【窗口】命令组中单击【取消隐藏】按钮，打开【取消隐藏】对话框，选择需要取消隐藏的工作簿名称后，单击【确定】按钮，如图 2-10 所示。

图 2-9　隐藏所有打开的工作簿

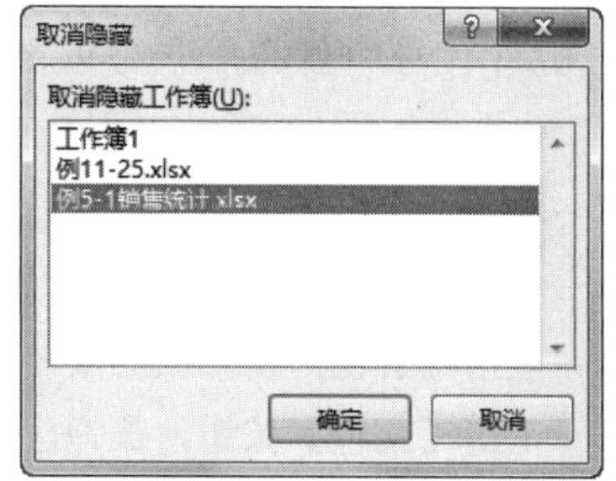

图 2-10　【取消隐藏】对话框

执行取消隐藏工作簿操作，一次只能取消一个隐藏的工作簿，不能一次性对多个隐藏的工作簿同时操作。如果用户需要对多个工作簿取消隐藏，可以在执行一次取消隐藏操作后，按下 F4 键重复执行。

2.1.9　转换版本和格式

在 Excel 2016 中，用户可以参考下面介绍的方法，将早期版本的工作簿文件转换为当前版本，或将当前版本的文件转换为其他格式的文件。

(1) 选择【文件】选项卡，在弹出的菜单中选择【导出】命令，在显示的选项区域中单击【更改文件类型】按钮。

(2) 在【更改文件类型】列表框中双击需要转换的文本和文件类型后，打开【另存为】对话框，单击【保存】按钮即可，如图 2-11 所示。

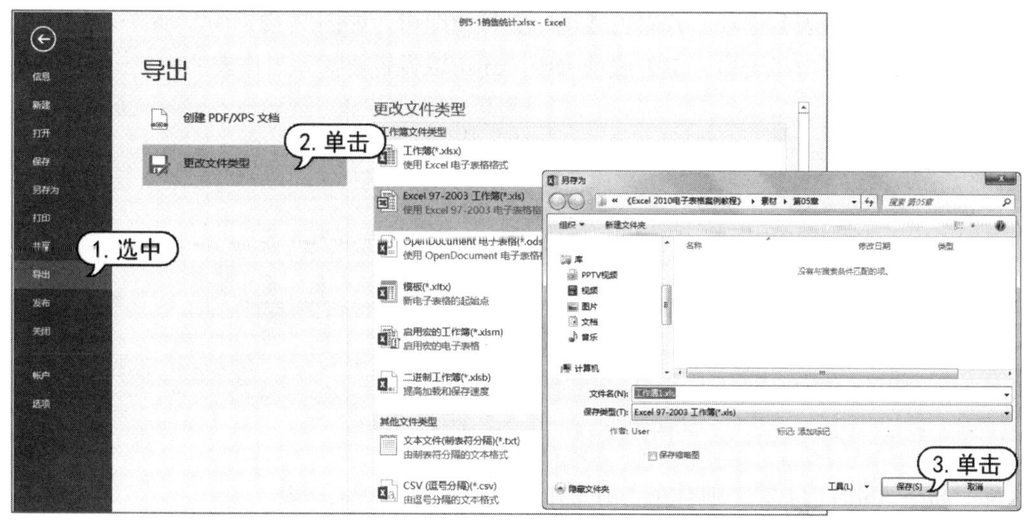

图 2-11　转换 Excel 文件类型与格式

2.1.10　关闭工作簿和 Excel

在完成工作簿的编辑、修改及保存后，需要将工作簿关闭，以便下次再进行操作。在 Excel 2016 中常用的关闭工作簿的方法有以下几种。

- 单击【关闭】按钮☒：单击标题栏右侧的☒按钮，将直接退出 Excel 软件。
- 按下快捷键：按下 Alt+F4 组合键将强制关闭所有工作簿并退出 Excel 软件。按下 Alt+空格组合键，在弹出的菜单中选择【关闭】命令，将关闭当前工作簿。
- 单击【文件】按钮，在弹出的菜单中选择【关闭】命令。

2.2　操作 Excel 工作表

Excel 工作表包含于工作簿之中，是工作簿的必要组成部分，工作簿总是包含一个或者多个工作表，工作簿与工作表之间的关系就好比是书本与图书中书页的关系。

2.2.1 创建工作表

若工作簿中的工作表数量不够，用户可以在工作簿中创建新的工作表，不仅可以创建空白的工作表，还可以根据模板插入带有样式的新工作表。Excel 2016 中常用创建工作表的方法有 4 种，分别如下。

- 在工作表标签栏中单击【新工作表】按钮⊕。
- 右击工作表标签，在弹出的菜单中选择【插入】命令，然后在打开的【插入】对话框中选择【工作表】选项，并单击【确定】按钮即可，如图 2-12 所示。此外，在【插入】对话框的【电子表格方案】选项卡中，还可以设置要插入工作表的样式。

图 2-12　在工作簿中插入工作表

- 按下 Shift+F11 键，则会在当前工作表前插入一个新工作表。
- 在【开始】选项卡的【单元格】选项组中单击【插入】下拉按钮，在弹出的下拉列表中选择【插入工作表】命令，如图 2-13 所示。

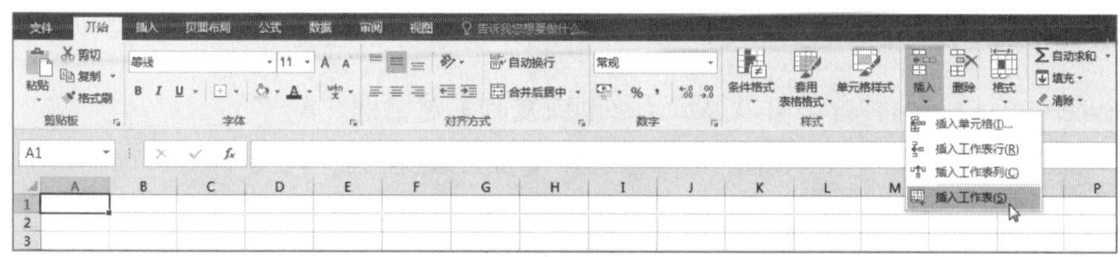

图 2-13　【插入】下拉列表

2.2.2 选取当前工作表

在实际工作中，由于一个工作簿中往往包含多个工作表，因此操作前需要选取工作表。选取工作表的常用操作包括以下 4 种：

- 选定一张工作表，直接单击该工作表的标签即可，如图 2-14 所示。
- 选定相邻的工作表，首先选定第一张工作表标签，然后按住 Shift 键不松并单击其他相邻工作表的标签即可，如图 2-15 所示。

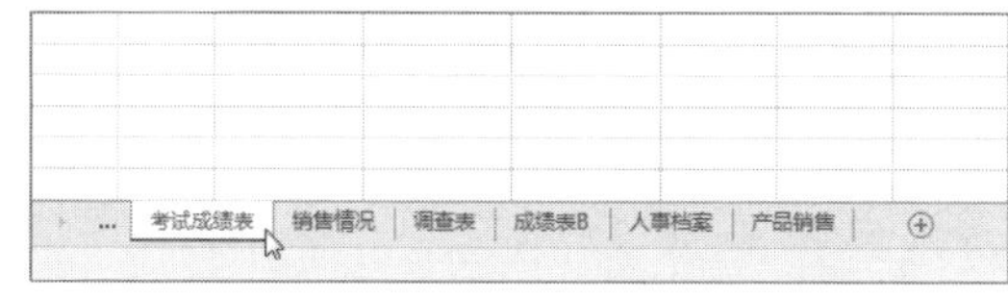

图 2-14　选中一张工作簿

图 2-15　选中相邻的工作表

- 选定不相邻的工作表，首先选定第一张工作表，然后按住 Ctrl 键不松并单击其他任意一张工作表标签即可，如图 2-16 所示。
- 选定工作簿中的所有工作表，右击任意一个工作表标签，在弹出的菜单中选择【选定全部工作表】命令即可，如图 2-17 所示。

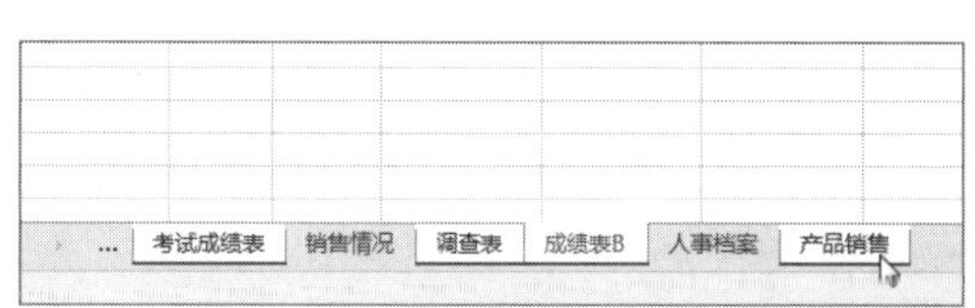

图 2-16　选定不相邻的工作表

图 2-17　选定全部工作表

2.2.3 移动和复制工作表

通过复制操作，工作表可以在同一个工作簿或者不同的工作簿创建副本，工作表还可以通过移动操作，在同一个工作簿中改变排列顺序，也可以在不同的工作簿之间转移。

1. 通过菜单实现工作表的复制与移动

在 Excel 中有以下两种方法可以显示【移动或复制】对话框。

- 右击工作表标签，在弹出的菜单中选择【移动或复制工作表】命令。
- 选中需要进行移动或复制的工作表，在 Excel 功能区选择【开始】选项卡，在【单元格】命令组中单击【格式】拆分按钮，在弹出的菜单中选择【移动或复制工作表】命令，如图 2-18 所示。

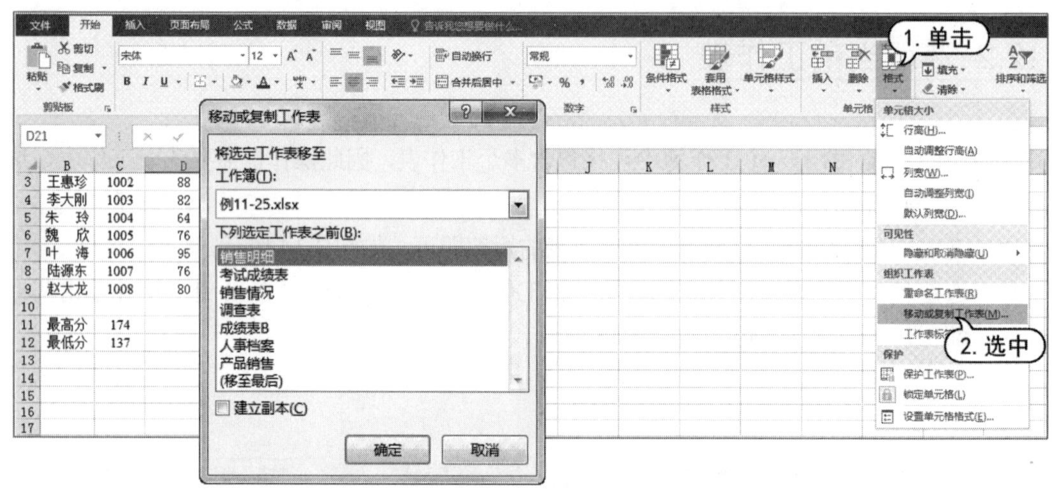

图 2-18　打开【移动或复制工作表】对话框

在【移动或复制工作表】对话框中，【工作簿】下拉列表中可以选择【复制】或【移动】的目标工作簿。用户可以选择当前 Excel 软件中所有打开的工作簿或新建工作簿，默认为当前工作簿。【下列选定工作表之前】下面的列表框中显示了指定工作簿中所包含的全部工作表，可以选择【复制】或【移动】工作表的目标排列位置。

在【移动或复制工作表】对话框中，选中【建立副本】复选框，则将为【复制】方式，取消该复选框的选中状态，则为【移动】方式。

另外，在复制和移动工作表的过程中，如果当前工作表与目标工作簿中的工作表名称相同，则会被自动重新命名，例如 Sheet1 将会被命名为 Sheet1(2)。

2. 通过拖动实现工作表的复制与移动

拖动工作簿标签来实现移动或者复制工作表的操作步骤非常简单，具体如下。

(1) 将鼠标光标移动至需要移动的工作表标签上，单击鼠标，鼠标指针下显示出文档的图标，此时可以拖动鼠标将当前工作表移动至其他位置，如图 2-19 所示。

(2) 拖动一个工作表标签至另一个工作表标签的上方时，被拖动的工作表标签前将出现黑色三角箭头图标，以此标识了工作表的移动插入位置，此时如果释放鼠标即可移动工作表，如图 2-20 所示。

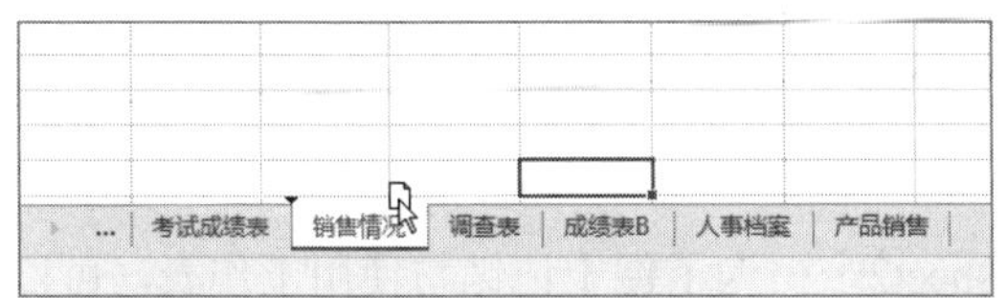

图 2-19　移动工作表

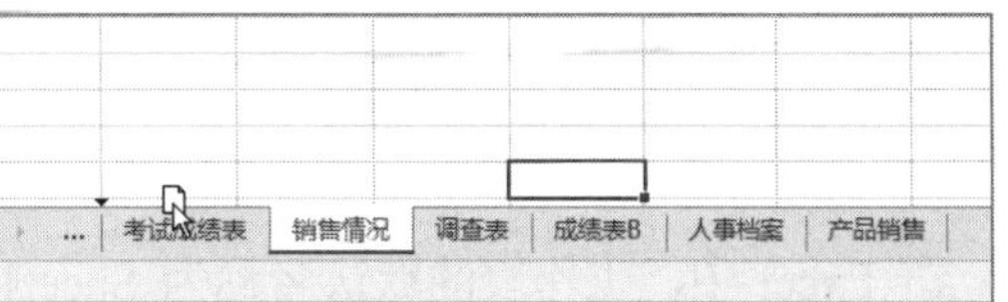

图 2-20　显示黑色三角箭头

(3) 如果按住鼠标左键的同时，按住 Ctrl 键，则执行【复制】操作，此时鼠标指针下将显示的文档图标上还会出现一个+号，以此来表示当前操作方式为【复制】，如图 2-21 所示。

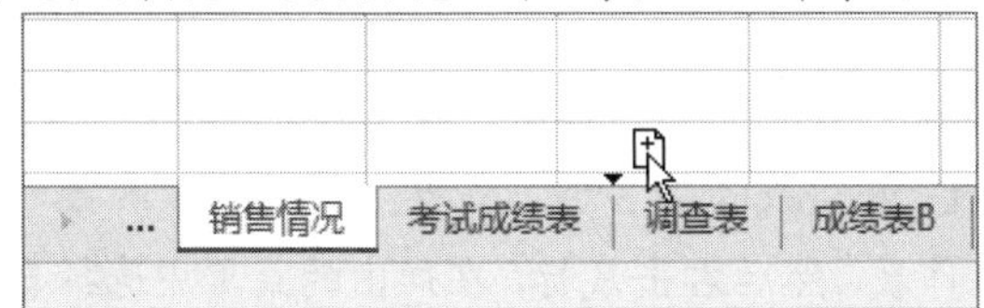

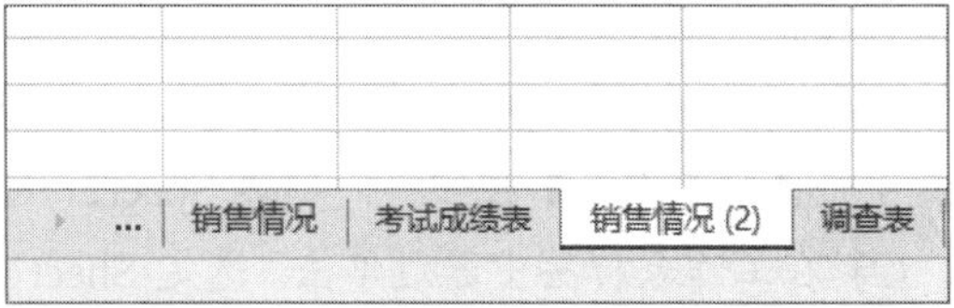

图 2-21　复制工作表

如在当前 Excel 工作窗口中显示了多个工作簿，拖动工作表标签的操作也可以在不同工作簿中进行。

2.2.4 删除工作表

对工作表进行编辑操作时，可以删除一些多余的工作表。这样不仅可以方便用户对工作表进行管理，也可以节省系统资源。在 Excel 2016 中删除工作表的常用方法如下所示。

- 在工作簿中选定要删除的工作表，在【开始】选项卡的【单元格】命令组中单击【删除】下拉按钮，在弹出的下拉列表中选择【删除工作表】命令即可，如图 2-22 所示。
- 右击要删除工作表的标签，在弹出的快捷菜单中选择【删除】命令，即可删除该工作表，如图 2-23 所示。

图 2-22　【删除】下拉列表

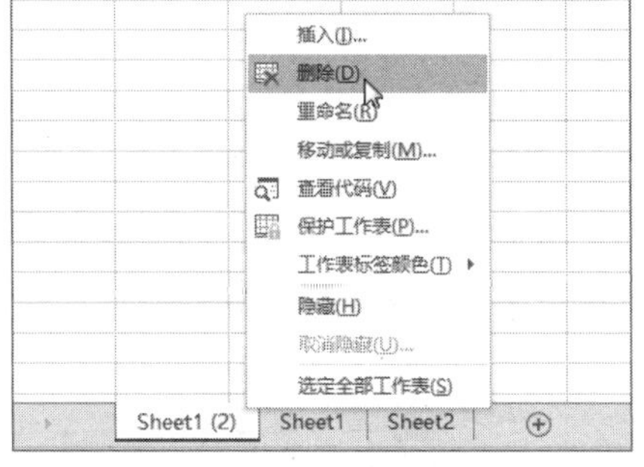

图 2-23　通过右击菜单删除工作表

提示

若要删除的工作表不是空工作表，则在删除时 Excel 2016 会弹出对话框，提示用户是否确认删除操作。

2.2.5 重命名工作表

在 Excel 中，工作表的默认名称为 Sheet1、Sheet2……为了便于记忆与使用工作表，可以重新命名工作表。在 Excel 2016 中右击要重新命名工作表的标签，在弹出的快捷菜单中选择【重命名】命令，即可为该工作表自定义名称。

【例 2-2】将“家庭支出统计表”工作簿中的工作表依次命名为“春季”“夏季”“秋季”与“冬季”。

(1) 在 Excel 2016 中新建一个名为“家庭支出统计表”的工作簿后，在工作表标签栏中连续单击 3 次【新工作表】按钮⊕，创建 Sheet2、Sheet3 和 Sheet4 等 3 个工作表。

(2) 在工作表标签中通过单击，选定 Sheet1 工作表，然后右击鼠标，在弹出的菜单中选择【重命名】命令，如图 2-24 所示。

(3) 输入工作表名称“春季”，如图 2-25 所示，按 Enter 键即可完成重命名工作表的操作。

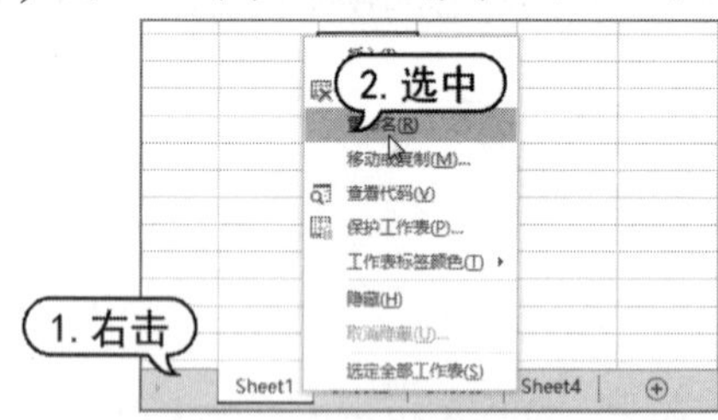

图 2-24 重命名 Sheet1 工作表

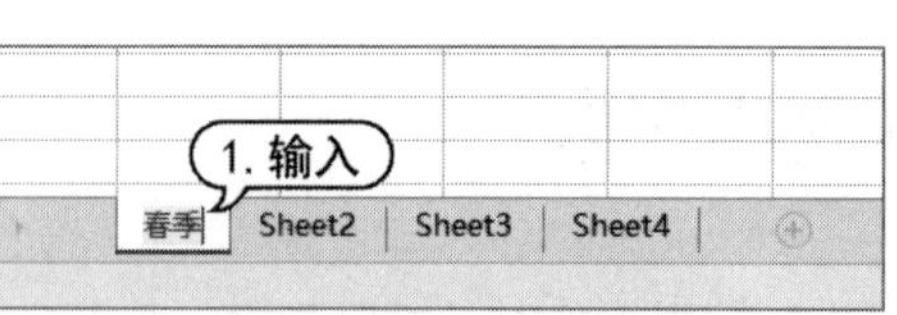

图 2-25 输入新工作表名称

(4) 重复以上操作，将 Sheet2 工作表重命名为“夏季”，将 Sheet3 工作表重命名为“秋季”，将 Sheet4 工作表重命名为“冬季”。

2.2.6 设置工作表标签颜色

为了方便用户对工作表进行辨识，将工作表标签设置不同的颜色是一种便捷的方法，具体操作步骤如下。

(1) 右击工作表标签，在弹出的菜单中选择【工作表标签颜色】命令。

(2) 在弹出的子菜单中选择一种颜色，即可为工作表标签设置该颜色，如图 2-26 所示。

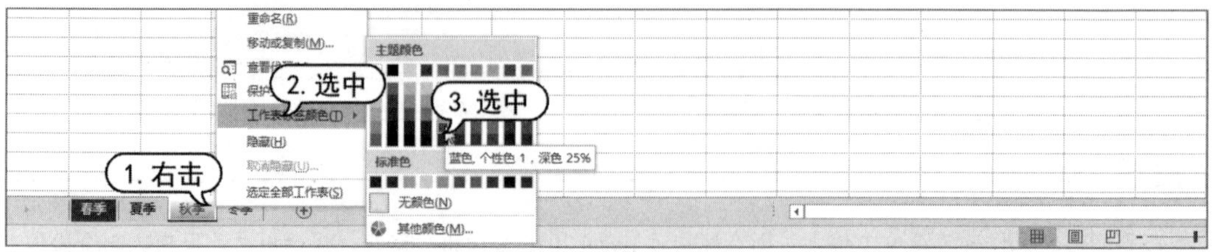

图 2-26 设置工作表标签颜色

计算机基础与实训教材系列

2.2.7　显示和隐藏工作表

在工作中，用户可以使用工作表隐藏功能，将一些工作表隐藏显示，具体方法如下。

- 选择【开始】选项卡，在【单元格】命令组中单击【格式】拆分按钮，在弹出的菜单中选择【隐藏和取消隐藏】|【隐藏工作表】命令，如图 2-27 所示。
- 右击工作表标签，在弹出的菜单中选择【隐藏】命令。

在 Excel 中无法隐藏工作簿中的所有工作表，当隐藏到最后一张工作表时，则会弹出如图 2-28 所示的对话框，提示工作簿中至少应含有一张可视工作表。

图 2-27　隐藏工作表

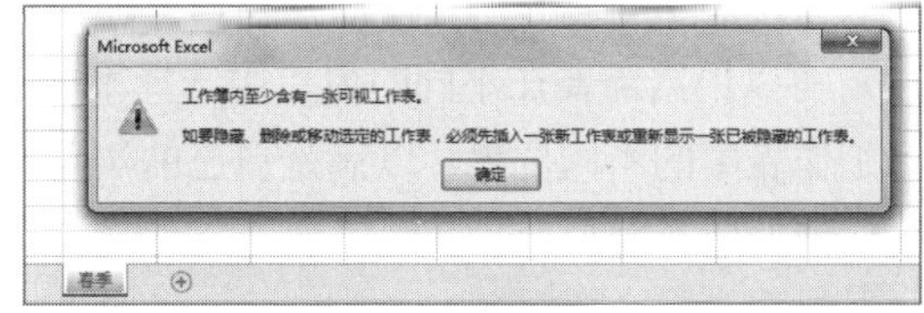

图 2-28　工作簿中至少应有一张可视的工作表

如果用户需要取消工作表的隐藏状态，可以参考以下几种方法。

- 选择【开始】选项卡，在【单元格】命令组中单击【格式】拆分按钮，在弹出的菜单中选择【隐藏和取消隐藏】|【取消隐藏工作表】命令，在打开的【取消隐藏】对话框中选择需要取消隐藏的工作表后，单击【确定】按钮，如图 2-29 所示。
- 在工作表标签上右击鼠标，在弹出的菜单中选择【取消隐藏】命令，如图 2-30 所示，然后在打开的【取消隐藏】对话框中选择需要取消隐藏的工作表，并单击【确定】按钮。

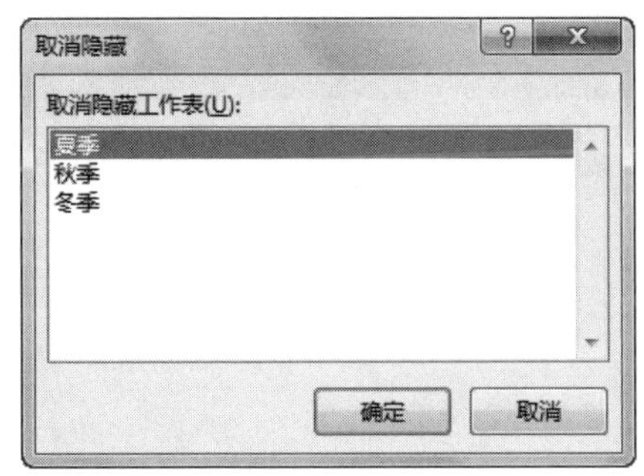

图 2-29　【取消隐藏】对话框

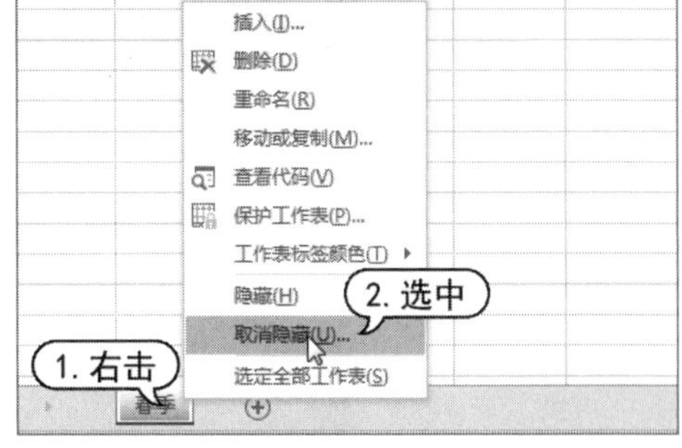

图 2-30　通过右键菜单取消工作表的隐藏状态

在取消隐藏工作操作时，应注意如下几点。

- Excel 无法一次性对多张工作表取消隐藏。

- 如果没有隐藏的工作表，则右击工作表标签后，【取消隐藏】命令显示为灰色不可用状态。
- 工作表的隐藏操作不会改变工作表的排列顺序。

2.3 控制工作窗口视图

在处理一些复杂的表格时，用户通常需要花费很多时间和精力，例如在切换工作簿、查找浏览和定位数据等烦琐的操作上。实际上，为了能够在有限的屏幕区域中显示更多有用的信息，以方便表格内容的查询和编辑，用户可以通过工作窗口的视图控制来改变窗口显示。

2.3.1 多窗口显示工作簿

在 Excel 工作窗口中同时打开多个工作簿时，通常每个工作簿只有一个独立的工作簿窗口，并处于最大化显示状态。通过【新建窗口】命令可以为同一个工作簿创建多个窗口。

用户可以根据需要在不同的窗口中选择不同的工作表为当前工作表，或者将窗口显示定位到同一个工作表中的不同位置，以满足自己的浏览与编辑需求。对表格所做的编辑修改将会同时反映在工作簿的所有窗口上。

1. 创建窗口

在 Excel 2016 中创建新窗口的方法如下。

(1) 选择【视图】选项卡，在【窗口】命令组中单击【新建窗口】按钮。

(2) 此时，即可为当前工作簿创建一个新的窗口，原有的工作簿窗口和新建的工作簿窗口都会相应地更改标题栏上的名称，如图 2-31 所示。

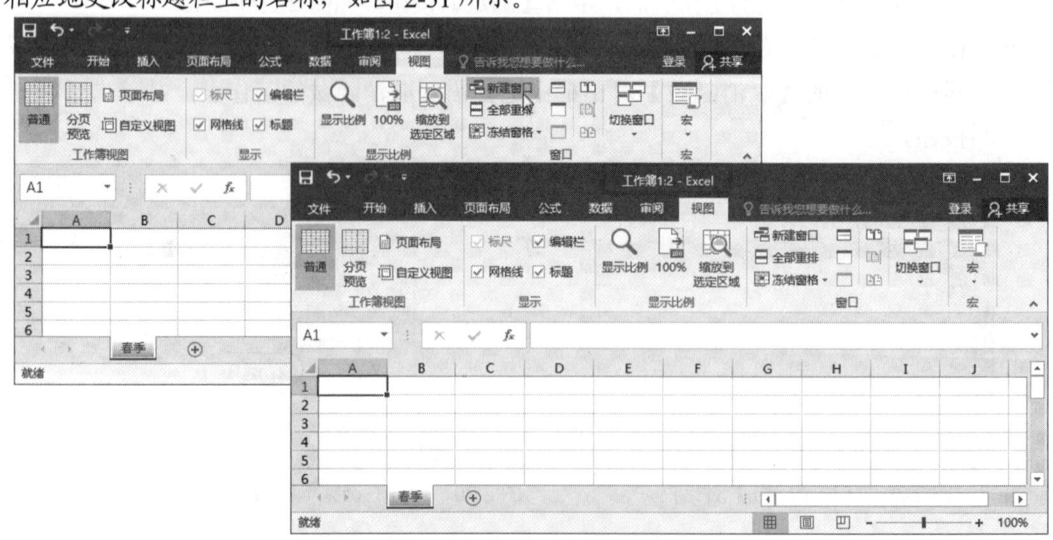

图 2-31　为同一个工作簿创建新的视图窗口

2. 切换窗口

在默认情况下，Excel 每一个工作簿窗口总是以最大化的形式出现在工作窗口中，并在工作窗口标题栏上显示自己的名称。

用户可以通过菜单操作将其他工作簿窗口选定为当前工作簿窗口，具体操作方法如下。

- 选择【视图】选项卡，在【窗口】命令组中单击【切换窗口】下拉按钮，在弹出的下拉列表中显示当前所有的工作簿窗口名称，单击相应的名称即可将其切换为当前工作簿窗口。如果当前打开的工作簿较多(9 个以上)，在【切换窗口】下拉列表上无法显示出所有窗口名称，则在该列表的底部将显示【其他窗口】命令，执行该命令将打开【激活】对话框，其中的列表框内将显示全部打开的工作簿窗口，如图 2-32 所示。

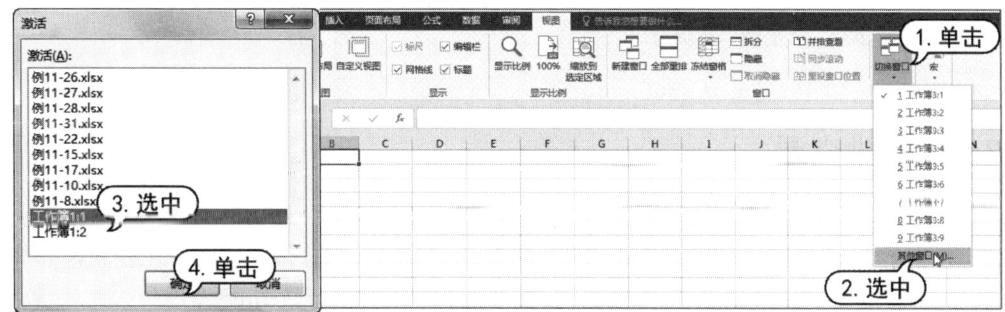

图 2-32　激活窗口

- 在 Excel 工作窗口中按下 Ctrl+F6 键或者 Ctrl+Tab 键，可以切换到上一个工作簿窗口。
- 单击 Windows 系统任务栏上的窗口图表，切换 Excel 工作窗口，或者按下 Alt+Tab 组合键进行程序窗口切换。

3. 重排窗口

当 Excel 中打开了多个工作簿窗口时，通过菜单命令或者手动操作的方法可以将多个工作簿以多种形式同时显示在 Excel 工作窗口中，这样可以在很大程度上方便用户检索和监控表格内容。

在功能区上选择【视图】选项卡，在【窗口】命令组中单击【全部重排】按钮，在打开的【重排窗口】对话框中选择一种排列方式(例如选中【平铺】单选按钮)，然后单击【确定】按钮，如图 2-33 所示。

图 2-33　重排窗口

此时，就可以将当前 Excel 软件中所有的工作簿窗口“水平并排”显示在工作窗口中，效果如图 2-34 所示。

通过【重排窗口】命令自动排列的浮动工作簿窗口，可以通过拖动鼠标的方法来改变其位置和窗口大小。将鼠标指针放置在窗口的边缘，按住鼠标左键拖动可以调整窗口的位置，拖动窗口的边缘则可以调整窗口的大小，如图 2-35 所示。

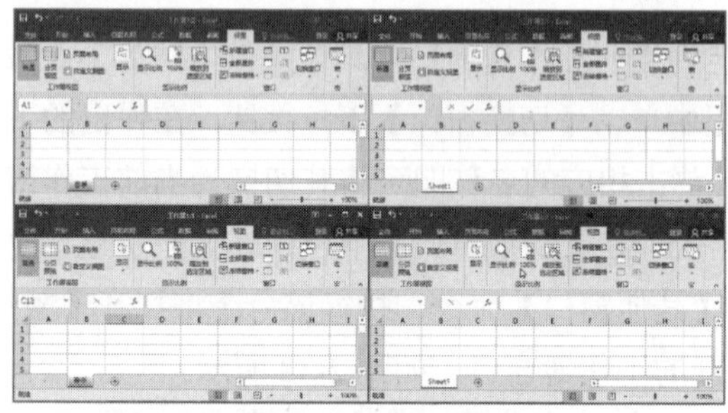

图 2-34 “平铺”显示窗口

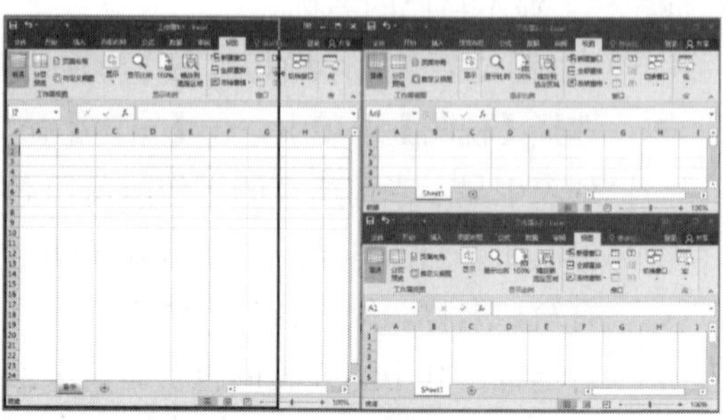

图 2-35 调整窗口大小

2.3.2 并排查看

在工作中的一些情况下，用户需要在两个同时显示的窗口中并排比较两个工作表，并要求两个窗口中的内容能够同步滚动浏览。此时，就需要用到“并排查看”功能。

“并排查看”是一种特殊的重排窗口方式，选定需要对比的两个工作簿窗口，在功能区中选择【视图】选项卡，在【窗口】命令组中单击【并排查看】按钮，如果当前打开了多个工作簿，将打开【并排比较】对话框，在其中选择需要进行对比的目标工作簿，然后单击【确定】按钮，如图 2-36 所示，即可将两个工作簿窗口并排显示在 Excel 工作窗口之中。

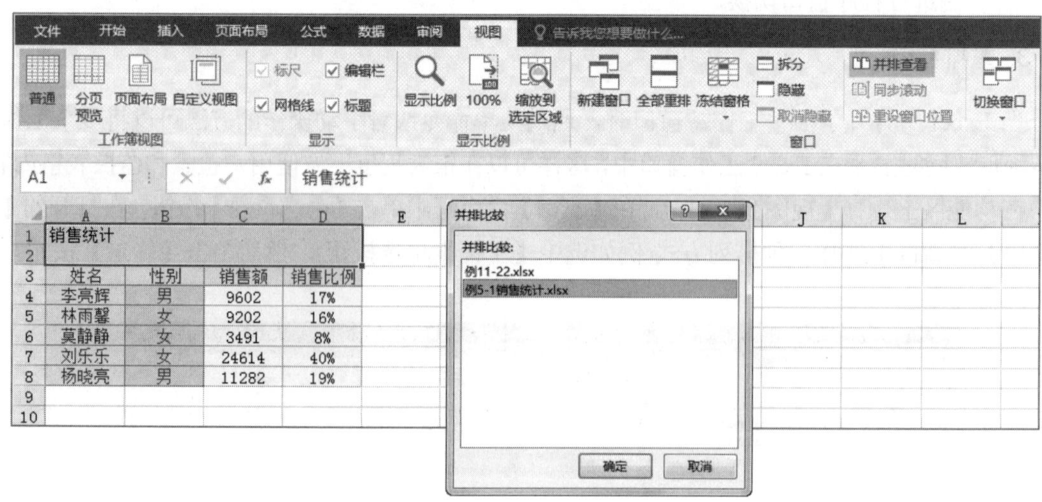

图 2-36 选择并排比较的工作簿

如果，当前只有两个工作簿被打开，则直接显示“并排比较”后的状态，效果如图 2-37 所示。

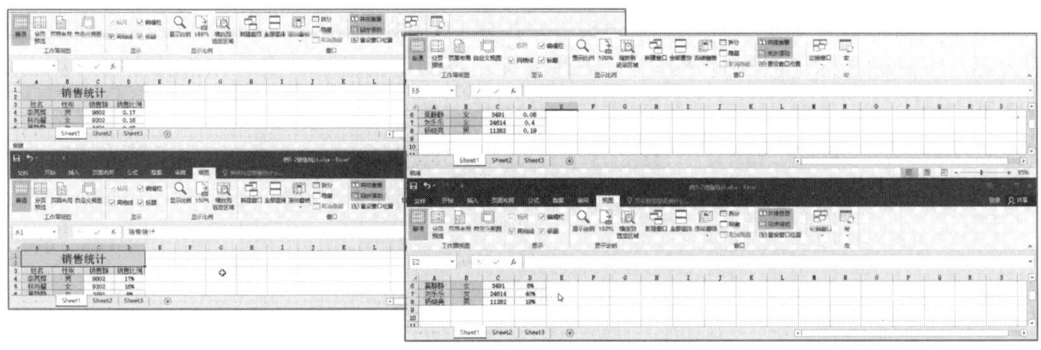

图 2-37　并排比较

设置并排比较命令后，当用户在其中一个窗口中滚动浏览内容时，另一个窗口也会随之同步滚动，“同步滚动”功能是并排比较与单纯的重排窗口之间最大的功能上的区别。通过单击【视图】选项卡上的【同步滚动】切换按钮，用户可以选择打开或者关闭自动同步窗口滚动的功能。

使用并排比较命令同时显示的两个工作簿窗口，在默认情况下是以水平并排的方式显示的，用户也可以通过重排窗口命令来改变它们的排列方式。对于排列方式的改变，Excel 具有记忆能力，在下次执行并排比较命令时，还将以用户所选择的方式来进行窗口的排列。如果要恢复初始默认的水平状态，可以在【视图】选项卡的【窗口】命令组中单击【重置窗口位置】按钮。当鼠标光标置于某个窗口上，再单击【重置窗口位置】按钮，则此窗口会置于上方。

若用户需要关闭并排比较工作模式，可以在【视图】选项卡中单击【并排查看】切换按钮，则取消“并排查看”功能(注意：单击【最大化】按钮，并不会取消“并排查看”)。

2.3.3　拆分窗口

对于单个工作表来说，除了通过新建窗口的方法来显示工作表的不同位置之外，还可以通过“拆分窗口”的办法在现有的工作表窗口中同时显示多个位置。

将鼠标指针定位在 Excel 工作区域中，选择【视图】选项卡，在【窗口】命令组中单击【拆分】切换按钮，即可将当前窗格沿着当前活动单元格左边框和上边框的方向拆分为 4 个窗口，如图 2-38 所示。

图 2-38　拆分窗口

每个拆分得到的窗格都是独立的，用户可以根据自己的需要让它们显示同一个工作表不同位置的内容。将鼠标光标定位到拆分条上，按住鼠标左键即可移动拆分条，从而改变窗格的布局，如图 2-39 所示。

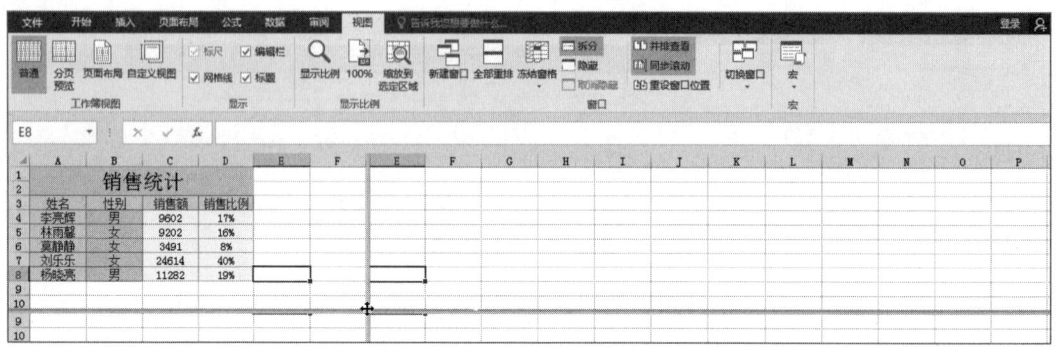

图 2-39　移动拆分条调整窗格布局

如果用户需要在窗口内去除某条拆分条，可以将该拆分条拖动到窗口的边缘或者在拆分条上双击。如果要取消整个窗口的拆分状态，可以选择【视图】选项卡，在【窗口】命令组中单击【拆分】切换按钮，进行状态的切换。

2.3.4　冻结窗格

在工作中对比复杂的表格时，经常需要在滚动浏览表格时，固定显示表头标题行。此时，使用“冻结窗格”命令可以方便地实现效果，具体方法如下。

【例 2-3】在【考试成绩表】工作表中固定 A 列和 1 行。

(1) 打开工作表后，选中 B2 单元格作为活动单元格。

(2) 选择【视图】选项卡，在【窗口】命令组中单击【冻结窗格】下拉按钮，在弹出的下拉列表中选择【冻结拆分窗格】命令，如图 2-40 所示。

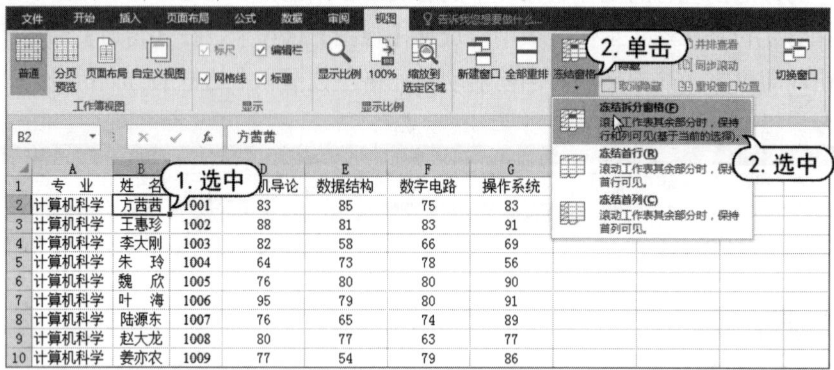

图 2-40　冻结窗格示例表格

(3) 此时，Excel 将沿着当前激活单元格的左边框和上边框的方向出现水平和垂直方向的两条黑线冻结线条，如图 2-41 所示。

	A	B	C	D	E	F	G	H	I	J
1	专　业	姓　名	编号	计算机导论	数据结构	数字电路	操作系统			
2	计算机科学	方茜茜	1001	83	85	75	83			
3	计算机科学	王惠珍	1002	88	81	83	91			
4	计算机科学	李大刚	1003	82	58	66	69			
5	计算机科学	朱　玲	1004	64	73	78	56			
6	计算机科学	魏　欣	1005	76	80	80	90			
7	计算机科学	叶　海	1006	95	79	80	91			
8	计算机科学	陆源东	1007	76	65	74	89			
9	计算机科学	赵大龙	1008	80	77	63	77			
10	计算机科学	姜亦农	1009	77	54	79	86			
11	计算机科学	陈　珉	1010	79	77	83	79			
12	计算机科学	杨　阳	1011	73	91	88	68			
13	计算机科学	唐蓟君	1012	86	66	76	77			
14	网络技术	李　林	1013	89	79	76	68			
15										
16										

黑色冻结线

图 2-41　冻结窗口效果

(4) 黑色冻结线左侧的【专业】列以及冻结线上方的标题行都被冻结。在沿着水平和垂直方向滚动浏览表格内容时，被冻结的区域始终保持可见。

除了上面介绍的方法以外，用户还可以在【冻结窗格】下拉列表中选择【冻结首行】或【冻结首列】命令，快速冻结表格的首行或者首列。

如果用户需要取消工作表的冻结窗格状态，可以在 Excel 功能区上再次单击【视图】选项卡上的【冻结窗格】下拉按钮，在弹出的下拉列表中选择【取消冻结窗格】命令。

2.3.5　缩放窗口

对于一些表格内容较小不容易分辨，或者是表格内容范围较大，无法在一个窗口中浏览全局的情况下，使用窗口缩放功能可以有效地解决问题。在 Excel 中，缩放工作窗口有以下几种方法。

- 选择【视图】选项卡，在【显示比例】命令组中单击【显示比例】按钮，在打开【显示比例】对话框中设定窗口的显示比例，如图 2-42 所示。
- 在状态栏中调整如图 2-43 所示的移动滑块，调节工作窗口的缩放比例。

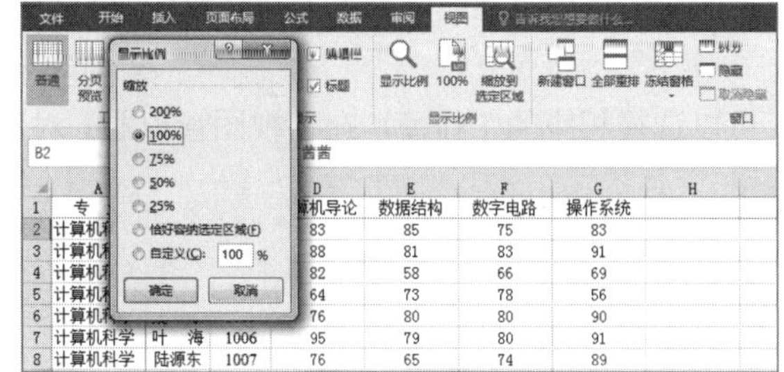

图 2-42　打开【显示比例】对话框

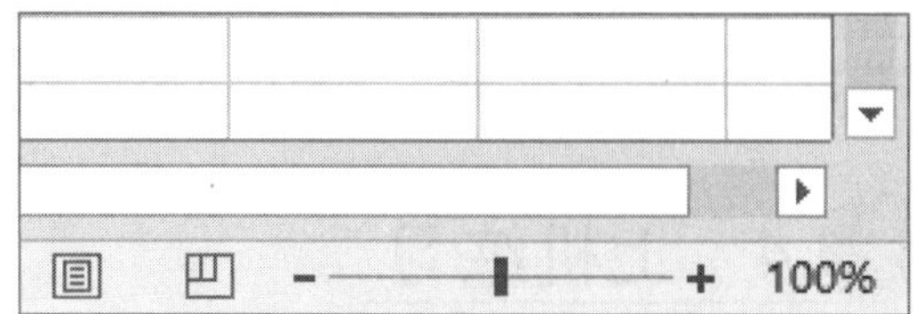

图 2-43　状态栏上的缩放比例调整滑块

2.3.6 自定义视图

在用户对工作表进行了各种视图显示调整之后，如果需要保存设置的内容，并在今后的工作中能够随时使用这些设置后的视图显示，可以通过【视图管理器】来轻松实现，具体操作方法如下。

(1) 选择【视图】选项卡，在【工作簿视图】命令组中单击【自定义视图】按钮。

(2) 打开【视图管理器】对话框，单击【添加】按钮，如图 2-44 所示。

(3) 打开【添加视图】对话框，在【名称】文本框中输入创建的视图所定义的名称，然后单击【确定】按钮，如图 2-45 所示，即可完成自定义视图的创建。

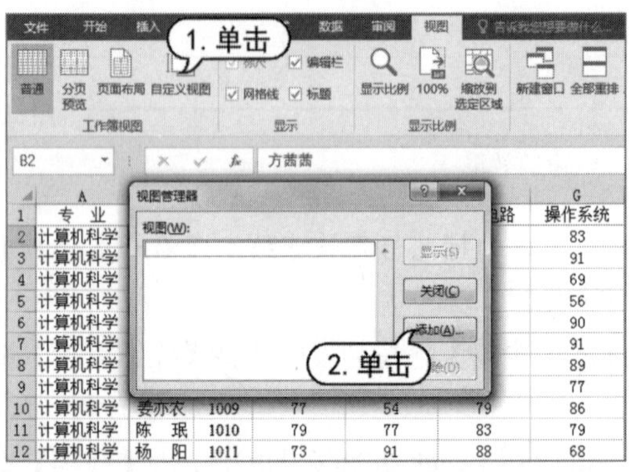

图 2-44　打开【视图管理器】对话框

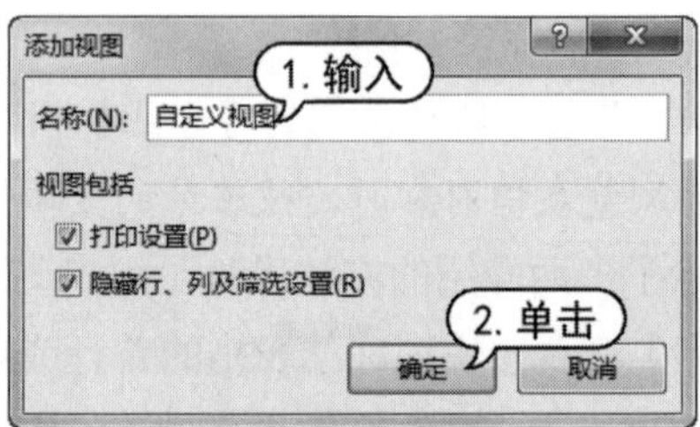

图 2-45　【添加视图】对话框

在【添加视图】对话框中，【打印设置】和【隐藏行、列及筛选设置】两个复选框为用户选择需要保存在视图中的相关设置内容，通过选中这两个复选框，用户在当前视图窗口中所进行过的打印设置以及行列隐藏、筛选等设置也会保留在保存的自定义视图中。

视图管理器所能保存的视图设置包括窗口的大小、位置、拆分窗口、冻结窗格、显示比例、打印设置、创建视图时的选定单元格、行列的隐藏、筛选，以及【选项】对话框的许多设置。需要调用自定义视图的显示时，用户可以重复以上操作步骤(1)的操作，打开【视图管理器】对话框，在该对话框中选择相应的视图名称，然后单击【显示】按钮即可。

创建的自定义视图名称均保存在当前工作簿中，用户可以在同一个工作簿中创建多个自定义视图，也可以为不同的工作簿创建不同的自定义视图，但是在【视图管理器】对话框中，只显示出当前激活的工作中所保存的视图名称列。

如果用户需要删除已经保存的自定义视图，可以选择相应的工作簿，在【视图管理器】对话框中选择相应的视图名称，然后单击【删除】按钮。

2.4 上机练习

本章的上机练习将通过实例介绍在 Excel 2016 中管理工作表与工作簿的技巧，例如查看固定常用文档、查看工作簿路径等。

2.4.1 设置固定查看常用文档

在使用 Excel 处理数据时，经常需要重复打开相同的文档。一般情况下，用户打开文档的方法是直接找到文档的存储位置，然后双击打开文档。除此之外，还可以在 Excel 2016 中设置最近使用的工作簿来轻松找到常用文档。

(1) 单击【文件】按钮，在打开的【信息】界面中选择【选项】命令。

(2) 在打开的【Excel 选项】对话框中，选择对话框左侧列表框中的【高级】选项，然后在对话框右侧的选项区域中，设置【显示此数目的“最近使用的工作簿”】文本框参数为 10，如图 2-46 所示。

(3) 在【Excel 选项】对话框中单击【确定】按钮后，返回【信息】界面，在该界面中选择【打开】命令，在显示的选项区域中可以查看最近打开的 10 个工作簿记录。

(4) 在【最近使用的工作簿】列表框中单击需要固定的文档后的【将此项目固定到列表】按钮，将其固定于列表中，如图 2-47 所示。

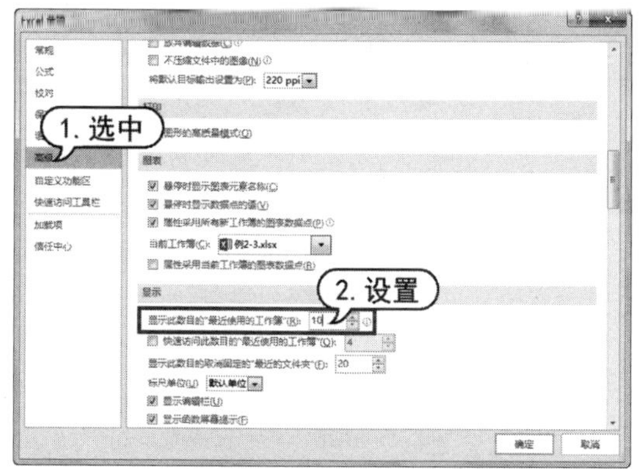

图 2-46 【Excel 选项】对话框

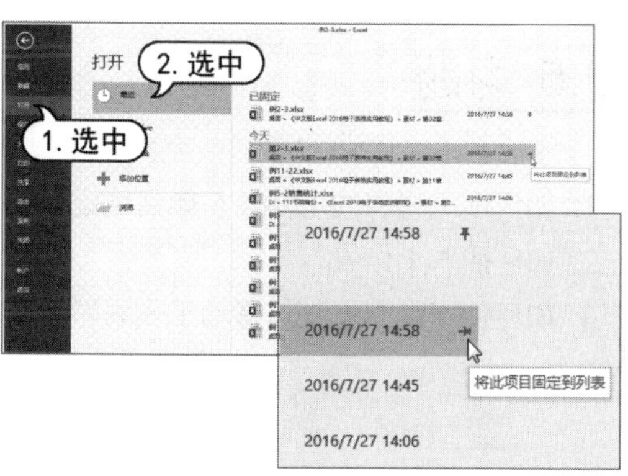

图 2-47 【最近使用的工作簿】列表框

(5) 重复步骤(1)(2)的操作，打开【Excel 选项】对话框，然后在该对话框中设置【显示此数目的“最近使用的工作簿”】文本框参数为 2。此时，用户会发现固定的文档将在【打开】选项区域中保持不变，而新打开的文档名称将无法在该列表框中显示。

2.4.2 查看工作簿路径

Excel 是目前使用最广泛的数据处理软件，许多用户在电脑中往往会存储多个 Excel 文件，并且多个 Excel 文件可能会被存储在不同的位置中。一般情况下，Excel 界面中不会直接显示文件路径，用户可以通过下面介绍的方法来查看工作簿的路径。

(1) 单击【文件】按钮，在打开界面中选择【选项】命令，打开【Excel 选项】对话框。

(2) 在【Excel 选项】对话框左侧的列表框中选择【快速访问工具栏】选项，在对话框右侧的选项区域中单击【从下列位置选择命令】下拉列表按钮，在弹出的下拉列表中选择【所有命令】

选项，然后选择【文档位置】选项，并单击【添加】按钮，如图 2-48 所示。

(3) 此时，Excel 界面左上方的快速访问工具栏中将显示【文档位置】文本框，该文本框中将显示当前打开文档的路径，如图 2-49 所示。

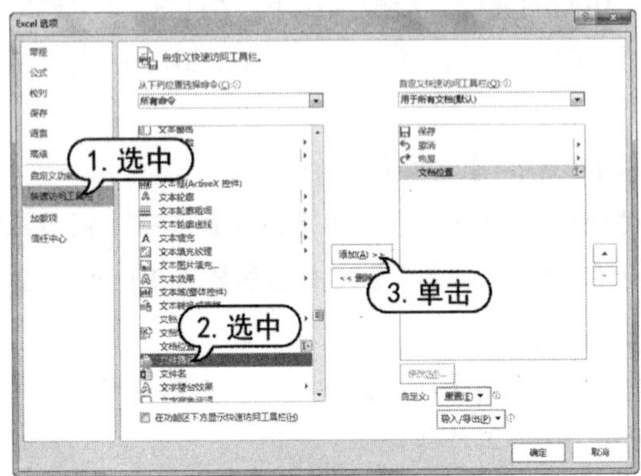

图 2-48 【Excel 选项】对话框

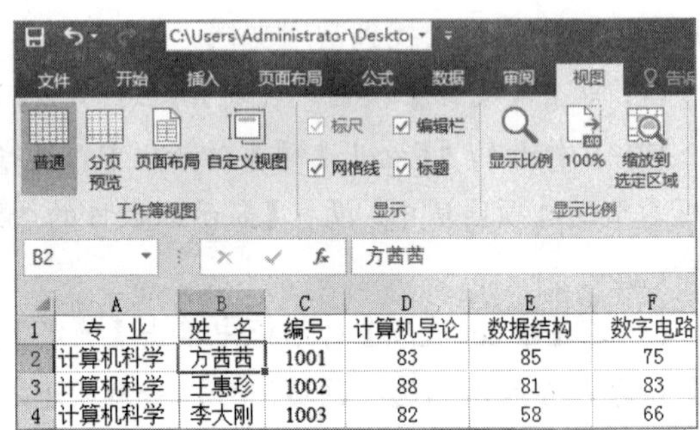

图 2-49 【文档位置】文本框

2.5 习题

1. 如何选定相邻的工作表？如何选定不相邻的工作表？
2. 如何插入工作表？
3. 如何使用鼠标复制与移动工作表？

第3章 认识行、列及单元格

学习目标

本章将重点介绍 Excel 中行、列及单元格等重要对象的操作，帮助用户理解这些对象的概念以及基本的操作方法与技巧。

本章重点

- 行与列的基础知识
- 在表格中插入行与列
- 移动和复制行与列
- 删除表格中的行与列
- 单元格的基本概念
- 选取表格中的单元格区域

3.1 认识行与列

Excel 作为一款电子表格软件，其最基本的操作形态是标准的表格——由横线和竖线组成的格子。在工作表中，由横线分隔出的区域被称为“行”(Row)，而被竖线分隔出的区域被称为“列”(Column)。行与列相互交叉形成的一个个格子被称为“单元格”(Cell)。

3.1.1 行与列的概念

在 Excel 窗口中，一组垂直的灰色阿拉伯数字标识了电子表格的行号；而另一组水平的灰色标签中的英文字母，则标识了电子表格的列号，这两组标签在 Excel 中分别被称为“行号”和“列标”，如图 3-1 所示。

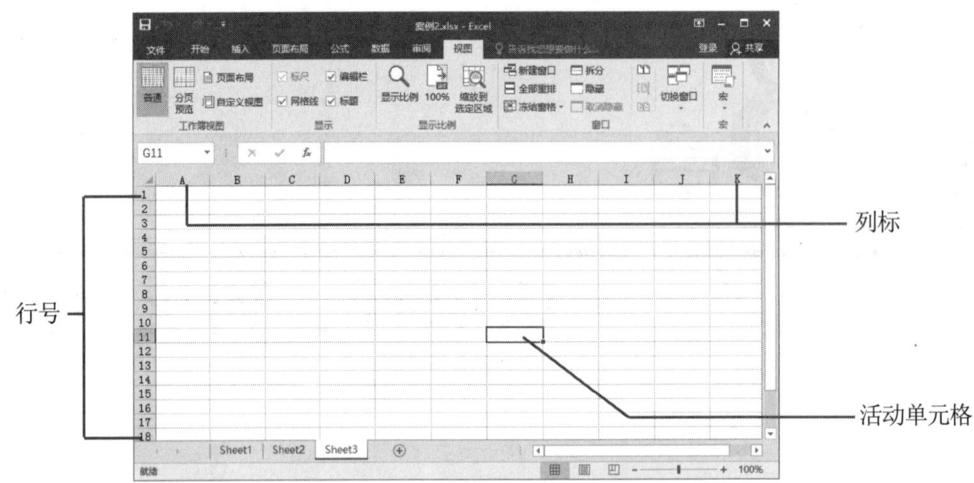

图 3-1　行号和列标以及由行与列组成的单元格

在 Excel 工作表区域中，用于划分不同行列的横线和竖线被称为“网格线”。它们可以使用户更加方便地辨别行、列及单元格的位置，在默认情况下，网格线不会随着表格数据的内容被打印出来。用户可以设置关闭网格线的显示或者更改网格线的颜色，以适应不同工作环境的需求，具体操作方法如下。

【例 3-1】在 Excel 中设置更改网格线的颜色。

(1) 打开【Excel 选项】对话框后，选择【高级】选项卡，在窗口右侧选中【显示网格线】复选框，设置在窗口中显示网格线。

(2) 单击【网格线颜色】下拉列表按钮，在弹出的下拉列表中选择【红色】选项，然后单击【确定】按钮，完成对网格线颜色的设置，效果如图 3-2 所示。

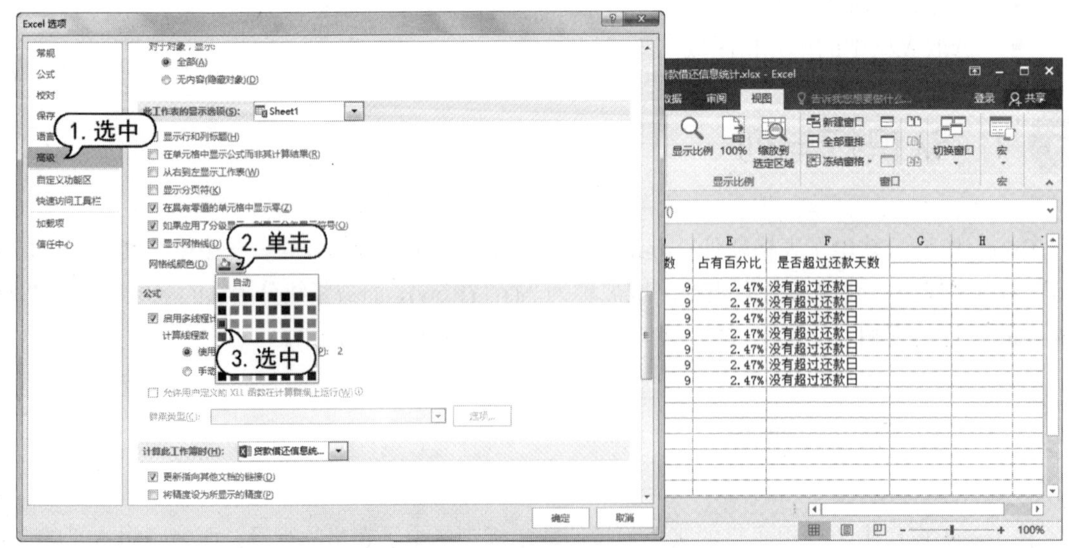

图 3-2　网格线颜色的设置及设置效果

网格线的选项设置只对设置的目标工作表有效，目标工作表可以在图 3-2 所示【Excel 选项】对话框中的【此工作表的显示选项】右侧的下拉菜单中选择。

3.1.2　行与列的范围

在 Excel 2016 中，工作表的最大行号为 1 048 576(即 1 048 576 行)，最大列表为 XFD 列(A~Z、AA~XFD，即 16 384 列)。在一张空白工作表中，选中任意单元格，在键盘上按下 Ctrl+向下方向键。就可以迅速定位到选定单元格所在列向下连续非空的最后一行(若整列为空或选择单元格所在列下方均为空，则定位到当前列的 1 048 576 行)；按下 Ctrl+向右方向键，则可以迅速定位到选定单元格所在行向右连续非空的最后一列(若整行为空或者选择单元格所在行右方均为空，则定位到当前行的 XFD 列)；按下 Ctrl+Home 键，可以迅速定位到表格定义的左上角单元格，按下 Ctrl+End 键，可以迅速定位到表格定义的右下角单元格。

按照以上行列数量计算，最大行×最大列=17 179 869 184。如此巨大的空间，对于一般应用来说，已经足够了，并且这已经超过交互式网页格式所能存储的单元格数量。

提示

Excel 左上角单元格并不一定是 A1 单元格，它只是一个相对位置，例如当工作表设置冻结窗格时，按下 Ctrl+Home 组合键到达的位置为设置冻结窗格所在的单元格位置，这个单元格不一定是 A1 单元格。

3.1.3　A1 和 R1C1 引用样式

1. A1 引用样式

以数字为行号、以字母为列标的标记方式为“A1 引用样式”，这是 Excel 默认使用的引用样式。在使用“A1 引用样式”的状态下，工作表的任意一个单元格都会以其所在列的字母标号加上所在行的数字标号作为它的位置标志。例如，A1 表示 A 列第一行的单元格，AB23 表示 AB 列(第 28 列)第 23 行的单元格。

在 Excel 的名称框中输入字母+数字的组合，即表示单元格地址，可以快速定位到该地址，例如，在名称框输入 H12，就能够快速定位到 H 列第 12 行的所在位置。当然，这里输入的字母+数字组合不能超出工作表的范围。

2. R1C1 引用样式

除了“A1 引用样式”，Excel 还有“R1C1 引用样式”(在【Excel 选项】对话框中选择【公式】选项卡，选中【R1C1 引用样式】复选框可以启用该引用样式)。“R1C1 引用样式”是以字母 R+行号数字+字母 C+列号数字来标记单元格位置，其中字母 R 就是行(Row)的缩写，字母 C 就是(Column)的缩写。这样的标记含义也就是传统习惯上的定位方式(第几行第几列)。例如，“R5C8”

表示位于第5行第8列的单元格，如图3-3所示，而最右下角的单元格地址就是R1 048 576C16 384。

当 Excel 处于“R1C1 引用样式”的状态时，工作表列表标签的字母会显示为数字，如图 3-4 所示。此时，在工作表的名称框里输入如 RnCm 的组合，即表示 R1C1 形式的单元格地址，可以快速定位到该地址，例如在名称框中输入 R12C16 则可以定位到第 12 行第 16 列的单元格。

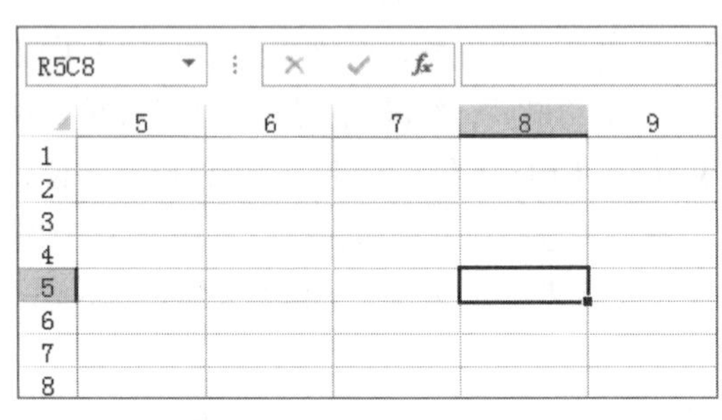

图 3-3　R5C8 单元格

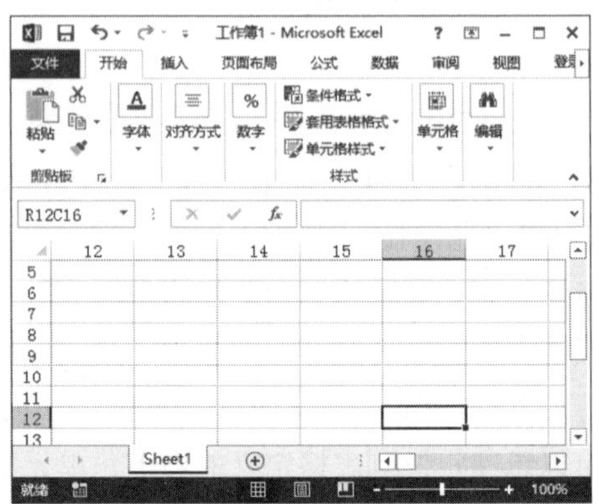

图 3-4　“R1C1 引用样式”

与“A1 引用样式”有区别的是，“R1C1 引用样式”不仅仅可以标记单元格的绝对位置，还能标记单元格的相对位置。

计算机基础与实训教材系列

3.2　行与列的基本操作

本节将详细介绍 Excel 2016 中与行列相关的各项操作方法。

3.2.1　选择行和列

1. 选定单行或单列

单击某个行号或者列标签即可选中相应的整行或者整列。当选中某行后，此行的行号标签会改变颜色，所有的列标签会加亮显示，此行的所有单元格也会加亮显示，以此来表示此行当前处于选中状态。相应地，当列被选中时也会有类似的显示效果。

除此之外，使用快捷键也可以快速地选定单行或者单列，操作方法如下：鼠标选中单元格后，按下 Shift+空格键，即可选定单元格所在的行；按下 Ctrl+空格键，即可选定单元格所在的列。

2. 选定相邻连续的多行或者多列

在 Excel 中用鼠标单击某行(或某列)的标签后，按住鼠标不放，向上或者向下拖动，即可选中该行相邻的连续多行。选中多列的方法与此相似(鼠标向左或者向右拖动)。拖动鼠标时，行或列标签旁会出现一个带数字和字母内容的提示框，显示当前选中的区域中有多少列，如图 3-5 所示。

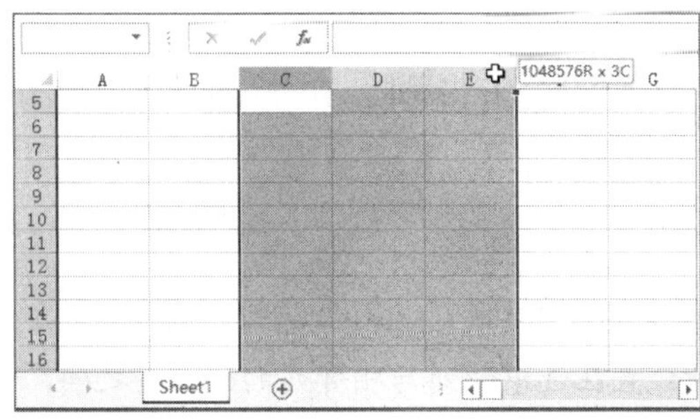

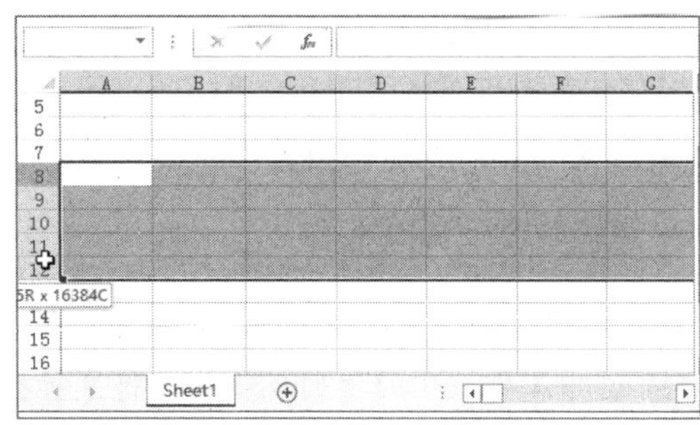

图 3-5 选中相邻的连续多行与多列

选定某行后按下 Ctrl+Shift+向下方向键，如果选定行中活动单元格以下的行都不存在非空单元格，则将同时选定该行到工作表中的最后可见行。同样，选定某列后按下 Ctrl+Shift+向右方向键，如果选定列中活动单元格右侧的列中不存在非空单元格，则将同时选定该列到工作表中的最后可见列。使用相反的方向键则可以选中相反方向的所有行或列。

另外，单击行列标签交叉处的【全选】按钮◢，可以同时选中工作表中的所有行和所有列，即选中整个工作表区域。

3. 选定不相邻的多行或者多列

要选定不相邻的多行，可以通过如下操作实现。选中单行后，按下 Ctrl 键不放，继续使用鼠标单击多个行标签，直至选择完所有需要选择的行，然后松开 Ctrl 键，即可完成不相邻的多行的选择。如果要选定不相邻的多列，方法与此相似。

3.2.2 设置行高和列宽

1. 精确设置行高和列宽

在 Excel 2016 中用户可以参考下面介绍的步骤精确设定行高和列宽。

(1) 选中需要设置的行高，选择【开始】选项卡，在【单元格】命令组中单击【格式】拆分按钮，在弹出的菜单中选择【行高】选项，如图 3-6 所示。

(2) 打开【行高】对话框，输入所需设定的行高数值，单击【确定】按钮，如图 3-7 所示。

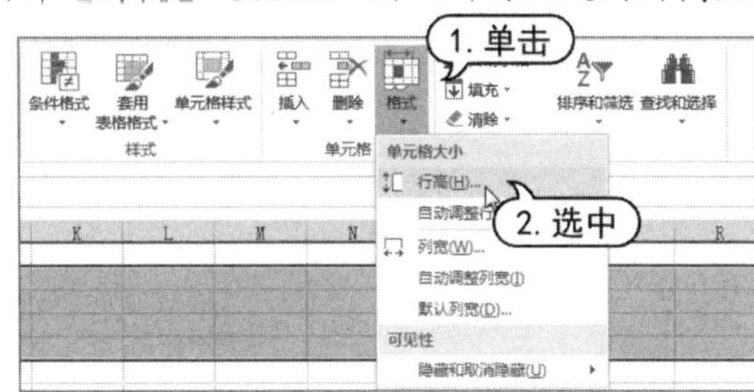

图 3-6 设置行高

图 3-7 【行高】对话框

(3) 设置列宽的方法与设置行高的方法类似。

除了上面介绍的方法以外，用户还可以在选中行或列后，右击鼠标，在弹出的菜单中选择【行高】(或者【列宽】)命令，设置行高或列宽。

2. 直接改变行高和列宽

用户可以直接在工作表中通过拖动鼠标的方式来设置选中行的行高和列宽，操作方法如下。

(1) 选中工作表中的单列或多列，将鼠标指针放置在选中的列与相邻列的列标签之间，如图3-8 所示。

(2) 按住鼠标左键不放，向左侧或者右侧拖动鼠标，此时在列标签上方将显示一个提示框，显示当前的列宽，如图 3-9 所示。

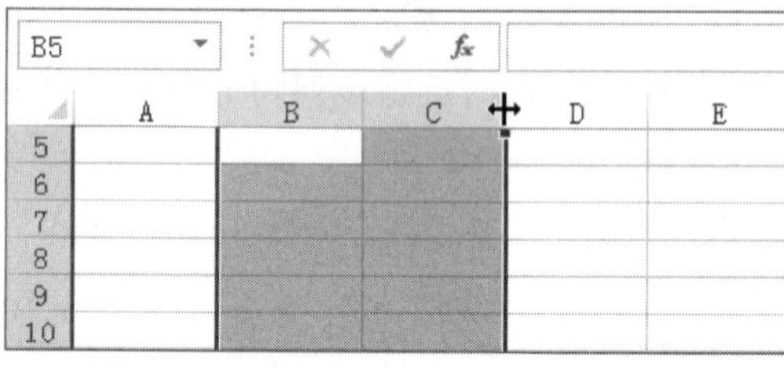

图 3-8　将鼠标指针放置在选中列的边缘

图 3-9　显示列宽提示

(3) 当调整到所需列宽时，释放鼠标左键即可完成列宽的设置(设置行高的方法与以上操作类似)。

3. 设置合适的行高和列宽

如果某个表格中设置了多种行高或列宽，或者该表格中的内容长短不齐，会使表格的显示效果较差，影响数据的可读性，如图 3-10 所示。此时，用户可以在 Excel 中执行以下操作，调整表格的行高与列宽至最佳状态。

(1) 选中表格中需要调整行高的行，在【开始】选项卡的【单元格】命令组中单击【格式】拆分按钮，在弹出的菜单中选择【自动调整行高】选项，如图 3-11 所示。

图 3-10　参差不齐的行列设置

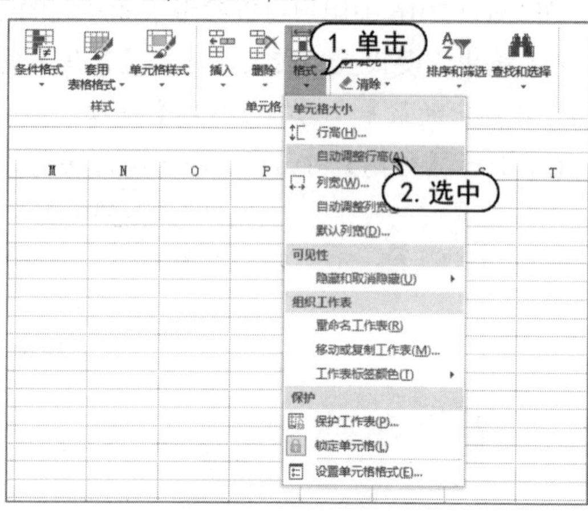

图 3-11　自动调整行高

(2) 选中表格中需要调整列宽的列，重复步骤(1)的操作，单击【格式】拆分按钮，在弹出的下拉列表中选择【自动调整列宽】选项，调整选中表格的列宽，完成后表格的行高与列宽的调整效果如图 3-12 所示。

除了上面介绍的方法以外，还有一种更加快捷的方法可以用来快速调整表格的行高和列宽：同时选中需要调整列宽(或行高)的多列(多行)，将鼠标指针放置在列(或行)的边缘上，此时，鼠标箭头显示为一个黑色双向的图形，如图 3-13 所示，双击鼠标即可完成设置"自动调整列宽"的操作。

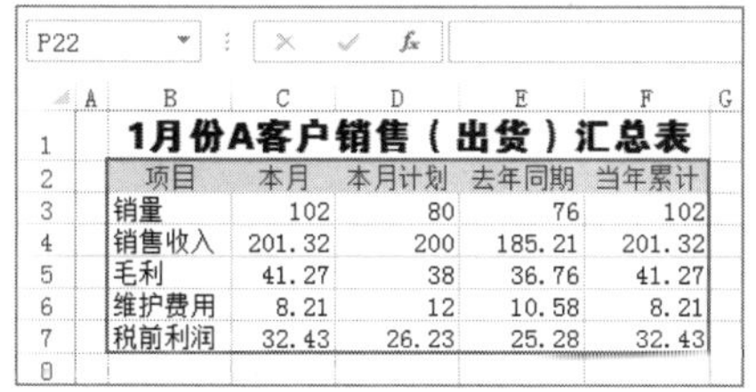

1月份A客户销售（出货）汇总表

项目	本月	本月计划	去年同期	当年累计
销量	102	80	76	102
销售收入	201.32	200	185.21	201.32
毛利	41.27	38	36.76	41.27
维护费用	8.21	12	10.58	8.21
税前利润	32.43	26.23	25.28	32.43

图 3-12　行高与列宽调整效果

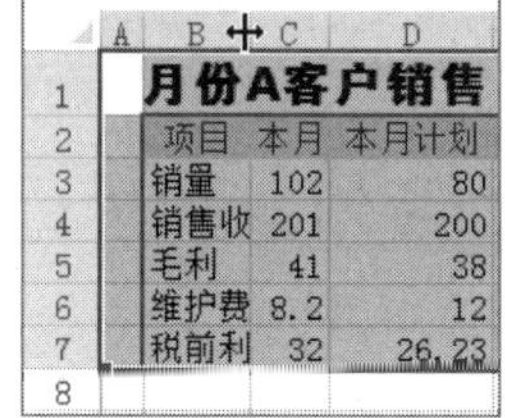

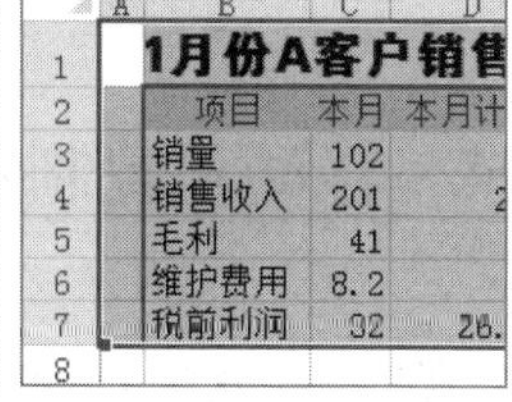

图 3-13　双击标签边缘调整行高/列宽

4. 设置标准列宽

在如图 3-11 所示的【格式】菜单中，选择【默认列宽】命令，可以在打开的【标准列宽】对话框中，一次性修改当前工作表的所有单元格的默认列宽。但是该命令对已经设置过列宽的列无效，也不会影响其他工作表以及新建的工作表或工作簿。

3.2.3　插入行与列

用户有时需要在表格中增加一些条目的内容，并且这些内容不是添加在现有表格内容的末尾，而是插入到现有表格的中间，这时就需要在表格中插入行或者插入列。

选中表格中的某行，或者选中行中的某个单元格，然后执行以下操作可以在行之前插入新行。

- 选择【开始】选项卡，在【单元格】命令组中单击【插入】拆分按钮，在弹出的菜单中选择【插入工作表行】命令，如图 3-14 所示。
- 选中并右击某行，在弹出的菜单中选择【插入】命令，如图 3-15 所示，

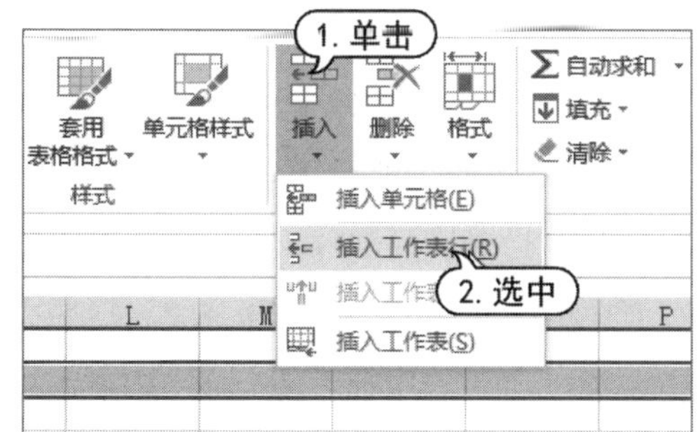

图 3-14　【插入】拆分按钮

图 3-15　通过右键菜单插入行

◉ 选中并右击某个单元格，在弹出的菜单中选择【插入】命令，打开【插入】对话框，选中【整行】单选按钮，然后单击【确定】按钮。

◉ 在键盘上按下 Ctrl+Shift+=键，打开【插入】对话框，选中【整行】单选按钮，并单击【确定】按钮。

插入列的方法与插入行的方法类似，同样也可以通过列表、右键快捷菜单和键盘快捷键等几种方法操作。

另外，如果用户在执行插入行或列操作之前，选中连续的多行(或多列)，在执行【插入】操作后，会在选定位置之前插入与选定行、列相同数量的多行或多列。

3.2.4 移动和复制行与列

用户有时会需要在 Excel 中改变表格行列内容的放置位置与顺序，这时可以使用“移动”行或者列的操作来实现。

1. 通过菜单移动行或列

实现移动行列的基本操作方法是通过【开始】选项卡中的菜单来实现的，具体操作方法如下。

(1) 选中需要移动的行(或列)，在【开始】选项卡的【剪贴板】命令组中单击【剪切】按钮✂，也可以在右键菜单中选择【剪切】命令，或者按下 Ctrl+X 键。此时，当前被选中的行将显示虚线边框，如图 3-16 所示。

(2) 选中需要移动的目标位置行的下一行，在【单元格】命令组中单击【插入】拆分按钮，在弹出的菜单中选择【插入剪切的单元格】命令，也可以在右键菜单中选择【插入剪切的单元格】命令，或者按下 Ctrl+V 组合键即可完成移动行操作，如图 3-17 所示。

1月份B客户销售（出货）汇总表

项目	本月	本月计划	去年同期	当年累计
销量	12	15	18	12
销售收入	33.12	36	41.72	33.12
毛利	3.65	5.5	34.8	3.65
维护费用	1.23	2	1.8	1.23
税前利润	2.12	2.1	2.34	2.12

图 3-16 剪切行

1月份B客户销售（出货）汇总表

项目	本月	本月计划	去年同期	当年累计
销售收入	33.12	36	41.72	33.12
销量	12	15	18	12
毛利	3.65	5.5	34.8	3.65
维护费用	1.23	2	1.8	1.23
税前利润	2.12	2.1	2.34	2.12

图 3-17 移动行

完成移动操作后，需要移动的行的次序调整到目标位置之前，而此行的原有位置则被自动清除。如果用户在步骤(1)中选定连续的多行，则移动行的操作也可以同时对连续多行执行。非连续的多行无法同时执行剪切操作。移动列的操作方法与移动行的方法类似。

2. 拖动鼠标移动行或列

相比使用菜单方式移动行或列，直接使用鼠标拖动的方式可以更加直接方便地移动行或列，具体方法如下。

(1) 选中需要移动的行，将鼠标移动至选定行的黑色边框上，当鼠标指针显示为黑色十字箭头图标时，按住鼠标左键，并在键盘上按下 Shift 键不放。

(2) 拖动鼠标，将显示一条工字型线，显示移动行的目标插入位置，如图 3-18 所示。

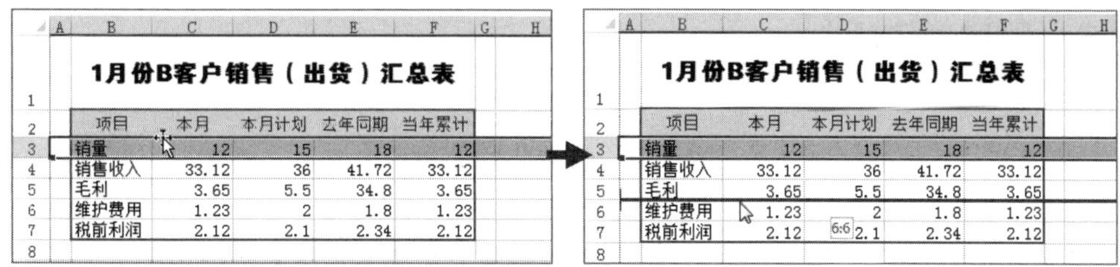

图 3-18　通过拖动鼠标移动行

(3) 拖动鼠标直到工字型虚线位于需要移动的目标位置，释放鼠标即可完成选定行的移动操作。

鼠标拖动实现移动列的操作与此类似。如果选定连续多行或者多列，同样可以拖动鼠标执行同时移动多行或者多列到指定的目标位置。但是无法对选定的非连续多行或者多列同时执行拖动移动操作。

3. 通过菜单复制行或列

复制行或列与移动行或列的操作方式十分相似，具体方法如下。

(1) 选中需要复制的行，在【开始】选项卡的【剪贴板】命令组中单击【复制】按钮，或者按下 Ctrl+C 键。此时当前选定的行会显示出虚线边框。

(2) 选定需要复制的目标位置行的下一行，在【单元格】命令组中单击【插入】拆分按钮，在弹出的菜单中选择【插入复制的单元格】命令，也可以在右键菜单中选择【插入复制的单元格】命令，即可完成复制行插入至目标位置的操作。

4. 拖动鼠标复制行或列

使用拖动鼠标方式复制行的方法与移动行的方法类似，具体操作方式有以下两种。

- 选定数据行后，按下 Ctrl 键不放的同时拖动鼠标，鼠标指针旁显示+号图标，目标位置出现如图 3-19 所示的虚线框，表示复制的数据将覆盖原来区域中的数据。

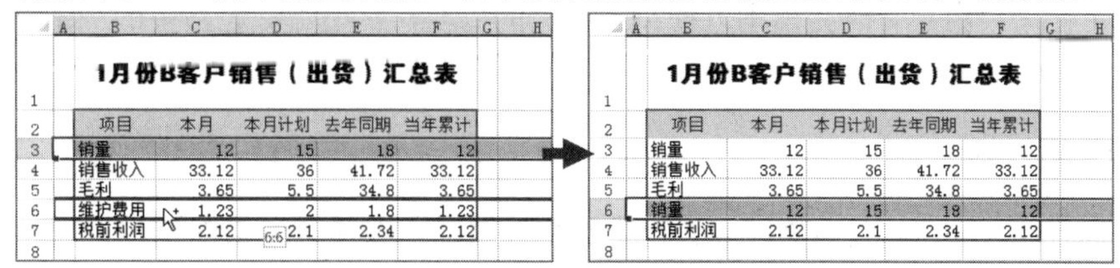

图 3-19　通过鼠标拖动实现复制替换行

- 选定数据行后，按下 Ctrl+Shift 键同时拖动鼠标，鼠标旁显示+号图标，目标位置出现工字型虚线，表示复制的数据将插入在虚线所示位置，此时释放鼠标即可完成复制并插入行操作。

通过鼠标拖动实现复制列的操作方法与以上方法类似。用户在 Excel 2016 中可以同时对连续多行多列进行复制操作，无法对选定的非连续多行或者多列执行拖动操作。

3.2.5 删除行与列

对于一些不再需要的行列内容，用户可以选择删除整行或者整列进行清除。删除行的具体操作方法如下。

(1) 选定目标整行或者多行，选择【开始】选项卡，在【单元格】命令组中单击【删除】拆分按钮，在弹出的菜单中选择【删除工作表行】命令，或者右击鼠标，在弹出的菜单中选择【删除】命令，如图 3-20 所示。

(2) 如果选择的目标不是整行，而是行中的一部分单元格，Excel 将打开如图 3-21 所示的【删除】对话框，在对话框中选中【整行】单选按钮，然后单击【确定】按钮即可完成目标行的删除。

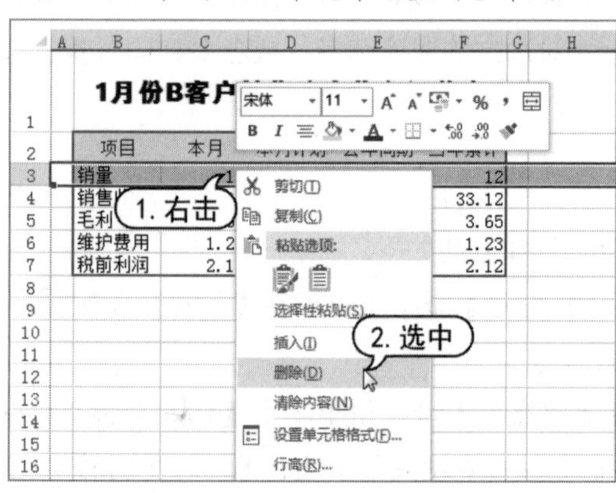

图 3-20　通过右键菜单删除行

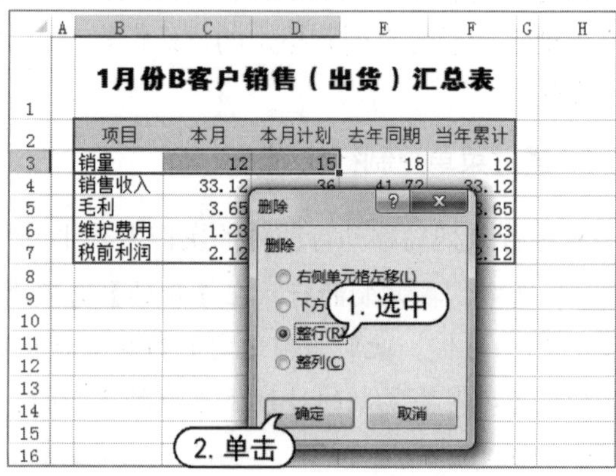

图 3-21　使用【删除】对话框删除行

(3)删除列的操作与删除行的方法类似。

3.2.6 隐藏和显示行列

在实际工作中，用户有时会出于方便浏览数据的需要，希望隐藏表格中的一部分内容，如隐藏工作表中的某些行或列。

1. 隐藏指定行列

选定目标行(单行或者多行)整行或者行中的单元格后，在【开始】对话框的【单元格】命令组中单击【格式】拆分按钮，在弹出的菜单中选择【隐藏和取消隐藏】|【隐藏行】命令，即可完成目标行的隐藏，如图 3-22 所示。隐藏列的操作与此类似，选定目标列后，在【开始】选项卡的【单元格】命令组中单击【格式】拆分按钮，在弹出的菜单中选择【隐藏和取消隐藏】|【隐藏列】命令。

如果选定的对象是整行或者整列，也可以通过右击鼠标，在弹出的菜单中选择【隐藏】命令，来实现隐藏行列的操作。

提示

隐藏行操作的实质是将行高设置为零，隐藏列的实质是将列宽设置为零。因此，用户也可以通过将目标行高或者列宽设置为零的方式来隐藏目标行或者列。

2. 显示被隐藏的行列

在隐藏行列之后，包含隐藏行列处的行号或者列标标签不再显示连续序号，隐藏处的标签分隔线也会显得比其他的分割线更粗，如图 3-23 所示。

图 3-22　隐藏行

行号	项目	本月	本月计划	去年同期	当年累计
2	项目	本月	本月计划	去年同期	当年累计
4	销售收入	33.12	36	41.72	33.12
5	毛利	3.65	5.5	34.8	3.65
6	维护费用	1.23	2	1.8	1.23
7	税前利润	2.12	2.1	2.34	2.12

图 3-23　包括隐藏行的行标签显示

通过这些特征，用户可以发现表格中隐藏行列的位置。要把被隐藏的行列取消隐藏，重新恢复显示，可以通过以下一些操作方法。

- 选择【取消隐藏】命令取消隐藏：在工作表中，选定包含隐藏行的区域，例如选中图 3-24 中的 A2：A4 单元格区域，在【开始】选项卡的【单元格】命令组中单击【格式】拆分按钮，在弹出的菜单中选择【隐藏和取消隐藏】|【取消隐藏行】命令，即可将其中隐藏的行恢复显示。按下 Ctrl+Shift+9 组合键，可以代替菜单操作，实现取消隐藏的操作。
- 使用设置行高列宽的方法取消隐藏：通过将行高列宽设置为 0，可以将选定的行列隐藏，反过来，通过将行高列宽设置为大于 0 的值，则可以将隐藏的行列设置为可见，达到取消隐藏的效果。
- 选择【自动调整行高(列宽)】命令取消行列的隐藏：选定包含隐藏行的区域后，在【开始】选项卡的【单元格】命令组中单击【格式】拆分按钮，在弹出的菜单中选择【自动调整行高】命令(或【自动调整列宽】命令)，即可将隐藏的行(或列)重新显示。

通过设置行高或者列宽值的方法，达到取消行列的隐藏，将会改变原有行列的行高或者列宽，而通过菜单取消隐藏的方法，则会保持原有行高和列宽值。

3.3 理解单元格和区域

在了解行列的概念和基本操作之后，用户可以进一步学习 Excel 表格中单元格和单元格区域的操作，这是工作表中最基础的构成元素。

3.3.1 单元格的概念

1. 什么是单元格

行和列相互交叉形成一个个的格子被称为“单元格”(Cell)，单元格是构成工作表最基础的组成元素，众多的单元格组成了一个完整的工作表。在 Excel 中，默认每个工作表中所包含的单元格数量共有 17 179 869 184 个。

每个单元格都可以通过单元格地址进行标识，单元格地址由它所在列的列标和所在行的行号所组成，其形式通常为“字母+数字”的形式。例如 A1 单元格就是位于 A 列第 1 行的单元格，如图 3-24 所示。

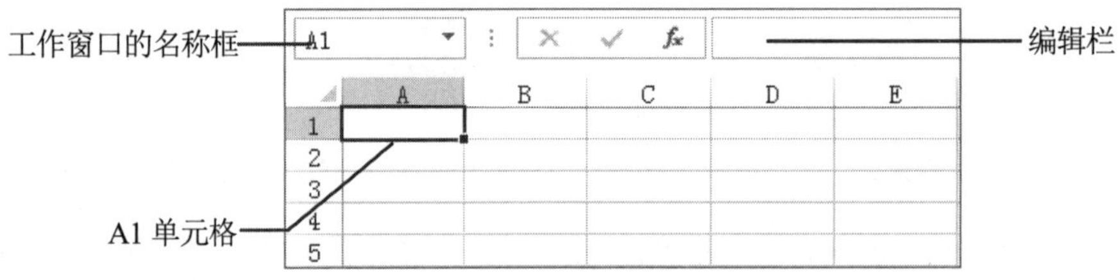

图 3-24 工作表中的单元格

用户可以在单元格中输入和编辑数据，单元格中可以保存的数据包括数值、文本和公式等，除此以外，用户还可以为单元格添加批注以及设置各种格式。

2. 选取与定位单元格

在当前的工作表中，无论用户是否曾经用鼠标单击过工作表区域，都存在一个被激活的活动单元格，例如图 3-24 中的 A1 单元格，该单元格即为当前被激活(被选定)的活动单元格。活动单元格的边框显示为黑色实线矩形边框，在 Excel 工作窗口的名称框中将显示当前活动单元格的地址，在编辑栏中则会显示活动单元格中的内容。

要选取某个单元格为活动单元格，用户只需要使用鼠标或者键盘按键等方式激活目标单元格即可。使用鼠标直接单击目标单元格，可以将目标单元格切换为当前活动单元格，使用键盘方向键及 Page UP、Page Down 等按键，也可以在工作中移动选取活动单元格。

除了以上方法以外，在工作窗口中的名称框中直接输入目标单元格的地址，也可以快速定位到目标单元格所在的位置，同时激活目标单元格为当前活动单元格。与该操作效果相似的是使用【定位】的方法在表格中选中具体的单元格，操作方法如下。

(1) 在【开始】选项卡的【编辑】命令组中单击【查找和选择】下拉按钮，在弹出的下拉列表中选择【转到】命令，如图 3-25 所示。

(2) 打开【定位】对话框，在【引用位置】文本框中输入目标单元格的地址，如图 3-26 所示，然后单击【确定】按钮即可。

图 3-25　【查找和选择】下拉列表

图 3-26　【定位】对话框

对于一些位于隐藏行或列中的单元格，无法通过鼠标或者键盘激活，只能通过名称框直接输入地址选取和上例介绍的定位方法来选取。

3.3.2　区域的基本概念

单元格"区域"的概念是单元格概念的延伸，多个单元格所构成的单元格群组被称为"区域"。构成区域的多个单元格之间可以是相互连续的，它们所构成的区域就是连续区域，连续区域的形状一般为矩形；多个单元格之间可以是相互独立不连续的，它们所构成的区域就成为不连续区域。对于连续区域，可以使用矩形区域左上角和右下角的单元格地址进行标识，形式上为"左上角单元格地址：右下角单元格地址"，如图 3-27 所示的 B2：F7 单元格"区域"。

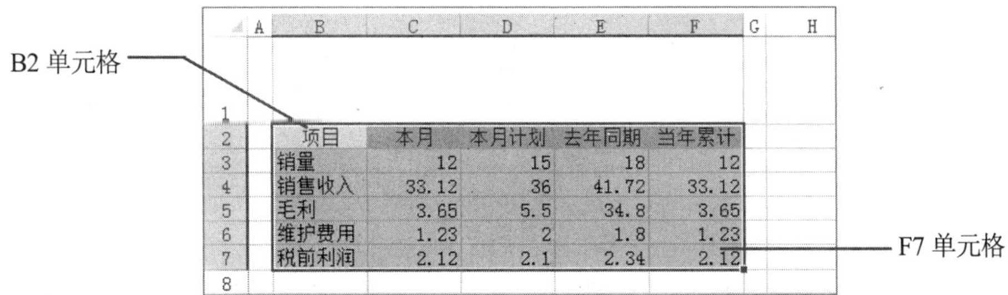

项目	本月	本月计划	去年同期	当年累计
销量	12	15	18	12
销售收入	33.12	36	41.72	33.12
毛利	3.65	5.5	34.8	3.65
维护费用	1.23	2	1.8	1.23
税前利润	2.12	2.1	2.34	2.12

图 3-27　B2：F7 单元格区域

图 3-27 所示的单元格区域包含了从 B2 单元格到 F7 单元格的矩形区域，矩形区域宽度为 5 列，高度为 6 行，总共 30 个连续单元格。

3.3.3 选取单元格区域

在 Excel 工作表中选取区域后，可以对区域内所包含的所有单元格同时执行相关命令操作，如输入数据、复制、粘贴、删除、设置单元格格式等。选取目标区域后，在其中总是包含了一个活动单元格。工作窗口名称框显示的是当前活动单元格的地址，编辑栏所显示的也是当前活动单元格中的内容。

活动单元格与区域中的其他单元格显示风格不同，区域中所包含的其他单元格会加亮显示，而当前活动单元格还是保持正常显示，以此来突出标识活动单元格的位置，如图 3-28 所示。

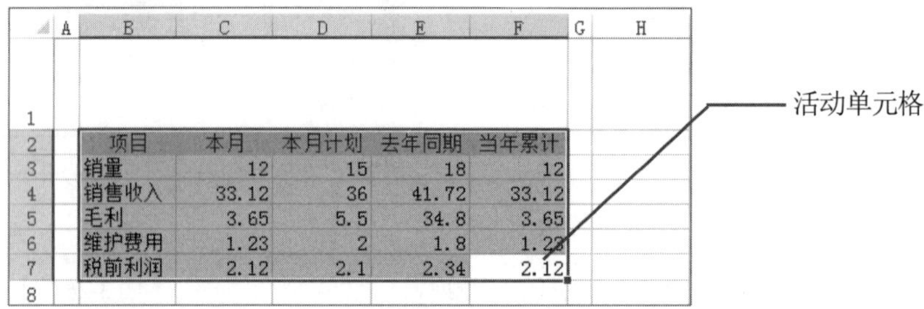

项目	本月	本月计划	去年同期	当年累计
销量	12	15	18	12
销售收入	33.12	36	41.72	33.12
毛利	3.65	5.5	34.8	3.65
维护费用	1.23	2	1.8	1.23
税前利润	2.12	2.1	2.34	2.12

图 3-28　选定区域与区域中的活动单元格

选定一个单元格区域后，区域中包含的单元格所在的行列标签也会显示出不同的颜色，如图 3-28 中的 B~F 列和 2~7 行标签所示。

1. 连续区域的选取

要在表格中选中连续的单元格，可以使用以下几种方法。

- 选定一个单元格，按住鼠标左键直接在工作表中拖动来选取相邻的连续区域。
- 选定一个单元格，按下 Shift 键，然后使用方向键在工作表中选择相邻的连续区域。
- 选定一个单元格，按下 F8 键，进入“扩展”模式，此时再用鼠标单击一个单元格时，则会选中该单元格与前面选中单元格之间所构成的连续区域，如图 3-29 所示。完成后再次按下 F8 键，则可以取消“扩展”模式。

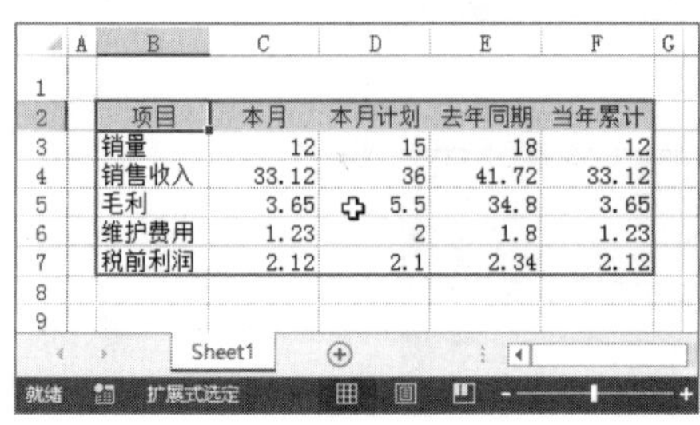

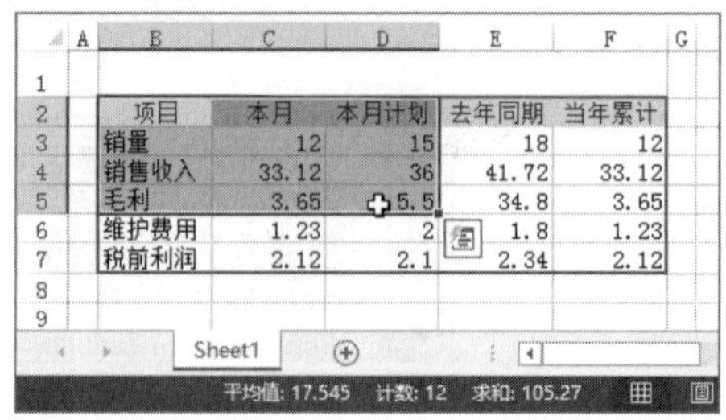

项目	本月	本月计划	去年同期	当年累计
销量	12	15	18	12
销售收入	33.12	36	41.72	33.12
毛利	3.65	5.5	34.8	3.65
维护费用	1.23	2	1.8	1.23
税前利润	2.12	2.1	2.34	2.12

图 3-29　在“扩展”模式中选中连续单元格区域

- 在工作窗口的名称框中直接输入区域地址，例如 B2：F7，按下回车键确认后，即可选取并定位到目标区域。此方法可适用于选取隐藏行列中所包含的区域。

- 在【开始】选项卡的【编辑】命令组中单击【查找和选择】下拉按钮，在弹出的下拉列表中选择【转到】命令，或者在键盘上按下 F5 键，在打开的【定位】对话框的【引用位置】文本框中输入目标区域地址，单击【确定】按钮即可选取并定位到目标区域。该方法可以适用于选取隐藏行列中所包含的区域。
- 选取连续的区域时。鼠标或者键盘第一个选定的单元格就是选定区域中的活动单元格；如果使用名称框或者定位窗口选定区域，则所选区域的左上角单元格就是选定区域中的活动单元格。

2. 不连续区域的选取

在表格中选择不连续单元格区域的方法，与选择连续单元格区域的方法类似，具体如下。

- 选定一个单元格，按下 Ctrl 键，然后使用鼠标左键单击或者拖拉选择多个单元格或者连续区域，鼠标最后一次单击的单元格，或者最后一次拖拉开始之前选定的单元格就是选定区域的活动单元格，如图 3-30 所示。

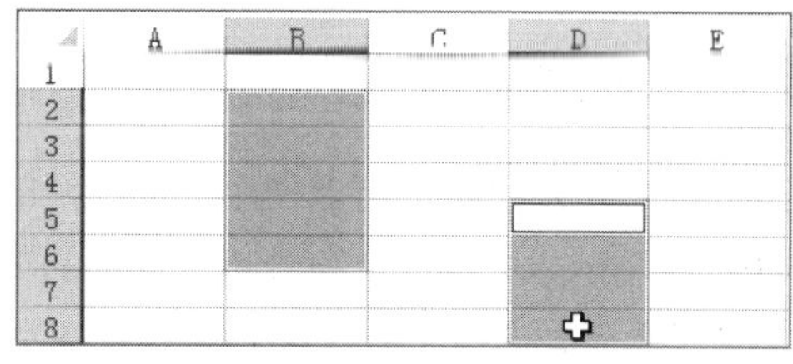

图 3-30　按住 Ctrl 键选取不连续的单元格区域

- 按下 Shift+F8 组合键，可以进入“添加”模式，与上面按 Ctrl 键作用相同。进入添加模式后，再用鼠标选取的单元格或者单元格区域会添加到之前的选取当中。
- 在工作表窗口的名称框中输入多个单元格或者区域地址，地址之间用半角状态下的逗号隔开，例如 A1，B4，F7，H3，按下回车键确认后即可选取并定位到目标区域。在这种状态下，最后输入的一个连续区域的左上角或者最后输入的单元格为区域中的活动单元格(该方法适用于选取隐藏行列中所包含的区域)。
- 打开【定位】对话框，在【引用位置】文本框中输入多个地址，也可以选取不连续的单元格区域。

3. 多表区域的选取

除了可以在一张工作表中选取某个二维区域以外，用户还可以在 Excel 中同时在多张工作表上选取三维的多表区域。

【例 3-2】在当前工作簿的 Sheet1、Sheet2、Sheet3 工作表中分别设置 B3：D6 单元格区域的背景颜色(任意)。

(1) 在 Sheet1 工作表中选取 B3：D6 区域，按住 Shift 键，单击 Sheet3 工作表标签，再释放 Shift 键，此时 Sheet1~Sheet3 单元格的 B3：D6 单元格区域构成了一个三维的多表区域，并进入多表区域的工作编辑模式，在工作窗口的标题栏上显示出“[工作组]”字样，如图 3-31 所示。

(2) 在【开始】选项卡的【字体】命令中单击【填充颜色】拆分按钮，在弹出的颜色选择器中选择一种颜色即可。

(3) 此时，切换 Sheet1、Sheet2、Sheet3 工作表，可以看到每个工作表的 B3：D6 区域单元格背景颜色均被填充了相同的颜色，如图 3-32 所示。

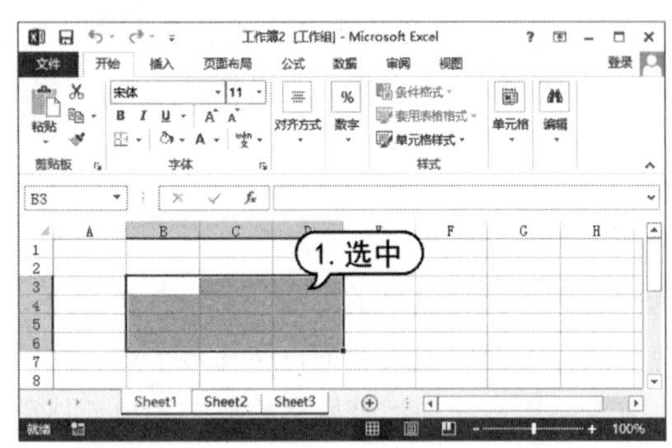

图 3-31　进入多表区域的工作编辑模式

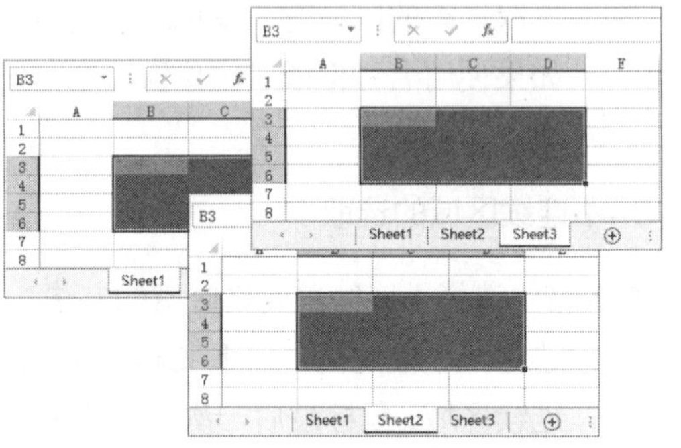

图 3-32　多表区域设置单元格格式

4. 特殊区域的选取

在 Excel 中，用户除了可以使用上面介绍的几种方法选取单元格区域以外，还有几种特殊的操作方法可以选定一个或多个符合特定条件的单元格。

(1) 在【开始】选项卡的【编辑】命令组中单击【查找和选择】下拉按钮，在弹出的下拉列表中选择【转到】命令，或者按下 F5 键，打开【定位】对话框，如图 3-33 所示。

(2) 在【定位】对话框中单击【定位条件】按钮，打开【定位条件】对话框，在该对话框中选择特定的条件，然后单击【确定】按钮，就会在当前选定区域中查找符合选定条件的所有单元格，如图 3-34 所示。

图 3-33　【定位】对话框

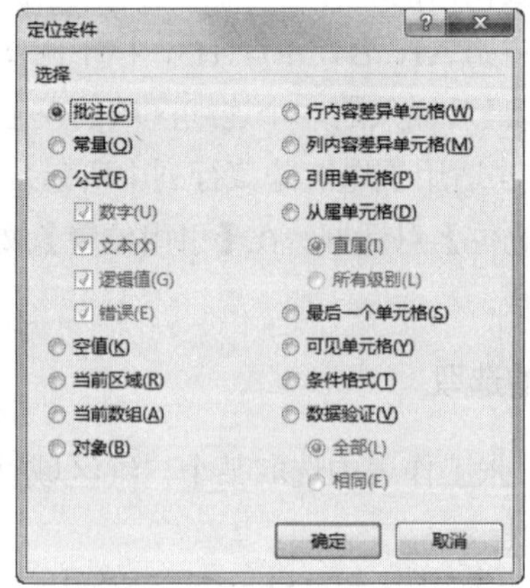

图 3-34　【定位条件】对话框

例如，如果在【定位条件】对话框中选中【常量】单选按钮，然后在对话框下方选中【数字】复选框，则单击【确定】按钮后，当前选定区域中所有包含有数字形式的常量的单元格都会被选中。

3.3.4　通过名称选取区域

在实际日常办公中，如果以区域地址来进行标识和描述有时会显得非常复杂，特别是对于非连续区域，需要以多个地址来进行标识。Excel 中提供了一种名为【定义名称】的功能，用户可以给单元格和区域命名，以特定的名称来标识不同的区域，使得区域的选取和使用更加直观和方便，具体方法如下。

(1) 在工作表中选中一个单元格区域(不连续)，然后在工作窗口的名称框中输入【区域 1】，然后按下回车键，即可选定相应区域，如图 3-35 所示。

(2) 单击名称框下拉按钮，在弹出的下拉列表中选择【区域 1】选项，即可选择存在于当前工作簿中的对应区域，如图 3-36 所示。

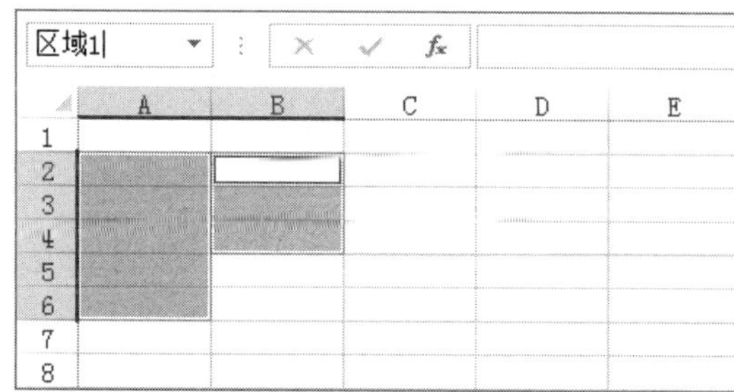

图 3-35　通过名称框输入设定选定区域

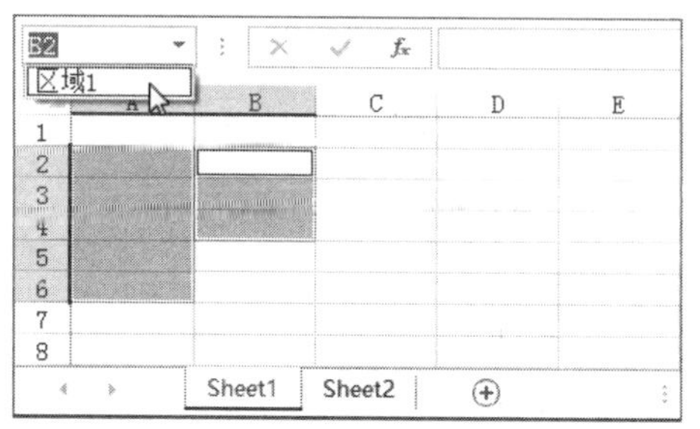

图 3-36　通过下拉列表显示区域名称

3.4　上机练习

本章的上机练习将通过实例操作，介绍在 Excel 中转换行和列的方法，帮助用户进一步掌握所学的知识。

(1) 在 A1：A6 单元格区域中输入如图 3-37 所示的数据内容。

(2) 选取 A1：A6 单元格区域，右击鼠标，在弹出的菜单中选择【复制】命令，在 C1 单元格中右击鼠标，在弹出的菜单中选择【选择性粘贴】命令，如图 3-38 所示。

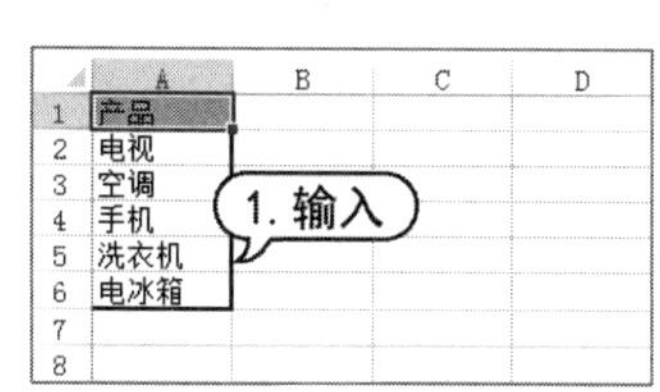

图 3-37　在工作表中输入数据

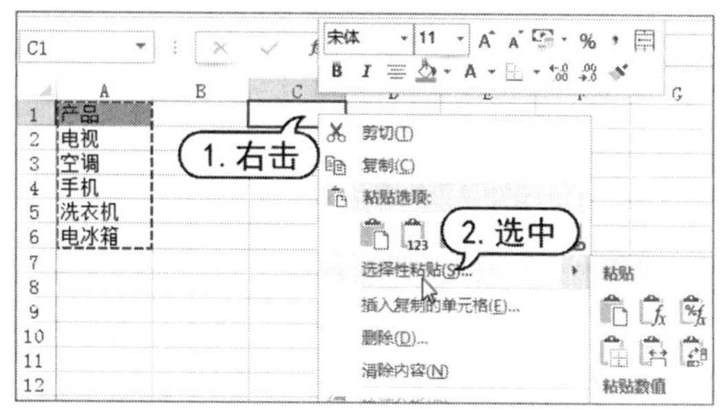

图 3-38　选择性粘贴数据

(3) 打开【选择性粘贴】对话框，选中【转置】复选框，然后单击【确定】按钮，如图 3-39 所示。

(4) 此时，A1：A6 单元格区域中纵向排列的数据将转换为图 3-40 所示的横向排列的数据。

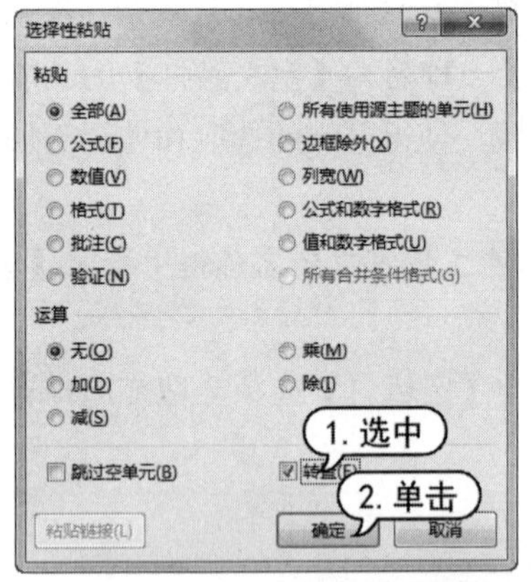

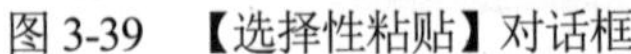
图 3-39 【选择性粘贴】对话框

图 3-40 行列转换效果

3.5 习题

1. 简述表格中行、列和单元格的概念？

2. 创建一个工作表，在其中定义区域 1、区域 2、区域 3 这 3 个命名单元格区域，分别用于选取 A 列、B3：E6 单元格区域和 F7、A8 和 C9 单元格。

第4章 快速输入与编辑数据

学习目标

正确合理地输入和编辑数据，对于表格数据采集和后续的处理与分析具有非常重要的作用。当用户掌握了科学的方法并运用一定的操作技巧，可以使数据的输入与编辑变得事半功倍。本章将重点介绍 Excel 中的各种数据类型，以及在表格中输入与编辑各类数据的方法。

本章重点

- 认识 Excel 中数据的类型
- 学会在单元格中输入数据的方法
- 掌握加快数据输入效率的技巧
- 利用“自动填充”功能输入数据

4.1 认识 Excel 数据类型

在工作表中输入和编辑数据是用户使用 Excel 时最基础的操作之一。工作表中的数据都保存在单元格内，单元格内可以输入和保存的数据包括数值、日期、文本和公式 4 种基本类型。除此以外，还有逻辑型、错误值等一些特殊的数值类型。

4.1.1 数值型数据

数值指的是所代表数量的数字形式，例如企业的销售额、利润等。数值可以是正数，也可以是负数，但是都可以用于进行数值计算，例如加、减、求和、求平均值等。除了普通的数字以外，还有一些使用特殊符号的数字也被 Excel 理解为数值，例如百分号%、货币符号￥、千分间隔符以及科学计数符号 E 等。

Excel 可以表示和存储的数字最大精确到 15 位有效数字。对于超过 15 位的整数数字，例如 342 312 345 657 843 742(18 位)，Excel 将会自动将 15 位以后的数字变为零，如 342 312 345 657 843 000。对于大于 15 位有效数字的小数，则会将超出的部分截去。

因此，对于超出 15 位有效数字的数值，Excel 无法进行精确的精算或处理，例如无法比较两个相差无几的 20 位数字的大小，无法用数值的形式存储身份证号码等。用户可以通过使用文本形式来保存位数过多的数字，来处理和避免上面的这些情况，例如，在单元格中输入身份证号码的首位之前加上单引号，或者先将单元格格式设置为文本后，再输入身份证号码。

对于一些很大或者很小的数值，Excel 会自动以科学计数法来表示，例如 342 312 345 657 843 会以科学计数法表示为 3.42312E+14，即为 $3.42312\text{x}10^{14}$ 的意思，其中代表 10 的乘方大写字母 E 不可以缺省。

4.1.2 日期和时间

在 Excel 中，日期和时间是以一种特殊的数值形式存储的，这种数值形式被称为“序列值”，在早期的版本中也被称为“系列值”。序列值是介于一个大于等于 0，小于 2 958 466 的数值区间的数值，因此，日期型数据实际上是一个包括在数值数据范畴中的数值区间。

在 Windows 系统中所使用的 Excel 版本中，日期系统默认为“1900 年日期系统”，即以 1900 年 1 月 1 日作为序列值的基准日，当日的序列值计为 1，这之后的日期均以距基准日期的天数作为其序列值，例如 1900 年 2 月 1 日的序列值为 32，2017 年 10 月 2 日的序列值为 43 010。在 Excel 中可以表示的最后一个日期是 9999 年 12 月 31 日，当日的序列值为 2 958 465。如果用户需要查看一个日期的序列值，具体操作方法如下。

(1) 在单元格中输入日期后，右击单元格，在弹出的菜单中选择【设置单元格格式】命令，打开【设置单元格格式】对话框。

(2) 在【设置单元格格式】对话框的【数字】选项卡中，选择【常规】选项，然后单击【确定】按钮，将单元格格式设置为“常规”。

由于日期存储为数值的形式，因此它继承数值的所有运算功能，例如日期数据可以参与加、减等数值的运算。日期运算的实质就是序列值的数值运算。例如要计算两个日期之间相距的天数，可以直接在单元格中输入两个日期，再用减法运算的公式来求得。

日期系统的序列值是一个整数数值，一天的数值单位就是 1，那么 1 小时就可以表示为 1/24 天，1 分钟就可以表示为 1/(24×60)天等等，一天中的每一个时刻都可以由小数形式的序列值来表示。例如中午 12:00:00 的序列值为 0.5(一天的一半)，12:05:00 的序列值近似为 0.503 472。

如果输入的时间值超过 24 小时，Excel 会自动以天为单位进行整数进位处理。例如 25:01:00，转换为序列值为 1.04 236，即为 1+0.4236(1 天+1 小时 1 分)。Excel 中允许输入的最大时间为 9999:59:59:9999。

将小数部分表示的时间和整数部分所表示的日期结合起来，就可以以序列值表示一个完整的日期时间点。例如 2017 年 10 月 2 日 12:00:00 的序列值为 43 010.5。

4.1.3　文本型数据

文本通常指的是一些非数值型文字、符号等，例如企业的部门名称、员工的考核科目、产品的名称等。除此之外，许多不代表数量的、不需要进行数值计算的数字也可以保存为文本形式，例如电话号码、身份证号码、股票代码等。所以，文本并没有严格意义上的概念。事实上，Excel将许多不能理解为数值(包括日期时间)和公式的数据都视为文本。文本不能用于数值计算，但可以比较大小。

4.1.4　逻辑值

逻辑值是一种特殊的参数，它只有 TRUE(真)和 FALSE(假)两种类型。

例如，在公式：

```
=IF(A3=0,"0",A2/A3)
```

A3=0 就是一个可以返回 TRUE(真)或 FLASE(假)两种结果的参数。当 A3=0 为 TRUE 时，则公式返回结果为 0，否则返回 A2/A3 的计算结果。

逻辑值之间进行四则运算，可以认为 TRUE=1，FLASE=0，例如：

```
TRUE+TRUE=2
FALSE*TRUE=0
```

逻辑值与数值之间的运算，可以认为 TRUE=1，FLASE=0，例如：

```
TRUE-1=0
FALSE*5=0
```

在逻辑判断中，非 0 的不一定都是 TRUE，例如公式：

```
=TRUE<5
```

如果把 TRUE 理解为 1，公式的结果应该是 TRUE。但实际上结果是 FALSE，原因是逻辑值就是逻辑值，不是 1，也不是数值，在 Excel 中规定，数字<字母<逻辑值，因此应该是 TRUE>5。

总之，TRUE 不是 1，FALSE 也不是 0，它们不是数值，它们就是逻辑值。只不过有些时候可以把它“当成”1 和 0 来使用。但是逻辑值和数值有着本质的不同。

4.1.5　错误值

经常使用 Excel 的用户可能都会遇到一些错误信息，例如#N/A!、#VALUE!等，出现这些错误的原因有很多种，如果公式不能计算正确结果，Excel 将显示一个错误值。例如，在需要数字的公式中使用文本、删除了被公式引用的单元格等。

4.1.6 公式

公式是 Excel 中一种非常重要的数据，Excel 作为一种电子数据表格，其许多强大的计算功能都是通过公式来实现的。

公式通常都是以“=”开头，它的内容可以是简单的数学公式，例如：

```
=16*62*2600/60-12
```

也可以包括 Excel 的内嵌函数，甚至是用户自定义的函数，例如：

```
=IF(F3<H3,"",IF(MINUTE(F3-H3)>30,"50 元","20 元"))
```

用户要在单元格中输入公式，可以在开始输入的时候以一个等号=开头表示当前输入的是公式。除了等号以外，使用+号或者-号开头也可以使 Excel 识别其内容为公式，但是在按下 Enter 键确认后，Excel 还是会把公式的开头自动加上=号。

当用户在单元格内输入公式并确认后，默认情况下会在单元格内显示公式的运算结果。公式的运算结果，从数据类型上来说，也大致可以区分为数值型数据和文本型数据两大类。选中公式所在的单元格后，在编辑栏内也会显示公式的内容。在 Excel 中有以下 3 种等效方法，可以在单元格中直接显示公式的内容。

- 选择【公式】选项卡，在【公式审核】命令组中单击【显示公式】切换按钮，使公式内容直接显示在单元格中，再次单击该按钮，则显示公式计算结果。
- 在【Excel 选项】对话框中选择【高级】选项卡，然后选中或取消选中该选项卡中的【在单元格中显示公式而非计算结果】复选框。
- 按下 Ctrl+~键，在“公式”与在“值”的显示方式之间进行切换。

4.2 输入与编辑数据

本节将详细介绍在 Excel 中输入与编辑表格的方法。

4.2.1 在单元格中输入数据

要在单元格内输入数值和文本类型的数据，用户可以在选中目标单元格后，直接向单元格内输入数据。数据输入结束后按下 Enter 键或者使用鼠标单击其他单元格都可以确认完成输入。要在输入过程中取消本次输入的内容，则可以按下 ESC 键退出输入状态。

当用户输入数据的时候(Excel 工作窗口底部状态栏的左侧显示“输入”字样，如图 4-1 所示)，原有编辑栏的左边出现两个新的按钮，分别是×和✓，如图 4-2 所示。如果用户单击✓按钮，可以对当前输入的内容进行确认，如果单击×按钮，则表示取消输入。

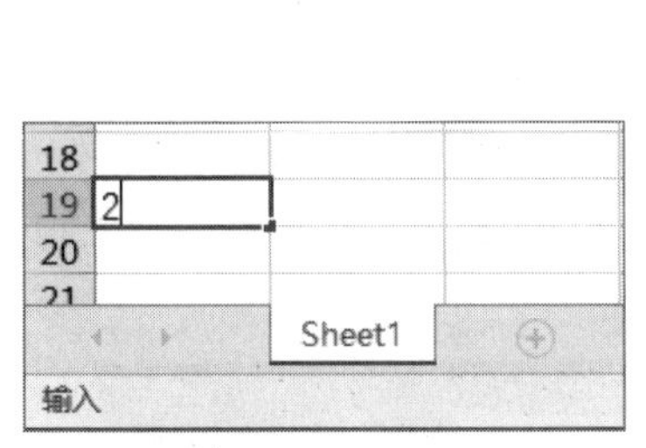

图 4-1　状态栏显示“输入”

图 4-2　编辑栏左侧的按钮

虽然单击✓按钮和按下 Enter 键同样都可以对输入内容进行确认，但两者的效果并不完全相同。当用户按下 Enter 键确认输入后，Excel 会自动将下一个单元格激活为活动单元格，这为需要连续输入数据的用户提供了便利。而当用户单击✓按钮确认输入后，Excel 不会改变当前选中的活动单元格。

4.2.2　编辑单元格中的内容

对于已经存放数据的单元格，用户可以在激活目标单元格后，重新输入新的内容来替换原有数据。但是，如果用户只想对其中的部分内容进行编辑修改，则可以激活单元格进入编辑模式。有以下几种方式可以进入单元格编辑模式。

- 双击单元格，在单元格中的原有内容后会出现竖线光标显示，提示当前进入编辑模式，光标所在的位置为数据插入位置。在原有内容中不同位置单击鼠标或者右击鼠标，可以移动鼠标光标插入点的位置。用户可以在单元格中直接对其内容进行编辑修改。
- 激活目标单元格后按下 F2 快捷键，进入编辑单元格模式。
- 激活目标单元格，然后单击 Excel 编辑栏内部。这样可以将竖线光标定位在编辑栏中，激活编辑栏的编辑模式。用户可以在编辑栏中对单元格原有的内容进行编辑修改。对于数据内容较多的编辑修改，特别是对公式的修改，建议用户使用编辑栏的编辑方式。

进入单元格的编辑模式后，工作窗口底部状态栏的左侧会出现“编辑”字样，如图 4-3 所示，用户可以在键盘上按下 Insert 键切换“插入”或者“改写”模式，如图 4-4 所示。用户也可以使用鼠标或者键盘选取单元格中的部分内容进行复制和粘贴操作。

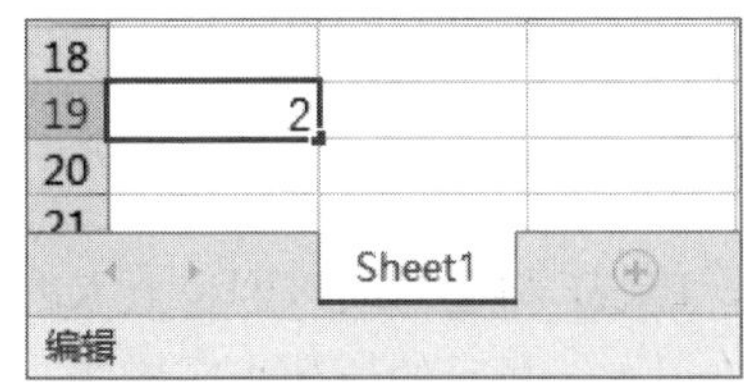

图 4-3　状态栏显示“编辑”

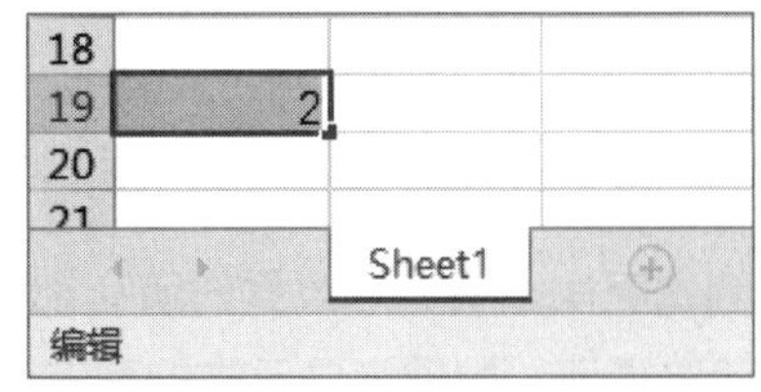

图 4-4　按下 Insert 键切换“改写”模式

另外，按下 Home 键可以将鼠标光标定位到单元格内容的开头，如图 4-5 所示，按下 End 键则可以将光标插入点定位到单元格内容的末尾。在编辑修改完成后，按下 Enter 键或者使用图 4-2 中的✓按钮同样可以对编辑的内容进行确认输入。

如果在单元格中输入的是一个错误的数据，用户可以再次输入正确的数据覆盖它，也可以单击【撤销】按钮或者按下 Ctrl+Z 键撤销本次输入。

用户单击一次【撤销】按钮，只能撤销一步操作，如果需要撤销多步操作，用户可以多次单击【撤销】按钮，或者单击该按钮旁的下拉按钮，在弹出的下拉列表中选择需要撤销返回的具体操作，如图 4-6 所示。

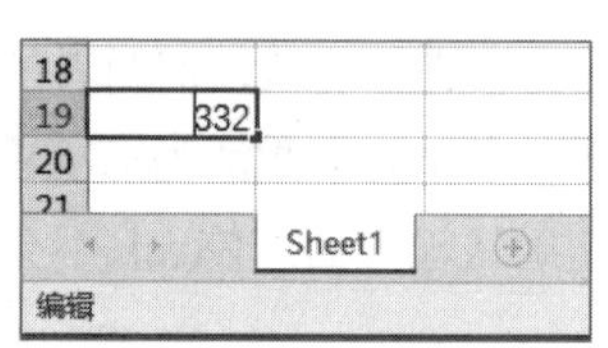

图 4-5　按下 Home 键定位单元格开头

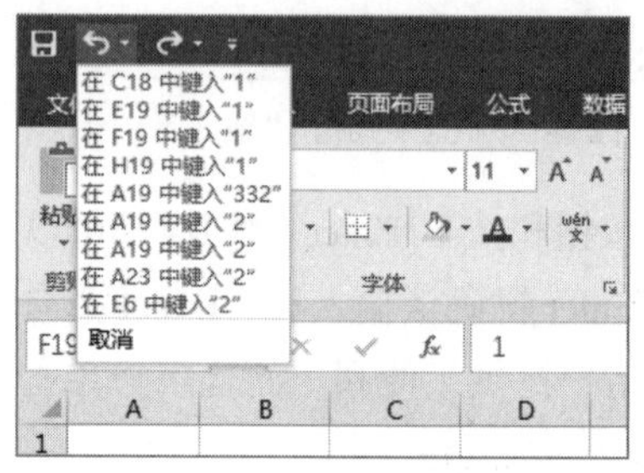

图 4-6　撤销多步骤操作

4.2.3　数据显示与输入的关系

在单元格中输入数据后，将在单元格中显示数据的内容(或者公式的结果)，同时在选中单元格时，在编辑栏中显示输入的内容。用户可能会发现，有些情况下单元格中输入的数值和文本，与单元格中的实际显示并不完全相同。

实际上，Excel 对于用户输入的数据存在一种智能分析功能，软件总是会对输入数据的标识符及结构进行分析，然后以它所认为最理想的方式显示在单元格中，有时甚至会自动更改数据的格式或者数据的内容。对于此类现象及其原因，大致可以归纳为以下几种情况。

1. Excel 系统规范

如果用户在单元格中输入位数较多的小数，例如 111.555 678 333，而单元格列宽设置为默认值时，单元格内会显示 111.5557，如图 4-7 所示。这是由于 Excel 系统默认设置了对数值进行四舍五入显示的原因。

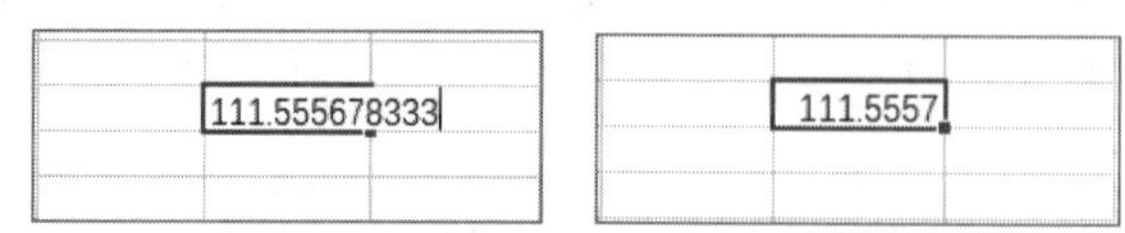

图 4-7　系统四舍五入显示数据

当单元格列宽无法完整显示数据的所有部分时，Excel 将会自动以四舍五入的方式对数值的小数部分进行截取显示。如果将单元格的列宽调整得很大，显示的位数相应增多，但是最大也只

能显示到保留 10 位有效数字。虽然单元格的显示与实际数值不符，但是当用户选中此单元格，在编辑栏中仍可以完整显示整个数值，并且在数据计算过程中，Excel 也是根据完整的数值进行计算，而不是代之以四舍五入后的数值。

如果用户希望以实际单元格中实际显示的数值来参与数值计算，可以参考下面的方法设置。

(1) 打开【Excel 选项】对话框，选择【高级】选项卡，选中【将精度设置为所显示的精度】复选框，并在弹出的提示对话框中单击【确定】按钮。

(2) 在【Excel 选项】对话框中单击【确定】按钮完成设置，如图 4-8 所示。

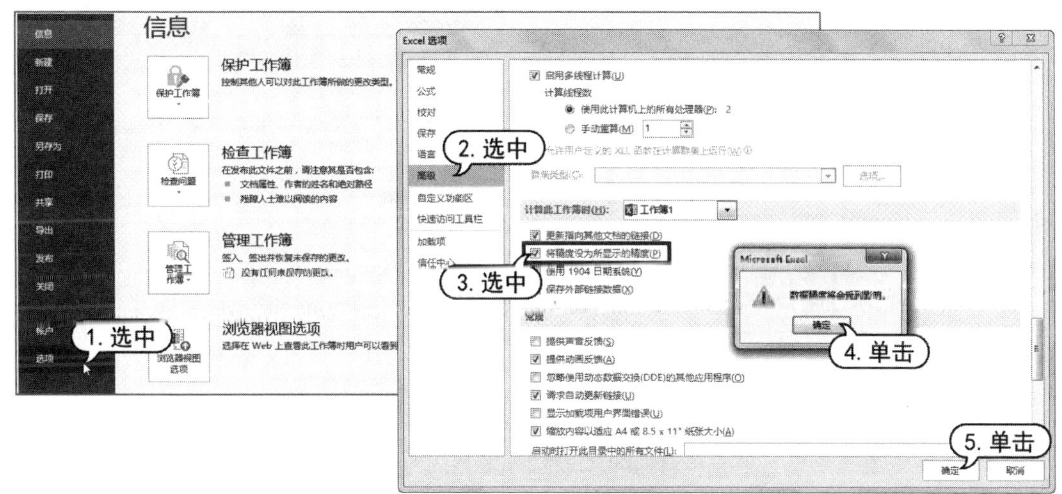

图 4-8　将精度设置为所显示的精度

如果单元格的列宽很小，则数值的单元格内容显示会变为括号“#”符号，此时只要增加单元格列宽就可以重新显示数字。

与以上 Excel 系统规范类似，还有一些数值方面的规范，使得数据输入与实际显示不符，具体如下。

- 当用户在单元格中输入非常大或者非常小的数值时，Excel 会在单元格中自动以科学记数法的形式来显示。
- 输入大于 15 位有效数字的数值时(例如 18 位身份证号码)，Excel 会对原数值进行 15 位有效数字的自动截断处理，如果输入数值是正数，则超过 15 位部分补零。
- 当输入的数值外面包括 对半角小括号时，例如(123456)，Excel 会自动以负数的形式来保存和显示括号内的数值，而括号不再显示。
- 当用户输入以 0 开头的数值时(例如股票代码)，Excel 因将其识别为数值而将前置的 0 清除。
- 当用户输入末尾为 0 的小数时，系统会自动将非有效位数上的 0 清除，使其符合数值的规范显示。

对于上面提到的情况，如果用户需要以完整的形式输入数据，可以参考下面的方法解决问题。

- 对于不需要进行数值计算的数字，例如身份证号码、信用卡号码、股票代码等，可以将

数据形式转换成文本形式来保存和显示完整数字内容。在输入数据时，以单引号 ’ 开始输入数据，Excel 会将所输入的内容自动识别为文本数据，并以文本形式在单元格中保存和显示，其中的单引号 ’ 不显示在单元格中(但在编辑栏中显示)。

- 用户也可以先选中目标单元格，右击鼠标，在弹出的菜单中选择【设置单元格格式】命令，打开【设置单元格格式】对话框，选择【数字】选项卡，在【分类】列表框中选择【文本】选项，并单击【确定】按钮，如图 4-9 所示。这样，可以将单元格格式设置为文本形式，在单元格中输入的数据将保存并显示为文本。

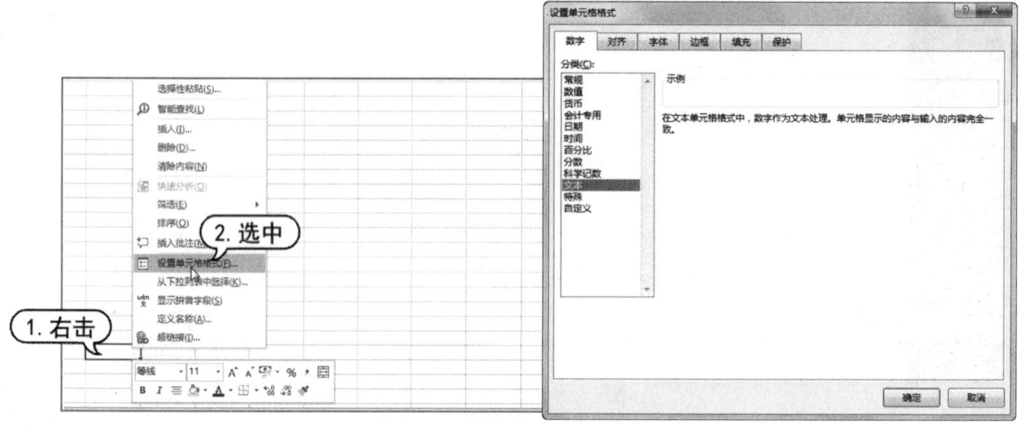

图 4-9　设置单元格格式为文本

- 设置成文本后的数据无法正常参与数值计算，如果用户不希望改变数值类型，希望在单元格中能够完整显示的同时，仍可以保留数值的特性，可以参考以下操作。

(1) 以股票代码 000321 为例，选取目标单元格，打开【设置单元格格式】对话框，选择【数字】选项卡，在【分类】列表框中选择【自定义】选项。

(2) 在对话框右侧出现的【类型】文本框中输入 000000，然后单击【确定】按钮。此时再在单元格中输入 000321，即可完全显示数据，并且仍保留数值的格式，如图 4-10 所示。

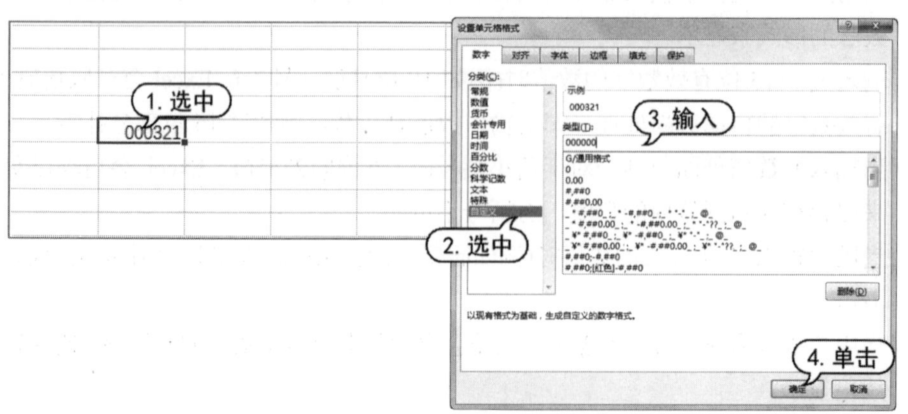

图 4-10　设置自定义数值格式

◉　对于小数末尾中的 0 的保留显示(例如某些数字保留位数)，与上面的例子类似。用户可以在输入数据的单元格中设置自定义的格式，例如 0.00000(小数点后面 0 的个数表示需要保留显示小数的位数)。除了自定义的格式以外，使用系统内置的“数值”格式也可以达到相同的效果。在如图 4-10 所示的【设置单元格格式】对话框中选择【数值】选项后，对话框右侧会显示【小数位数】的微调框，使用微调框调整需要显示的小数位数，就可以将用户输入的数据按照需要的保留位置来显示。

除了以上提到的这些数值输入情况以外，某些文本数据的输入也存在输入与显示不符合的情况。例如在单元格中输入内容较长的文本时(文本长度大于列宽)，如果目标单元格右侧的单元格内没有内容，则文本会完整显示甚至“侵占”到右侧的单元格，如图 4-11 所示(A1 单元格的显示)；而如果右侧单元格中本身就包含内容时，则文本就会显示不完全，如图 4-12 所示。

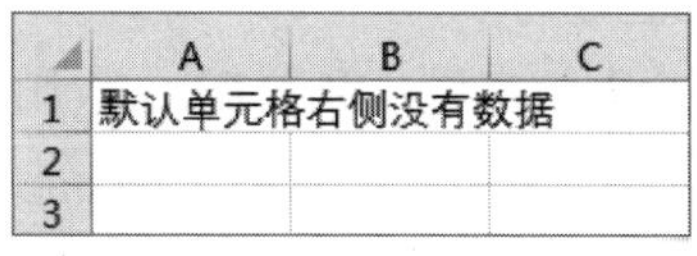

图 4-11　“侵占”右侧单元格

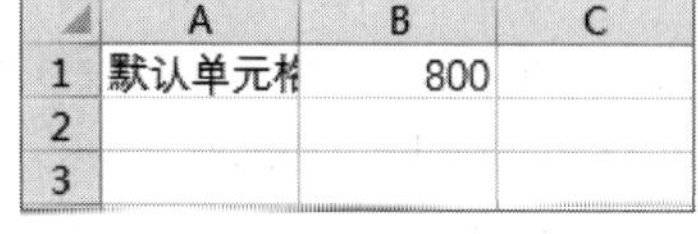

图 4-12　文本显示不完全

如果用户需要将如图 4-12 所示的文本输入在单元格中完整显示出来，有以下几种方法。

将单元格所在的列宽调整得更大，容纳更多字符的显示(列宽最大可以有 255 个字符)。

◉　选中单元格，打开【设置单元格格式】对话框，选择【对齐】选项卡，在【文本控制】区域中选中【自动换行】复选框(或者在【开始】选项卡的【对齐方式】命令组中单击【自动换行】按钮)，设置后的效果如图 4-13 所示。

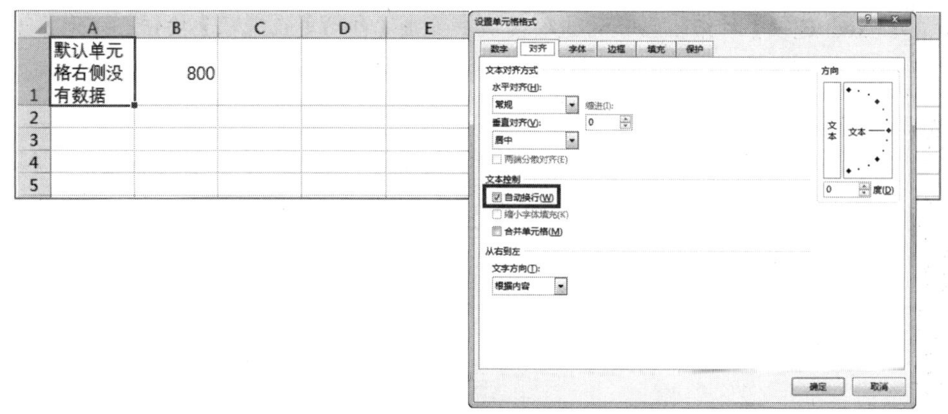

图 4-13　设置自动换行

2. 自动格式

在实际工作中，当用户输入的数据中带有一些特殊符号时，会被 Excel 识别为具有特殊含义，从而自动为数据设定特有的数字格式来显示。

◉　在单元格中输入某些分数时，如 11/12，单元格会自动将输入数据识别为日期形式，显示为日期的格式“11 月 12 日”，同时单元格的格式也会自动被更改。当然，如果用户

输入的对应日期不存在，例如 11/32(11 月没有 32 天)，单元格还会保持原有输入显示。但实际上此时单元格还是文本格式，并没有被赋予真正的分数数值意义。

- 当单元格中输入带有货币符号的数值时，例如$500，Excel 会自动将单元格格式设置为相应的货币格式，在单元格中也可以以货币的格式显示(自动添加千位分隔符、数标红显示或者加括号显示)。如果选中单元格，可以看到在编辑栏内显示的是实际数值(不带货币符号)。

3. 自动更正

Excel 软件中预置有一种“纠错”功能，会在用户输入数据时进行检查，在发现包含有特定条件的内容时，自动进行更正，例如以下几种情况。

- 在单元格中输入(R)时，单元格中会自动更正为®。
- 在输入英文单词时，如果开头有连续两个大写字母，例如 EXcel，则 Excel 软件会自动将其更正为首字母大写 Excel。

以上情况的产生，都是基于 Excel 中【自动更正选项】的相关设置。“自动更正”是一项非常实用的功能，它不仅可以帮助用户减少英文拼写错误，纠正一些中文成语错别字和错误用法，还可以为用户提供一种高效的输入替换用法——输入缩写或者特殊字符，系统自动替换为全称或者用户需要的内容。上面列举的第一种情况，就是通过“自动更正”中内置的替换选项来实现的。用户也可以根据自己的需要进行设置，具体方法如下。

(1) 单击【文件】按钮，在弹出的菜单中选择【选项】命令，打开【Excel 选项】对话框，选择【校对】选项卡。

(2) 在【Excel 选项】对话框显示的选项区域中单击【自动更正选项】按钮，打开【自动更正】对话框，如图 4-14 所示。

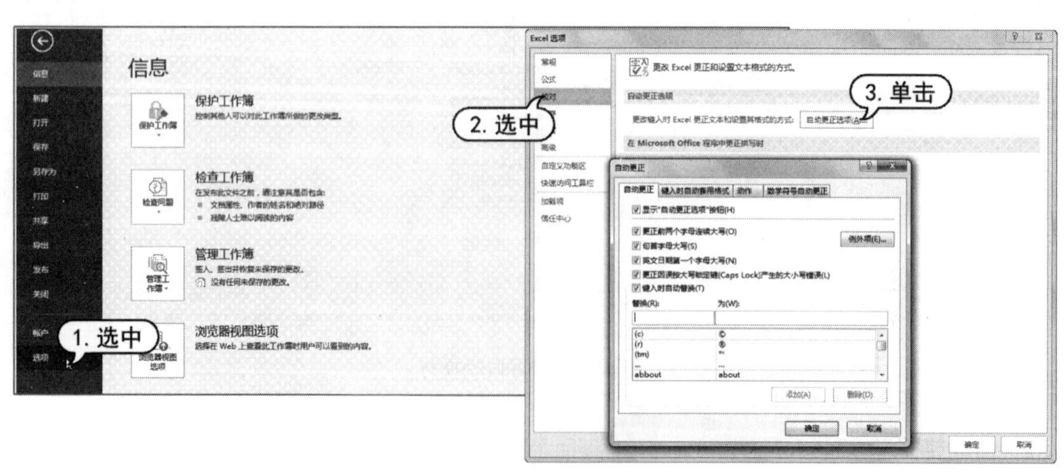

图 4-14　打开【自动更正】对话框

(3) 在【自动更正】对话框中，用户可以通过选中相应复选框及列表框中的内容对原有的更正替换项目进行修改设置，也可以新增用户的自定义设置。例如，要在单元格中输入 EX 的时候，

就自动替换为 Excel，可以在【替换】文本框中输入 EX，然后在【替换为】文本框中输入 Excel，最后单击【添加】按钮，这样就可以成功添加一条用户自定义的自动更正项目，添加完毕后单击【确定】按钮确认操作。

如果用户不希望自己输入的内容被 Excel 自动更改，可以对自动更正选项进行以下设置。

(1) 打开【自动更正】对话框，取消【键入时自动替换】复选框的选中状态，以使所有的更正项目停止使用。

(2) 也可以取消选中某个单独的复选框，或者在对话框下面的列表框中删除某些特定的替换内容，来中止一些特定的自动更正项目。例如，要取消前面提到的连续两个大写字母开头的英文更正功能，可以取消【更正两个字母连续大写】复选框的选中状态。

4. 自动套用格式

自动套用格式与自动更正类似，当在输入内容中发现包含特殊文本标记时，Excel 会自动对单元格加入超链接。例如，当用户输入的数据中包含@、WWW、FTP、FTP://、HTTP://等文本内容时，Excel 会自动为此单元格添加超链接，并在输入数据下显示下划线，如图 4-15 所示。

如果用户不愿意输入的文本内容被加入超链接，可以在确认输入后未做其他操作前按下 Ctrl+Z 键来取消超链接的自动加入。也可以通过【自动更新选项】按钮来进行操作。例如在单元格中输入 www.sina.com，Excel 会自动为单元格加上超链接，当鼠标移动至文字上方时，会在开头文字的下方出现一个条状符号，将鼠标移动到该符号上，会显示【自动更正选项】下拉按钮，单击该下拉按钮，将显示如图 4-16 所示的列表。

图 4-15　自动套用格式

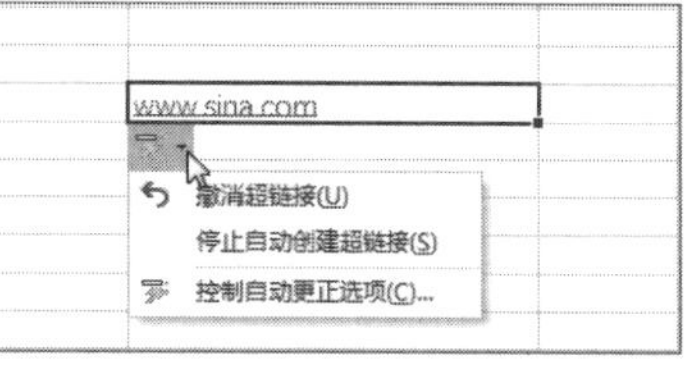

图 4-16　自动更正选项

- 在图 4-16 所示的下拉列表中选择【撤销超链接】命令，可以取消在单元格中创建的超链接。如果选择【停止自动创建超链接】命令，在今后类似输入时就不会再加入超链接(但之前已经生成的超链接将继续保留)。
- 如果在如图 4-16 所示的下拉列表中选择【控制自动更正选项】命令，将显示【自动更正】对话框。在该对话框中，取消选中【Internet 及网络路径替换为超链接】复选框，同样可以达到停止自动创建超链接的效果。

4.2.4　日期和时间的输入与识别

日期和时间属于一类特殊的数值类型，其特殊的属性使此类数据的输入以及 Excel 对输入内容的识别，都有一些特别之处。

在中文 Windows 系统的默认日期设置下，可以被 Excel 自动识别为日期数据的输入形式如下。

◉ 使用短横线分隔符“-”的输入，如表 4-1 所示。

表 4-1 日期输入形式 1

单元格输入	Excel 识别
2017-1-2	2017 年 1 月 2 日
17-1-2	2017 年 1 月 2 日
90-1-2	1990 年 1 月 2 日
2017-1	2017 年 1 月 1 日
1-2	当前年份的 1 月 2 日

◉ 使用斜线分隔符“/”的输入，如表 4-2 所示。

表 4-2 日期输入形式 2

单元格输入	Excel 识别
2017/1/2	2017 年 1 月 2 日
17/1/2	2017 年 1 月 2 日
90/1/2	1990 年 1 月 2 日
2017/1	2017 年 1 月 1 日
1/2	当前年份的 1 月 2 日

◉ 使用中文“年月日”的输入，如表 4-3 所示。

表 4-3 日期输入形式 3

单元格输入	Excel 识别
2017 年 1 月 2 日	2017 年 1 月 2 日
17 年 1 月 2 日	2017 年 1 月 2 日
90 年 1 月 2 日	1990 年 1 月 2 日
2017 年 1 月	2017 年 1 月 1 日
1 月 2 日	当前年份的 1 月 2 日

◉ 使用包括英文月份的输入，如表 4-4 所示。

表 4-4 日期输入形式 3

单元格输入	Excel 识别
March 2	当前年份的 3 月 2 日
Mar 2	当前年份的 3 月 2 日

(续表)

单元格输入	Excel 识别
2 Mar	当前年份的 3 月 2 日
Mar-2	当前年份的 3 月 2 日
2-Mar	当前年份的 3 月 2 日
Mar/2	当前年份的 3 月 2 日
2/Mar	当前年份的 3 月 2 日

对于以上 4 类可以被 Excel 识别的日期输入，有以下几点补充说明。

年份的输入方式包括短日期(如 90 年)和长日期(如 1990 年)两种。当用户以两位数字的短日期方式来输入年份时，软件默认将 0~29 之间的数字识别为 2000 年~2029 年，而将 30~99 之间的数字识别为 1930 年~1999 年。为了避免系统自动识别造成的错误理解，建议在输入年份的时候，使用 4 位完整数字的长日期方式，以确保数据的准确性。

- 短横线“-”分隔与斜线分隔“/”可以结合使用。例如输入 2017-1/2 与 2017/1/2 都可以表示“2017 年 1 月 2 日”。
- 当用户输入的数据只包含年份和月份时，Excel 会自动以这个月的 1 号作为它的完整日期值。例如，输入 2017-1 时，会被系统自动识别为 2017 年 1 月 1 日。
- 当用户输入的数据只包含月份和日期时，Excel 会自动以系统当年年份作为这个日期的年份值。例如输入 1-2，如果当前系统年份为 2017 年，则会被 Excel 自动识别为 2017 年 1 月 2 日。
- 包含英文月份的输入方式可以用于只包含月份和日期的数据输入，其中月份的英文单词可以使用完整拼写，也可以使用标准缩写。

除了上面介绍的可以被 Excel 自动识别为日期的输入方式以外，其他不被识别的日期输入方式，则会被识别为文本形式的数据。例如使用 . 分隔符来输入日期 2017.1.2，这样输入的数据只会被 Excel 识别为文本格式，而不是日期格式，导致数据无法参与各种运算，使用户对数据的处理和计算造成不必要的麻烦。

4.2.5 为单元格添加批注

除了可以在单元格中输入数据内容以外，用户还可以为单元格添加批注。通过批注，用户可以对单元格的内容添加一些注释或者说明，方便自己或者其他人更好地理解单元格中的内容含义。

在 Excel 中为单元格添加批注的方法有以下几种。

- 选中单元格，选择【审阅】选项卡，在【批注】命令组中单击【新建批注】按钮，批注效果如图 4-17 所示。
- 右击单元格，在弹出的菜单中选择【插入批注】命令，如图 4-18 所示。
- 选中单元格后，按下 Shift+F2 键。

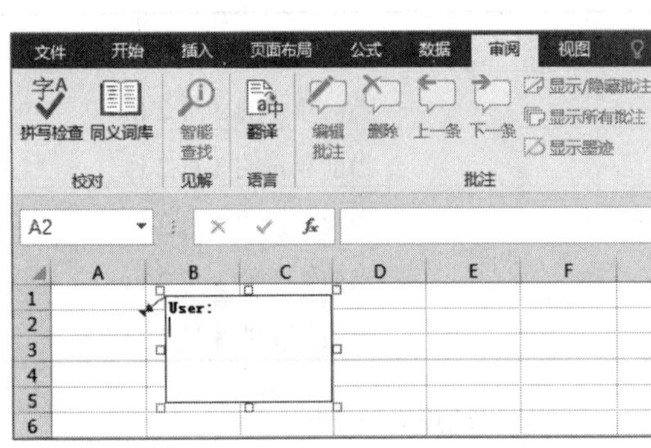

图 4-17　插入批注

图 4-18　通过右键菜单插入批注

在单元格中插入批注后，在目标单元格的右上方将出现红色的三角形符号，该符号为批注标识符，表示当前单元格包含批注。右侧的矩形文本框通过引导箭头与红色标识符相连，此矩形文本框即为批注内容的显示区域，用户可以在此输入文本内容作为当前单元格的批注。批注内容会默认以加粗字体的用户名称开头，标识了添加此批注的作者。此用户名默认为当前 Excel 用户名，实际使用时，用户名也可以根据自己的需要更改为方便识别的名称。

完成批注内容的输入后，用鼠标单击其他单元格即可表示完成了添加批注的操作，此时批注内容呈现隐藏状态，只显示出红色标识符。当用户将鼠标移动至包括标识符的目标单元格上时，批注内容会自动显示出来。用户也可以在包含批注的单元格上右击鼠标，在弹出的菜单中选择【显示/隐藏批注】命令使批注内容取消隐藏状态，固定显示在表格上方。或者在 Excel 功能区上选择【审阅】选项卡，在【批注】命令组中单击【显示/隐藏批注】切换按钮，切换批注的“显示”和“隐藏”状态，如图 4-19 所示。

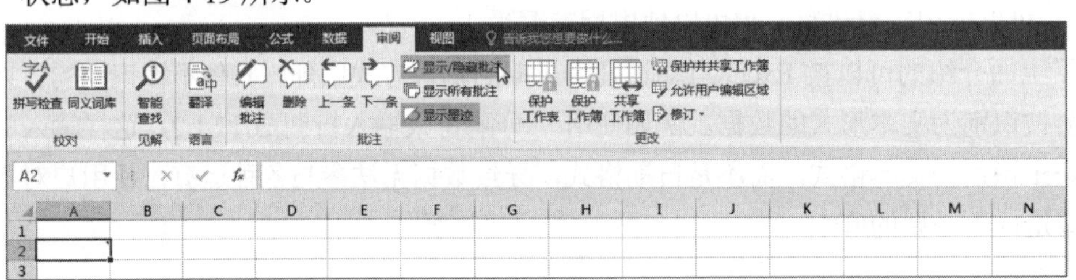

图 4-19　切换显示与隐藏批注

除了上面介绍的方法以外，用户还可以通过单击【审阅】选项卡【批注】命令组中的【显示所有批注】切换按钮，切换所有批注的“显示”或“隐藏”状态。

如果用户需要对单元格中批注的内容进行编辑修改，可以使用以下几种方法。

- 选中包含批注的单元格，选择【审阅】选项卡，在【批注】命令组中单击【编辑批注】按钮，如图 4-19 所示。
- 右击包含批注的单元格，在弹出的菜单中选择【编辑批注】命令。
- 选中包含批注的单元格，按下 Shift+F2 键。

当单元格创建批注或批注处于编辑状态时，将鼠标指针移动至批注矩形框的边框上方时，鼠

标指针会显示为黑色双箭头或者黑色十字箭头图标。当出现前者时，可以用鼠标拖动来改变批注的大小，如图 4-20 所示；当出现后者时，可以通过鼠标拖动来移动批注的位置，如图 4-21 所示。

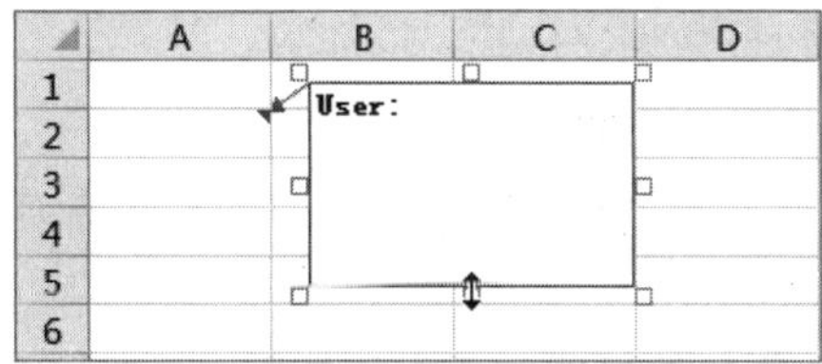

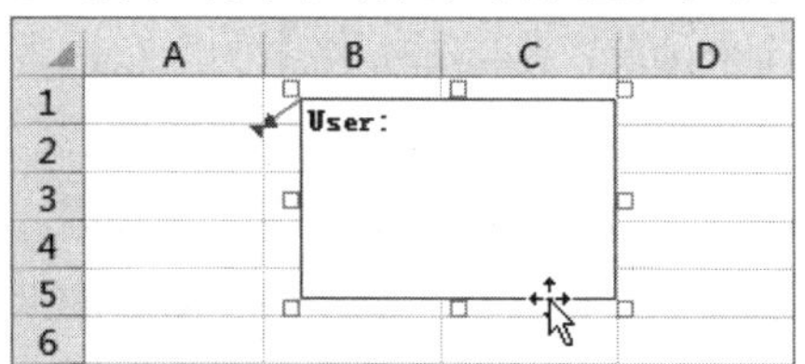

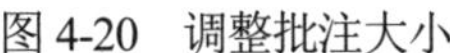

图 4-20　调整批注大小　　　图 4-21　移动批注位置

要删除一个已有的批注，可以在选中包含批注的单元格后，右击鼠标，在弹出的菜单中选择【删除批注】命令，或者在【审阅】选项卡的【批注】命令组中单击【删除批注】按钮。

如果用户需要一次性删除当前工作表中的所有批注，具体操作方法如下。

(1) 选择【开始】选项卡，在【编辑】命令组中单击【查找和选择】下拉按钮，在弹出的下拉列表中选择【转到】命令，或者按下 F5 键，打开【定位】对话框。

(2) 在【定位】对话框中单击【定位条件】按钮，打开【定位条件】对话框，选中【批注】单选按钮，然后单击【确定】按钮，如图 4-22 所示。

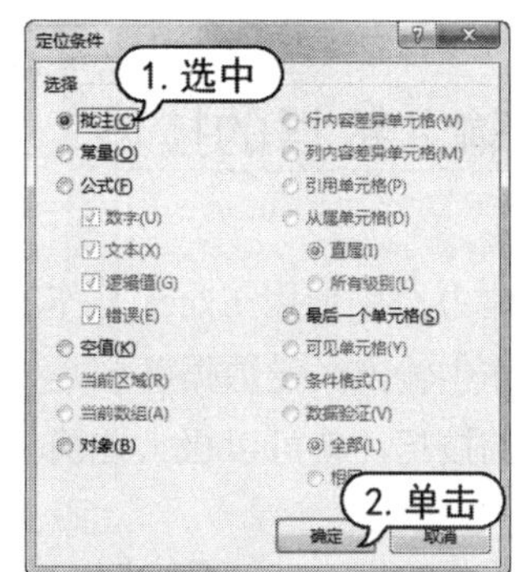

图 4-22　设置定位条件

(3) 选择【审阅】选项卡，在【批注】命令组中单击【删除】按钮即可。

此外，用户还参考以下操作，快速删除某个区域中的所有批注。

(1) 选择需要删除批注的单元格区域。

(2) 选择【开始】选项卡，在【编辑】命令组中单击【清除】下拉按钮，在弹出的下拉列表中选择【清除批注】命令。

4.2.6　删除单元格中的内容

对于表格中不再需要的单元格内容，如果需要将其删除，可以先选中目标单元格(或单元格区域)，然后按下 Delete 键，将单元格中所包含的数据删除。但是这样的操作并不会影响单元格中的格式、批注等内容。要彻底地删除单元格中的内容，可以在选中目标单元格(或单元格区域)后，

在【开始】选项卡的【编辑】命令组中单击【清除】下拉按钮，在弹出的下拉列表中选择相应的命令，如图 4-23 所示，具体如下。

- 全部清除：清除单元格中的所有内容，包括数据、格式、批注等。
- 清除格式：只清除单元格中的格式，保留其他内容。
- 清除内容：只清除单元格中的数据，包括文本、数值、公式等，保留其他内容。
- 清除批注：只清除单元格中附加的批注。
- 清除超链接：在单元格中弹出如图 4-24 所示的按钮，单击该按钮，用户在弹出的下拉列表中可以选中【仅清除超链接】或者【清除超链接和格式】单选按钮。
- 删除超链接：清除单元格中的超链接和格式。

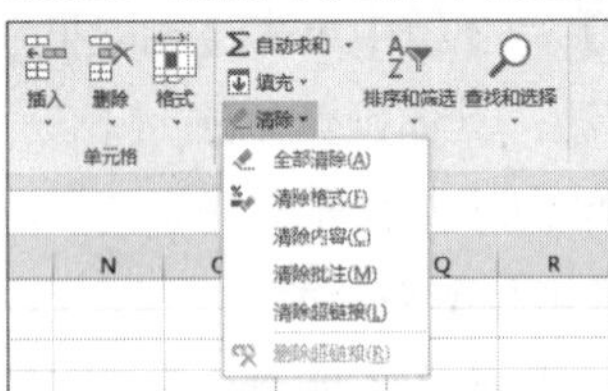

图 4-23　【清除】下拉列表

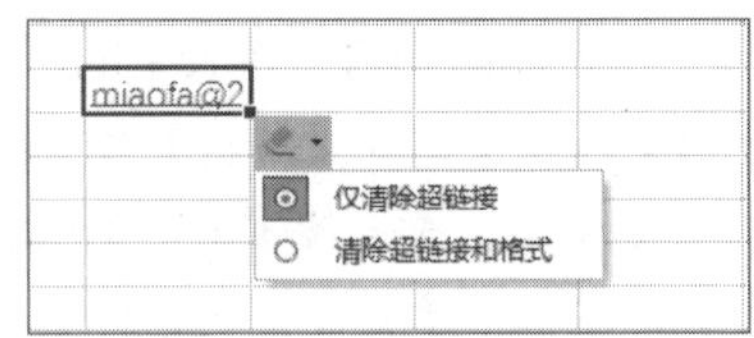

图 4-24　清除超链接

4.2.7　快速输入数据的技巧

数据输入是日常办公中使用 Excel 工作的一项必不可少的工作，对于某些特定的行业和特定的岗位来说，在工作中输入大量数据甚至是一项频率很高却又效率极低的工作。如果用户学习并掌握一些数据输入的技巧，就可以极大地简化数据输入的操作，提高工作效率。

1. 强制换行

如果用户需要在一个单元格中输入大量的文字，当文本内容过长时，可以使用“强制换行”功能来控制文本的换行。在需要换行的位置按下 Alt+Enter 键即可为文本添加一个强制换行符，如图 4-25 所示。此时，单元格和编辑栏中都会显示强制换行后的段落结构。

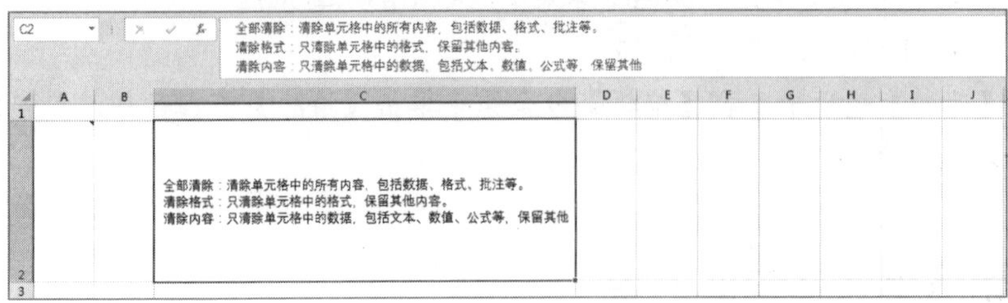

图 4-25　通过强制换行符控制文本格式

使用了强制换行后，Excel 将自动为其选中【自动换行】复选框，但实际上它和通常情况下的“自动换行”功能有着明显的区别。如果用户取消选中【自动换行】复选框，则使用了强制换行的单元格会重新显示为单行文字，而编辑栏中依旧保留着换行后的显示效果。

2. 在多个单元格同时输入数据

当用户需要在多个单元格中同时输入相同的数据时，许多用户的常规操作就是输入其中一个单元格，然后复制到其他所有单元格中。对于这样的方法，如果用户能够熟练操作并且合理使用快捷键，也是一种高效的选择。但还有一种操作方法，可以比复制/粘贴操作更加方便快捷。

同时选中需要输入相同数据的多个单元格，输入所需要的数据，在输入结束时，按下 Ctrl+Enter 键确认输入。此时，将会在选定的所有单元格中显示相同的输入内容。

3. 分数输入

如果用户需要在单元格中输入一些分数形式的数据，如 1/5、12/47 等，往往会被 Excel 自动识别为日期或者文本。此时，可以使用以下几种方法实现分数的输入。

- 如果需要输入的分数包括整数部分，例如 $2\frac{1}{5}$ 可以在单元格内输入 $2\ \frac{1}{5}$ (整数部分和分数部分之间使用一个空格间隔)，然后按下 Enter 键。Excel 将会输入识别分数形式的数值类型，在编辑栏中显示此数值为 2.2，在单元格显示出分数形式 $2\frac{1}{5}$ ，如图 4-26 所示。
- 如果需要输入的分数是纯分数(不包含整数部分)，用户在输入时必须以 0 作为这个分数的整数部分输入。例如输入$\frac{3}{5}$ ，则输入方式应为 $0\ \frac{3}{5}$ 。这样就可以被 Excel 识别为分数数值而不会被认为是日期数值，如图 4-27 所示。

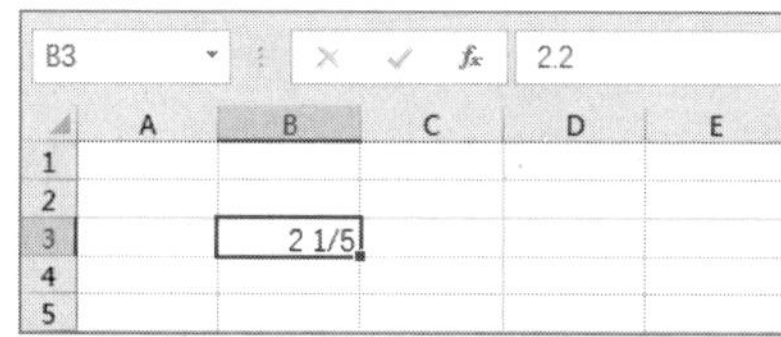

图 4-26　输入包含整数的分数

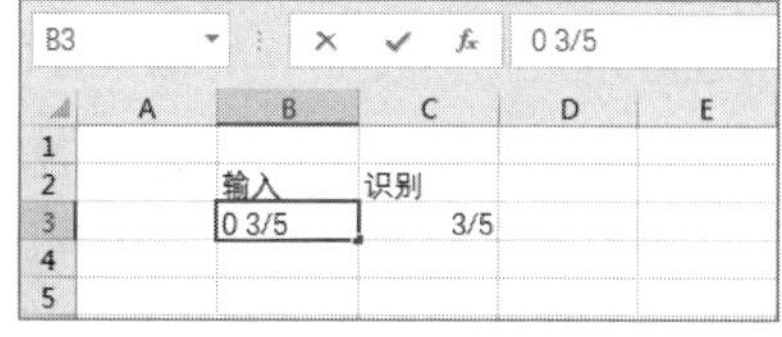

图 4-27　输入不包含整数的分数

- 如果用户输入分数的分子大于分母，如 $\frac{17}{5}$ ，Excel 会自动进行进位换算，将分数显示为换算后的“整数+真分数”形式。
- 如果用户输入分数的分子和分母还包括大于 1 的公约数，如 $\frac{2}{24}$ (其分子和分母有公约数 2)，在输入单元格后，Excel 会自动对齐进行约分处理，转换为最简分数形式。

4. 输入指数上标

在工程和数学等方面的应用上，经常会需要输入一些带有指数上标的数字或者符号单位，如 10^2、M^2 等。在 Word 软件中，用户可以使用上标工具来实现操作，但在 Excel 中没有这样的功能。用户需要通过设置单元格格式的方法来实现指数在单元格中的显示，具体方法如下。

(1) 如果用户需要在单元格中输入 M^{-10}，可以先在单元格中输入 M-10，然后激活单元格编辑模式，用鼠标选中文本中的-10 部分。

(2) 按下 Ctrl+1 键，打开【设置单元格格式】对话框，选中【上标】复选框后，单击【确定】按钮即可，如图 4-28 所示。

图 4-28　在【单元格格式】对话框中设置部分文字效果

(3) 此时，在单元格中将数据显示为 M^{-10}，但在编辑栏中数据仍旧显示为 M-10。

5. 自动输入小数点

有一些数据处理方面的应用(如财务报表、工程计算等)经常需要用户在单元格中大量输入数值数据，如果这些数据需要保留的最大小数位数是相同的，用户可以参考下面介绍的方法，设置在 Excel 中输入数据时免去小数点 . 的输入操作，从而提高输入效率。

(1) 以输入数据最大保留 3 位小数为例，打开【Excel 选项】对话框后，选择【高级】选项卡，选中【自动插入小数点】复选框，并在复选框下方的微调框中输入 3。

(2) 单击【确定】按钮，在单元格中输入 11111，将自动添加小数点，如图 4-29 所示。

图 4-29　自动设置小数点位数

6. 记忆式键入

有时用户在表格中输入的数据会包含较多的重复文字，例如在建立公司员工档案信息时，在输入部门时，总会使用到很多相同的部门名称。如果希望简化此类输入，可参考下面介绍的方法。

(1) 打开【Excel 选项】对话框，选择【高级】选项卡，选中【为单元格值启动记忆式输入】复选框后，单击【确定】按钮，如图 4-30 所示。

(2) 启动以上功能后，当用户在同一列输入相同的信息时，就可以利用“记忆性键入”来简化输入，例如，用户在图 4-31 所示的 A2 单元格中输入“华东区分店营业一部”后按下 Enter 键，在 A3 单元格中输入“华东区”，Excel 即会自动输入“分店营业一部”。

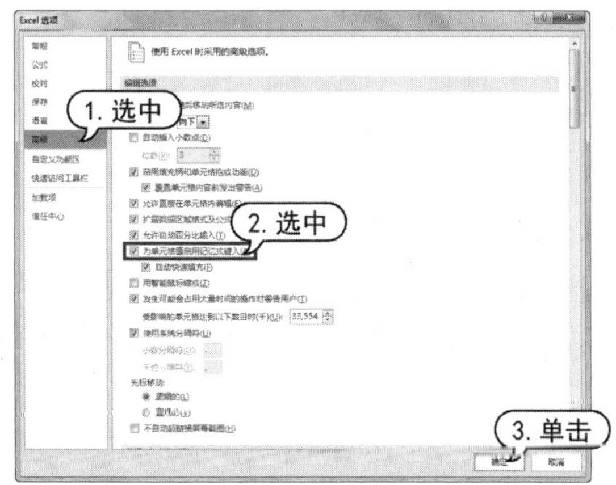

图 4-30　设置为单元格值启动记忆式输入

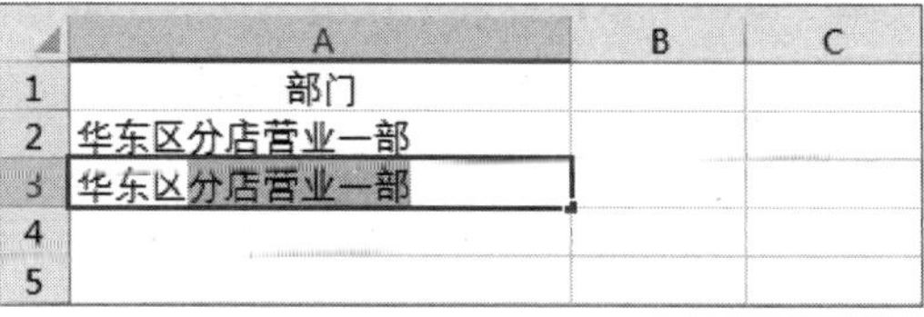

图 4-31　记忆式输入效果

4.3　使用填充与序列

除了通常的数据输入方式以外，如果数据本身包括某些顺序上的关联特性，用户还可以使用 Excel 所提供的填充功能进行快速的批量录入数据。

4.3.1　自动填充

当用户需要在工作表连续输入某些“顺序”数据时，例如星期一、星期二……星期日；甲、乙、丙……癸等，可以利用 Excel 的自动填充功能实现快速输入。

在 Excel 中使用“自动填充”功能之前，应先确保“单元格拖放”功能启动。打开【Excel 选项】对话框，选择【高级】选项卡，然后在对话框右侧的选项区域中选中【使用填充柄和单元格拖放功能】复选框即可，如图 4-32 所示。

【例 4-1】 使用自动填充连续输入 1~10 的数字，连续输入甲、乙、丙等 10 个天干。

(1) 在 A1 单元格中输入 1，在 A2 单元格中输入 2。

(2) 选中 A1：A2 单元格区域，将鼠标移动至区域中的黑色边框右下角，当鼠标指针显示为黑色加号时，按住鼠标左键向下拖动，直到 A10 单元格时释放鼠标。

(3) 在 B1 单元格中输入“甲”，选中 B1 单元格将鼠标移动至填充柄处，当鼠标指针显示为黑色加号时，双击鼠标左键即可，如图 4-33 所示。

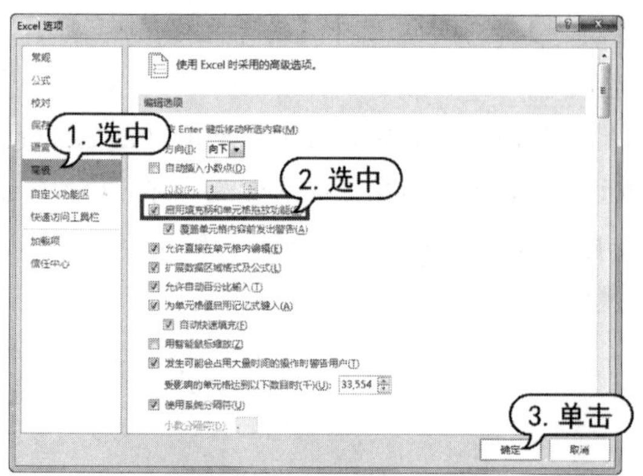

图 4-32 使用填充柄和单元格拖放功能

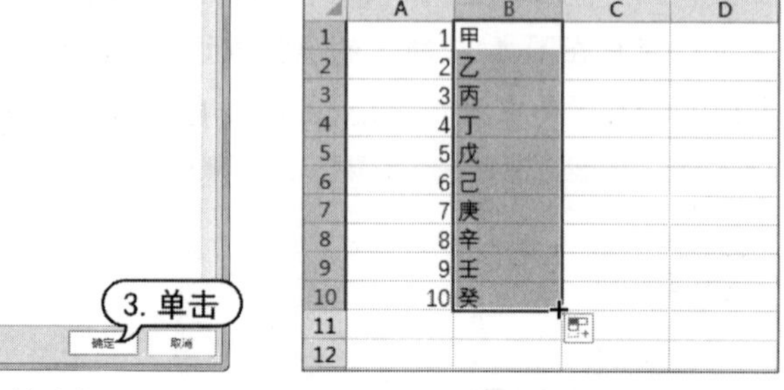

图 4-33 自动填充

除了数值型数据以外，使用其他类型数据(包括文本类型和日期时间类型)进行连续填充时，并不需要提供头两个数据作为填充依据，只需要提供一个数据即可。例如在【例 4-1】中的 B1 单元格中的数据“甲”。

除了拖动填充柄执行自动填充操作以外，双击填充柄也可以完成自动填充操作。当数据的目标区域的相邻单元格存在数据时(中间没有单元格)，双击填充柄的操作可以代替拖动填充柄的操作。例如在【例 4-1】中，与 B1：B10 相邻的 A1：A10 中都存在数据，可以采用填充柄操作。

4.3.2 序列

在 Excel 中可以实现自动填充的“顺序”数据被称为序列。在前几个单元格内输入序列中的元素，就可以为 Excel 提供识别序列的内容及顺序信息，以及 Excel 在使用自动填充功能时，自动按照序列中的元素、间隔顺序来依次填充。

用户可以在【Excel 选项】对话框中查看可以被自动填充的包括哪些序列，如图 4-34 所示。

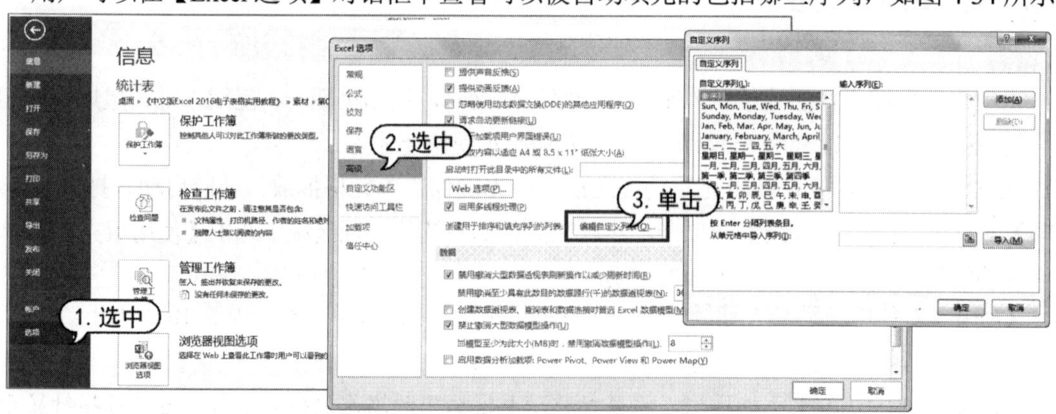

图 4-34 Excel 内置序列及自定义序列

如图 4-34 所示的【自定义序列】对话框左侧的列表中显示了当前 Excel 中可以被识别的序列(所有的数值型、日期型数据都是可以被自动填充的序列，不再显示于列表中)，用户也可以在右侧的【输入序列】文本框中手动添加新的数据序列作为自定义系列，或者引用表格中已经存在的数据列表作为自定义序列进行导入。

Excel 中自动填充的使用方式相当灵活，用户并非必须从序列中的一个特定元素开始自动填充，而是可以始于序列中的任何一个元素。当填充的数据达到序列尾部时，下一个填充数据会自动取序列开头的元素，循环往复地继续填充。例如在如图 4-35 所示的表格中，显示了从“六月”开始自动填充多个单元格的结果。

除了对自动填充的起始元素没有要求之外，填充时序列中的元素的顺序间隔也没有严格限制。

当只在一个单元格中输入序列元素时(除了纯数值数据以外)，自动填充功能默认以连续顺序的方式进行填充。而当用户在第一、第二个单元格内输入具有一定间隔的序列元素时，Excel 会自动按照间隔的规律来选择元素进行填充，例如在如图 4-36 所示的表格中，显示了从六月、九月开始自动填充多个单元格的结果。

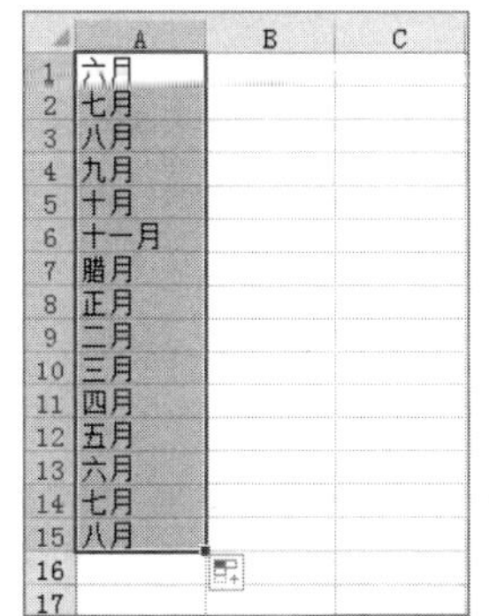

	A	B	C
1	六月		
2	七月		
3	八月		
4	九月		
5	十月		
6	十一月		
7	腊月		
8	正月		
9	二月		
10	三月		
11	四月		
12	五月		
13	六月		
14	七月		
15	八月		
16			
17			

图 4-35 循环往复地重复序列中的数据

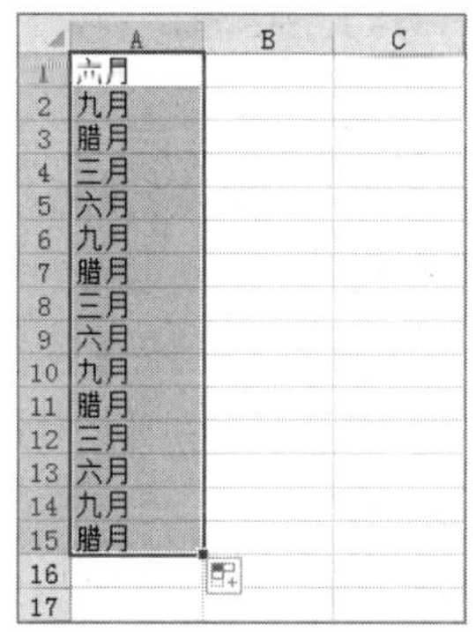

	A	B	C
1	六月		
2	九月		
3	腊月		
4	三月		
5	六月		
6	九月		
7	腊月		
8	三月		
9	六月		
10	九月		
11	腊月		
12	三月		
13	六月		
14	九月		
15	腊月		
16			
17			

图 4-36 非连续序列元素的自动填充

但是，如果用户提供的初始信息缺乏线性的规律，不符合序列元素的基本排列顺序，则 Excel 不能识别为序列，此时使用填充功能并不能使填充区域出现序列内的其他元素，而只是单纯实现复制功能效果。

4.3.3 填充选项

自动填充完成后，填充区域的右下角将显示【填充选项】按钮，将鼠标指针移动至该按钮上并单击，在弹出的菜单中可显示更多的填充选项，如图 4-37 所示。

在图 4-37 所示的菜单中，用户可以为填充选择不同的方式，如【填充序列】、【不带格式填充】、【快速填充】等，甚至可以将填充方式改为复制，使数据不再按照序列顺序递增，而是与最初的单元格保持一致。填充选项按钮下拉菜单中的选项内容取决于所填充的数据类型。例如图 4-38 所示的填充目标数据是日期型数据，则在菜单中显示了更多日期有关的选项，例如【以月填充】、【以年填充】等。

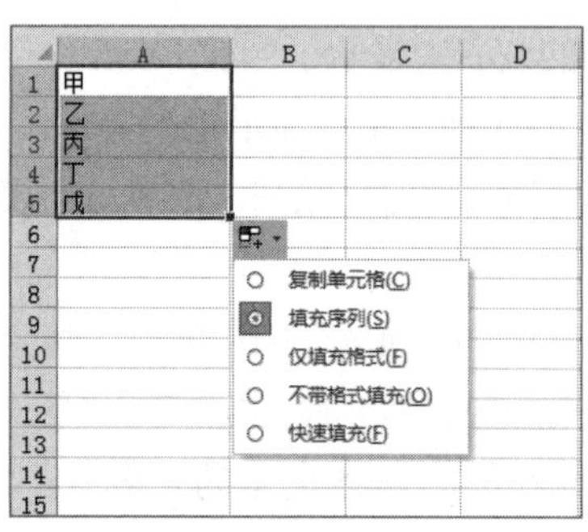

图 4-37　填充选项菜单

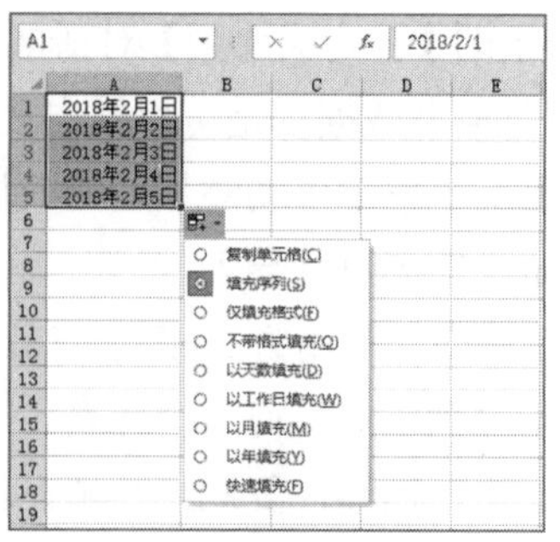

图 4-38　日期型数据填充选项

除了使用填充选项按钮可以选择更多填充方式以外，用户还可以从右键菜单中选择如图 4-37、图 4-38 所示的菜单命令，具体操作方法为：右击并拖动填充柄，在达到目标单元格时释放右键，此时将弹出一个快捷菜单，该菜单中显示了与图 4-37、图 4-38 类似的填充选项。

4.3.4　使用填充菜单

除了通过拖动或者双击填充柄的方式进行自动填充以外，使用 Excel 功能区中的填充命令，也可以在连续单元格中批量输入定义为序列的数据内容。

(1) 选择【开始】选项卡，在【编辑】命令组中单击【填充】下拉按钮，在弹出的下拉列表中选择【系列】命令，打开【序列】对话框。

(2) 在【序列】对话框中，用户可以选择序列填充的方向为【行】或者【列】，也可以根据需要填充的序列数据类型，选择不同的填充方式，如图 4-39 所示。

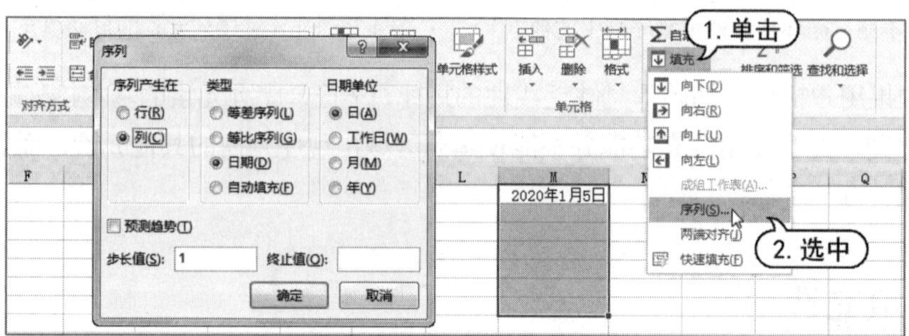

图 4-39　打开【系列】对话框

1. 文本型数据序列

对于包含文本型数据的序列，例如内置的序列“甲、乙、丙……癸”，在【序列】对话框中实际可用的填充类型只有【自动填充】，具体操作方法如下。

(1) 在单元格中输入需要填充的序列元素，例如“甲”。

(2) 选中输入序列元素的单元格以及相邻的目标填充区域。

(3) 选择【开始】选项卡，在【编辑】命令组中单击【系列】下拉按钮，在弹出的下拉列表

中选择【序列】命令，打开【序列】对话框，在【类型】区域中选择【自动填充】选项，单击【确定】按钮，如图 4-40 所示。

(4) 此时，单元格区域的填充效果如图 4-41 所示。

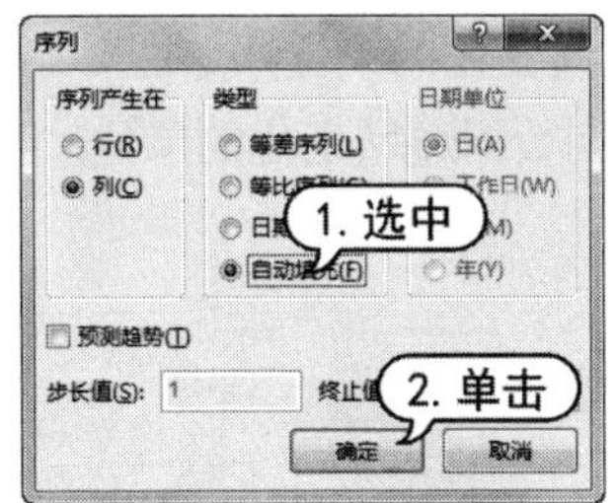

图 4-40　设置自动填充

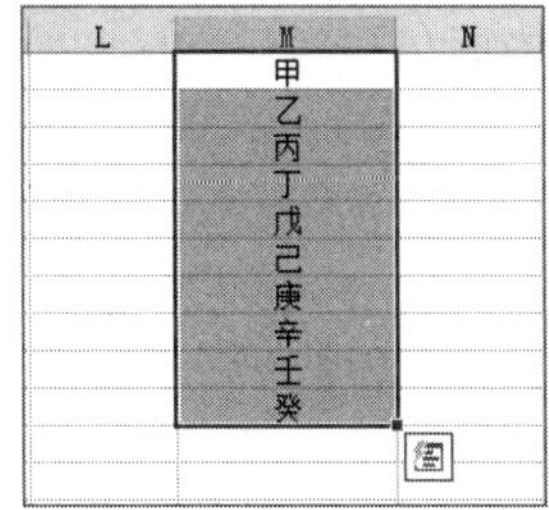

图 4-41　数据填充效果

上面所示的填充方式与使用填充柄的自动填充方式十分相似，用户也可以在前两个单元格中输入具有一定间隔的序列元素，使用相同的操作方式填充出具有相同间隔的连续单元格区域。

2. 数值型数据序列

对于数值型数据，用户可以采用以下两种填充类型。

- 等差序列：使数值数据按照固定的差值间隔依次填充，需要在【步长值】文本框内输入此固定差值。
- 等比数列：使数值数据按照固定的比例间隔依次填充，需要在【步长值】文本框内输入此固定比例值。

对于数值型数据，用户还可以在【序列】对话框的【终止值】文本框内输入填充的最终目标数据，以确定填充单元格区域的范围。在输入终止值的情况下，用户不需要预先选取填充目标区域即可完成填充操作。

除了用户手动设置数据变化规律以外，Excel 还具有自动测算数据变化趋势的能力。当用户提供连续两个以上单元格数据时，选定这些数据单元格和目标填充区域，然后选中【序列】对话框内的【预测趋势】复选框，并且选中单选按钮选择数据填充类型(等比或者等差序列)，然后单击【确定】按钮即可使 Excel 自动测算数据变化趋势并且进行填充操作。例如，如图 4-42 所示为 1、3、9，选择等比方式进行预测趋势填充效果。

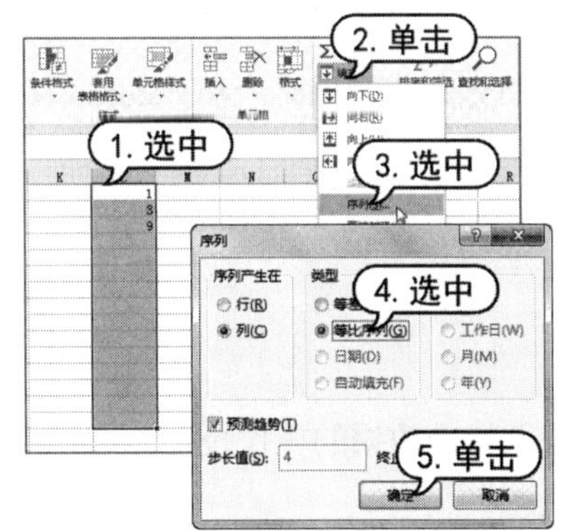

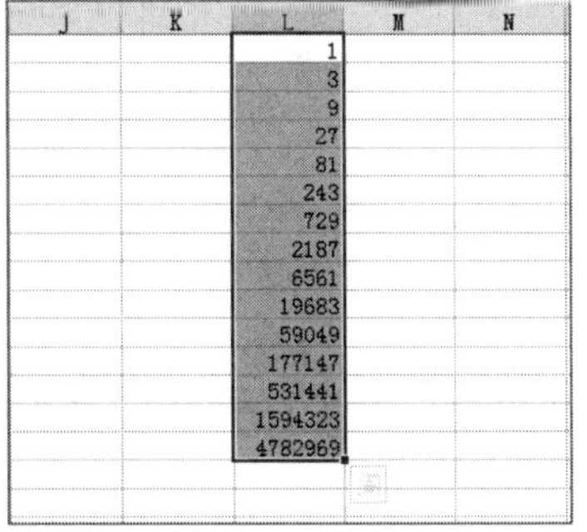

图 4-42　预测趋势的数值填充

3. 日期型数据序列

对于日期型数据，Excel 会自动选中【序列】对话框中的【日期】单选按钮，同时右侧【日期单位】选项区域中的选项将高亮显示，用户可以对其进一步设置，如图 4-39 所示。

- 【日】：填充时以天数作为日期数据传递变化的单位，如图 4-43 所示。
- 【工作日】：填充时同样以天数作为日期数据递增变化的单位，但是其中不包含周末以及法定的节假日，如图 4-44 所示。

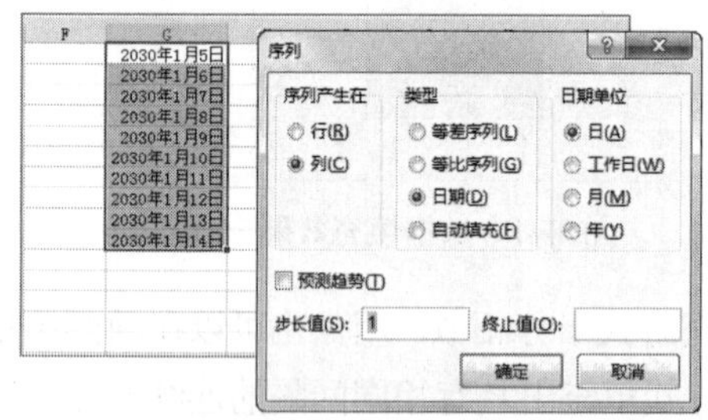

图 4-43　日期单位为“日”

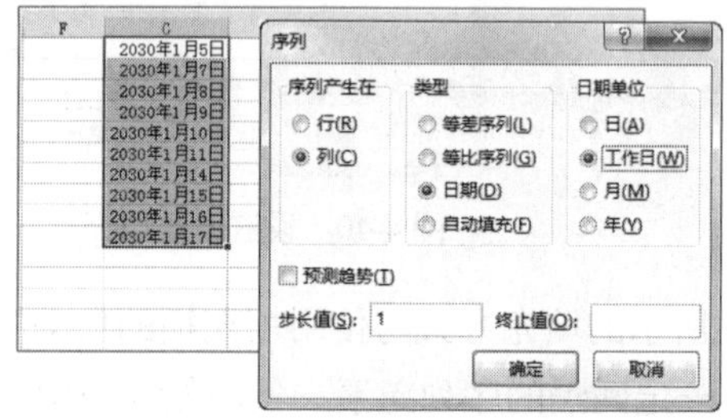

图 4-44　日期单位为“工作日”

- 【月】：填充时以月份作为日期数据递增变化的单位。
- 【年】：填充时以年份作为日期数据递增变化的单位。

选中以上任意选项后，需要在【序列】对话框的【步长值】文本框中输入日期组成部分递增变化的间隔值。此外，用户还可以在【终止值】文本框中输入填充的最终目标日期，以确定填充单元格区域的循环点。以图 4-45 为例，显示了 2030 年 1 月 20 日为初始日期，在【序列】对话框中选择按【月】变化，【步长值】为 3 的填充效果如图 4-46 所示。

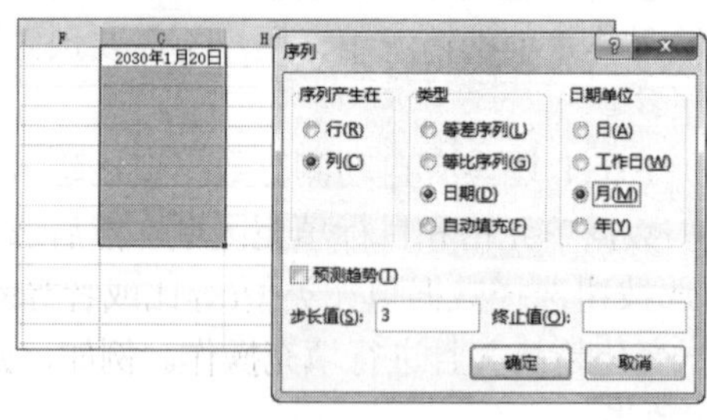

图 4-45　设置步长值为 3

图 4-46　自动填充效果

日期型数据也可以使用等差序列和等比序列的填充方式，但是当填充的数值超过 Excel 的日期范围时，则单元格中的数据无法正常显示，而是显示一串#号。

4.4　上机练习

本章的上机练习将通过实例介绍在 Excel 中输入特殊数据的操作技巧，用户可以通过实例的操作巩固所学的知识。

(1) 在默认情况下，Excel 会自动将以 0 开头的数字默认为普通数字。若用户需要在表格中输入以 0 开头的数据，可以在选择单元格后，先在单元格中输入单引号。

(2) 输入以 0 开头的数字，并按下 Enter 键即可，如图 4-47 所示。

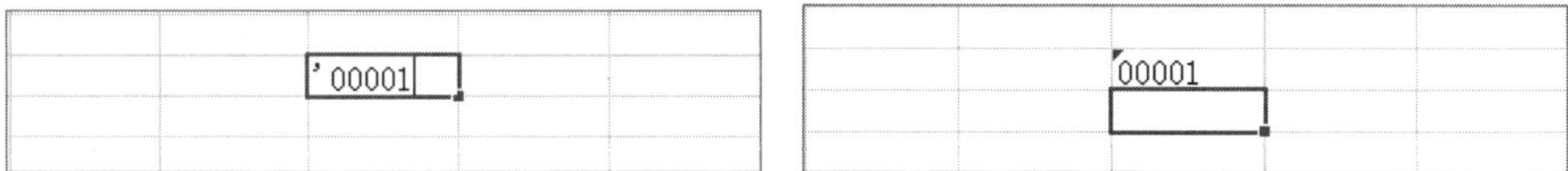

图 4-47　在单元格中输入以 0 开头的数字

(3) 除此之外，右击单元格，在弹出的菜单中选择【设置单元格格式】命令，打开【设置单元格格式】对话框。在该对话框中的【分类】列表框中选择【自定义】选项后，在对话框右侧的【类型】文本框中输入 000#，并单击【确定】按钮。此时，可以直接在选中的单元格中输入 0001 之类的以 0 开头的数字，如图 4-48 所示。

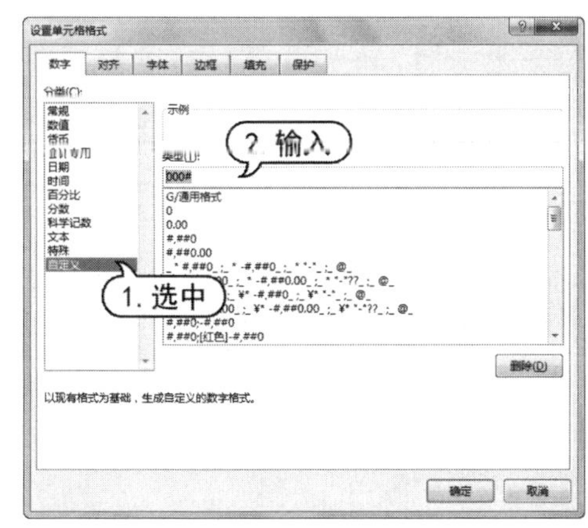

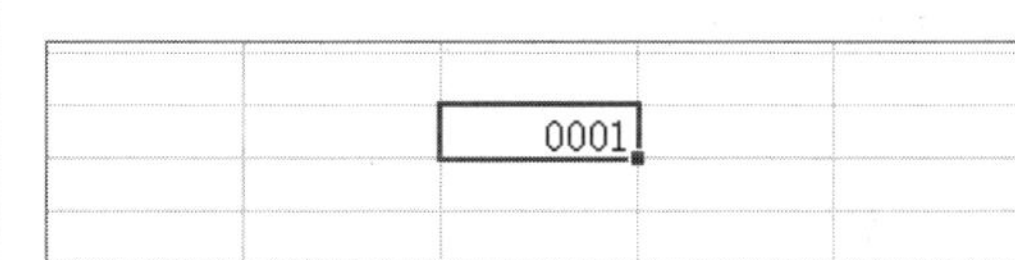

图 4-48　通过设置单元格格式在单元格中输入 0 开头的数字

(4) 如果用户在如图 4-38 所示【自定义】选项区域的【类型】文本框中输入 000000，然后单击【确定】按钮，可以在单元格中输入例如 000001 之类的数字。

(5) 如果用户需要在单元格中输入平方，可以先在单元格中输入 X2，然后双击单元格，选中数字 2 并右击鼠标，在弹出的菜单中选择【设置单元格格式】命令，如图 4-49 所示。

(6) 打开【设置单元格格式】对话框，选中【上标】复选框，如图 4-50 所示。

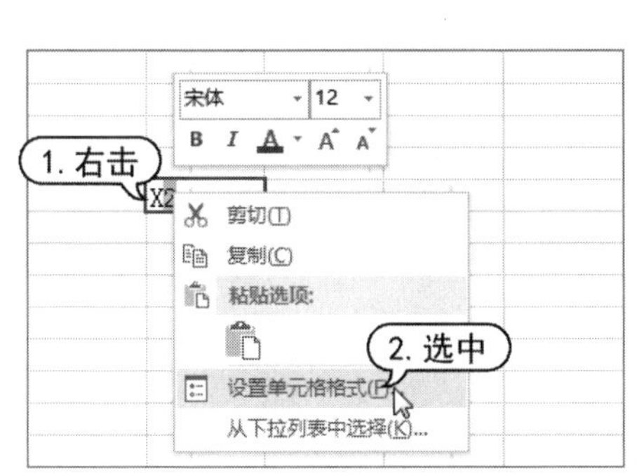

图 4-49　设置数字 2 的格式

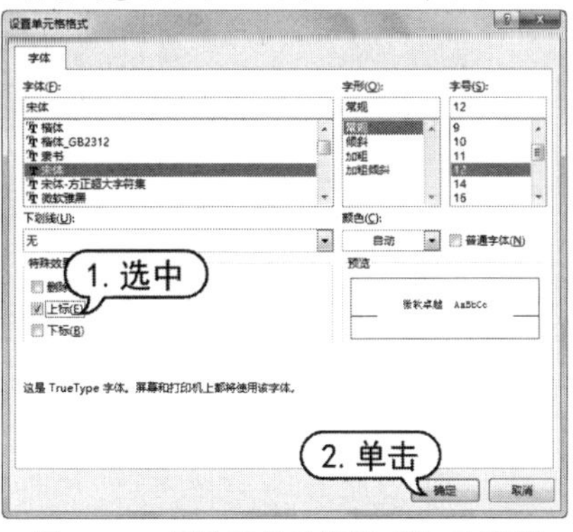

图 4-50　【设置单元格格式】对话框

(7) 单击【确定】按钮，关闭【设置单元格格式】对话框后，平方的输入效果如图 4-51 所示。

(8) 如果用户需要在单元格中输入对号与错号，可以在选中单元格后按住 Alt 键的同时输入键盘右侧数字输入区上的 41420 键，即可输入对号；输入 41409 键，即可输入错号，如图 4-52 所示。

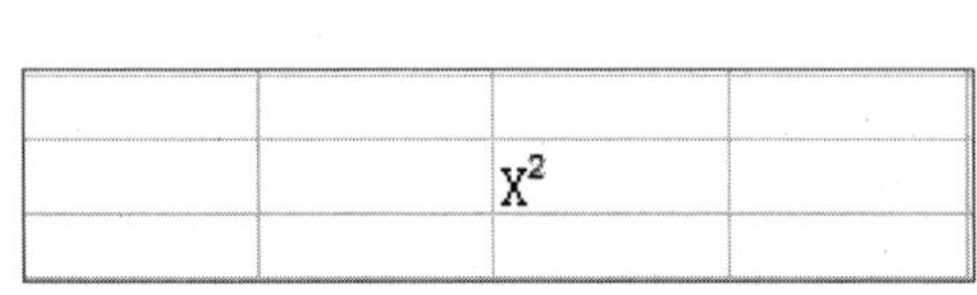

图 4-51 平方输入效果

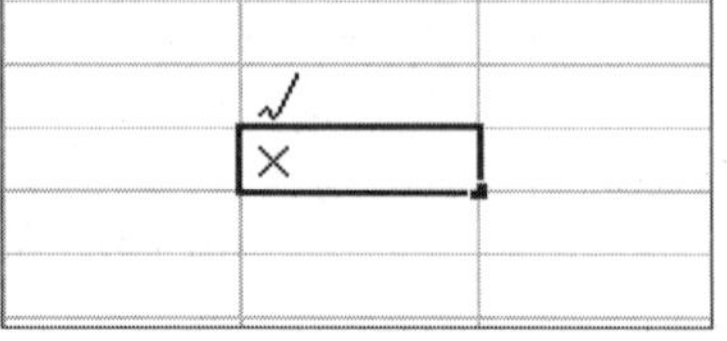

图 4-52 对号与错号输入效果

(9) 如果用户需要在单元格中输入一段较长的数据，例如输入 123456789123456789，可以在输入之前先在单元格中输入单引号 ’，然后再输入具体的数据。如此，可以避免 Excel 软件自动以科学计数的方式显示输入的数据。

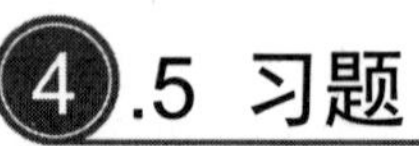

4.5 习题

1. 如何在单元格中输入数据？
2. 如何在删除单元格中的数据的同时，删除单元格格式、注释等其他所有属性？
3. 如何复制或移动单元格中的数据？

第5章 整理 Excel 表格数据

学习目标

本章将介绍已输入到 Excel 表格中数据的处理方法和技巧，其中包括为不同数据设置合理的数字格式，复制、粘贴和移动数据以及数据的隐藏、保护和查找等操作。通过对这些内容的熟练掌握，可以帮助用户在工作中提高数据的整理效率，并为使用 Excel 进行数据的统计和分析做好基础操作的准备。

本章重点

- 为数据应用合适的数字格式
- 处理表格中的文本型数字
- 自定义表格中的数字格式
- 复制与粘贴单元格及区域
- 使用“查找与替换”功能
- 隐藏和锁定表格中的单元格

5.1 设置数据的数字格式

Excel 提供多种对数据进行格式化的功能，除了对齐、字体、字号、边框等常用的格式化功能以外，更重要的是其“数字格式”功能，该功能可以根据数据的意义和表达需求来调整显示外观，完成匹配展示的效果。例如，在图 5-1 中，通过对数据进行格式化设置，可以明显地提高数据的可读性。

Excel 内置的数字格式大部分适用于数值型数据，因此称之为“数字”格式。但数字格式并非数值数据专用，文本型的数据同样也可以被格式化。用户可以通过创建自定义格式，为文本型数据提供各种格式化的效果。

	A	B	C
1	原始数据	格式化后的显示	格式类型
2	42856	2017年5月1日	日期
3	-1610128	-1,610,128	数值
4	0.531243122	12:44:59 PM	时间
5	0.05421	5.42%	百分比
6	0.8312	5/6	分数
7	7321231.12	¥7,321,231.12	货币
8	876543	捌拾柒万陆仟伍佰肆拾叁	特殊-中文大写数字
9	3.213102124	000° 00′ 03.2″	自定义（经纬度）
10	4008207821	400-820-7821	自定义（电话号码）
11	2113032103	TEL:2113032103	自定义（电话号码）
12	188	1米88	自定义（身高）
13	381110	38.1万	自定义（以万为单位）
14	三	第三生产线	自定义（部门）
15	右对齐	右对齐	自定义（靠右对齐）
16			

图 5-1　通过设置数据格式提高数据的可读性

对单元格中的数据应用格式，可以使用以下几种方法。

- 选择【开始】选项卡，在【数字】命令组中使用相应的按钮，如图 5-2 所示。
- 打开【单元格格式】对话框，选择【数字】选项卡。
- 使用快捷键应用数字格式。

在 Excel【开始】选项卡的【数字】命令组中，【数字格式】命令组会显示活动单元格的数字格式类型。单击其中的下拉按钮，可以选择如图 5-3 所示的 12 种数字格式。

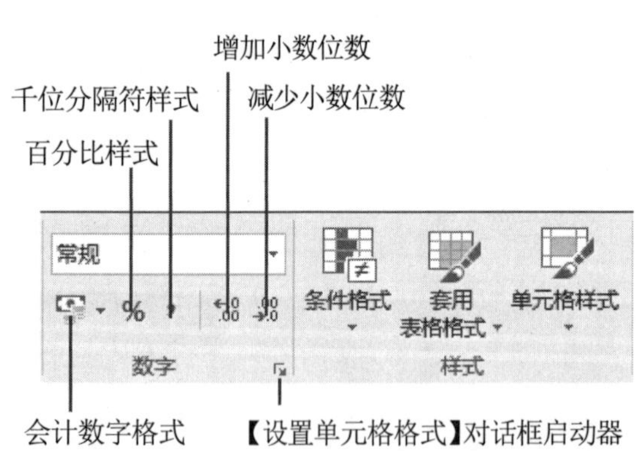

图 5-2　【数字】命令组

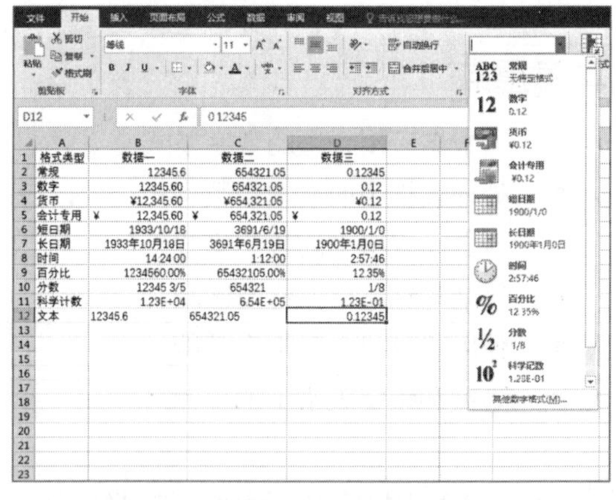

图 5-3　【设置单元格格式】对话框

在工作表中选中包含数值的单元格区域，然后单击图 5-2 所示的按钮或选项，即可应用相应的数字格式。【数字】命令组中各个按钮的功能说明如下。

- 【会计专用格式】：在数值开头添加货币符号，并为数值添加千位分隔符，数值显示两位小数。
- 【百分比样式】：以百分数形式显示数值。
- 【千位分隔符样式】：使用千位分隔符分隔数值，显示两位小数。
- 【增加小数位数】：在原数值小数位数的基础上增加一位小数位。
- 【减少小数位数】：在原数值小数位数的基础上减少一位小数位。

- 【常规】：未经特别指定的格式，为 Excel 的默认数字格式。
- 【长日期与短日期】：以不同的样式显示日期。

5.1.1　使用快捷键应用数字格式

通过键盘快捷键也可以快速地对目标单元格和单元格区域设定数字格式，具体如下。

- Ctrl+Shift+~键：设置为常规格式，即不带格式。
- Ctrl+Shift+%键：设置为百分数格式，无小数部分。
- Ctrl+Shift+^键：设置为科学计数法格式，含两位小数。
- Ctrl+Shift+#键：设置为短日期格式。
- Ctrl+Shift+@键：设置为时间格式，包含小时和分钟显示。
- Ctrl+Shift+!键：设置为千位分隔符显示格式，不带小数。

5.1.2　使用【设置单元格格式】对话框应用数字格式

若用户希望在更多的内置数字格式中进行选择，可以通过【设置单元格格式】对话框中的【数字】选项卡来进行数字格式设置。选中包含数据的单元格或区域后，有以下几种等效方式可以打开【设置单元格格式】对话框。

- 在【开始】选项卡的【数字】命令组中单击【对话框启动器】按钮 。
- 在【数字】命令组的【格式】下拉列表中单击【其他数字格式】选项。
- 按 Ctrl+1 键。
- 右击鼠标，在弹出的菜单中选择【设置单元格格式】命令。

打开【设置单元格格式】对话框后，选择【数字】选项卡，如图 5-4 所示。

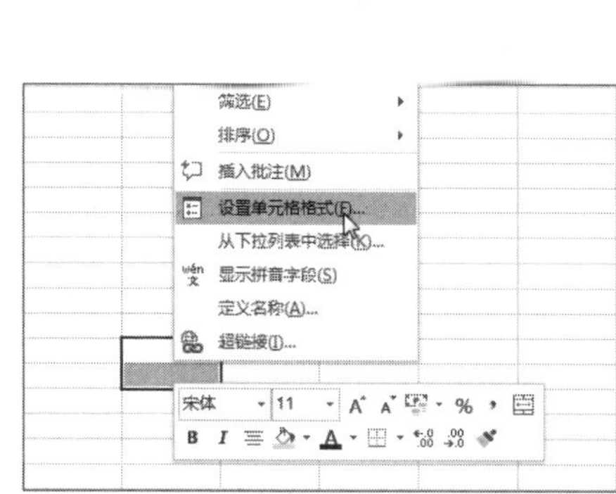

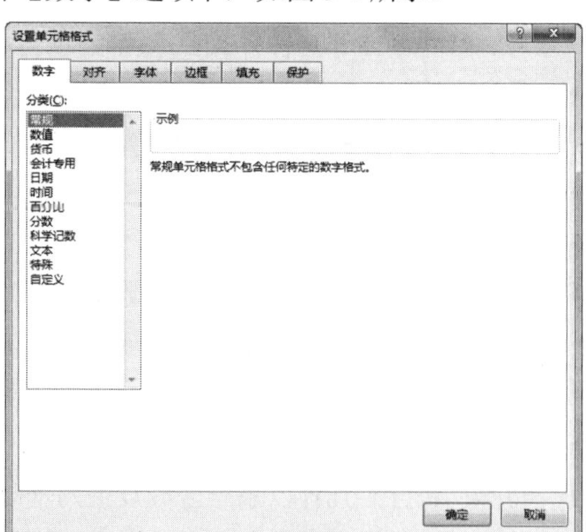

图 5-4　打开【设置单元格格式】对话框的【数字】选项卡

在【数字】选项卡的【分类】列表中显示了 Excel 内置的 12 类数字格式，除了【常规】和【文本】外，其他每一种格式类型中都包含了更多的可选择样式或选项。在【分类】列表中选择一种格式类型后，对话框右侧就会显示相应的选项区域，并根据用户所做的选择将预览效果显示在“示例”区域中。

【例 5-1】将图 5-5 所示表格中的数值设置为人民币格式(显示两位小数，负数显示为带括号的红色字体)。

(1) 选中 A1:B5 单元格区域，如图 5-5 所示，按下 Ctrl+1 键打开【单元格格式】对话框。

(2) 在【分类】列表框中选择【货币】选项，在对话框右侧的【小数位数】微调框中设置数值为 2，在【货币符号】下拉列表中选择¥，最后在【负数】下拉列表中选择带括号的红色字体样式。

(3) 单击【确定】按钮格式化后，单元格的显示效果如图 5-6 所示。

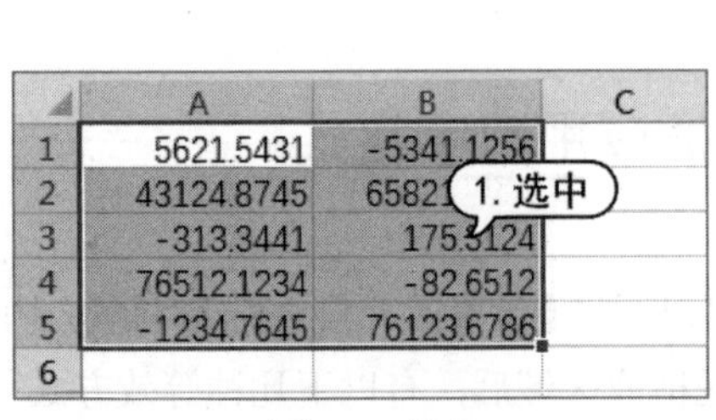

图 5-5　数值

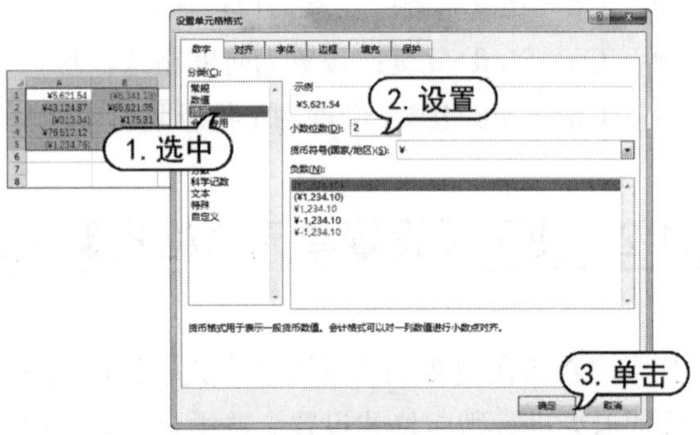

图 5-6　设置数值显示为人民币格式

在【单元格格式】对话框中各类数字格式的详细说明如下。

- 常规：数据的默认格式，即未进行任何特殊设置的格式。
- 数值：可以设置小数位数、选择是否添加千位分隔符，负数可以设置特殊样式(包括显示负号、显示括号、红色字体等几种格式)。
- 货币：可以设置小数位数、货币符号。负数可以设置特殊样式(包括显示负号、显示括号、红色字体等几种样式)。数字显示自动包含千位分隔符。
- 会计专用：可以设置小数位数、货币符号，数字显示自动包含千位分隔符。与货币格式不同的是，本格式将货币符号置于单元格最左侧进行显示。
- 日期：可以选择多种日期显示模式，其中包括同时显示日期和时间的模式。
- 时间：可以选择多种时间显示模式。
- 百分比：可以选择小数位数。数字以百分数形式显示。
- 分数：可以设置多种分数，包括显示一位数分母、两位数分母等。
- 科学记数：以包含指数符号(E)的科学记数形式显示数字，可以设置显示的小数位数。
- 文本：将数值作为文本处理。
- 特殊：包含了几种以系统区域设置为基础的特殊格式。在区域设置为“中文(中国)”的情况下，包括 3 种用户自定义格式，其中 Excel 已经内置了部分自定义格式，内置的自定义格式不可删除。

5.2　处理文本型数字

“文本型数字”是 Excel 中的一种比较特殊的数据类型，它的数据内容是数值，但作为文本类型进行存储，具有和文本类型数据相同的特征。

5.2.1　设置【文本】数字格式

“文本”格式是特殊的数字格式，它的作用是设置单元格数据为“文本”。在实际应用中，这一数字格式并不总是如字面含义那样可以让数据在“文本”和“数值”之间进行转换。

如果用户先将空白单元格设置为文本格式，然后输入数值，Excel 会将其存储为“文本型数字”。“文本型数字”自动左对齐显示，在单元格的左上角显示绿色三角形符号，如图 5-7 所示。

如果先在空白单元格中输入数值，然后再设置为文本格式，数值虽然也自动左对齐显示，但 Excel 仍将其视作数值型数据。

对于单元格中的“文本型数字”，无论修改其数字格式为“文本”之外的哪一种格式，Excel 仍然视其为“文本”类型的数据，直到重新输入数据才会变为数值型数据。

5.2.2　将文本型数据转换为数值型数据

“文本型数字”所在单元格的左上角显示绿色三角形符号，此符号为 Excel“错误检查”功能的标识符，它用于标识单元格可能存在某些错误或需要注意的特点。选中此类单元格，会在单元格一侧出现【错误检查选项】按钮，单击该按钮右侧的下拉按钮会显示如图 5-8 所示的菜单。

图 5-7　将数值设置为“文本”格式

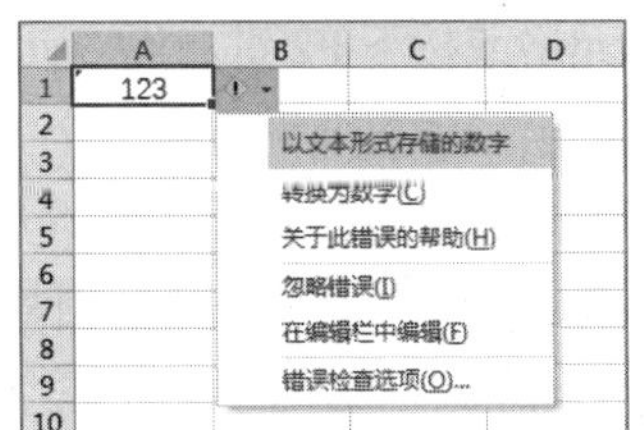

图 5-8　错误检查选项菜单

在如图 5-8 所示的下拉菜单中出现的【以文本形式存储的数字】提示，显示了当前单元格的数据状态。此时如果选择【转换为数字】命令，单元格中的数据将会转换为数值型。

如果用户需要保留这些数据为【文本型数字】类型，而又不需要显示绿色三角符号，可以在如图 5-8 所示的菜单中选择【忽略错误】命令，关闭此单元格的【错误检查】功能。

如果用户需要将“文本型数字”转换为数值，对于单个单元格，可以借助错误检查功能提供的菜单命令。而对于多个单元格，则可以参考下面介绍的方法进行转换。

【例 5-2】将文本型数字转换为数值。

(1) 打开工作表，选中工作表中的一个空白单元格，按下 Ctrl+C 键。

(2) 选中 A1: B5 单元格区域，右击鼠标，在弹出的菜单中选择【选择性粘贴】命令，在弹出的【选择性粘贴】子菜单中选择【选择性粘贴】命令，如图 5-9 所示。

(3) 打开【选择性粘贴】对话框，选中【加】单选按钮，然后单击【确定】按钮即可将 A1: B5 单元格区域转换为数值，如图 5-10 所示。

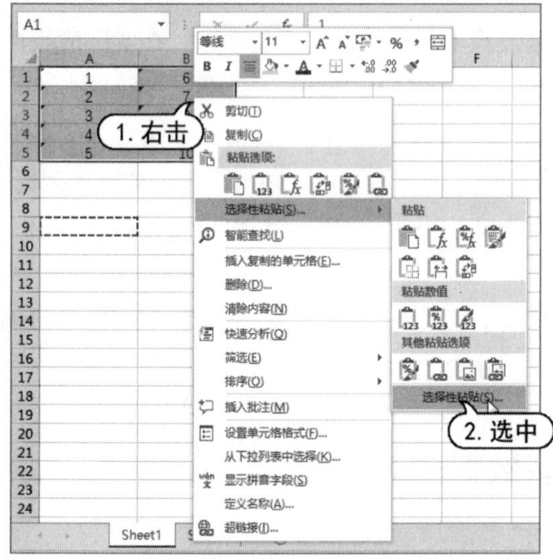

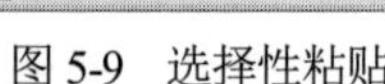
图 5-9　选择性粘贴

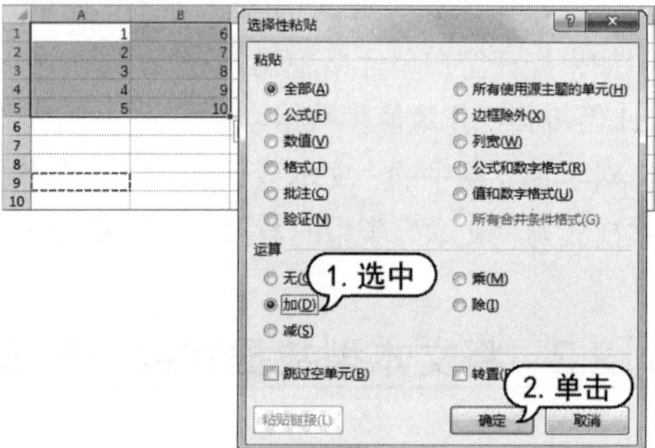

图 5-10　批量转换文本型数字为数值

5.2.3　将数值型数据转换为文本型数据

如果要将工作表中的数值型数据转换为文本型数字，可以先将单元格设置为【文本】格式，然后双击单元格或按下 F2 键激活单元格的编辑模式，最后按下 Enter 键即可。但是此方法只对单个单元格起作用。如果要同时将多个单元格的数值转换为文本类型，且这些单元格在同一列，可以参考以下方法进行操作。

【例 5-3】将文本型数字转换为数值。

(1) 选中位于同一列的包含数值型数据的单元格区域，选择【数据】选项卡，在【数据工具】命令组中单击【分列】按钮。

(2) 打开【文本分列向导-第 1 步】对话框，连续单击【下一步】按钮。

(3) 打开【文本分列向导-第 3 步】对话框，选中【文本】单选按钮，单击【完成】按钮，如图 5-11 所示。

(4) 此时，被选中区域中的数值型数据转换为文本型数据，如图 5-12 所示。

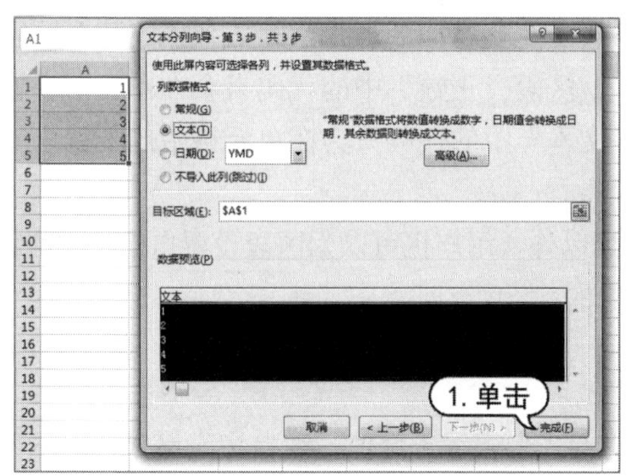

图 5-11　【文本分列向导】对话框

	A	B	C
1	1	6	
2	2	7	
3	3	8	
4	4	9	
5	5	10	
6			
7			
8			

图 5-12　数据格式转换结果

5.3　自定义数字格式

在【单元格格式】对话框的【数字】选项卡中，【自定义】类型包括了更多用于各种情况的数字格式，并且允许用户创建新的数字格式。此类型的数字格式都使用代码方式保存。

在【单元格格式】对话框【数字】选项卡的【分类】列表中选择【自定义】类型，在对话框右侧将显示现有的数字格式代码，如图 5-13 所示。

图 5-13　Excel 自定义格式代码

5.3.1　格式代码的组成规则

自定义的格式代码的完整结构如下：

整数；负数；零值；文本

以分号“；”间隔的 4 个区段构成了一个完整结构的自定义格式代码，每个区段中的代码对不同类型的内容产生作用。例如，在第 1 区段“正数”中的代码只会在单元格中的数据为正数数值时产生格式化作用，而第 4 区段“文本”中的代码只会在单元格中的数据为文本时才产生格式化作用。

除了以数值正负作为格式区段分隔依据以外，用户也可以为区段设置自己所需的特定条件。例如这样的格式代码结构也是符合规则要求的：

大于条件值；小于条件值；等于条件值；文本

用户可以使用“比较运算符+数值”的方式来表示条件值，在自定义格式代码中可以使用的比较运算符包括大于号“>”、小于号“<”、等于号“=”、大于等于“>=”、小于等于“<=”和不等于“<>”等几种。

在实际应用中，用户最多只能在前两个区段中使用“比较运算符+数值”表示条件值，第 3 区段自动以“除此之外”的情况作为其条件值，不能再使用“比较运算符+数值”的形式，而第 4 区段“文本”仍然只对文本型数据起作用。

因此，使用包含条件值的格式代码结构也可以如下形式来表示：

条件值 1；条件值 2；同时不满足条件值 1、2 的数值；文本

此外，在实际应用中，用户不必每次都严格按照 4 个区段的结构来编写格式代码，区段数少于 4 个甚至只有 1 个都是被允许的，如表 5-1 所示，列出了少于 4 个区段的代码结构含义。

表 5-1 少于 4 个区段的自定义代码结构含义

区 段 数	代码结构含义
1	格式代码作用于所有类型的数值
2	第 1 区段作用于正数和零值，第二区段作用于负数
3	第 1 区段作用于正数，第二区段作用于负数，第三区段作用于零值

对于包含条件值的格式代码来说，区段可以少于 4 个，但最少不能少于两个区段。相关的代码结构含义如表 5-2 所示。

表 5-2 少于 4 个区段的包含条件值格式代码结构含义

区 段 数	代码结构含义
2	第 1 区段作用于满足条件值 1，第二区段作用于其他情况
3	第 1 区段作用于满足条件值 1，第二区段作用于满足条件值 2，第三区段作用于其他情况

除了特定的代码结构以外，完成一个格式代码还需要了解自定义格式所使用的代码字符及其含义。如表 5-3 所示，显示了可以用于格式代码编写的代码符号及其对应的含义和作用。

表 5-3　代码符号及其含义作用

代码符号	符号含义及作用
G 通用格式	不设置任何格式，按原始输入显示，同“常规”格式
#	数字占位符，只显示有效数字，不显示无意义的零值
0	数字占位符，当数字比代码的数量少时，显示无意义的零值
?	数字占位符，与“0”作用类似，但以显示空格代替无意义的零值。可用于显示分数
.	小数点
%	百分数显示
,	千位分隔符
E	科学计数的符号
“文本”	可显示双引号之间的文本
!	与双引号作用类似，可显示下一个文本字符。可用于分号“；”、点号“.”、问号“？”等特殊符号的显示
\	作用与“！”相同。此符号可用作代码输入，但在输入后会以符号“！”代替其代码显示
*	重复下一个字符来填充列宽
—	留出与下一个字符宽度相等的空格
@	文本占位符，同“文本”格式
[颜色]	显示相应颜色，[颜色]/[black]、[白色]/[white]、[红色]/[red]等。对于中文版 Excel 只能使用中文颜色名称，而英文版 Excel 只能使用英文颜色名称
[颜色 n]	显示以数 n 表示值的兼容 Excel 调色板上的颜色，n 在 1~56 之间
[条件值]	设置条件。条件通常由“>”、“<”、“=”、“>=”、“<=”、“<>”以及数值所构成
[DBNum1]	显示中文小写数字，例如“123”显示为“一百二十三”
[DBNum2]	显示中文大写数字，例如“123”显示为“壹佰贰拾叁”
[DBNum3]	显示全角的阿拉伯数字与小写中文单位的结合，例如“123”显示为“1 百 2 十 3”

除了表 5-3 所包含的代码符号以外，在编写与日期、时间相关的自定义数字格式时，还有一些包含特殊意义的代码符号，如表 5-4 所示。

表 5-4　代码符号及其含义作用

日期时间代码符号	含义及作用
aaa	使用中文简称显示星期几(“一”~“日”)

(续表)

日期时间代码符号	含义及作用
aaaa	使用中文全称显示星期几(“星期一”~“星期日”)
d	使用没有前导零的数字来显示日期(1~31)
dd	使用有前导零的数字来显示日期(01~31)
ddd	使用英文缩写显示星期几(sun~sat)
dddd	使用英文全拼显示星期几(Sunday~Saturday)
m	使用没有前导零的数字来显示月份或分钟(1~12)或(0~59)
mm	使用有前导零的数字来显示月份或分钟(01~12)或(00~59)
mmm	使用英文缩写显示月份(Jan~Dec)
mmmm	使用英文全拼显示月份(January~December)
mmmmm	使用英文首字母显示月份(J~D)
y	使用两位数字显示公历年份(00~99)
yy	使用两位数字显示公历年份(00~99)
yyyy	使用四位数字显示公历年份(1900~9999)
b	使用两位数字显示泰历(佛历)年份(43~99)
bb	使用两位数字显示泰历(佛历)年份(43~99)
bbbb	使用四位数字显示泰历(佛历)年份(2443~9999)
b2	前缀在日期前加上 b2 前缀可显示回历日期
h	使用没有前导零的数字来显示小时(0~23)
hh	使用有前导零的数字来显示小时(00~23)
s	使用没有前导零的数字来显示秒钟(0~59)
ss	使用有前导零的数字来显示秒钟(00~59)
[h]、[m]、[s]	显示超出进制的小时数、分数、秒数
AM/PM	使用英文上下午显示 12 进制时间
A/P	同上
上午/下午	使用中文上下午显示 12 进制时间

5.3.2 创建自定义格式

要创建新的自定义数字格式，用户可以在如图 5-13 所示【数字】选项卡右侧的【类型】列表框中输入新的数字格式代码，也可以选择现有的格式代码，然后在【类型】列表框中进行编辑。输入与编辑完成后，可以从【示例】区域显示格式代码对应的数据显示效果，按下 Enter 键或单击【确定】按钮即可确认。

如果用户编写的格式代码符合 Excel 的规则要求，即可成功创建新的自定义格式，并应用于当前所选定的单元格区域中。否则，Excel 会打开对话框提示错误，如图 5-14 所示。

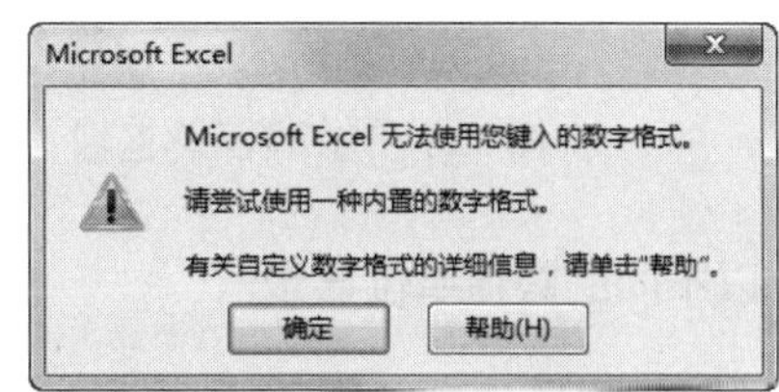

图 5-14　自定义格式代码错误的警告提示信息

用户创建的自定义格式仅保存在当前工作簿中。如果用户要将自定义的数字格式应用于其他工作簿，除了将格式代码复制到目标工作簿的自定义格式列表中以外，将包含此格式的单元格直接复制到目标工作簿也是一种非常方便的方式。

下面将介绍一些自定义数字格式的方法。

1. 以不同方式显示分段数字

通过数字格式的设置，使用户直接能够从数据的显示方式上轻松判断数值的正负、大小等信息。此类数字格式可以通过对不同的格式区段设置不同的显示方式以及设置区段条件来达到效果。

【例 5-4】设置数字格式为正数正常显示、负数红色显示带负号、零值不显示、文本显示为 ERR!。

(1) 打开如图 5-15 所示的工作表，选中 A1：B5 单元格区域，打开【设置单元格格式】对话框，选择【自定义】选项，在【类型】文本框中输入：

```
G/通用格式;[红色]-G/通用格式; ;"ERR!"
```

(2) 单击【确定】按钮后，自定义数字格式的效果如图 5-16 所示。

	A	B	C
1	5621.5431	-5341.1256	
2	43124.8745	65821.3456	
3	ERR!	175.3124	
4	76512.1234	文本	
5	-1234.7645	76123.6786	
6			

图 5-15　设置单元格区域

	A	B	C
1	5621.5431	-5341.1256	
2	43124.8745	65821.3456	
3		175.3124	
4	76512.1234	ERR!	
5	-1234.7645	76123.6786	
6			

图 5-16　正数、负数、零值、文本的不同显示方式

【例 5-5】设置数字格式为：小于 1 的数字以两位小数的百分数显示，其他情况以普通的两位小数数字显示，并且以小数点位置对齐数字。

(1) 打开如图 5-17 所示的工作表，选中 A1：B5 单元格区域，打开【设置单元格格式】对话框，选择【自定义】选项，在【类型】文本框中输入：

```
[<1]0.00%；#.00_%
```

(2) 单击【确定】按钮后，自定义数字格式的效果如图 5-18 所示。

	A	B	C
1	1	5.3	
2	0.2	12.7	
3	4.6	0.13	
4	0.67	1.46	
5	3	8.31	
6			

图 5-17　选择单元格区域

	A	B	C
1	1.00	5.30	
2	20.00%	12.70	
3	4.60	13.00%	
4	67.00%	1.46	
5	3.00	8.31	
6			

图 5-18　自动显示百分比数

2. 以不同的数值单位显示

所谓“数值单位”指的是“十、百、千、万、十万、百万”等十进制数字单位。在大多数英语国家中，习惯以“千(Thousand)”和“百万(Million)”作为数值单位，千位分隔符就是其中的一种表现形式。而在中文环境中，常以“万”和“亿(即万万)”作为数值单位。通过设置自定义数字格式，可以方便地令数值以不同的单位来显示。

【例 5-6】设置以万为单位显示数值。

(1) 打开如图 5-19 所示的工作表，依次选中 A1：A4 单元格，打开【设置单元格格式】对话框，选择【自定义】选项，在【类型】文本框中分别输入：

```
0!.0,
0"万"0,
0!.0,"万"
0!.0000"万元"
```

(2) 自定义数字格式的效果如图 5-20 所示。

	A	B	C
1	528315		
2	17631		
3	883131		
4	183133		
5			
6			

图 5-19　单元格中的数值

	A	B	C
1	52.8		
2	1万8		
3	88.3万		
4	18.3133万元		
5			
6			

图 5-20　以万为单位显示数值

3. 以不同方式显示分数

用户可以使用以下一些格式代码显示分数值。

- 常见的分数形式，与内置的分数格式相同，包含整数部分和真分数部分。

```
# ?/?
```

- 以中文字符“又”替代整数部分与分数部分之间的连接符，符合中文的分数读法。

```
#"又"?/?
```

◉　以运算符号“+”替代整数部分与分数部分之间的连接符，符合分数的实际数学含义。

```
#"+"?/?
```

◉　以假分数的形式显示分数。

```
?/?
```

◉　分数部分以“20”为分母显示。

```
# ?/20
```

◉　分数部分以“50”为分母显示。

```
# ?/50
```

4. 以多种方式显示日期和时间

用户可以使用以下一些格式代码显示日期数据。

◉　以中文“年月日”以及“星期”来显示日期，符合中文使用习惯。

```
yyyy"年"m"月"d"日"aaaa
```

◉　以中文小写数字形式来显示日期中的数值。

```
[DBNum1]yyyy"年"m"月"d"日"aaaa
```

◉　符合英语国家习惯的日期及星期显示方式。

```
d-mmm-yy,dddd
```

◉　以“.”号分隔符间隔的日期显示，符合某些人的使用习惯。

```
![yyyy!]![mm!]![dd!]
```

或

```
"["yyyy"]["mm"]["dd"]"
```

◉　仅显示星期几，前面加上文本前缀，适合于某些动态日历的文字化显示。

```
"今天"aaaa
```

用户可以使用以下一些格式代码显示时间数据。

◉　以中文“点分秒”以及“上下午”的形式来显示时间，符合中文使用习惯。

```
上午/下午 h"点"mm"分"ss"秒"
```

◉ 符合英语国家习惯的 12 小时制时间显示方式。

```
h:mm a/p".m."
```

◉ 符合英语国家习惯的 24 小时制时间显示方式。

```
mm'ss.00!"
```

以分秒符号“' ”、“"”代替分秒名称的显示，秒数显示到百分之一秒。符合竞赛类计时的习惯用法。

5. 显示电话号码

电话号码是工作和生活中常见的一类数字信息，通过自定义数字格式，可以在 Excel 中灵活显示并且简化用户输入操作。

对于一些专用业务号码，例如 400 电话、800 电话等，使用以下格式可以使业务号段前置显示，使得业务类型一目了然。

```
"tel: "000-000-0000
```

以下格式适用于长途区号自动显示，其中本地号码段长度固定为 8 位。由于我国的城市长途区号分为 3 位(例如 010)和 4 位(0511)两类，代码中的(0###)适应了小于等于 4 位区号的不同情况，并且强制显示了前置 0。后面的八位数字占位符#是实现长途区号与本地号码分离的关键，也决定了此格式只适用于 8 位本地号码的情况。

```
(0###)  #### ####
```

在以上格式的基础上，下面的格式添加了转拨分机号的显示。

```
(0###)  #### ####"转"####
```

6. 简化输入操作

在某些情况下，使用带有条件判断的自定义格式可以简化用户的输入操作，起到类似于“自动更正”功能的效果，例如以下一些例子。

使用以下格式代码，可以用数字 0 和 1 代替×和√的输入，由于符号√的输入并不方便，而通过设置包含条件判断的格式代码，可以使得当用户输入 1 时自动替换为√显示，输入 0 时自动替换为×显示，以输入 0 和 1 的简便操作代替了原有特殊符号的输入。如果输入的数值既不是 1，也不是 0，将不显示。

```
[=1] "√";[=0] "×";;
```

用户还可以设计一些类似上面的数字格式，在输入数据时以简单的数字输入来替代复杂的文本输入，并且方便数据统计，而在显示效果时以含义丰富的文本来替代信息单一的数字。例如，在输入数值大于零时显示 YES，等于零时显示 NO，小于零时显示空。

```
"YES";;"NO"
```

使用以下格式代码可以在需要大量输入有规律的编码时，极大程度地提高效率，例如特定前缀的编码，末尾是 5 位流水号。

```
"苏 A-2017"-00000
```

7. 隐藏某些类型的数据

通过设置数字格式，还可以在单元格内隐藏某些特定类型的数据，甚至隐藏整个单元格的内容显示。但需要注意的是，这里所谓的“隐藏”只是在单元格显示上的隐藏，当用户选中单元格，其真实内容还是会显示在编辑栏中。

使用以下格式代码，可以设置当单元格数值大于 1 时才有数据显示，隐藏其他类型的数据。格式代码分为 4 个区段，第 1 区段当数值大于 1 时常规显示，其余区段均不显示内容。

```
[>1]G/通用格式;;;
```

以下代码分为 4 个区段，第 1 区段当数值大于零时，显示包含 3 位小数的数字；第 2 区段当数值小于零时，显示负数形式的包含 3 位小数的数字；第 3 区段当数值等于零时显示零值；第 4 区段文本类型数据以*代替显示。其中第 4 区段代码中的第一个*表示重复下一个字符来填充列宽，而紧随其后的第二个*则是用来填充的具体字符。

```
0.000;-0.000;0;**
```

以下格式代码为 3 个区段，分别对应于数值大于、小于及等于零的 3 种情况，均不显示内容，因此这个格式的效果为只显示文本类型的数据。

```
;;
```

以下代码为 4 个区段，均不显示内容，因此这个格式的效果为隐藏所有的单元格内容。此数字格式通常被用来实现简单的隐藏单元格数据，但这种“隐藏”方式并不彻底。

```
;;;
```

8. 文本内容的附加显示

数字格式在多数情况下主要应用于数值型数据的显示需求，但用户也可以创建出主要应用于文本型数据的自定义格式，为文本内容的显示增添更多样式和附加信息。例如有以下一些针对文本数据的自定义格式。

下面所示的格式代码为 4 个区段，前 3 个区段禁止非文本型数据的显示，第 4 区段为文本数据增加了一些附加信息。此类格式可用于简化输入操作，或是某些固定样式的动态内容显示(如公文信笺标题、署名等)，用户可以按照此种结构根据自己的需要创建出更多样式的附加信息类自定义格式。

```
;;;"南京分公司"@"部"
```

文本型数据通常在单元格中靠左对齐显示，设置以下格式可以在文本左边填充足够多的空格使得文本内容显示为靠右侧对齐。

```
;;;*@
```

下面所示的格式在文本内容的右侧填充下划线_，形成类似签名栏的效果，可用于一些需要打印后手动填写的文稿类型。

```
;;; @*_
```

5.4 复制与粘贴单元格及区域

用户如果需要将工作表中的数据从一处复制或移动到其他位置，在 Excel 中可以参考以下方法操作。

- 复制：选择单元格区域后，执行【复制】操作，然后选取目标区域，按下 Ctrl+V 键执行【粘贴】操作。
- 移动：选择单元格区域后，执行【剪切】操作，然后选取目标区域，按下 Ctrl+V 键执行【粘贴】操作。

复制和移动的主要区别在于，复制是产生源区域的数据副本，最终效果不影响源区域，而移动则是将数据从源区域移走。

5.4.1 复制单元格和区域

用户可以参考以下几种方法复制单元格和区域。

- 选择【开始】选项卡，在【剪贴板】命令组中单击【复制】按钮。
- 按下 Ctrl+C 键。
- 右击选中的单元格区域，在弹出的菜单中选择【复制】命令。

完成以上操作将会把目标单元格或区域中的内容添加到剪贴板中(这里所指的“内容”不仅包括单元格中的数据，还包括单元格中的任何格式、数据有效性以及单元格的批注)。

5.4.2 剪切单元格和区域

用户可以参考以下几种方法剪切单元格和区域。

- 选择【开始】选项卡，在【剪贴板】命令组中单击【剪切】按钮。
- 按下 Ctrl+X 键。

◉　右击单元格或区域，在弹出的菜单中选择【剪切】命令。

完成以上操作后，即可将单元格或区域的内容添加到剪贴板上。在进行粘贴操作之前，被剪切的单元格或区域中的内容并不会被清除，直到用户在新的目标单元格或区域中执行粘贴操作。

5.4.3　粘贴单元格和区域

“粘贴”操作实际上是从剪贴板中取出内容存放到新的目标区域中。Excel 允许粘贴操作的目标区域等于或大于源区域。

用户可以参考以下几种方法实现“粘贴”单元格和区域操作。

◉　选择【开始】选项卡，在【剪贴板】命令组中单击【粘贴】按钮。

◉　按下 Ctrl+V 键。

完成以上操作后，即可将最近一次复制或剪切操作源区域内容粘贴到目标区域中。如果之前执行的是剪切操作，此时会将源单元格和区域中的内容清除。如果复制或剪切的内容只需要粘贴一次，用户可以在目标区域中按下 Enter 键。

5.4.4　使用【粘贴选项】按钮

用户执行“复制”命令后再执行“粘贴”命令时，默认情况下被粘贴区域的右下角会显示【粘贴选项】按钮，单击该按钮，将展开如图 5-21 所示的菜单。

此外，在执行了复制操作后，在【开始】选项卡的【剪贴板】命令组中单击【粘贴】拆分按钮，也会打开类似下拉菜单，如图 5-22 所示。

图 5-21　单击【粘贴】按钮弹出的菜单

图 5-22　【粘贴】下拉菜单

在默认的“粘贴”操作中，粘贴到目标区域的内容包括源单元格中的全部内容，包括数据、公式、单元格格式、条件格式、数据有效性以及单元格的批注。而通过在【粘贴选项】下拉菜单中进行选择，用户可以根据自己的需求来进行粘贴。

5.4.5 使用【选择性粘贴】对话框

“选择性粘贴”是 Excel 中非常有用的粘贴辅助功能，其中包含了许多详细的粘贴选项设置，以方便用户根据实际需求选择多种不同的复制粘贴方式。要打开【选择性粘贴】对话框，用户需要先执行“复制”操作，然后参考以下两种方法之一进行操作。

- 选择【开始】选项卡，在【剪贴板】命令组中单击【粘贴】拆分按钮，在弹出的下拉列表中选择【选择性粘贴】命令。
- 在粘贴的目标单元格中右击鼠标，在弹出的菜单中选择【选择性粘贴】命令，如图 5-23 所示。

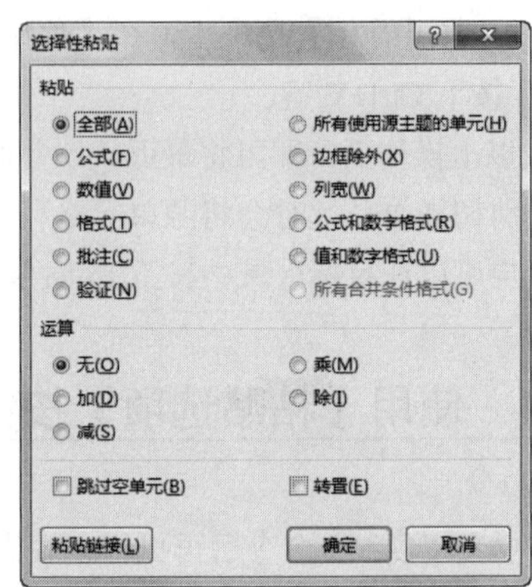

图 5-23　打开【选择性粘贴】对话框

5.4.6 通过拖放执行复制和移动

在 Excel 中，除了以上所示的复制和移动方法以外，用户还可以通过拖放鼠标的方式直接对单元格和区域进行复制或移动操作。执行“复制”操作的方法如下。

(1) 选中需要复制的目标单元格区域，将鼠标指针移动至区域边缘，当指针颜色显示为黑色十字箭头时，按住鼠标左键，如图 5-24 所示。

(2) 拖动鼠标，移动至需要粘贴数据的目标位置后按下 Ctrl 键，此时鼠标指针显示为带加号+的指针样式，最后依次释放鼠标左键和 Ctrl 键，即可完成复制操作，如图 5-24 所示。

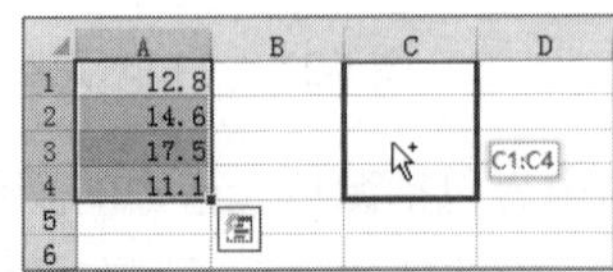

图 5-24　通过拖放鼠标实现复制操作

通过拖放鼠标移动数据的操作与复制类似，只是在操作的过程中不需要按住 Ctrl 键。

鼠标拖放实现复制和移动的操作方式不仅适合同一个工作表中的数据复制和移动，也同样适用于不同工作表或不同工作簿之间的操作。

- 要将数据复制到不同的工作表中，可以在拖动过程中将鼠标移动至目标工作表标签上方，然后按 Alt 键(同时不要松开鼠标左键)，即可切换到目标工作表中，此时在执行上面步骤(2)的操作，即可完成跨表粘贴。
- 要在不同的工作簿之间复制数据，用户可以在【视图】选项卡的【窗口】命令组中选择相关命令，同时显示多个工作簿窗口，即可在不同的工作簿之间拖放数据进行复制。

5.5　查找与替换表格数据

如果需要在工作表中查找一些特定的字符串，那么查看每个单元格就太麻烦了，特别是在一份较大的工作表或工作簿中。Excel 提供的查找和替换功能可以方便地查找和替换需要的内容。

5.5.1　查找数据

在使用电子表格的过程中，常常需要查找某些数据。使用 Excel 的数据查找功能可以快速查找出满足条件的所有单元格，还可以设置查找数据的格式，进一步提高了编辑和处理数据的效率。

在 Excel 2016 中查找数据时，可以选择【开始】选项卡，在【编辑】组中单击【查找和选择】下拉列表按钮，然后在弹出的下拉列表中选中【查找】选项，打开【查找和替换】对话框。接下来，在该对话框的【查找内容】文本框中输入要查找的数据，然后单击【查找下一个】按钮，如图 5-25 所示，Excel 会自动在工作表中选定相关的单元格，若想查看下一个查找结果，则再次单击【查找下一个】按钮即可，如此类推。

若用户想要显示所有的查找结果，则在【查找和替换】对话框中单击【查找全部】按钮即可。

另外，在 Excel 中使用 Ctrl+F 快捷键，可以快速打开【查找和替换】对话框的【查找】选项卡。若查找的结果条目过多，用户还可以在【查找】选项卡中单击【选项】按钮，显示相应的选项区域，详细设置查找选项后再次查找，如图 5-26 所示。

图 5-25　查找全部

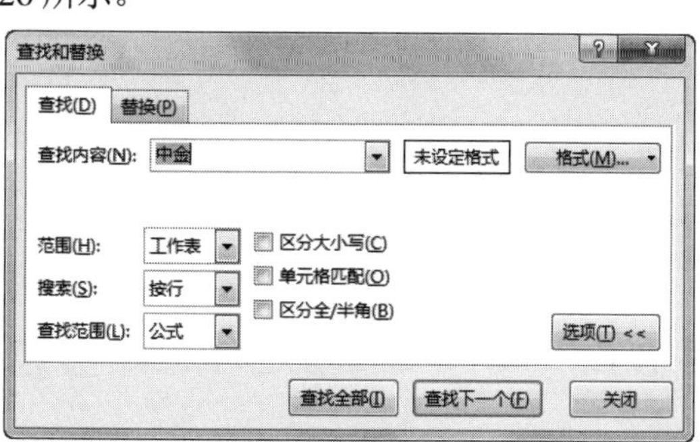

图 5-26　查找全部

在【选项】选项区域中，各选项的功能说明如下：

- 单击【格式】按钮，可以为查找的内容设置格式限制；
- 在【范围】下拉列表框中可以选择搜索当前工作表还是搜索整个工作簿；
- 在【搜索】下拉列表框中可以选择按行搜索还是按列搜索；
- 在【查找范围】下拉列表框中可以选择是查找公式、值还是批注中的内容；
- 通过选中【区分大小写】、【单元格匹配】和【区分全/半角】等复选框可以设置在搜索时是否区别大小写、全角半角等。

5.5.2 替换数据

在 Excel 中，若用户要统一替换一些内容，则可以使用数据替换功能。通过【查找和替换】对话框，不仅可以查找表格中的数据，还可以迅速将查找的数据替换为新的数据，这样可以在很大程度上提高工作效率。

在 Excel 2016 中需要替换数据时，可以选择【开始】选项卡，在【编辑】组中单击【查找和选择】下拉列表按钮，然后在弹出的下拉列表中选中【替换】选项，打开【查找和替换】对话框的【替换】选项卡，在【查找内容】文本框中输入要替换的数据，在【替换为】文本框中输入要替换为的数据，并单击【查找下一个】按钮，Excel 会自动在工作表中选定相关的单元格，如图 5-27 所示。此时，若要替换该单元格的数据则单击【替换】按钮，若不要替换则单击【查找下一个】按钮，查找下一个要替换的单元格。若用户单击【全部替换】按钮，则 Excel 会自动替换所有满足替换条件的单元格中的数据。

若要详细设置替换选项，则在【替换】选项卡中单击【选项】按钮，打开相应的选项区域，如图 5-28 所示。在该选项区域中，用户可以详细设置替换的相关选项，其设置方法与设置查找选项的方法相同。

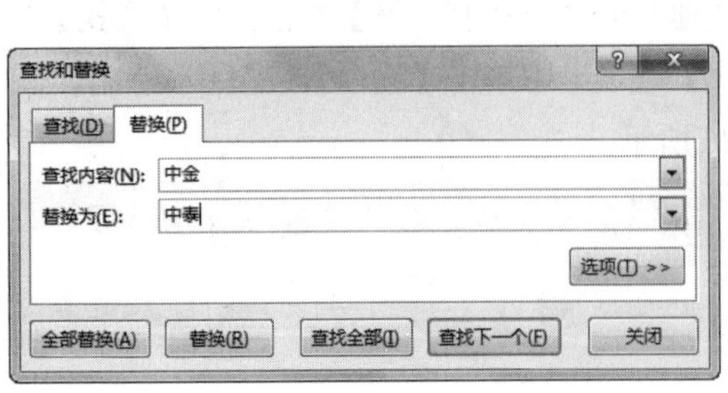

图 5-27 【替换】选项卡

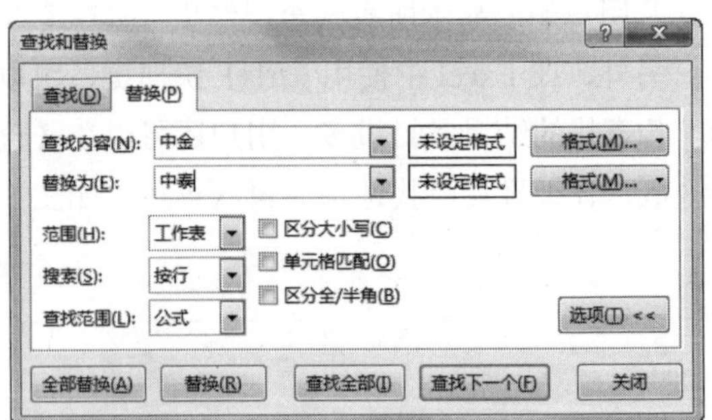

图 5-28 替换【选项】选项区域

在 Excel 2016 中使用 Ctrl+H 快捷键，可以快速打开【查找和替换】对话框的【替换】选项卡。

5.6　隐藏和锁定单元格

在工作中，用户如果需要将某些单元格或区域隐藏，或者将部分单元格或整个工作表锁定，防止泄露机密或者意外的编辑删除数据。设置 Excel 单元格格式的“保护”属性，再配合“工作表保护”功能，可以帮助用户方便地实现这些目的。

5.6.1　隐藏单元格和区域

要隐藏工作表中的单元格或单元格区域，用户可以参考以下步骤。

(1) 选中需要隐藏内容的单元格或区域后，按下 Ctrl+1 键，打开【单元格格式】对话框，选择【数字】选项卡，将单元格格式设置为;;;，如图 5-29 所示。

(2) 选择【保护】选项卡，选中【隐藏】复选框，然后单击【确定】按钮。

(3) 选择【审阅】选项卡，在【更改】命令组中单击【保护工作表】按钮，打开【保护工作表】对话框，单击【确定】按钮即可完成单元格内容的隐藏，如图 5-30 所以。

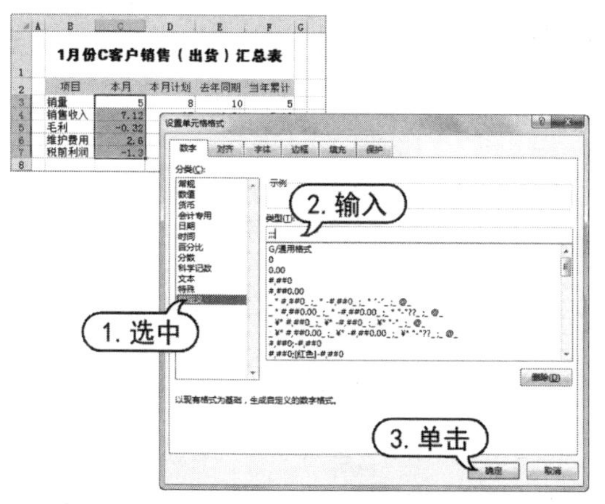

图 5-29　设置单元格格式

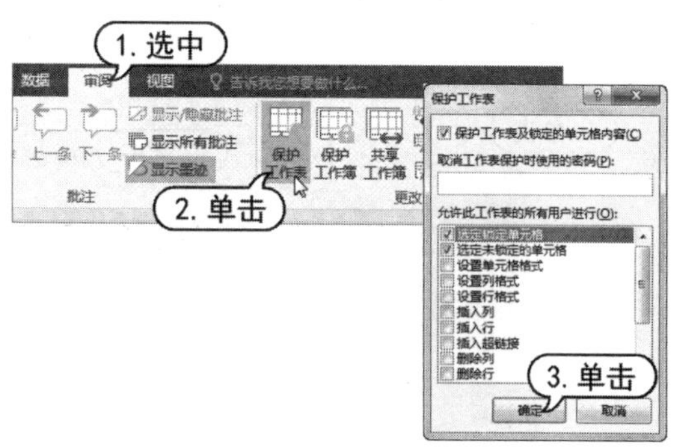

图 5-30　【保护单元格】对话框

除了上面介绍的方法以外，用户也可以先将整行或者整列单元格选中，在【开始】选项卡的【单元格】命令组中单击【格式】拆分按钮，在弹出的菜单中选择【隐藏和取消隐藏】|【隐藏行】(或隐藏列)命令，然后再执行【工作表保护】操作，达到隐藏数据的目的。

5.6.2　锁定单元格和区域

Excel 中单元格是否可以被编辑，取决于以下两项设置。

- 单元格是否被设置为“锁定”状态。
- 当前工作表是否执行了【工作表保护】命令。

当用户执行了【工作表保护】命令后，所有被设置为“锁定”状态的单元格，将不允许再被编辑，而未被执行“锁定”状态的单元格仍然可以被编辑。

要将单元格设置为“锁定”状态，用户可以在【单元格格式】对话框中选择【保护】选项卡，然后选中该选项卡中的【锁定】复选框。

Excel 中所有单元格的默认状态都为“锁定”状态。

5.7 上机练习

本章的上机练习将通过实例介绍设置禁止编辑工作簿中部分单元格的方法，用户可以通过实例操作巩固所学的知识。

(1) 单击工作表左上角的◢，全选整个工作表，按下 Ctrl+1 键，打开【单元格格式】对话框，选择【保护】选项卡，取消【锁定】复选框的选中状态，如图 5-31 所示。

(2) 单击【确定】按钮后，选中需要禁止编辑的单元格区域 A2:F15，按下 Ctrl+1 键，再次打开【单元格格式】对话框，选择【保护】选项卡，选中【隐藏】和【锁定】复选框，并单击【确定】按钮。

(3) 选择【审阅】选项卡，在【更改】命令组中单击【保护工作表】按钮，打开【保护工作表】对话框，并单击【确定】按钮，如图 5-32 所示。

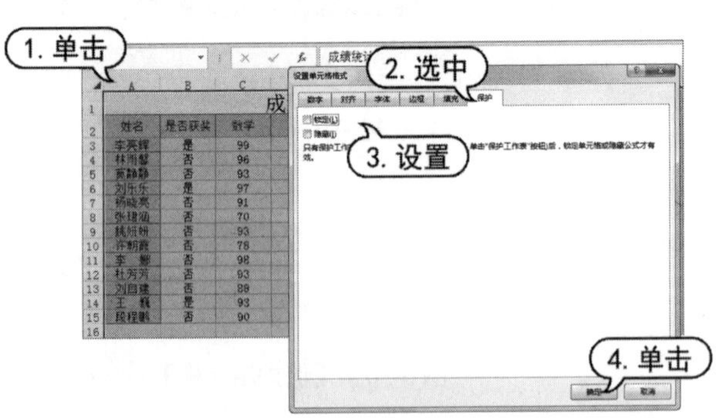

图 5-31　取消单元格区域的“锁定”状态

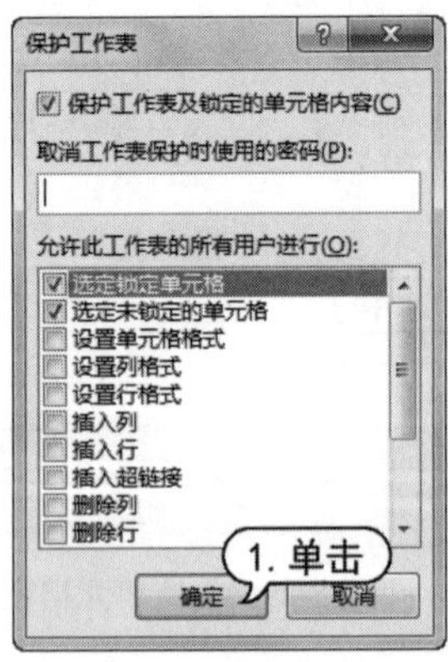

图 5-32　【保护工作表】对话框

(4) 完成以上操作后，如果用户试图编辑 A2:F15 单元格区域中的内容，将被 Excel 软件拒绝，并弹出警告提示框。而其他单元格仍然可以编辑。

5.8 习题

1. 如何复制或移动单元格中的数据？
2. 如何自定义单元格中数据的格式？

第6章 格式化工作表

学习目标

本章将介绍在 Excel 2016 中格式化命令的使用方法和技巧，用户可以利用 Excel 丰富的格式化命令，对工作表布局和数据进行格式化处理，使表格的效果更加美观，表格数据更易于阅读。

本章重点

- 设置单元格格式
- 应用单元格样式
- 使用 Excel 主题
- 在表格中使用批注
- 为工作表插入背景

6.1 认识单元格格式

工作表的整体外观由各个单元格的样式构成，单元格的样式外观在 Excel 的可选设置中主要包括数据显示格式、字体样式、文本对齐方式、边框样式以及单元格颜色等。

6.1.1 格式工具简介

在 Excel 中，对于单元格格式的设置和修改，用户可以通过【功能区命令组】、【浮动工具栏】以及【设置单元格格式】对话框来实现，下面将分别进行介绍。

1. 功能区命令组

在【开始】选项卡中提供了多个命令组用于设置单元格格式，包括【字体】、【对齐方式】、【数字】、【样式】等，如图 6-1 所示。

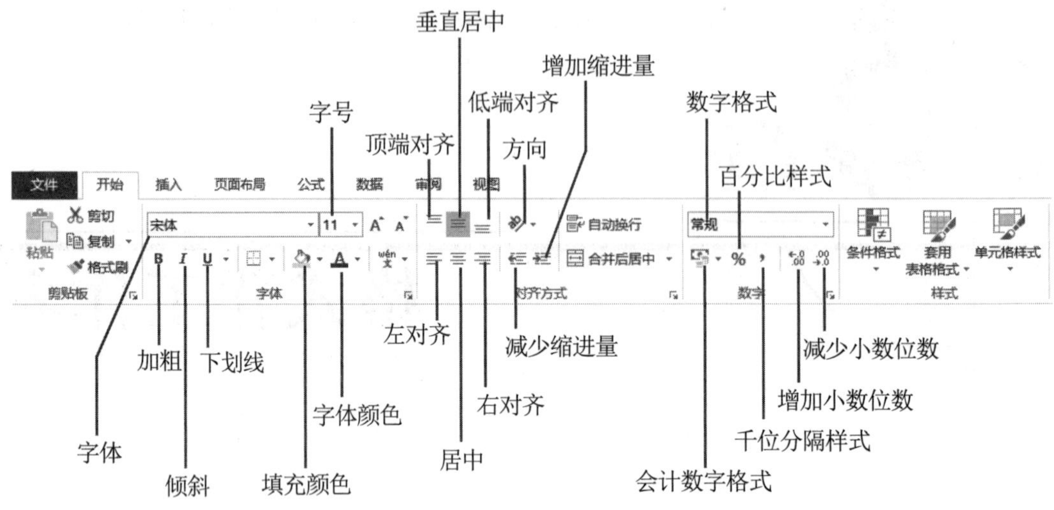

图 6-1 【格式工具】功能区命令组

- 【字体】命令组：包括字体、字号、加粗、倾斜、下划线、填充色、字体颜色等。
- 【对齐方式】命令组：包括顶端对齐、垂直居中、低端对齐、左对齐、居中、右对齐以及方向、调整缩进量、自动换行、合并居中等。
- 【数字】命令组：包括增加/减少小数位数、百分比样式、会计数字格式等对数字进行格式化的各种命令。
- 【样式】命令组：包括条件格式、套用表格格式、单元格样式等。

2. 浮动工具栏

选中并右击单元格，在弹出的菜单上方将会显示如图 6-2 所示的浮动工具栏，在浮动工具栏中包括了常用的单元格格式设置命令。

3. 【设置单元格格式】对话框

用户可以在【开始】选项卡中单击【字体】、【对齐方式】、【数字】等命令组右下角的对话框启动器按钮，或者按下 Ctrl+1 键，打开如图 6-3 所示的【设置单元格格式】对话框。

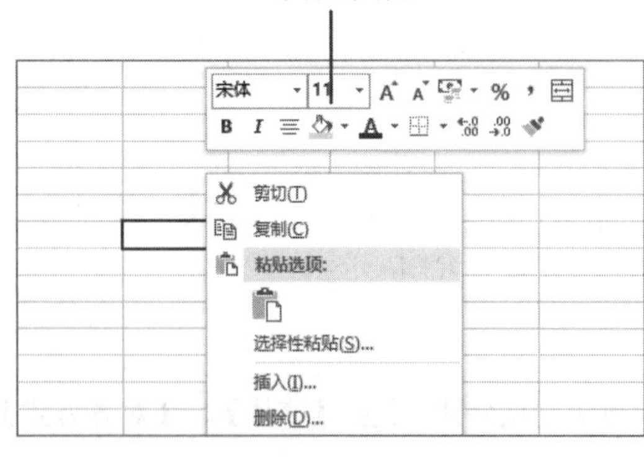

图 6-2 浮动工具栏

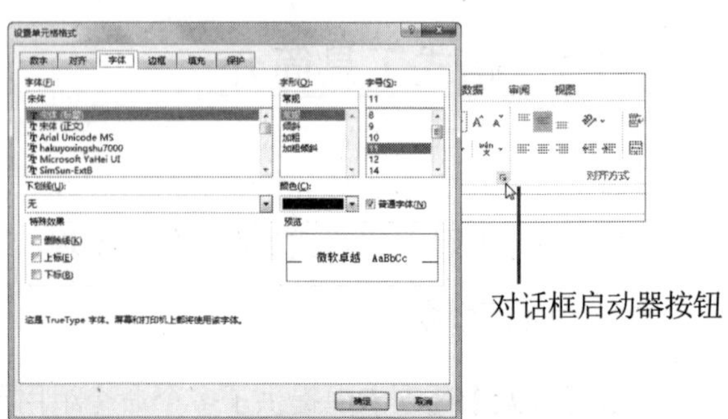

图 6-3 【设置单元格格式】对话框

在【设置单元格格式】对话框中，用户可以根据需要选择合适的选项卡，设置表格单元格的格式(本章将详细介绍)。

6.1.2　使用 Excel 实时预览功能

设置单元格格式时，部分 Excel 工具在软件默认状态下支持实时预览格式效果，如果用户需要关闭或者启用该功能，可以参考以下方法操作。

(1) 选择【文件】选项卡后，单击【选项】选项，打开【Excel 选项】对话框，然后选择【常规】选项卡。

(2) 在对话框右侧的选项区域中选中【启用实时预览】复选框后，单击【确定】按钮即可。

6.1.3　设置对齐

参考图 6-3 所示的方法打开【设置单元格格式】对话框，选择【对齐】选项卡，该选项卡主要用于设置单元格文本的对齐方式，此外还可以对文本方向、文字方向以及文本控制等内容进行相关的设置，具体如下。

1. 文本方向和文字方向

当用户需要将单元格中的文本以一定倾斜角度进行显示时，可以通过【对齐】选项卡中的【方向】文本格式设置来实现。

- 设置倾斜文本角度：在【对齐】选项卡右倾的【方向】半圆形表盘显示框中，如图 6-4 所示，用户可以通过鼠标操作指针直接选择倾斜角度，或通过下方的微调框来设置文本的倾斜角度，改变文本的显示方向。文本倾斜角度设置范围为-90 度至 90 度。如图 6-5 所示为从左到右依次展示了文本分别倾斜 90 度、45 度、0 度、-45 度和-90 度的效果。

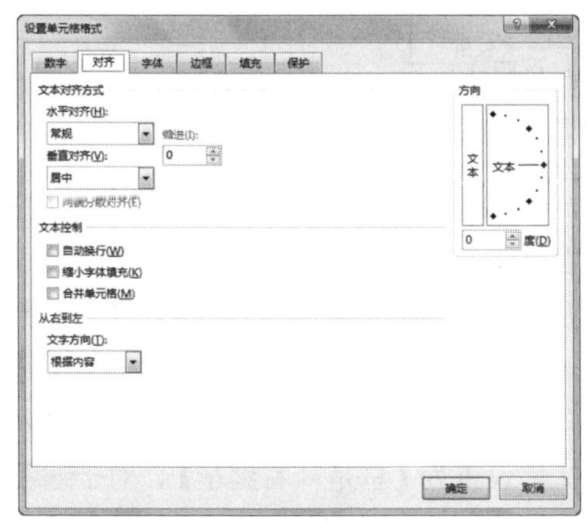

图 6-4　【对齐】选项卡

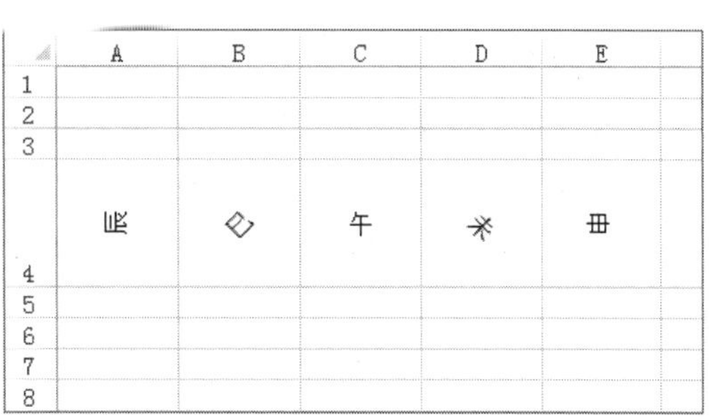

图 6-5　文本方向的设置效果

- 设置【竖排文本方向】：竖排文本方向指的是将文本由水平排列状态转为竖直排列状态，文本中的每一个字符仍保持水平显示。要设置竖排文本方向，在【开始】选项卡的【对齐方式】命令组中单击【方向】下拉按钮，在弹出的下拉列表中选择【竖排文字】命令即可，如图 6-6 所示。

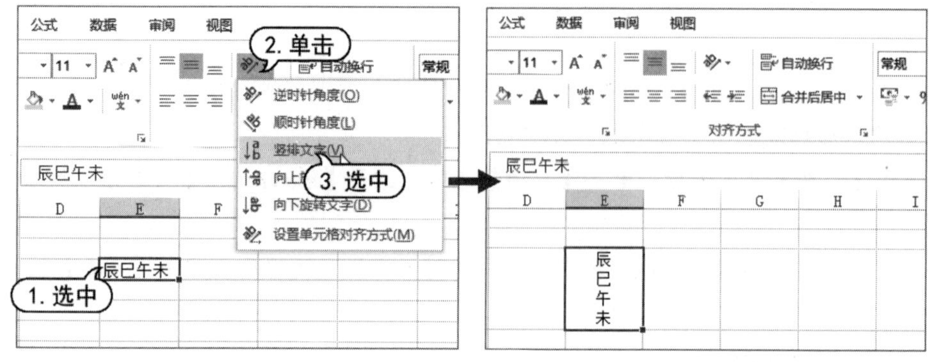

图 6-6　设置竖排文本方向

- 设置【垂直角度】：垂直角度文本指的是将文本按照字符的直线方向垂直旋转 90 度或 -90 度后形成的垂直显示文本，文本中的每一个字符均向相应的方向旋转 90 度。要设置垂直角度文本，在【开始】选项卡的【对齐方式】命令组中单击【方向】下拉按钮，在弹出的下拉列表中选择【向上旋转文本】或【向下旋转文本】命令即可，设置效果如图 6-7 所示。

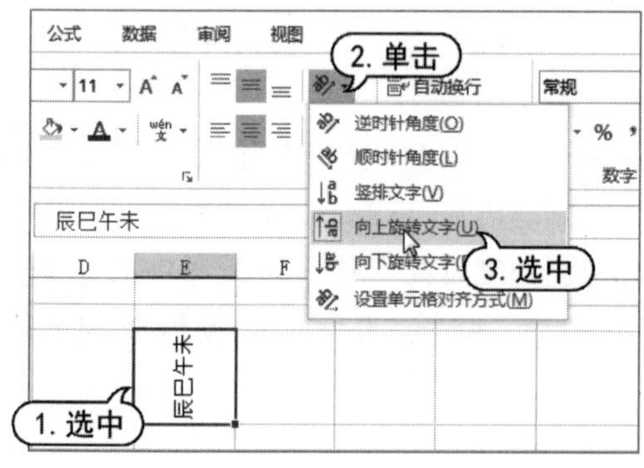

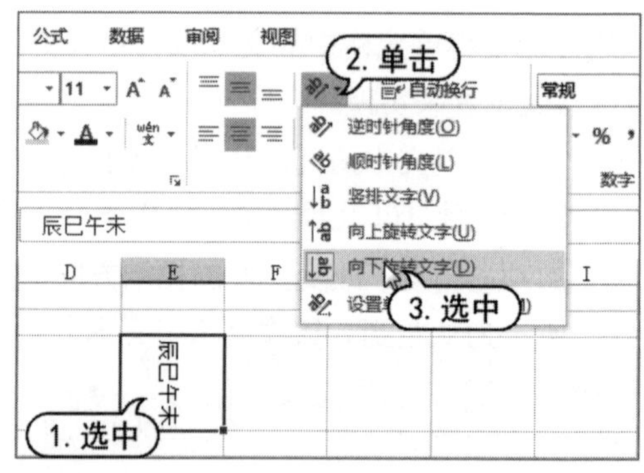

图 6-7　设置垂直角度文本

- 设置【文字方向】与【文本方向】：文字方向与文本方向在 Excel 中是两个不同的概念，【文字方向】指的是文字从左至右或者从右至左的书写和阅读方向，目前大多数语言都是从左到右书写和阅读，但也有不少语言是从右到左书写和阅读，如阿拉伯语、希伯来语等。在使用相应的语言支持的 Office 版本后，可以在如图 6-4 所示的【对齐】选项卡中单击【文字方向】下拉按钮，将文字方向设置为【总是从右到左】，以便于输入和阅读这些语言。但是需要注意两点：一是将文字设置为【总是从右到左】，对于通常的中英文文本不会起作用；二是对于大多数符号，如@、%、#等，可以通过设置【总是从右到左】改变字符的排列方向。

2. 水平对齐

在 Excel 中设置水平对齐包括常规、靠左、居中、靠右、填充、两端对齐、跨列居中、分散对齐 8 种对齐方式，如图 6-8 所示，其各自的作用如下。

- 常规：Excel 默认的单元格内容的对齐方式为数值型数据靠右对齐、文本型数据靠左对齐、逻辑值和错误值居中。
- 靠左：单元格内容靠左对齐。如果单元格内容长度大于单元格列宽，则内容会从右侧超出单元格边框显示；如果右侧单元格非空，则内容右侧超出部分不被显示。在如图 6-4 所示【对齐】选项卡的【缩进】微调框中可以调整离单元格右侧边框的距离，可选缩进范围为 0~15 个字符。例如，如图 6-9 所示为以靠左(缩进)方式设置分级文本。

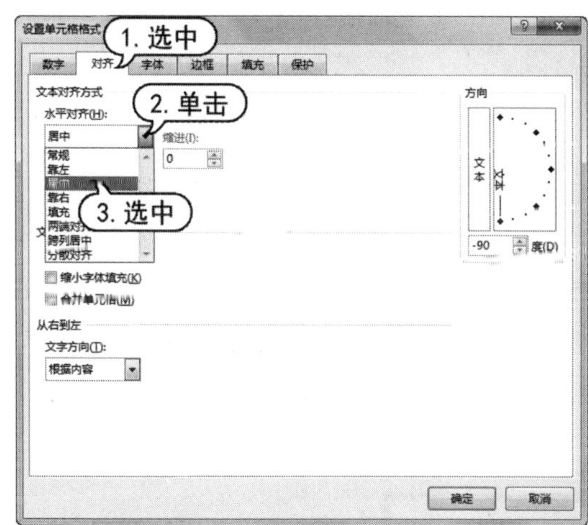

图 6-8　设置【水平】对齐

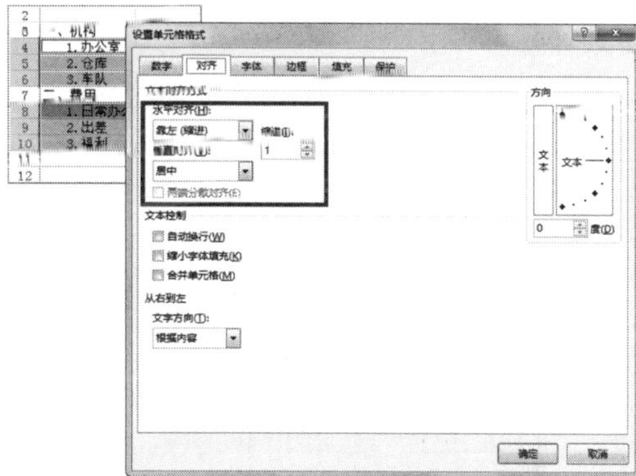

图 6-9　【靠左(缩进)】对齐

- 填充：重复单元格内容直到单元格的宽度被填满。如果单元格列宽不足以重复显示文本的整数倍数时，则文本只显示整数倍次数，其余部分不再显示出来，如图 6-10 所示。

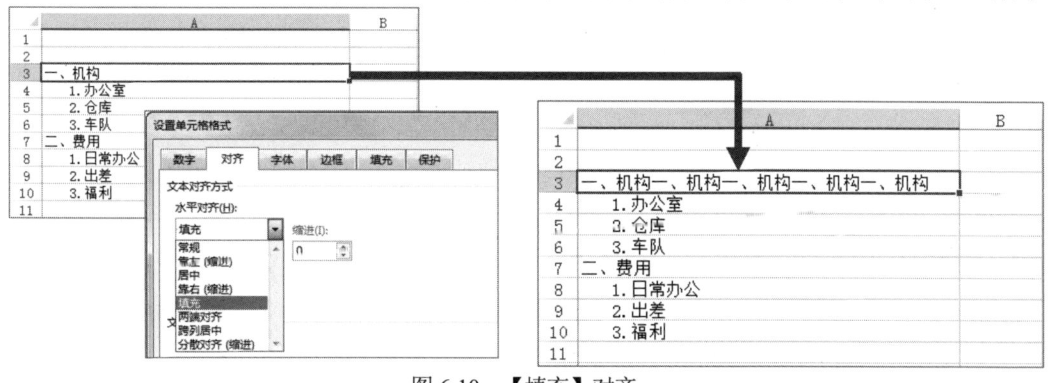

图 6-10　【填充】对齐

- 居中：单元格内容居中，如果单元格内容长度大于单元格列宽，则内容会从两侧超出单元格边框显示。如果两侧单元格非空，则内容超出部分不被显示。
- 靠右(缩进)：单元格内容靠右对齐，如果单元格内容长度大于单元格列宽，则内容会从左侧超出单元格边框显示。如果左侧单元格非空，则内容左侧超出部分不被显示。可以在【缩进】微调框内调整距离单元格左侧边框的距离，可选缩进范围为 0~15 个字符。

- ◉ 两端对齐：使文本两端对齐。单行文本以类似【靠左】方式对齐，如果文本过长，超过列宽时，文本内容会自动换行显示，如图 6-11 所示。
- ◉ 跨列居中：单元格内容在选定的同一行内连续多个单元格中居中显示。此对齐方式常用于在不需要合并单元格的情况下，例如居中显示表格标题，如图 6-12 所示。

	A	B	C
1			
2			
3	两端对齐的显示效果，两端对齐的显示效果，两端对齐的显示效果		
4			
5			
6			

图 6-11　两端对齐

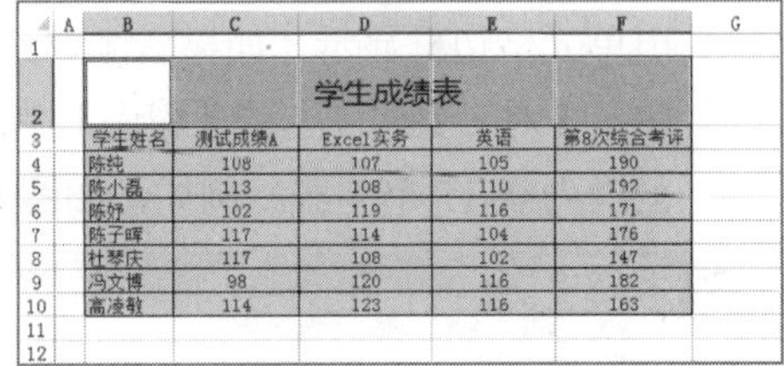

学生成绩表				
学生姓名	测试成绩A	Excel实务	英语	第8次综合考评
陈纯	108	107	105	190
陈小磊	113	108	110	192
陈妤	102	119	116	171
陈子晖	117	114	104	176
杜琴庆	117	108	102	147
冯文博	98	120	116	182
高凌敏	114	123	116	163

图 6-12　跨列居中

- ◉ 分散对齐：对于中文符，包括空格间隔的英文单词等，在单元格内平均分布并充满整个单元格宽度，并且两端靠近单元格边框。对于连续的数字或字母符号等文本则不产生作用。可以使用【缩进】微调框调整距离单元格两侧边框的边距，可缩进范围为 0~15 个字符。应用【分散对齐】格式的单元格当文本内容过长时会自动换行显示，如图 6-13 所示。

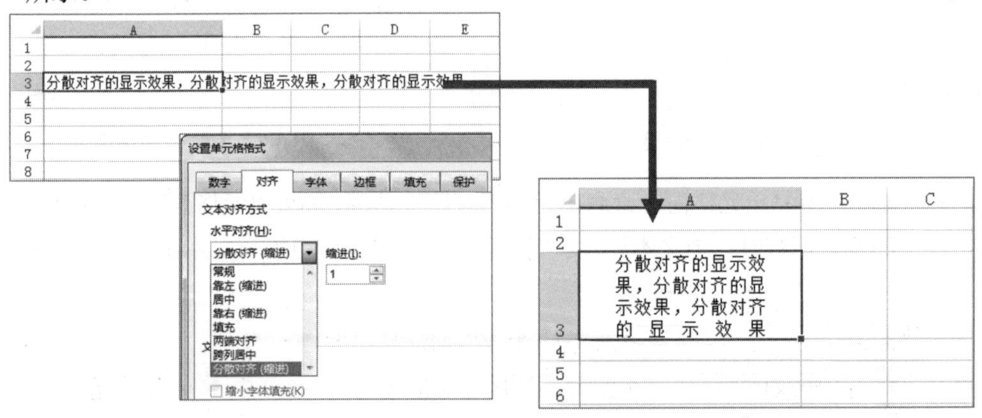

图 6-13　分散对齐

3. 垂直对齐

垂直对齐包括靠上、居中、靠下、两端对齐、分散对齐等几种对齐方式，如图 6-14 所示。

- ◉ 靠上：又称为“顶端对齐”，单元格内的文字沿单元格顶端对齐。
- ◉ 居中：又称为“垂直居中”，单元格内的文字垂直居中，这是 Excel 默认的对齐方式。
- ◉ 靠下：又称为“底端对齐”，单元格内的文字靠下端对齐。

如果用户需要更改单元格内容的垂直对齐方式，除了可以通过【设置单元格格式】对话框中的【对齐】选项卡以外，还可以在【开始】选项卡的【对齐方式】命令组中单击【顶端对齐】按

钮、【垂直对齐】按钮或【底端对齐】按钮，如图 6-15 所示。

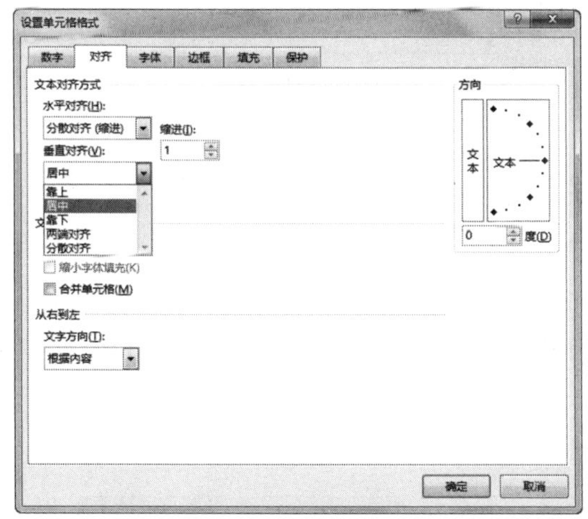

图 6-14　垂直对齐

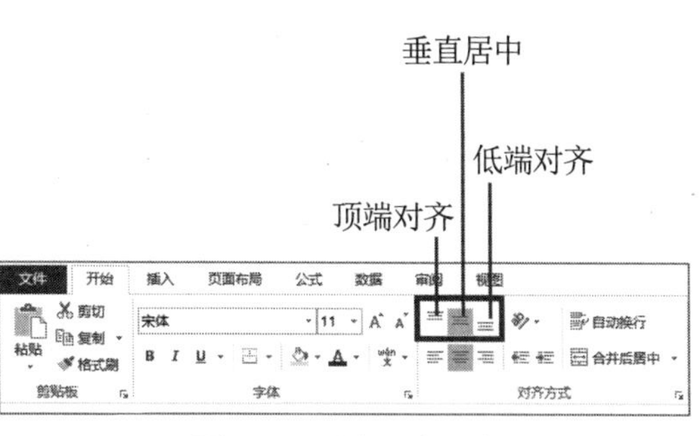

图 6-15　垂直对齐方式

- 两端对齐：单元格内容在垂直方向上两端对齐，并且在垂直距离上平均分布。应用该格式的单元格当文本内容过长时会自动换行显示。

4. 文本控制

在设置文本对齐的同时，还可以对文本进行输出控制，包括自动换行、缩小字体填充、合并单元格，如图 6-4 所示。

- 自动换行：当文本内容长度超出单元格宽度时，可以选中【自动换行】复选框使文本内容分为多行显示。此时如果调整单元格宽度，文本内容的换行位置也将随之改变。
- 缩小字体填充：可以使文本内容自动缩小显示，以适应单元格的宽度大小。此时单元格文本内容的字体并未改变。

5. 合并单元格

合并单元格就是将两个或两个以上连续单元格区域合并成占有两个或多个单元格空间的“超大”单元格。在 Excel 2016 中，用户可以使用合并后居中、跨越合并、合并单元格 3 种方法合并单元格。

用户选择需要合并的单元格区域后，直接单击【开始】选项卡【对齐方式】命令组中的【合并后居中】下拉按钮，在弹出的下拉列表中选择相应的合并单元格的方式，如图 6-16 所示。

- 合并后居中：将选中的多个单元格进行合并，并将单元格内容设置为水平居中和垂直居中。
- 跨越合并：在选中多行多列的单元格区域后，将所选区域的每行进行合并，形成单列多行的单元格区域。
- 合并单元格：将所选单元格区域进行合并，并沿用该区域起始单元格的格式。

以上 3 种合并单元格方式的效果如图 6-17 所示。

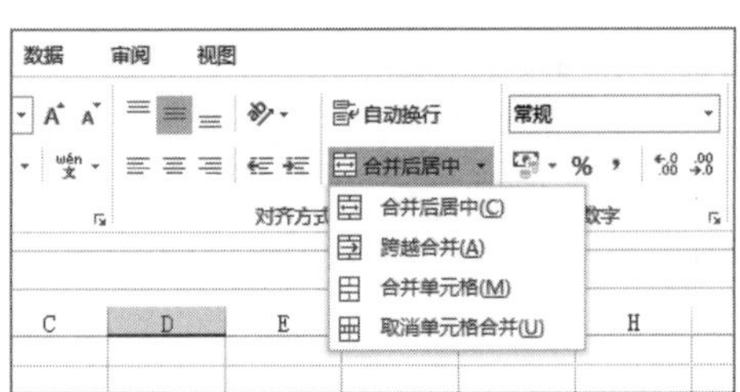

图 6-16　合并单元格

图 6-17　3 种合并单元格方式

如果在选取的连续单元格中包含多个非空单元格，则在进行单元格合并时会弹出警告窗口，提示用户如果继续合并单元格将仅保留最左上角的单元格数据而删除其他数据，如图 6-18 所示。

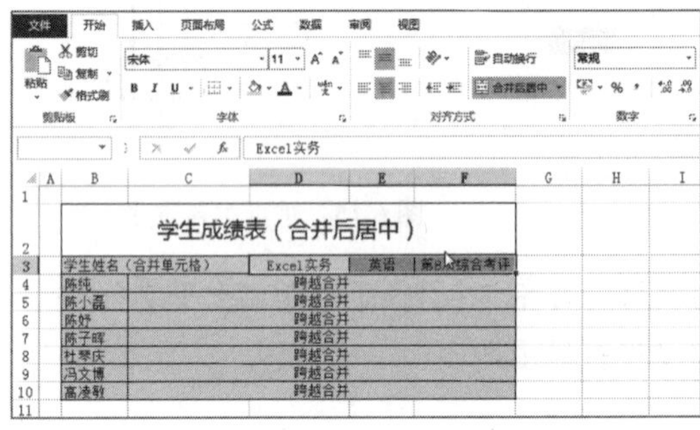

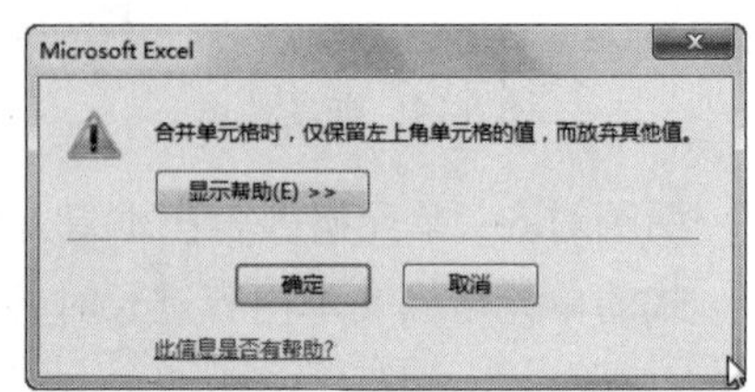

图 6-18　合并区域包含多个数据时的警告窗口

6.1.4　设置字体

单元格字体格式包括字体、字号、颜色、背景图案等。Excel 中文版的默认设置为：字体为【宋体】、字号为 11 号。用户可以按下 Ctrl+1 键，打开【设置单元格格式】对话框，选择【字体】选项卡，通过更改相应的设置来调整单元格内容的格式，如图 6-19 所示。

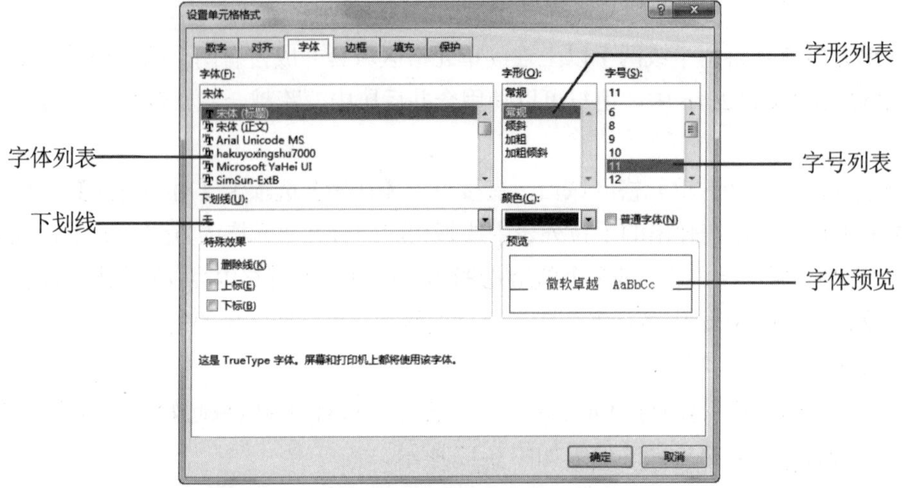

图 6-19　合并区域包含多个数据时的警告窗口

【字体】选项卡中各个选项的功能说明如下。

- 字体：在该列表框中显示了 Windows 系统提供的各种字体。
- 字形：在该列表中提供了包括常规、倾斜、加粗、加粗倾斜 4 种字形。
- 字号：文字显示大小，用户可以在【字号】列表中选择字号，也可以直接在文本框中输入字号的磅数(范围为 1~409)。
- 下划线：在该下拉列表中可以为单元格内容设置下划线，默认设置为无。Excel 中可设置的下划线类型包括单下划线、双下划线、会计用单下划线、会计用双下划线 4 种(会计用下划线比普通下划线离单元格内容更靠下一些，并且会填充整个单元格的宽度)。
- 颜色：单击该按钮将弹出【颜色】下拉调色板，允许用户为字体设置颜色。
- 删除线：在单元格内容上显示横穿内容的直线，表示内容被删除。效果为~~删除内容~~。
- 上标：将文本内容显示为上标形式，例如 K^3。
- 下标：将文本内容显示为下标形式，例如 K_3。

除了可以对整个单元格的内容设置字体格式外，还可以对同一个单元格内的文本内容设置多种字体格式。用户只要选中单元格文本的某一部分，设置相应的字体格式即可。

6.1.5 设置边框

1. 通过功能区设置边框

在【开始】选项卡的【字体】命令组中，单击设置边框 下拉按钮，在弹出的下拉列表中提供了 13 种边框设置方案，绘制及擦除边框的工具，如图 6-20 所示。

2. 使用【设置单元格格式】对话框设置边框

用户可以通过【设置单元格格式】对话框中的【边框】选项卡来设置更多的边框效果，如图 6-21 所示。

图 6-20 边框设置

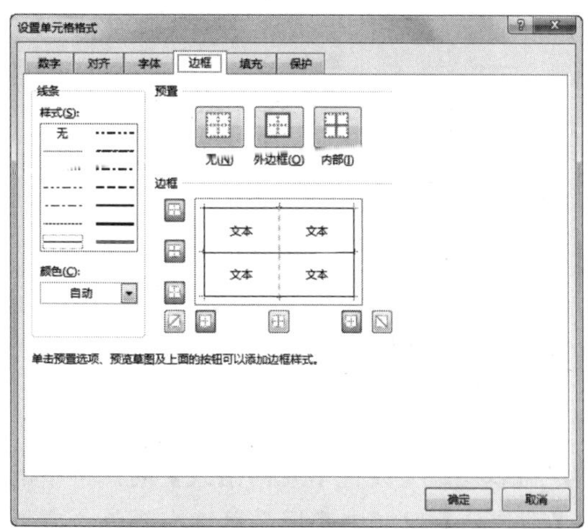

图 6-21 【边框】选项卡

【例 6-1】使用 Excel 2016 为表格设置单斜线和双斜线表头的报表。

(1) 打开如图 6-22 所示的表格后，在 B2 单元格中输入表头标题“月份”和“部门”，通过插入空格调整“月份”和“部门”之间的间距。

(2) 在 B2 单元格中添加从左上至右下的对角边框线条。选中 B2 单元格后，打开【设置单元格格式】对话框，选择【边框】选项卡并单击◪按钮，如图 6-23 所示。

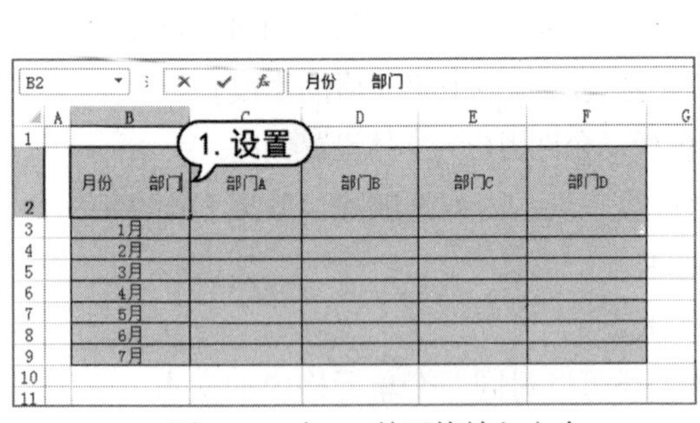

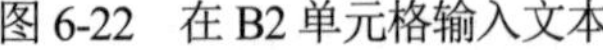

图 6-22　在 B2 单元格输入文本

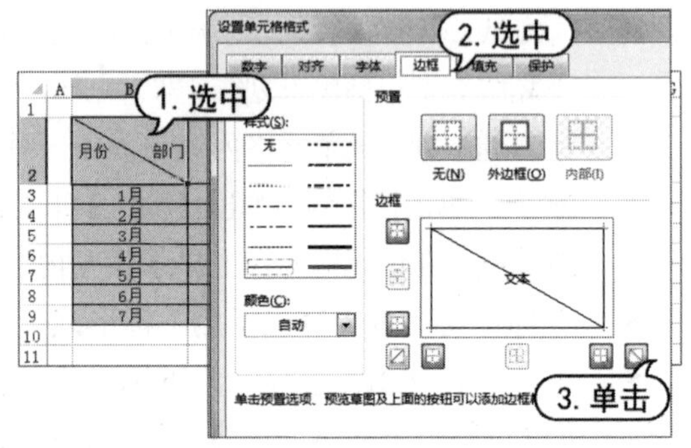

图 6-23　为表格设置单斜线表头

(3) 在 B2 单元格中输入表头标题“金额”“部门”和“月份”，通过插入空格调整“金额”和“部门”之间的间距，在“月份”之前按下 Alt+Enter 键强制换行。

(4) 打开【设置单元格格式】对话框，选择【对齐】选项卡，设置 B2 单元格的水平对齐方式为【靠左(缩进)】，垂直对齐方式为【靠上】，如图 6-24 所示。

(5) 重复步骤(1)~(2)的操作，在 B2 单元格中设置单斜线表头。

(6) 选择【插入】选项卡，在【插入】命令组中单击【形状】拆分按钮，在弹出的菜单中选择【线条】命令，在 B2 单元格中添加如图 6-25 所示的直线。

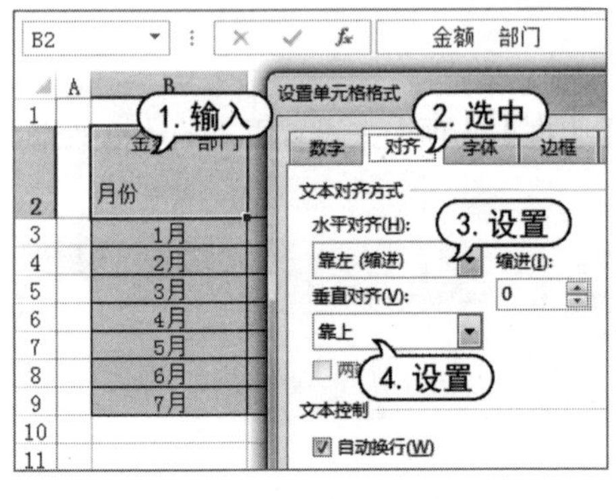

图 6-24　设置单元格对齐方式

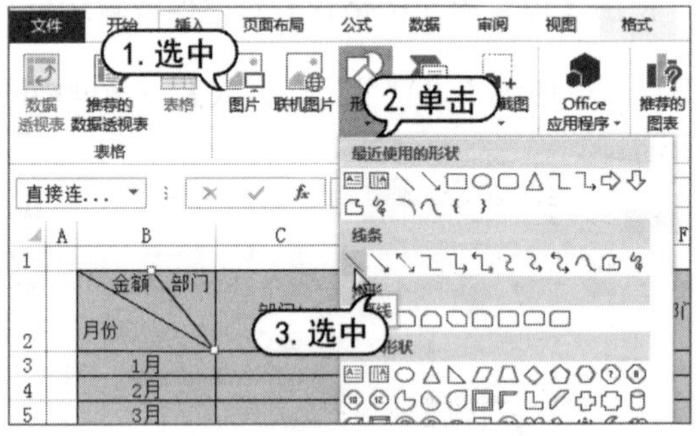

图 6-25　制作双斜线表头效果

6.1.6　设置填充

用户可以通过【设置单元格格式】对话框中的【填充】选项卡，对单元格的底色进行填充修饰。在【背景色】区域中选择多种填充颜色，或单击【填充效果】按钮，在【填充效果】对话框

中设置渐变色。此外，用户还可以在【图案样式】下拉列表中选择单元格图案填充，并可以单击【图案颜色】按钮设置填充图案的颜色，如图 6-26 所示。

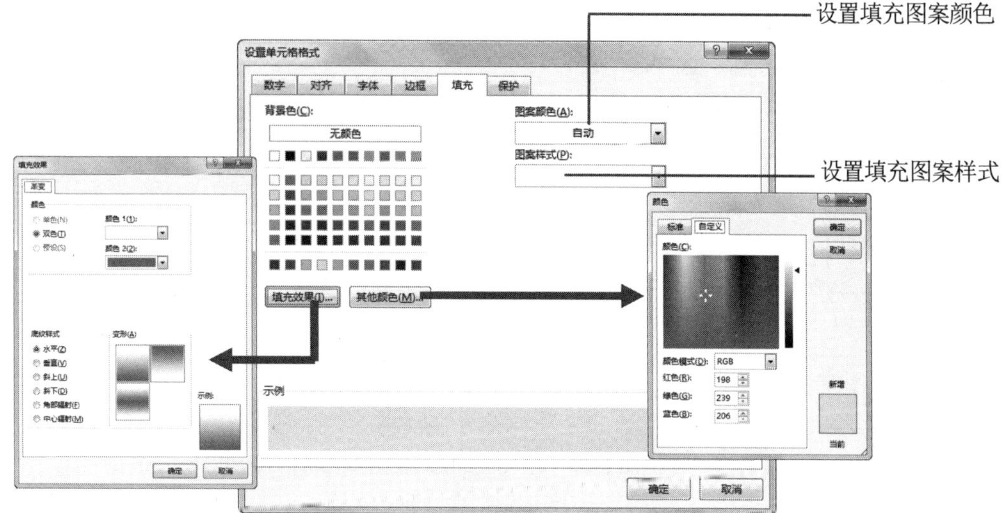

图 6-26　【填充】选项卡

6.1.7　复制格式

在日常办公中，如果用户需要将现有的单元格格式复制到其他单元格区域中，可以使用以下几种方法。

1. 复制粘贴单元格

直接将现有的单元格复制、粘贴到目标单元格，这样在复制单元格格式的同时，单元格内原有的数据也将被清除。

2. 仅复制粘贴格式

复制现有的单元格，在【开始】选项卡的【剪贴板】命令组中单击【粘贴】下拉按钮，在弹出的下拉列表中选择【格式】命令。

3. 利用【格式刷】复制单元格格式

用户也可以使用【格式刷】工具快速复制单元格格式，具体方法如下。

(1) 选中需要复制的单元格区域，在【开始】选项卡的【剪贴板】命令组中单击【格式刷】按钮。

(2) 移动光标到目标单元格区域，此时光标变为图形，单击鼠标将格式复制到目标单元格区域即可。

如果用户需要将现有单元格区域的格式复制到更大的单元格区域，可以在步骤(2)中在目标单元格左上角单元格位置单击并按住左键，并向下拖动至合适的位置，释放鼠标即可。

如果在【剪贴板】命令组中双击【格式刷】按钮，将进入重复使用模式，在该模式中用户可以将现有单元格中的格式复制到多个单元格，直到再次单击【格式刷】按钮或者按下 ESC 键结束，如图 6-27 所示。

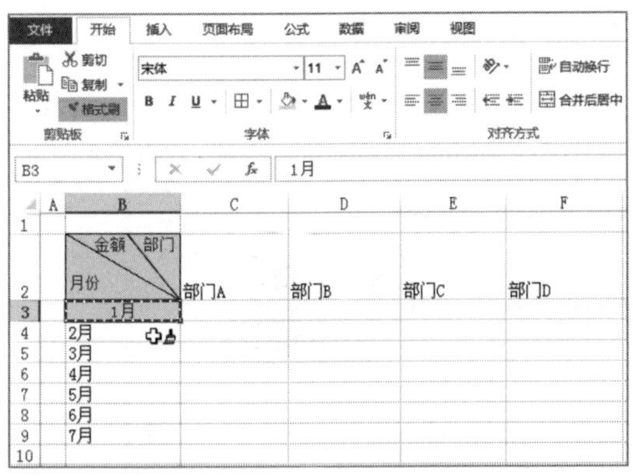

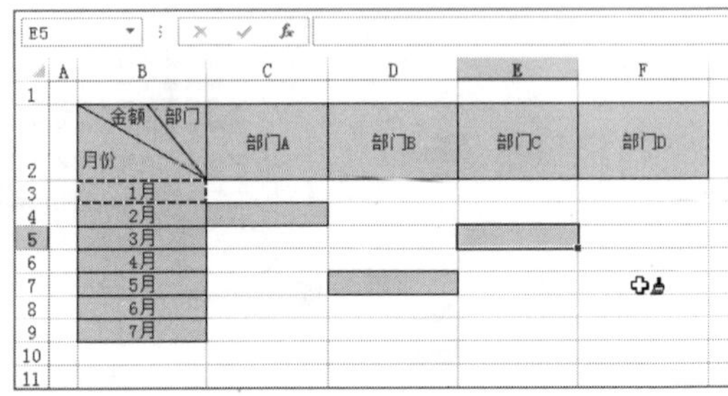

图 6-27 进入重复模式复制单元格格式

6.1.8 快速格式化数据表

Excel 2016 的【套用表格格式】功能提供了几十种表格格式，为用户格式化表格提供了丰富的选择方案。具体操作方法如下。

【例 6-2】在 Excel 2016 中使用【套用表格格式】功能快速格式化表格。

(1) 选中数据表中的任意单元格后，在【开始】选项卡的【样式】命令组中单击【套用表格格式】下拉按钮，如图 6-28 所示。

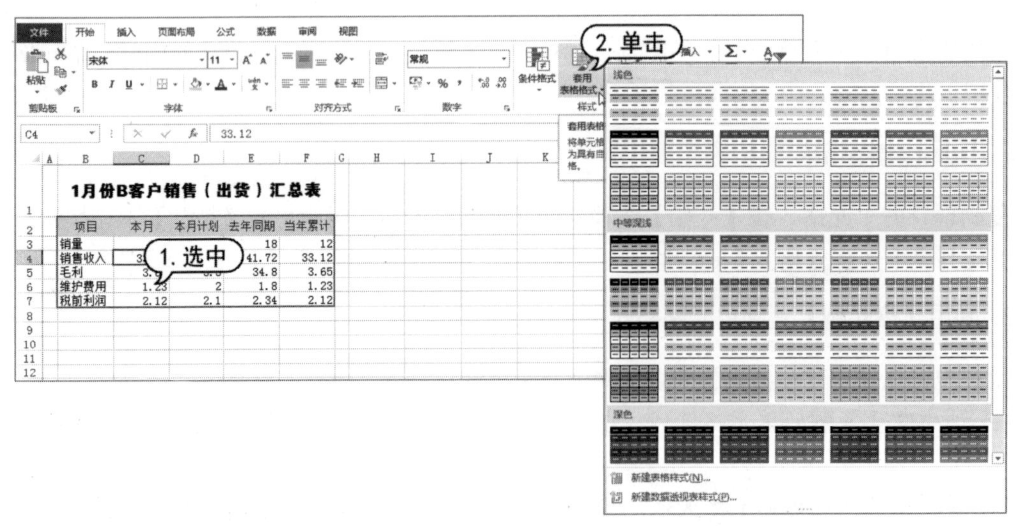

图 6-28 套用表格格式

(2) 在展开的下拉列表中，单击需要的表格格式，打开【套用表格格式】对话框。

(3) 在【创建表】对话框中确认引用范围，单击【确定】按钮，数据表被创建为【表格】并应用格式，如图 6-29 所示。

(4) 在【设计】选项卡的【工具】命令组中单击【转换为区域】按钮，在打开的对话框中单击【确定】按钮，将表格转换为普通数据，但格式仍被保留，效果如图 6-30 所示。

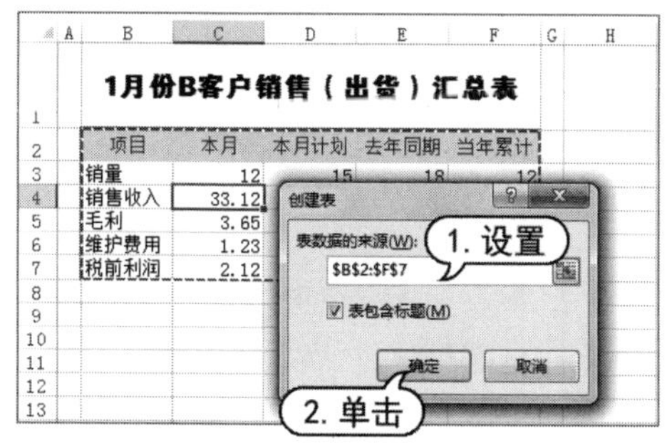

图 6-29　【创建表】对话框

1月份B客户销售（出货）汇总表

项目	本月	本月计划	去年同期	当年累计
销量	12	15	18	12
销售收入	33.12	36	41.72	33.12
毛利	3.65	5.5	34.8	3.65
维护费用	1.23	2	1.8	1.23
税前利润	2.12	2.1	2.34	2.12

图 6-30　将【表格】转换为普通数据表区域

6.2　设置单元格样式

Excel 中的单元格样式是指一组特定单元格格式的组合。使用单元格样式可以快速对应用相同样式的单元格或区域进行格式化。

6.2.1　应用 Excel 内置样式

Excel 2016 内置了一些典型的样式，用户可以直接套用这些样式来快速设置单元格格式，具体操作步骤如下。

(1) 选中单元格或单元格区域，在【开始】选项卡的【样式】命令组中，单击【单元格样式】下拉按钮，如图 6-31 所示。

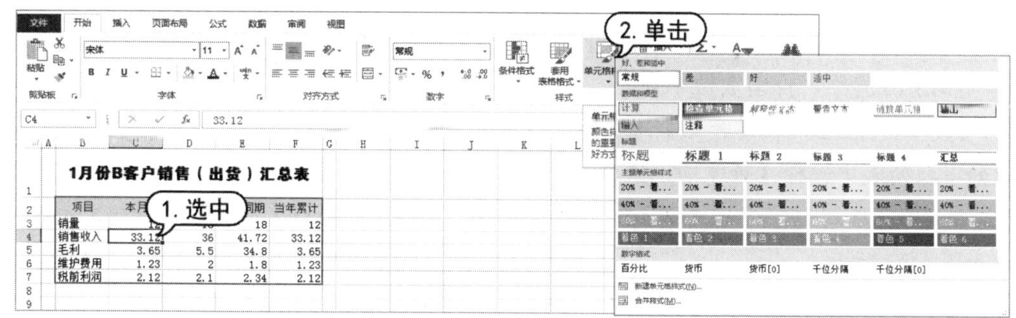

图 6-31　Excel 的内置单元格样式

(2) 将鼠标指针移动至单元格样式列表中的某一项样式，目标单元格将立即显示应用该样式的效果，单击样式即可确认应用。

如果用户需要修改 Excel 中的某个内置样式，可以在该样式上右击鼠标，在弹出的菜单中选择【修改】命令，打开【样式】对话框，根据需要对相应样式的【数字】、【对齐】、【字体】、【边框】、【填充】、【保护】等单元格格式进行修改，如图 6-32 所示。

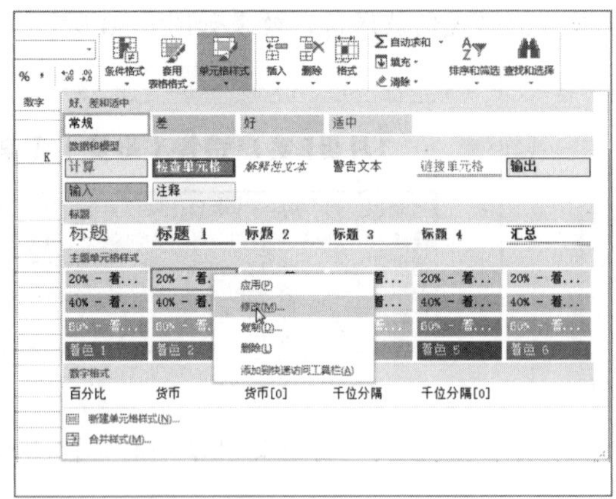
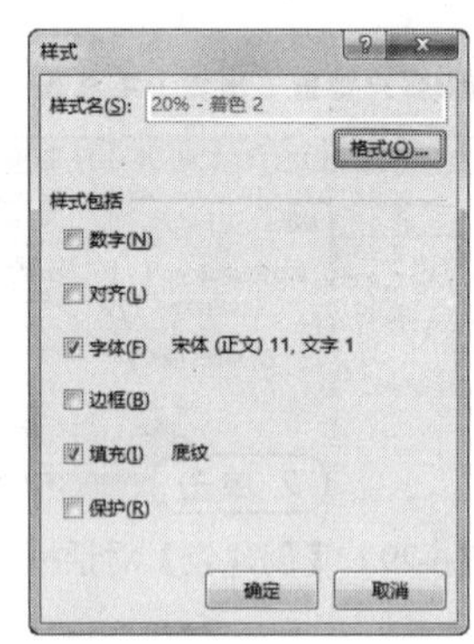

图 6-32　修改 Excel 内置样式

6.2.2　创建自定义样式

当 Excel 中的内置样式无法满足表格设计的需求时，用户可以参考下面介绍的方法，自定义单元格样式。

【例 6-3】在如图 6-31 所示的工作表中创建自定义样式，要求如下。

- 表格标题采用 Excel 内置的【标题 3】样式。
- 表格列标题采用字体为【微软雅黑】10 号字，垂直方向为水平、【水平对齐】和【垂直对齐】方式均为居中。
- 【项目】列数据采用字体为【微软雅黑】10 号字，垂直方向为水平、【水平对齐】和【垂直对齐】方式均为居中，单元格填充色为绿色。
- 【本月】、【本月计划】、【去年同期】和【当年累计】列数据采用字体为 Arial Unicode MS 10 号字，保留 3 位小数。

(1) 打开工作表后，在【开始】选项卡的【样式】命令组中单击【单元格样式】下拉按钮，在打开的下拉列表中选择【新建单元格样式】命令，打开【样式】对话框。

(2) 在【样式】对话框中的【样式名】文本框中输入样式的名称：列标题，然后单击【格式】按钮，如图 6-33 所示。

(3) 打开【设置单元格格式】对话框，选择【字体】选项卡，设置字体为【微软雅黑】，字号为 10 号；选择【对齐】选项卡，设置【水平对齐】和【垂直对齐】为【居中】，如图 6-34 所示，然后单击【确定】按钮。

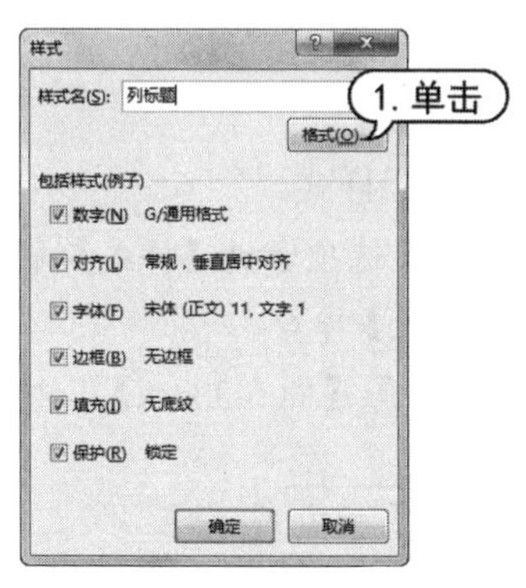

图 6-33　创建新样式

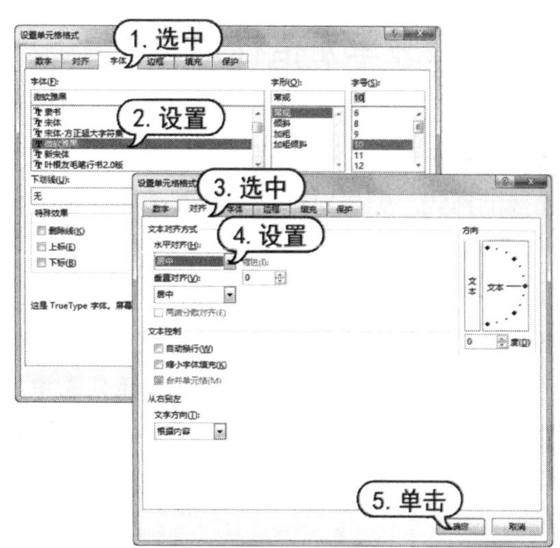

图 6-34　设置样式格式

(4) 返回【样式】对话框，在【包括样式】选项区域中选中【对齐】和【字体】复选框，然后单击【确定】按钮，如图 6-35 所示。

(5) 重复步骤(1)～(4)的操作新建【项目列数据】和【内容数据】的样式，如图 6-36 所示。

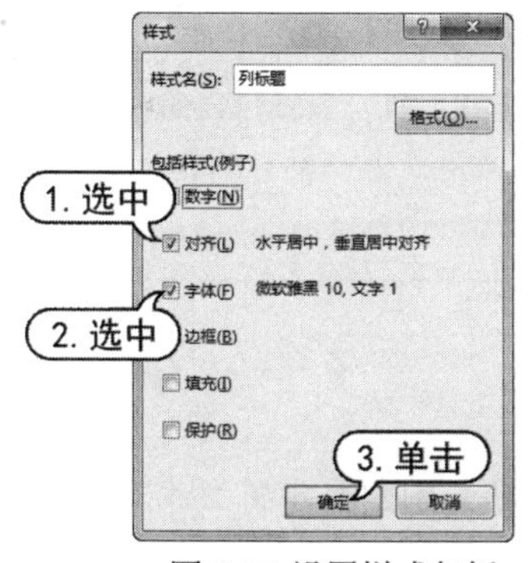

图 6-35 设置样式包括

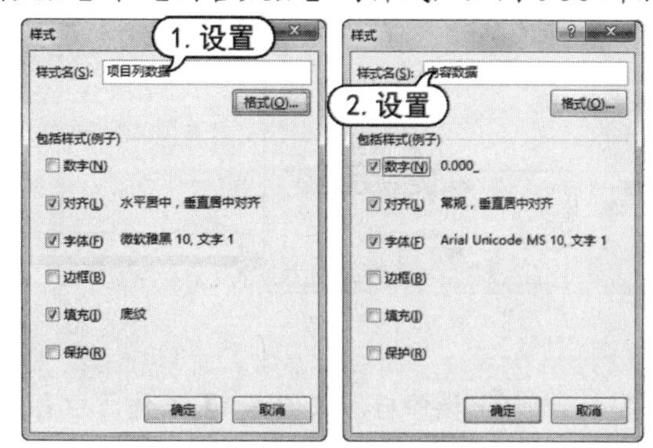

图 6-36　新建自定义样式

(6) 新建自定义样式后，在样式列表上方将显示如图 6-37 所示的【自定义】样式区。

(7) 分别选中数据表格中的标题、列标题、【项目】列数据和内容数据单元格区域，应用样式分别进行格式化，效果如图 6-38 所示。

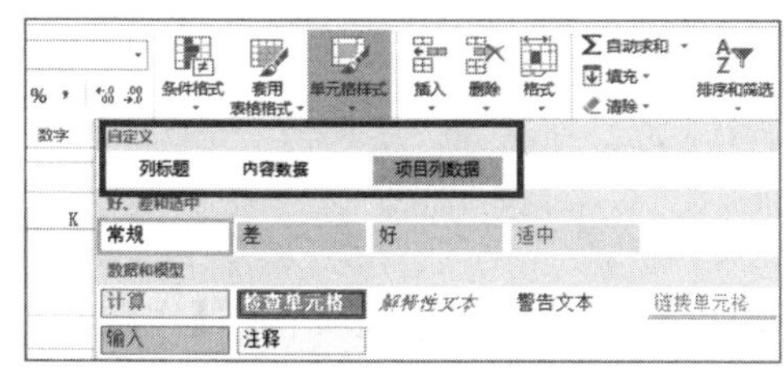

图 6-37　自定义样式区

1月份B客户销售（出货）汇总表

项目	本月	本月计划	去年同期	当年累计
销量	12.000	15.000	18.000	12.000
销售收入	33.120	36.000	41.720	33.120
毛利	3.650	5.500	34.800	3.650
维护费用	1.230	2.000	1.800	1.230
税前利润	2.120	2.100	2.340	2.120

图 6-38　应用自定义样式格式化后的表格

6.2.3 合并单元格样式

在 Excel 中完成【例 6-3】的操作创建自定义样式，只能保存在当前工作簿中，不会影响到其他工作簿的样式。如果用户需要在其他工作簿中使用当前新创建的自定义样式，可以参考下面介绍的方法合并单元格样式。

【例 6-4】继续【例 6-3】的操作，合并创建的自定义单元格样式。

(1) 完成【例 6-3】的操作后，新建一个工作簿，在【开始】选项卡的【样式】命令组中单击【单元格样式】下拉按钮，在弹出的下拉列表中选择【合并样式】命令。

(2) 打开【合并样式】对话框，选中包含自定义样式的工作簿【例 6-3.xlsx】，然后单击【确定】按钮，如图 6-39 所示。

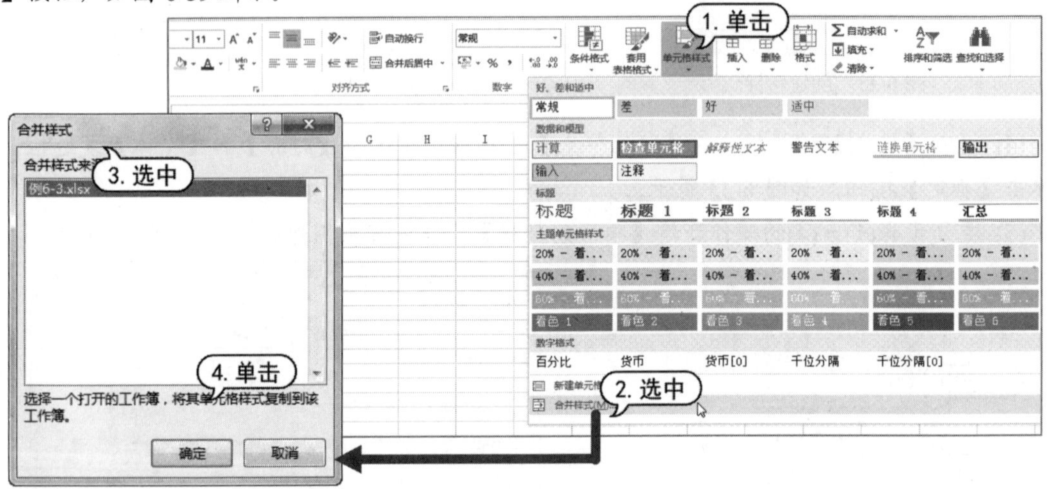

图 6-39　合并样式

(3) 完成以上操作后，【例 6-3】工作簿中自定义的样式将被复制到新建的工作簿中。

6.3 使用主题

除了使用样式，还可以使用【主题】来格式化工作表。Excel 中的主题是一组格式选项的组合，包括主题颜色、主题字体和主题效果等。

6.3.1 主题三要素简介

Excel 中主题的三要素包括颜色、字体和效果。在【页面布局】选项卡的【主题】命令组中，单击【主题】下拉按钮，在展开的下拉列表中，Excel 内置了如图 6-40 所示的主题供用户选择。

在主题下拉列表中选择一种 Excel 内置主题后，用户可以分别单击【颜色】、【字体】和【效果】下拉按钮，修改选中主题的颜色、字体和效果，如图 6-41 所示。

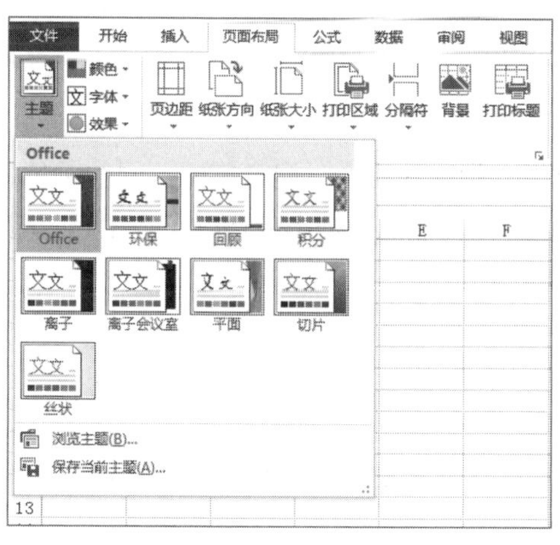

图 6-40 选择主题

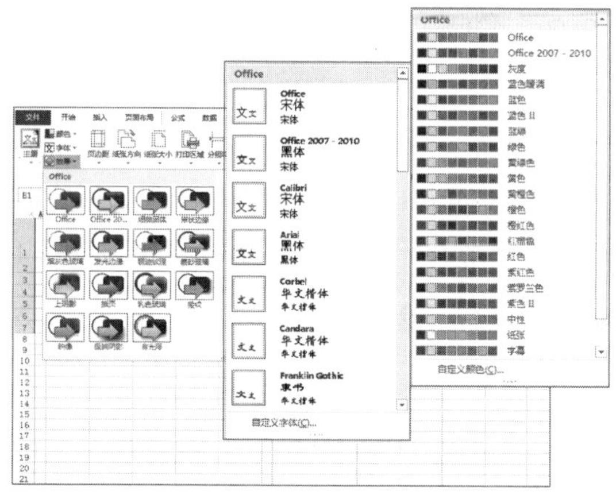

图 6-41 设置主题的颜色、字体和效果

6.3.2 应用文档主题

在 Excel 2016 中用户可以参考下面介绍的方法，使用【主题】对工作表中的数据进行快速格式化设置。

【例 6-5】对工作表中的数据应用文档主题。

(1) 打开一个工作表，参考【例 6-2】的操作将数据源表进行格式化，如图 6-42 所示。

(2) 在【页面布局】选项卡的【主题】命令组中单击【主题】命令，在展开的主题库中选择【离子会议室】主题，如图 6-43 所示。

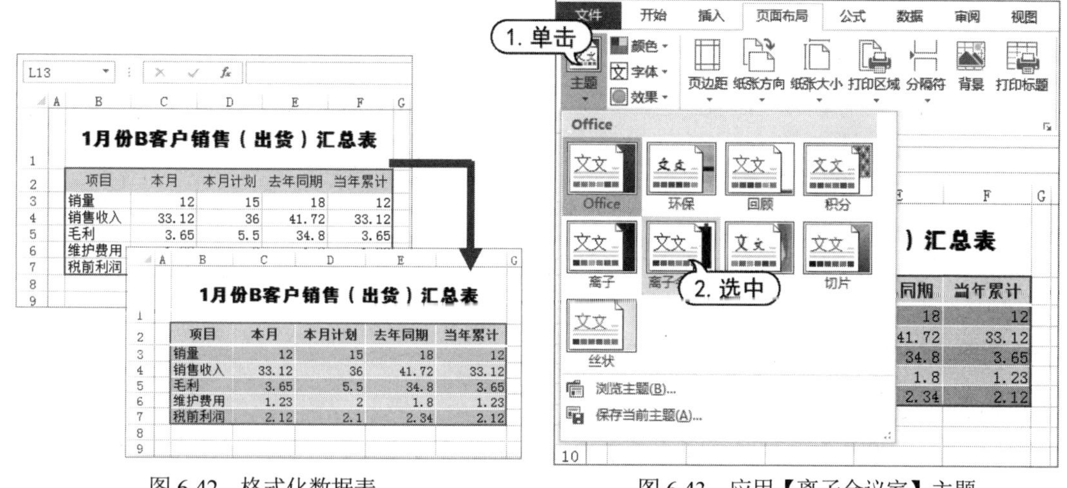

图 6-42 格式化数据表　　图 6-43 应用【离子会议室】主题

通过【套用表格格式】格式化数据表，只能设置数据表的颜色，不能改变字体。使用【主题】可以对整个数据表的颜色、字体等进行快速格式化。

6.3.3 自定义和共享主题

在 Excel 2016 中，用户也可以创建自定义的颜色组合和字体组合，混合搭配不同的颜色、字体和效果组合，并可以保存合并的结果作为新的主题以便在其他的文档中使用(新创建的主题颜色和主题字体仅作用于当前工作簿，不会影响其他工作簿)。

1. 新建主题颜色

在 Excel 中创建自定义主题颜色的方法如下。

(1) 在【页面布局】选项卡的【主题】命令组中单击【颜色】下拉按钮，在弹出的下拉列表中选择【自定义颜色】命令，如图 6-44 所示。

(2) 打开【新建主题颜色】对话框，根据需要设置合适的主题颜色，然后单击【保存】按钮即可，如图 6-45 所示。

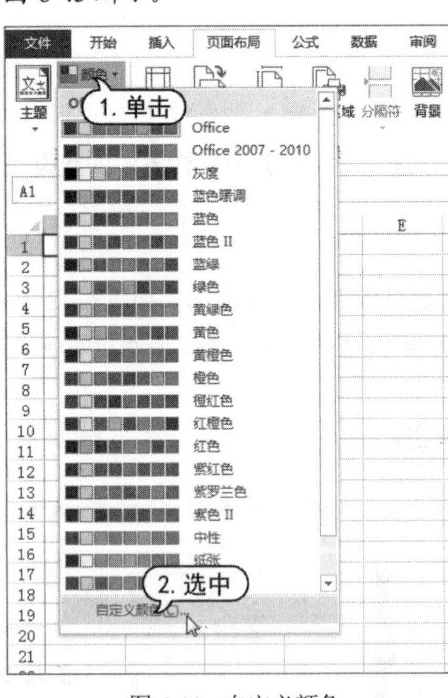

图 6-44 自定义颜色

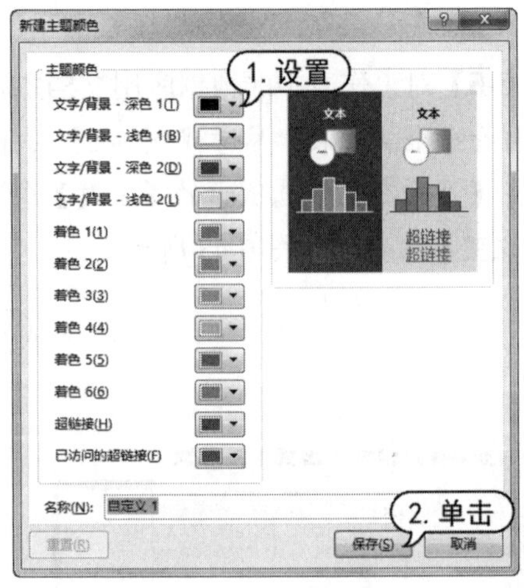

图 6-45 新建主题颜色

2. 新建主题字体

在 Excel 中创建自定义主题字体的方法如下。

(1) 在【页面布局】选项卡的【主题】命令组中单击【字体】下拉按钮，在弹出的下拉列表中选择【自定义字体】命令，如图 6-46 所示。

(2) 打开【新建主题字体】对话框，根据需要设置合适的主题字体，然后单击【保存】按钮即可，如图 6-47 所示。

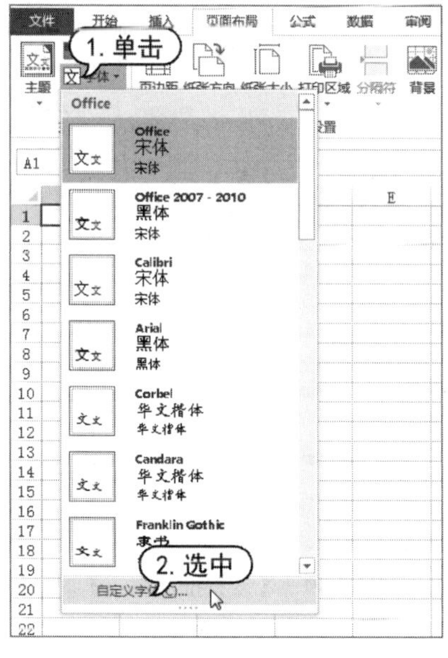

图 6-46　自定义字体

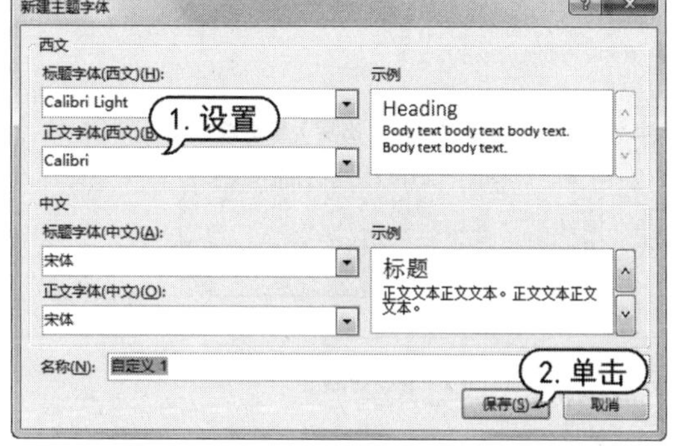

图 6-47　新建主题字体

3. 保存自定义主题

用户可以通过将自定义的主题保存为主题文件(扩展名为.thmx 的文件)，将当前主题应用于更多工作簿，具体操作方法如下。

(1) 在【页面布局】选项卡的【主题】命令组中单击【主题】下拉按钮，在弹出的下拉列表中选择【保存当前主题】命令。

(2) 打开【保存当前主题】对话框，在【文件名】文本框中输入自定义主题的名称后，单击【保存】按钮即可(保存自定义的主题后，该主题将自动添加到【主题】下拉列表中的【自定义】组中)。

6.4　运用批注

在数据表的单元格中插入批注，可以利用批注数据进行注释。在 Excel 2016 中，插入与设置批注的方法如下。

(1) 选中单元格后右击鼠标，在弹出的菜单中选择【插入批注】命令，插入一个如图 6-48 所示的批注。

(2) 选中插入的批注，在【开始】选项卡的【单元格】命令组中单击【格式】拆分按钮，在弹出的菜单中选择【设置批注格式】命令。

(3) 打开【设置批注格式】对话框，在该对话框中包含了字体、对齐、颜色与线条、大小、保护、属性、页边距、可选文字等选项卡，通过这些选项卡中提供的设置，可以对当前选中的单元格批注的外观样式属性进行设置，如图 6-49 所示。

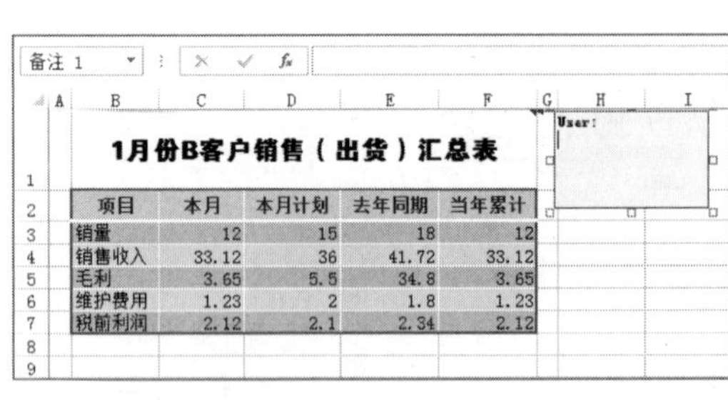

图 6-48　插入批注

图 6-49　【设置批注格式】对话框

【设置批注格式】对话框中各选项卡的设置内容如下。

- 字体：设置批注字体类型、字形、字号、字体颜色以及下划线、删除线等显示效果。
- 对齐：用于设置批注文字的水平、垂直对齐方式，文本方向以及文字方向等。
- 颜色与线条：可以设置批注外框线条样式和颜色以及批注背景的颜色、图案等。
- 大小：用于设置批注文本框的大小。
- 保护：设置锁定批注或批注文字的保护选项，只有当前工作表被保护后该选项才会生效。
- 属性：用于设置批注的大小和显示位置是否随单元格而变化。
- 页边距：设置批注文字与批注边框之间的距离。
- 可选文字：设置批注在网页中所显示的文字。
- 图片：可对图像的亮度、对比度等进行控制。当批注背景插入图片后，该选项才会出现。

在工作表中用户可以通过改变批注的边框样式，设置批注的背景图片的方法来制作出图文并茂的批注效果。

6.5　设置工作表背景

在 Excel 中，用户可以通过插入【背景】的方法增强工作表的表现力，具体操作方法如下。

(1) 在【页面布局】选项卡的【页面设置】命令组中，单击【背景】按钮，打开【插入图片】对话框，如图 6-50 所示。

(2) 在【插入图片】对话框中，单击【浏览】按钮，在打开的【工作表背景】对话框中选择一个图片文件，并单击【打开】按钮，如图 6-51 所示。

(3) 完成以上操作后，将为工作表设置如图 6-52 所示的背景效果。

(4) 在【视图】选项卡的【显示】命令组中，取消【网格线】复选框的选中状态，关闭网格线的显示，可以突出背景图片在工作表中的显示效果，如图 6-53 所示。

图 6-50　【插入图片】对话框

图 6-51　【工作表背景】对话框

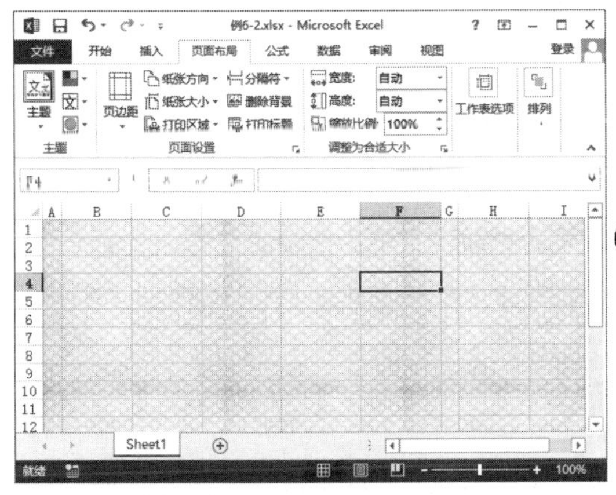

图 6-52　插入背景

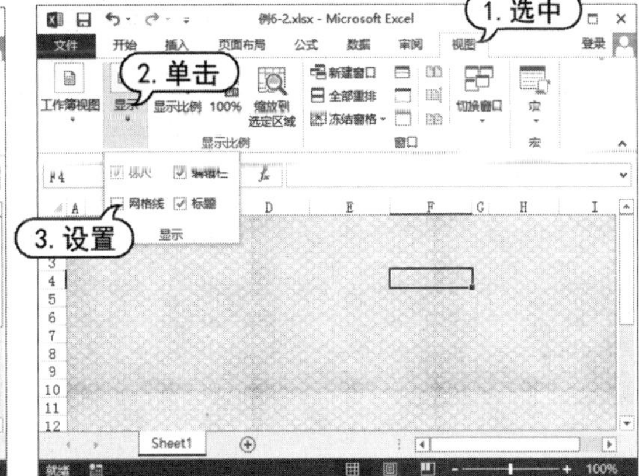

图 6-53　关闭网格线

6.6　上机练习

本章的上机练习将通过实例介绍使用 Excel 2016 隐藏表格单元格中零值的方法，帮助用户进一步掌握所学的知识。

(1) 打开工作表后选中 D3：E6 单元格区域，然后右击鼠标，在弹出的菜单中选择【设置单元格格式】命令，如图 6-54 所示。

图 6-54　合并样式

(2) 打开【设置单元格格式】对话框，选择【数字】选项卡，在【分类】列表框中选择【自定义】选项，在【类型】列表框中选择【G/通用格式】选项，然后单击【确定】按钮即可。

(3) 此时，被选中单元格中的零值将自动隐藏，效果如图 6-55 所示。

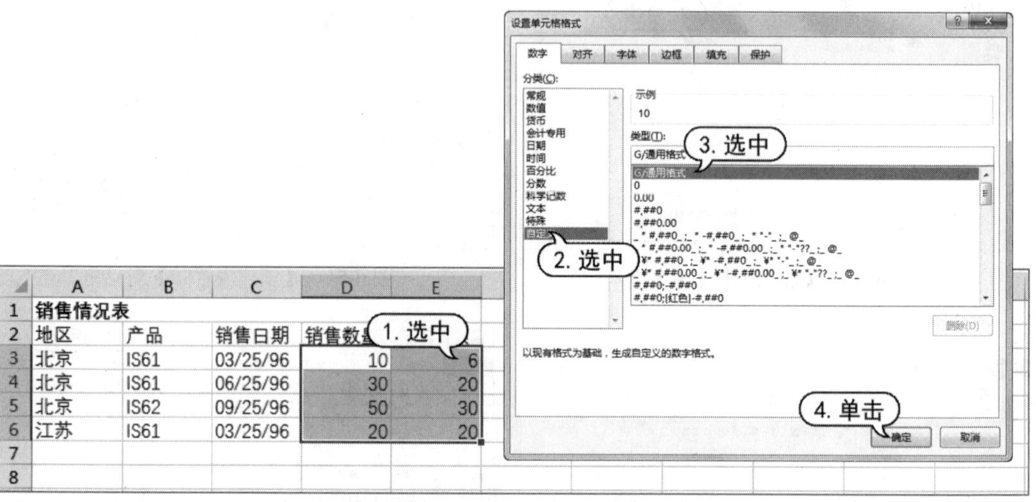

图 6-55　隐藏单元格区域中的零值

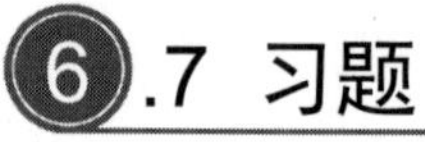6.7 习题

1. 创建一个样式，设置其格式包括对齐方式为文本右对齐、字体为楷体、大小为 12、颜色为黄色、底纹为黑色，并将其命名为【工作日单元格样式】。

2. 创建一个【通讯录】工作簿，并设置单元格和工作表格式。

第7章 使用公式和函数

学习目标

分析和处理 Excel 工作表中的数据，离不开公式和函数。公式和函数不仅可以帮助用户快速并准确地计算表格中的数据，还可以解决办公中的各种查询与统计问题。本章将对函数与公式的定义、单元格引用、公式的运算符、计算限制等方面的知识进行讲解，为进一步学习和运用函数与公式解决办公问题提供必要的基础支撑。

本章重点

- 认识公式与函数
- 掌握单元格引用
- 输入与编辑函数

7.1 公式简介

公式(Formula)是以=号为引号，通过运算符按照一定顺序组合进行数据运算和处理的等式，函数则是按特定算法执行计算的产生一个或一组结构的预定义的特殊公式。本节将重点介绍在 Excel 中输入、编辑、删除、复制与填充公式的方法。

7.1.1 公式的输入、编辑与删除

1. 输入公式

在 Excel 中，当以=号作为开始在单元格中输入时，软件将自动切换成输入公式状态，以+、-号作为开始输入时，软件会自动在其前面加上等号并切换成输入公式状态，如图 7-1 所示。

在 Excel 的公式输入状态下，使用鼠标选中其他单元格区域时，被选中区域将作为引用自动输入到公式中，如图 7-2 所示。

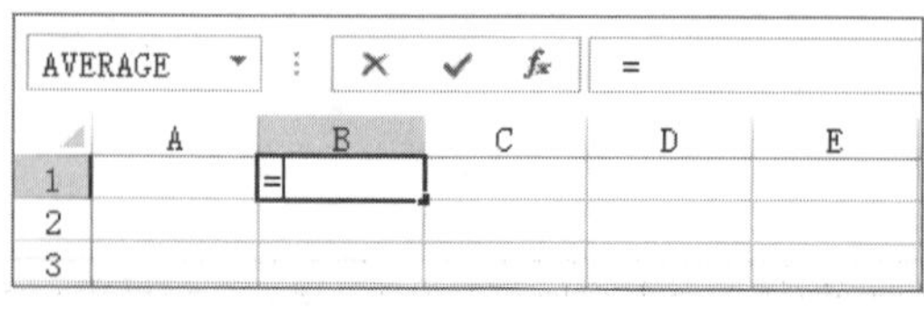

图 7-1　进入公式输入状态

编辑栏

图 7-2　引用单元格

2. 编辑公式

按下 Enter 键或者 Ctrl+Shift+Enter 键，可以结束普通公式和数组公式的输入或编辑状态。如果用户需要单元格中的公式进行修改，可以使用以下 3 种方法。

- 选中公式所在的单元格，然后按下 F2 键。
- 双击公式所在的单元格。
- 选中公式所在的单元格，单击窗口中的编辑栏。

3. 删除公式

选中公式所在的单元格，按下 Delete 键可以清除单元格中的全部内容，或者进入单元格编辑状态后，将光标放置在某个位置并按下 Delete 键或 Backspace 键，删除光标后面或前面的公式部分内容。当用户需要删除多个单元格数组公式时，必须选中其所在的全部单元格再按下 Delete 键。

7.1.2　公式的复制与填充

如果用户要在表格中使用相同的计算方法，可以通过【复制】和【粘贴】功能实现操作。此外，还可以根据表格的具体制作要求，使用不同方法在单元格区域中填充公式，以提高工作效率。

【例 7-1】在 Excel 2016 中使用公式在如图 7-3 所示表格的 I 列中计算学生成绩总分。

(1) 在 I4 单元格中输入以下公式，并按下 Enter 键:

```
=H4+G4+F4+E4+D4
```

(2) 采用以下几种方法，可以将 I4 单元格中的公式应用到计算方法相同的 I5：I16 区域。

- 拖动 I4 单元格右下角的填充柄：将鼠标指针置于单元格右下角，当鼠标指针变为黑色十字时，按住鼠标左键向下拖动至 I16 单元格，如图 7-3 所示。
- 双击 I4 单元格右下角的填充柄：选中 I4 单元格后，双击该单元格右下角的填充柄，公式将向下填充到其相邻列第一个空白单元格的上一行，即 I16 单元格。
- 使用快捷键：选择 I4：I16 单元格区域，按下 Ctrl+D 键，或者选择【开始】选项卡，在【编辑】命令组中单击【填充】下拉按钮，在弹出的下拉列表中选择【向下】命令(当需要将公式向右复制时，可以按下 Ctrl+R 键)。

◉ 使用选择性粘贴：选中 I4 单元格，在【开始】选项卡的【剪贴板】命令组中单击【复制】按钮，或者按下 Ctrl+C 键，然后选择 I5：I16 单元格区域，在【剪贴板】命令组中单击【粘贴】拆分按钮，在弹出的菜单中选择【公式】命令。

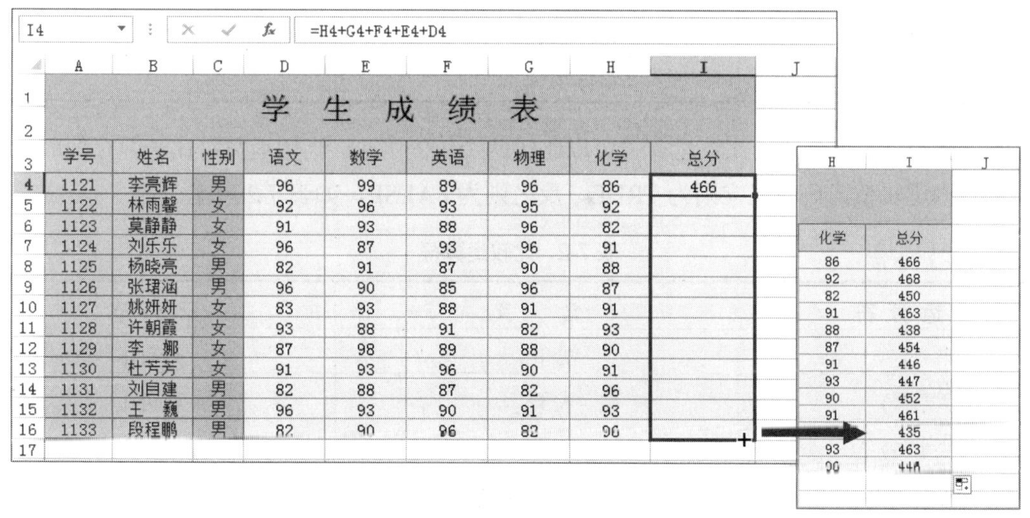

图 7-3 使用填充柄

◉ 多单元格同时输入：选中 I4 单元格，按住 Shift 键，单击所需复制单元格区域的另一个对角单元格 I16，然后单击编辑栏中的公式，按下 Ctrl+Enter 键，则 I4：I16 单元格区域中将输入相同的公式。

7.2 认识公式运算符

运算符用于对公式中的元素进行特定的运算，或者用来连接需要运算的数据对象，并说明进行了哪种公式运算。

7.2.1 认识运算符

运算符对公式中的元素进行特定类型的运算。Excel 2016 中包含了 4 种运算符类型：算术运算符、比较运算符、文本链接运算符与引用运算符。

◉ 算数运算符：如果要完成基本的数学运算，如加法、减法和乘法，连接数据和计算数据结果等，可以使用如表 7-1 所示的算术运算符。

表 7-1 算术运算符

运 算 符	含　义	示　范
+(加号)	加法运算	2+2

(续表)

运 算 符	含　义	示　范
-(减号)	减法运算或负数	2-1 或-1
*(星号)	乘法运算	2*2
/(正斜线)	除法运算	2/2

- 比较运算符：使用比较运算符可以比较两个值的大小。当用运算符比较两个值时，结果为逻辑值，比较成立则为 TRUE，反之则为 FALSE，如表 7-2 所示。

表 7-2　比较运算符

运 算 符	含　义	示　范
=(等号)	等于	A1=B1
>(大于号)	大于	A1>B1
<(小于号)	小于	A1<B1
>=(大于等于号)	大于或等于	A1>=B1
<=(小于等于号)	小于或等于	A1<=B1

- 文本链接运算符：在 Excel 公式中，使用和号(&)可加入或连接一个或更多文本字符串以产生一串新的文本，如表 7-3 所示。

表 7-3　比较运算符

运 算 符	含　义	示　范
&(和号)	将两个文本值连接或串连起来以产生一个连续的文本值	spuer &man

- 引用运算符：单元格引用是用于表示单元格在工作表上所处位置的坐标集。例如，显示在第 B 列和第 3 行交叉处的单元格，其引用形式为 B3。使用如表 7-4 所示的引用运算符，可以将单元格区域合并计算。

表 7-4　引用运算符

运 算 符	含　义	示　范
:(冒号)	区域运算符，产生对包括在两个引用之间的所有单元格的引用	(A5:A15)
,(逗号)	联合运算符，将多个引用合并为一个引用	SUM(A5:A15,C5:C15)
(空格)	交叉运算符，产生对两个引用共有的单元格的引用	(B7:D7 C6:C8)

7.2.2　数据比较的原则

在 Excel 中，数据可以分为文本、数值、逻辑值、错误值等几种类型。其中，文本用一对半角双引号" "所包含的内容表示文本，例如"Date"是由 4 个字符组成的文本。日期与时间是数值的特殊表现形式，数值 1 表示 1 天。逻辑值只有 TRUE 和 FALSE 两个，错误值主要有#VALUE!、#DIV/0!、#NAME?、#N/A、#REF!、#NUM!、#NULL!等几种组成形式。

除了错误值以外，文本、数值与逻辑值比较时按照以下顺序排列：

…、-2、-1、0、1、2、…、A~Z、FALSE、TRUE

即数值小于文本，文本小于逻辑值，错误值不参与排序。

7.2.3　运算符的优先级

如果公式中同时用到多个运算符，Excel 将会依照运算符的优先级来依次完成运算。如果公式中包含相同优先级的运算符，例如公式中同时包含乘法和除法运算符，则 Excel 将从左到右进行计算。如表 7-5 所示的是 Excel 中的运算符优先级。其中，运算符优先级从上到下依次降低。

表 7-5　算术运算符

运 算 符	含　义
:(冒号)、(单个空格)和,(逗号)	引用运算符
–	负号
%	百分比
^	乘幂
* 和 /	乘和除
+ 和 –	加和减
&	连接两个文本字符串
=、<、>、<=、>=、<>	比较运算符

提示

如果要更改求值的顺序，可以将公式中需要先计算的部分用括号括起来。例如，公式=8+2*4 的值是 16，因为 Excel 2016 按先乘除后加减的顺序进行运算，即先将 2 与 4 相乘，然后再加上 8，得到结果 16。若在该公式上添加括号，公式=(8+2)*4，则 Excel 2016 先用 8 加上 2，再用结果乘以 4，得到结果 40。

7.3　理解公式的常量

常量数值用于输入公式中的值和文本。

7.3.1 常量参数

公式中可以使用常量进行运算。常量指的是在运算过程中自身不会改变的值，但是公式以及公式产生的结果都不是常量。

- 数值常量：如=(3+9)*5/2
- 日期常量：如=DATEDIF("2016-10-10",NOW(),"m")
- 文本常量：如"I Love"&"You"
- 逻辑值常量：如=VLOOKIP("曹焱兵",A:B,2,FALSE)
- 错误值常量：如=COUNTIF(A:A,#DIV/0!)

1. 数值与逻辑值转换

在公式运算中，逻辑值与数值的关系如下。

- 在四则运算及乘幂、开方运算中，TRUE=1，FALSE=0。
- 在逻辑判断中，0=FALSE，所有非 0 数值=TRUE。
- 在比较运算中，数值<文本<FLASE<TRUE。

2. 文本型数字与数值转换

文本型数字可以作为数值直接参与四则运算，但当此类数据以数组或者单元格引用的形式作为某些统计函数(如 SUM、AVERAGE 和 COUNT 函数等)的参数时，将被视为文本来运算。例如，在 A1 单元格输入数值 1，在 A2 单元格输入前置单引号的数字'2，则对数值 1 和文本型数字 2 的运算如表 7-6 所示。

表 7-6 文本型数字参与运算

公　式	返回结果	说　明
=A1+A2	3	文本 2 参与四则运算被转换为数值
=SUM(A1：A2)	1	文本 2 在单元格中，视为文本，未被 SUM 函数统计
=SUM(1, "2")	3	文本 2 直接作为参数视为数值
=COUNT(1, "2")	2	
=COUNT({1, "2"})	1	文本 2 在常量数组中，视为文本，可被 COUNTA 函数统计，但未被 COUNT 函数统计
=COUNTA({1, "2"})	2	

7.3.2 常用常量

以公式 1 和公式 2 为例介绍公式中的常用常量，这两个公式分别可以返回表格中 A 列单元格区域最后一个数值和文本型的数据，如图 7-4 所示。

公式 1：

```
=LOOKUP(9E+307,A:A)
```

公式 2：

```
=LOOKUP("龠",A:A)
```

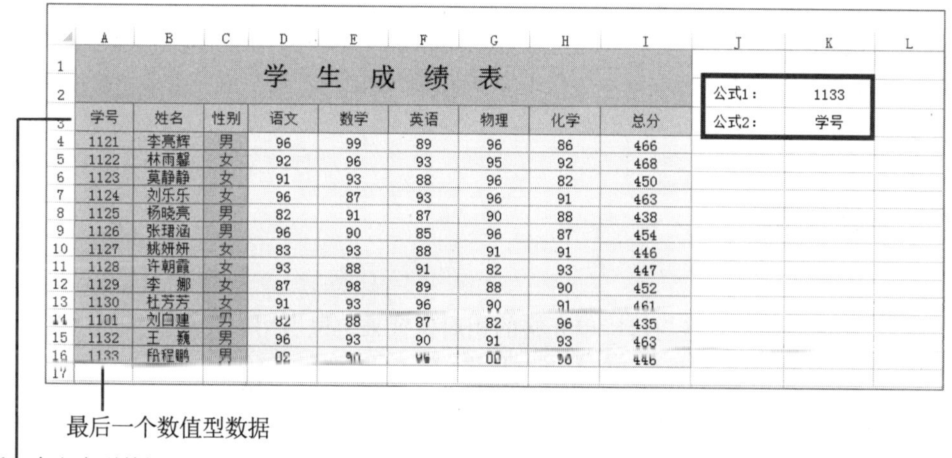

	A	B	C	D	E	F	G	H	I	J	K	L
1	学生成绩表											
2										公式1：	1133	
3	学号	姓名	性别	语文	数学	英语	物理	化学	总分	公式2：	学号	
4	1121	李亮辉	男	96	99	89	96	86	466			
5	1122	林雨馨	女	92	96	93	95	92	468			
6	1123	莫静静	女	91	93	88	96	82	450			
7	1124	刘乐乐	女	96	87	93	96	91	463			
8	1125	杨晓亮	男	82	91	87	90	88	438			
9	1126	张珺涵	男	96	90	85	96	87	454			
10	1127	姚妍妍	女	83	93	88	91	91	446			
11	1128	许朝霞	女	93	88	91	82	93	447			
12	1129	李　娜	女	87	98	89	88	90	452			
13	1130	杜芳芳	女	91	93	96	90	91	461			
14	1101	刘白建	男	82	88	87	82	96	435			
15	1132	王　巍	男	96	93	90	91	93	463			
16	1133	段程鹏	男	[illegible]	90	[illegible]	[illegible]	[illegible]	446			
17												

图 7-4　公式 1 和公式 2 的运行结果

在公式 1 中，9E+307 是数值 9 乘以 10 的 307 次方的科学记数法表示形式，也可以写作 9E307。根据 Excel 计算规范限制，在单元格中允许输入的最大值为 9.99999999999999E+307，因此采用较为接近限制值且一般不会使用到的一个大数 9E+307 来简化公式输入，用于在 A 列中查找最后一个数值。

在公式 2 中，使用"龠"(yuè)字的原理与 9E+307 相似，是接近字符集中最大全角字符的单字，此外也常用"座"或者 REPT("座",255)来产生遗传"很大"的文本，以查找 A 列中最后一个数值型数据。

7.3.3　数组常量

在 Excel 中数组(array)是由一个或者多个元素按照行列排列方式组成的集合，这些元素可以是文本、数值、日期、逻辑值或错误值等。数组常量的所有组成元素为常量数据，其中文本必须使用半角双引号将首尾标识出来。具体表示方法为：用一对大括号{}将构成数组的常量包括起来，并以半角分号";"间隔行元素、以半角逗号","间隔列元素。

数组常量根据尺寸和方向不同，可以分为一维数组和二维数组。只有 1 个元素的数组称为单元素数组，只有 1 行的一维数组又可称为水平数组，只有 1 列的一维数组又可以称为垂直数组，具有多行多列(包含两行两列)的数组为二维数组，例如：

- 单元格数组：{1}，可以使用=ROW(A1)或者=COLUMN(A1)返回。
- 一维水平数组：{1,2,3,4,5}，可以使用=COLLUMN(A:E)返回。

◉ 一维垂直数组：{1;2;3;4;5}，可以使用=ROW(1:5)返回。

◉ 二维数组：{0, "不及格";60, "及格";70,"中";80, "良";90, "优"}。

7.4 单元格的引用

Excel 工作簿可以由多张工作表组成，单元格是工作表最小的组成元素，以窗口左上角第一个单元格为原点，向下向右分别为行、列坐标的正方向，由此构成的单元格在工作表上所处位置的坐标集合。在公式中使用坐标方式表示单元格在工作中的“地址”实现对存储于单元格中的数据调用，这种方法称为单元格的引用。

7.4.1 相对引用

相对引用是通过当前单元格与目标单元格的相对位置来定位引用单元格的。

相对引用包含了当前单元格与公式所在单元格的相对位置。默认设置下，Excel 使用的都是相对引用，当改变公式所在单元格的位置时，引用也会随之改变。

【例 7-2】通过相对引用将工作表 I4 单元格中的公式复制到 I5:I16 单元格区域中。

(1) 打开工作表后，在 I4 单元格中输入公式：

```
=H4+G4+F4+E4+D4
```

(2) 将鼠标光标移至单元格 I4 右下角的控制点■，当鼠标指针呈十字状态后，按住左键并拖动选定 I5: I16 区域，如图 7-5 所示。

(3) 释放鼠标，即可将 I4 单元格中的公式复制到 I5: I16 单元格区域中，如图 7-6 所示。

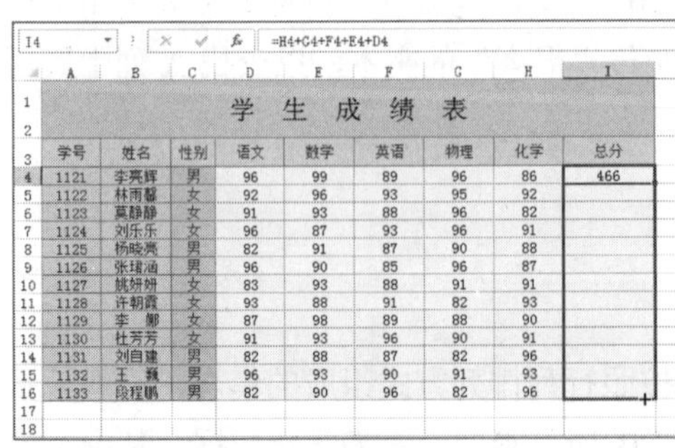

I4 =H4+G4+F4+E4+D4

学 生 成 绩 表

学号	姓名	性别	语文	数学	英语	物理	化学	总分
1121	李亮辉	男	96	99	89	96	86	466
1122	林雨馨	女	92	96	93	95	92	
1123	莫静静	女	91	93	88	96	82	
1124	刘乐乐	女	96	87	93	96	91	
1125	杨晓亮	男	82	91	87	90	88	
1126	张珺涵	男	96	90	85	96	87	
1127	姚妍妍	女	83	93	88	91	91	
1128	许朝霞	女	93	88	91	82	93	
1129	李 娜	女	87	98	89	88	90	
1130	杜芳芳	女	91	93	96	90	91	
1131	刘自建	男	82	88	87	82	96	
1132	王 巍	男	96	93	90	91	93	
1133	段程鹏	男	82	90	96	82	96	

图 7-5 拖动控制点

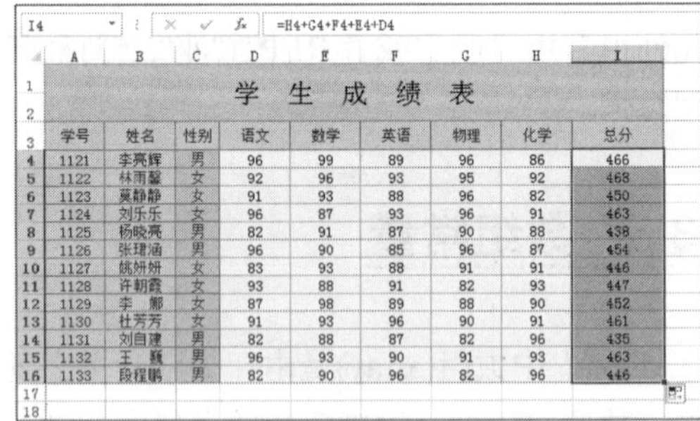

I4 =H4+G4+F4+E4+D4

学 生 成 绩 表

学号	姓名	性别	语文	数学	英语	物理	化学	总分
1121	李亮辉	男	96	99	89	96	86	466
1122	林雨馨	女	92	96	93	95	92	468
1123	莫静静	女	91	93	88	96	82	450
1124	刘乐乐	女	96	87	93	96	91	463
1125	杨晓亮	男	82	91	87	90	88	438
1126	张珺涵	男	96	90	85	96	87	454
1127	姚妍妍	女	83	93	88	91	91	446
1128	许朝霞	女	93	88	91	82	93	447
1129	李 娜	女	87	98	89	88	90	452
1130	杜芳芳	女	91	93	96	90	91	461
1131	刘自建	男	82	88	87	82	96	435
1132	王 巍	男	96	93	90	91	93	463
1133	段程鹏	男	82	90	96	82	96	446

图 7-6 相对引用结果

7.4.2 绝对引用

绝对引用就是公式中单元格的精确地址，与包含公式的单元格的位置无关。绝对引用与相对引用的区别在于：复制公式时使用绝对引用，则单元格引用不会发生变化。绝对引用的操作方法

是，在列标和行号前分别加上美元符号$。例如，$B$2 表示单元格 B2 的绝对引用，而$B$2:$E$5 表示单元格区域 B2:E5 的绝对引用。

【例 7-3】在工作表中通过相对引用将工作表 I4 单元格中的公式复制到 I5:I16 单元格区域中。

(1) 打开工作表后，在 I4 单元格中输入公式：

```
=$H$4+$G$4+$F$4+$E$4+$D$4
```

(2) 将鼠标光标移至单元格 I4 右下角的控制点■，当鼠标指针呈十字状态后，按住左键并拖动选定 I5: I16 区域。释放鼠标，将会发现在 I5: I16 区域中显示的引用结果与 I4 单元格中的结果相同。

7.4.3 混合引用

混合引用指的是在一个单元格引用中，既有绝对引用，同时也包含相对引用，即混合引用具有绝对列和相对行，或具有绝对行和相对列。绝对引用列采用 $A1、$B1 的形式，绝对引用行采用 A$1、B$1 的形式。如果公式所在单元格的位置改变，则相对引用改变，而绝对引用不变。如果多行或多列地复制公式，相对引用自动调整，而绝对引用不作调整。

【例 7-4】将工作表中 I4 单元格中的公式混合引用到 I5:I16 单元格区域中。

(1) 打开工作表后，在 I4 单元格中输入公式：

```
=$H4+$G4+$F4+E$4+D$4
```

其中，$H4、$G4 和$F4 是绝对列和相对行形式，E$4、D$4 是绝对行和相对列形式，按下 Enter 键后即可得到合计数值。

(2) 将鼠标光标移至单元格 I4 右下角的控制点■，当鼠标指针呈十字状态后，按住左键并拖动选定 I5: I16 区域。释放鼠标，混合引用填充公式，此时相对引用地址改变，而绝对引用地址不变，如图 7-7 所示。例如，将 I4 单元格中的公式填充到 I5 单元格中，公式将调整为：

```
=$H5+$G5+$F5+E$4+D$4
```

AVERAGE　=$H5+$G5+$F5+E$4+D$4

	A	B	C	D	E	F	G	H	I
1	学生成绩表								
3	学号	姓名	性别	语文	数学	英语	物理	化学	总分
4	1121	李亮辉	男	96	99	89	96	86	466
5	1122	林雨馨	女	92	96	93	95		=$H5+$G5+$F5+E$4+D$4
6	1123	莫静静	女	91	93	88	96	82	

图 7-7　公式 1 和公式 2 的运行结果

综上所述，如果用户需要在复制公式时能够固定引用某个单元格地址，则需要使用绝对引用符号$，加在行号或列号的前面。

在 Excel 中，用户可以使用 F4 键在各种引用类型中循环切换，其顺序如下。

```
绝对引用→行绝对列相对引用→行相对列绝对引用→相对引用
```

以公式=A2 为例，单元格输入公式后按 4 下 F4 键，将依次变为：

```
=$A$2→=A$2→=$A2→=A2
```

7.4.4 多单元格和区域的引用

1. 合并区域引用

Excel 除了允许对单个单元格或多个连续的单元格进行引用以外，还支持对同一工作表中不连续单元格区域进行引用，称为“合并区域”引用，用户可以使用联合运算符“,”将各个区域的引用间隔开，并在两端添加半角括号( )将其包含在内，具体如下。

【例 7-5】通过合并区域引用计算学生成绩排名。

(1) 打开工作表后，在 D4 单元格中输入以下公式，并向下复制到 D10 单元格:

```
=RANK(C4,($C$4:$C$10,$G$4:$G$9))
```

(2) 选择 D4:D9 单元格区域后，按下 Ctrl+C 键执行【复制】命令，然后选中 H4 单元格按下 Ctrl+V 组合键执行【粘贴】命令，结果如图 7-8 所示。

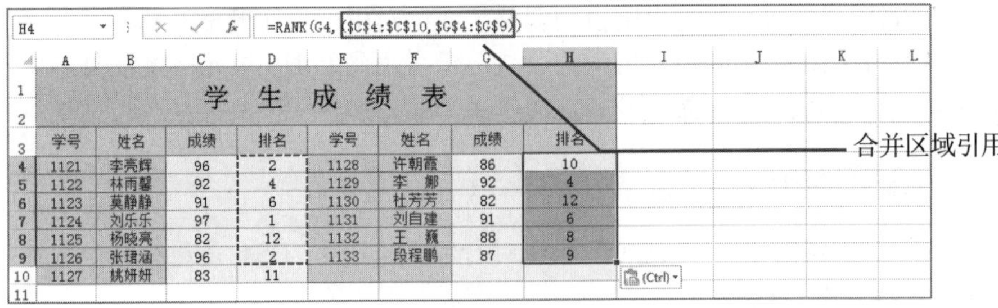

学生成绩表

学号	姓名	成绩	排名	学号	姓名	成绩	排名
1121	李亮辉	96	2	1128	许朝霞	86	10
1122	林雨馨	92	4	1129	李　娜	92	4
1123	莫静静	91	6	1130	杜芳芳	82	12
1124	刘乐乐	97	1	1131	刘自建	91	6
1125	杨晓亮	82	12	1132	王　巍	88	8
1126	张珺涵	96	2	1133	段程鹏	87	9
1127	姚妍妍	83	11				

图 7-8　通过合并区域引用计算排名

在本例所用公式中，($C$4:$C$10,$G$4:$G$9)为合并区域引用。

2. 交叉引用

在使用公式时，用户可以利用交叉运算符(单个空格)取得两个单元格区域的交叉区域，具体方法如下。

【例 7-6】通过交叉引用筛选鲜花品种“黑王子”在 6 月份的销量。

(1) 打开工作表后，在 O2 单元格中输入如图 7-9 所示的公式。

```
=G:G 3:3
```

AVERAGE　=G:G 3:3

产品	1月	2月	3月	4月	5月	6月	7月	8月	9月	10月	11月	12月		“黑王子”6月份的销量
白牡丹	96	54	66	45	43	34	134	56	98	45	78	76		=G:G 3:3
黑王子	92	65	55	44	13	47	34	31	78	98	56	64		
露娜莲	91	45	723	66	45	51	65	89	79	76	78	76		
熊童子	97	77	12	75	123	34	33	98	91	87	95	65		

图 7-9　引用运算符空格完成交叉引用查找

(2) 按下 Enter 键即可在 O2 单元格中显示“黑王子”在 6 月的销量。

在上例所示的公式中，G:G 代表 6 月份，3:3 代表“黑工了”所在的行，空格在这里的作用是引用运算符，分别对两个引用共同的单元格引用，本例为 G3 单元格。

3. 绝对交集引用

在公式中，对单元格区域而不是单元格的引用按照单个单元格进行计算时，依靠公式所在的从属单元格与引用单元格之间的物理位置，返回交叉点值，称为“绝对交集”引用或者“隐含交叉”引用。如图 7-10 所示，O2 单元格中包含公式=G2:G5，并且未使用数组公式方式编辑公式，在该单元格返回的值为 G2，这是因为 O2 单元格和 G2 单元格位于同一行。

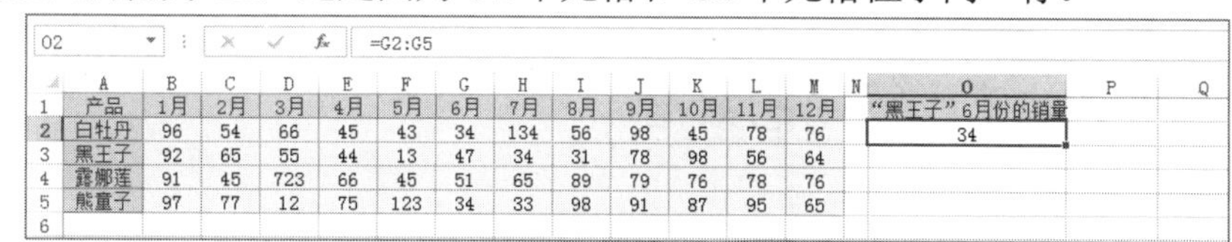

O2　=G2:G5

	A	B	C	D	E	F	G	H	I	J	K	L	M	N	O	P	Q
1	产品	1月	2月	3月	4月	5月	6月	7月	8月	9月	10月	11月	12月		“黑王子”6月份的销量		
2	白牡丹	96	54	66	45	43	34	134	56	98	45	78	76		34		
3	黑王子	92	65	55	44	13	47	34	31	78	98	56	64				
4	露娜莲	91	45	723	66	45	51	65	89	79	76	78	76				
5	熊童子	97	77	12	75	123	34	33	98	91	87	95	65				
6																	

图 7-10　绝对交集引用

7.5　工作表和工作簿的引用

本节将介绍在公式中引用当前工作簿中其他工作表和其他工作簿中工作表单元格区域的方法。

7.5.1　引用其他工作表中的数据

如果用户需要在公式中引用当前工作簿中其他工作表内的单元格区域，可以在公式编辑状态下使用鼠标单击相应的工作表标签，切换到该工作表选取需要的单元格区域。

【例 7-7】通过跨表引用其他工作表区域，统计学生成绩总分。

(1) 在“学生成绩(总分)”工作表中选中 D4 单元格，并输入公式：

```
=SUM(
```

(2) 单击“学生成绩(各科)”工作表标签，选择 D4: H4 单元格区域，然后按下 Enter 键即可，如图 7-11 所示。

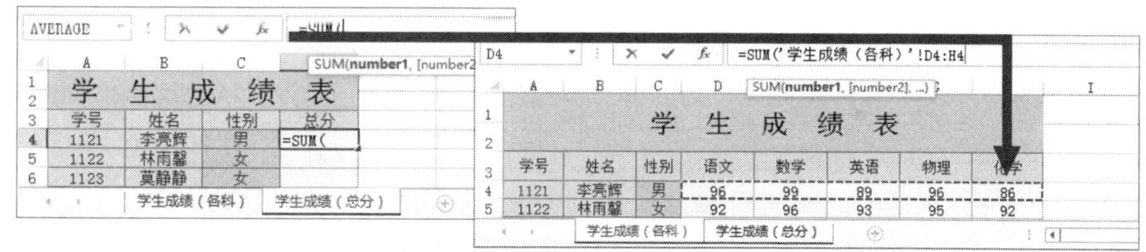

图 7-11　跨表引用

(3) 此时，在编辑栏中将自动在引用前添加工作表名称：

```
=SUM('学生成绩(各科)'!D4:H4)
```

跨表引用的表示方式为“工作表名+半角感叹号+引用区域”。当所引用的工作表名是以数字开头或者包含空格以及$、%、~、!、@、^、&、(、)、+、-、=、|、"、;、{、}等特殊字符时，公式中被引用的工作表名称将被一对半角单引号包含，例如将【例 7-7】中的“学生成绩(各科)”工作表修改为“学生成绩”，则跨表引用公式将变为：

```
=SUM(学生成绩!D4:H4)
```

在使用 INDIRECT 函数进行跨表引用时，如果被引用的工作表名称包含空格或者上述字符，需要在工作表名前后加上半角单引号才能正确返回结果。

7.5.2 引用其他工作簿中的数据

当用户需要在公式中引用其他工作簿中工作表内的单元格区域时，公式的表示方式将为“[工作簿名称]工作表名!单元格引用”，例如新建一个工作簿，并对【例 7-7】中【学生成绩(各科)】工作表内 D4:H4 单元格区域求和，公式如下：

```
=SUM('[例 7-7.xlsx]学生成绩(各科)'!$D$4:$H$4)
```

当被引用单元格所在的工作簿关闭时，公式中将在工作簿名称前自动加上引用工作簿文件的路径。当路径或工作簿名称、工作表名称之一包含空格或相关特殊字符时，感叹号之前的部分需要使用一对半角单引号包含。

7.6 使用表格与结构化引用

在 Excel 2016 中，用户可以在【插入】选项卡的【表格】命令组中单击【表格】按钮，或按下 Ctrl+T 键，创建一个表格，用于组织和分析工作表中的数据，具体操作如下。

【例 7-8】在工作表中使用表格与结构化引用汇总数据。

(1) 打开工作表后，选中一个单元格区域，按下 Ctrl+T 键打开【创建表】对话框，并单击【确定】按钮，如图 7-12 所示。

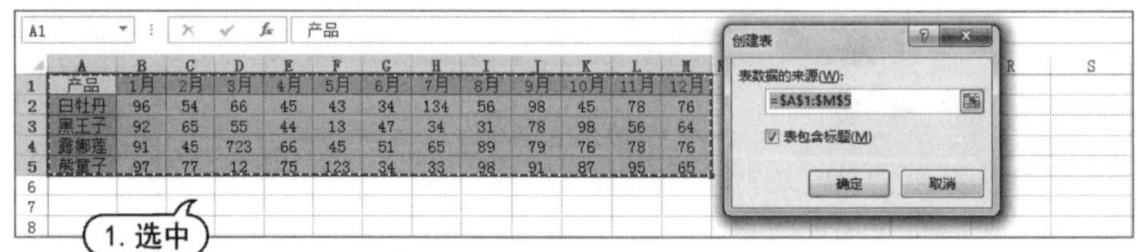

产品	1月	2月	3月	4月	5月	6月	7月	8月	9月	10月	11月	12月
白牡丹	96	54	66	45	43	34	134	56	98	45	78	76
黑王子	92	65	55	44	13	47	34	31	78	98	56	64
露娜莲	91	45	723	66	45	51	65	89	79	76	78	76
熊童子	97	77	12	75	123	34	33	98	91	87	95	65

图 7-12　将单元格区域创建为表格

(2) 选择表格中的任意单元格，在【设计】选项卡的【属性】命令组中，在【表名称】文本框中将默认的【表 1】修改为【成绩】。

(3) 在【表格样式选项】命令组中，选中【汇总行】复选框，在 A6: M6 单元格区域将显示【汇

总】行，单击 B6 单元格中的下拉按钮，在弹出的下拉列表中选择【平均值】命令，将自动在该单元格中生成如图 7-13 所示的公式。

```
=SUBTOTAL(101,[1 月])
```

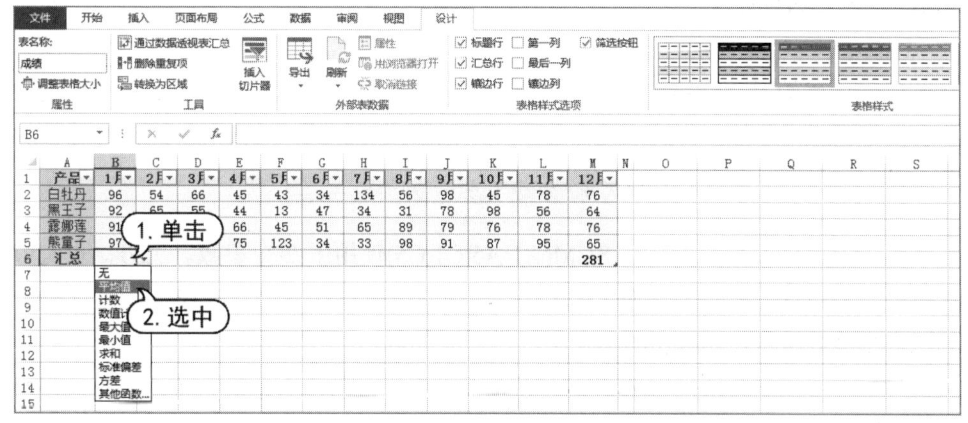

图 7-13　使用表格汇总功能

在以上公式中使用“[1 月]”表示 B2:B5 区域，并且可以随着“表格”区域的增加与减少自动改变引用范围。这种以类似字段名方式表示单元格区域的方法称为“结构化引用”。

一般情况下，结构化引用包含以下几个元素。

- 表名称：例如【例 7-8】中步骤(2)设置的“成绩”，可以单独使用表名称来引用除标题行和汇总行以外的“表”区域。
- 列标题：例如【例 7-8】步骤(3)公式中的“[1 月]”，用方括号包含，引用的是该列除标题和汇总以外的数据区域。
- 表字段：共有[#全部]、[#数据]、[#标题]、[#汇总]4 项，其中[#全部]引用“表”区域中的全部(含标题行、数据区域和汇总行)单元格。

例如，在【例 7-8】创建的“表格”以外的区域中，输入=SUM(，然后选择 B2:M2 区域，按下 Enter 键结束公式编辑后，将自动生成如图 7-14 所示的公式。

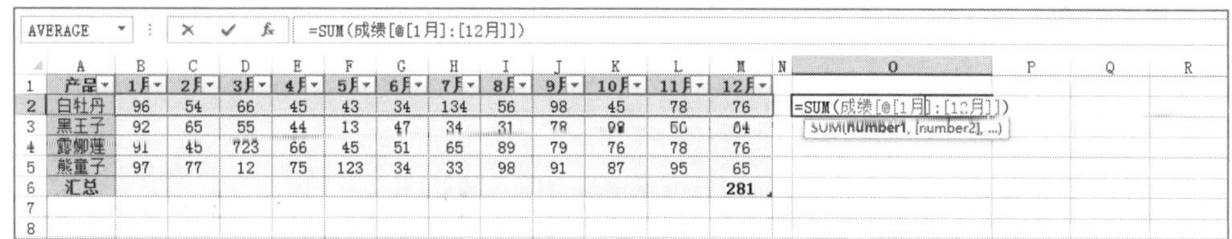

图 7-14　表格区域外的结构化引用

7.7　掌握 Excel 函数

Excel 中的函数与公式一样，都可以快速计算数据。公式是由用户自行设计的对单元格进行

计算和处理的表达式，而函数则是在 Excel 中已经被软件定义好的公式。用户在 Excel 中输入和编辑函数之前，首先应掌握函数的基本知识。

7.7.1 函数的结构

在公式中使用函数时，通常由表示公式开始的=号、函数名称、左括号、以半角逗号相间隔的参数和右括号构成，此外，公式中允许使用多个函数或计算式，通过运算符进行连接。

=函数名称(参数 1,参数 2,参数 3,….)

有的函数可以允许多个参数，如 SUM(A1:A5,C1:C5)使用了 2 个参数。另外，也有一些函数没有参数或不需要参数，例如，NOW 函数、RAND 函数等没有参数，ROW 函数、COLUMN 函数等则可以省略参数返回公式所在的单元格行号、列标数。

函数的参数，可以由数值、日期和文本等元素组成，可以使用常量、数组、单元格引用或其他函数。当使用函数作为另一个函数的参数时，称为函数的嵌套。

7.7.2 函数的参数

Excel 函数的参数可以是常量、逻辑值、数组、错误值、单元格引用或嵌套函数等(其指定的参数都必须为有效参数值)，其各自的含义如下。

- 常量：指的是不进行计算且不会发生改变的值，如数字 100 与文本“家庭日常支出情况”都是常量。
- 逻辑值：逻辑值即 TRUE(真值)或 FALSE(假值)。
- 数组：用于建立可生成多个结果或可对在行和列中排列的一组参数进行计算的单个公式。
- 错误值：即#N/A、空值或_等值。
- 单元格引用：用于表示单元格在工作表中所处位置的坐标集。
- 嵌套函数：嵌套函数就是将某个函数或公式作为另一个函数的参数使用。

7.7.3 函数的分类

Excel 函数包括【自动求和】、【最近使用的函数】、【财务】、【逻辑】、【文本】、【日期和时间】、【查找与引用】、【数学和三角函数】以及【其他函数】这 9 大类上百个具体函数，每个函数的应用各不相同。常用函数包括 SUM(求和)、AVERAGE(计算算术平均数)、ISPMT、IF、HYPERLINK、COUNT、MAX、SIN、SUMIF、PMT，它们的语法和作用如表 7-7 所示。

表 7-7　函数的语法和作用说明

语　法	说　明
SUM(number1，number2，…)	返回单元格区域中所有数值的和
ISPMT(Rate，Per，Nper，Pv)	返回普通(无提保)的利息偿还
AVERAGE(number1，number2，…)	计算参数的算术平均数，参数可以是数值或包含数值的名称、数组或引用
IF(Logical_test，Value_if_true，Value_if_false)	执行真假值判断，根据对指定条件进行逻辑评价的真假而返回不同的结果
HYPERLINK(Link_location，Friendly_name)	创建快捷方式，以便打开文档或网络驱动器或连接 INTERNET
COUNT(value1，value2，…)	计算数字参数和包含数字的单元格的个数
MAX(number1，number2，…)	返回一组数值中的最大值
SIN(number)	返回角度的正弦值
SUMIF(Range，Criteria，Sum_range)	根据指定条件对若干单元格求和
PMT(Rate，Nper，Pv，Fv，Type)	返回在固定利率下，投资或贷款的等额分期偿还额

在常用函数中，使用频率最高的是 SUM 函数，其作用是返回某一单元格区域中所有数字之和，例如=SUM(A1:G10)，表示对 A1:G10 单元格区域内所有数据求和。SUM 函数的语法是：

```
SUM(number1,number2, ...)
```

其中，number1, number2, ...为 1 到 30 个需要求和的参数。说明如下：

- 直接输入到参数表中的数字、逻辑值及数字的文本表达式将被计算。
- 如果参数为数组或引用，只有其中的数字将被计算。数组或引用中的空白单元格、逻辑值、文本或错误值将被忽略。
- 如果参数为错误值或为不能转换成数字的文本，将会导致计算错误。

7.7.4　函数的易失性

有时，用户打开一个工作簿不做任何编辑就关闭，Excel 会提示“是否保存对文档的更改?”。这种情况可能是因为该工作簿中用到了具有 Volatile 特性的函数，即“易失性函数”。这种特性表现在使用易失性函数后，每激活一个单元格或者在一个单元格输入数据，甚至只是打开工作簿，具有易失性的函数都会自动重新计算。

易失性函数在以下条件下不会引发自动重新计算。

- 工作簿的重新计算模式被设置为【手动计算】。
- 当手工设置列宽、行高而不是双击调整为合适列宽时，但隐藏行或设置行高值为 0 除外。
- 当设置单元格格式或其他更改显示属性的设置时。

◉ 激活单元格或编辑单元格内容但按 ESC 键取消。

常见的易失性函数有以下几种。

◉ 获取随机数的 RAND 和 RANDBETWEEN 函数，每次编辑会自动产生新的随机值。
◉ 获取当前日期、时间的 TODAY、NOW 函数，每次返回当前系统的日期、时间。
◉ 返回单元格引用的 OFFSET、INDIRECT 函数，每次编辑都会重新定位实际的引用区域。
◉ 获取单元格信息 CELL 函数和 INFO 函数，每次编辑都会刷新相关信息。

此外，SUMF 函数与 INDEX 函数在实际应用中，当公式的引用区域具有不确定性时，每当其他单元格被重新编辑，也会引发工作簿重新计算。

7.8 输入与编辑函数

在 Excel 中，所有函数操作都是在【公式】选项卡的【函数库】选项组中完成的。

【例 7-9】在 Sheet1 表内的 F13 单元格中插入求平均值函数。

(1) 打开 Sheet1 工作表选取 F13 单元格，选择【公式】选项卡在【函数库】选项组中单击【其他函数】下拉列表按钮，在弹出的菜单中选择【统计】| AVERAGE 选项，如图 7-15 所示。

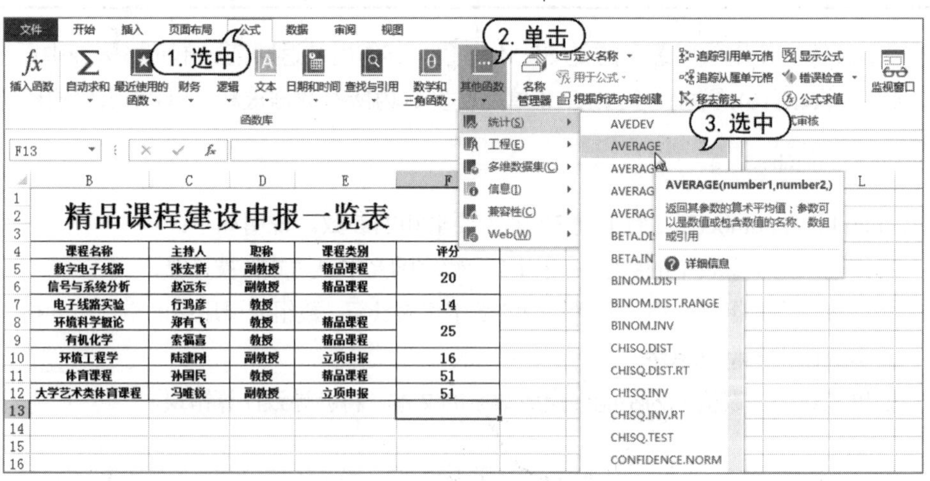

图 7-15　使用 AVERAGE 函数

(2) 在打开的【函数参数】对话框中，在 AVERAGE 选项区域的 Number1 文本框中输入计算平均值的范围，这里输入 F5:F12，如图 7-16 所示。

(3) 单击【确定】按钮，此时即可在 F13 单元格中显示计算结果，如图 7-17 所示。

当插入函数后，还可以将某个公式或函数的返回值作为另一个函数的参数来使用，这就是函数的嵌套使用。使用该功能的方法为：首先插入 Excel 2016 自带的一种函数，然后通过修改函数的参数来实现函数的嵌套使用，例如公式：

```
=SUM(I3:I17)/15/3
```

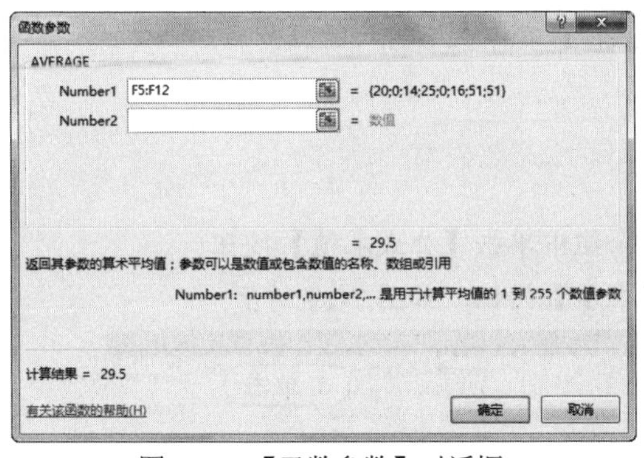

图 7-16　【函数参数】对话框

	B	C	D	E	F
1					
2	精品课程建设申报一览表				
3					
4	课程名称	主持人	职称	课程类别	评分
5	数字电子线路	张宏群	副教授	精品课程	20
6	信号与系统分析	赵远东	副教授	精品课程	
7	电子线路实验	行鸿彦	教授		14
8	环境科学概论	郑有飞	教授	精品课程	25
9	有机化学	索福喜	教授	精品课程	
10	环境工程学	陆建刚	副教授	立项申报	16
11	体育课程	孙国民	教授	精品课程	51
12	大学艺术类体育课程	冯唯锐	副教授	立项申报	51
13					29.5
14					
15					

图 7-17　计算结果

用户在运用函数进行计算时，有时会需要对函数进行编辑，编辑函数的方法很简单，下面将通过一个实例详细介绍。

【例 7-10】继续【例 7-9】的操作，编辑 F13 单元格中的函数。

(1) 打开 Sheet1 工作表，然后选择需要编辑函数的 F13 单元格，单击【插入函数】按钮 f_x 。

(2) 在打开的【函数参数】对话框中将 Number1 文本框中的单元格地址更改为 F10:F12，如图 7-18 所示。

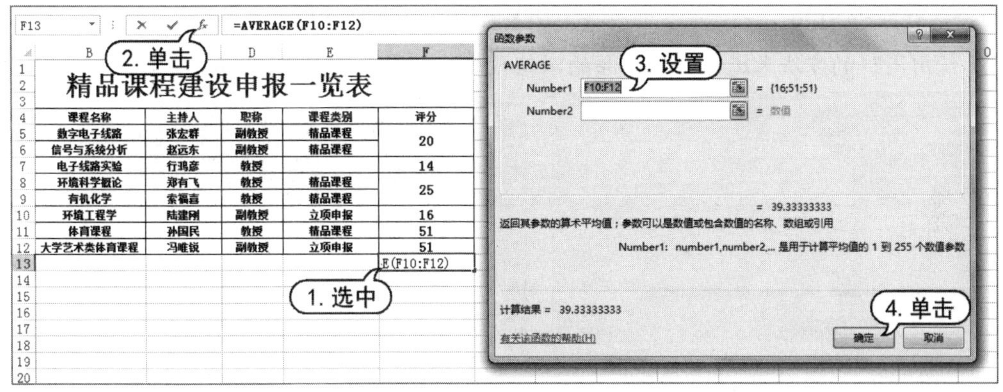

图 7-18　编辑函数

(3) 在【函数参数】对话框中单击【确定】按钮后即可在工作表中的 F13 单元格内看到编辑后的结果。

提示

用户在熟练掌握函数的使用方法后，也可以直接选择需要编辑的单元格，在编辑栏中对函数进行编辑。

7.9　上机练习

本章的上机练习将介绍在【盒装牙膏价格】工作表中的 F 列计算产品价格，要求：【单价】、【每盒数量】、【购买盒数】列中都输入数据后才显示结果，否则将返回空文本。

(1) 创建【盒装牙膏价格】工作表，并在【Sheet1】工作表中输入数据。

(2) 选中 G3 单元格，输入公式:

```
=IF(COUNT(D3:F3)<3,"",D3*E3*F3)
```

(3) 选择【公式】选项卡，在【公式审核】命令组中单击【公式求值】按钮。

(4) 在打开的【公式求值】对话框中，单击【求值】按钮，如图 7-19 所示。

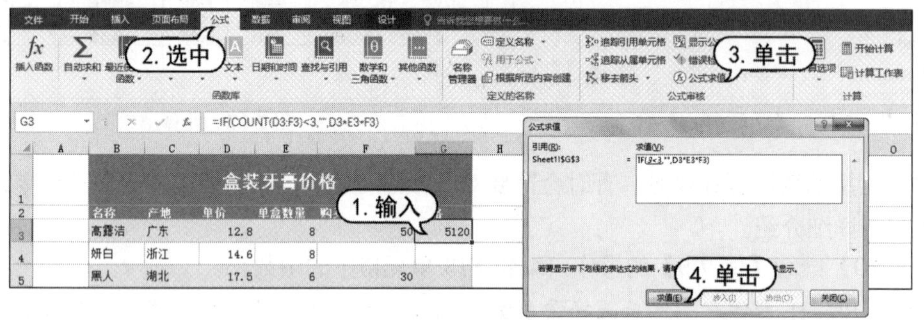

图 7-19　公式求值

(5) 此时，将依次出现分步求值的计算结果。直至第八次单击到【求值】按钮后将显示 F2 单元格的价格数据为 5120，此时可以单击【关闭】按钮，如图 7-20 所示。

(6) 使用同样的方法来进行其他产品的求值计算，效果如图 7-21 所示。

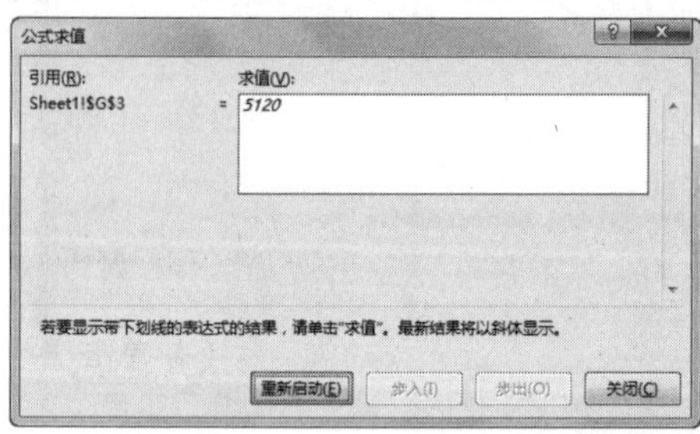

图 7-20　显示 F2 单元格价格数据

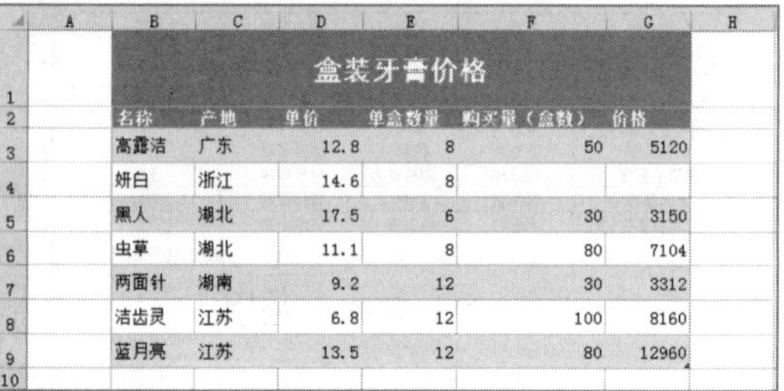

盒装牙膏价格

名称	产地	单价	单盒数量	购买量（盒数）	价格
高露洁	广东	12.8	8	50	5120
妍白	浙江	14.6	8		
黑人	湖北	17.5	6	30	3150
虫草	湖北	11.1	8	80	7104
两面针	湖南	9.2	12	30	3312
洁齿灵	江苏	6.8	12	100	8160
蓝月亮	江苏	13.5	12	80	12960

图 7-21　求值计算结果

7.10 习题

1. 简述函数的概念和结构。
2. 相对引用和绝对引用有什么区别？

第8章 使用命名公式

学习目标

本章将重点介绍对单元格引用、常量数据、公式进行命名的方法与技巧，帮助读者认识并了解名称的分类和用途，以便合理运用名称解决公式计算中的具体问题。

本章重点

- 认识 Excel 中的名称
- 掌握定义名称的方法
- 使用 Excel 名称管理器

8.1 认识名称

在 Excel 中，名称(Name)是一种比较特殊的公式，多数由用户自行定义，也有部分名称可以随创建列表、设置打印区域等操作自动产生。

8.1.1 名称的概念

作为一种特殊的公式，名称也是以“=”开始，可以由常量数据、常量数组、单元格引用、函数与公式等元素组成，并且每个名称都具有唯一的标识，可以方便在其他名称或公式中使用。与一般公式有所不同的是，普通公式存在于单元格中，名称保存在工作簿中，并在程序运行时存在于 Excel 的内存中，通过其唯一标识(名称的命名)进行调用。

8.1.2 名称的作用

在 Excel 中合理地使用名称，可以方便编写公式，主要有以下几个作用。

- 增强公式的可读性：例如将存放在 B4:B7 单元格区域的考试成绩定义为“语文”，使用以下两个公式可以求语文的平均成绩，显然公式 1 比公式 2 更易于理解。

公式 1：

```
=AVERAGE(语文)
```

公式 2：

```
=AVERAGE(B4：B7)
```

- 方便公式的统一修改：例如在工资表中有多个公式都使用 2000 作为基本工资来乘以不同奖金系数进行计算，当基本工资额发生改变时，要逐个修改相关公式将较为烦琐。如果定义一个【基本工资】的名称并带入到公式中，则只需要修改名称即可。
- 可替代需要重复使用的公式：在一些比较复杂的公式中，可能需要重复使用相同的公式段进行计算，导致整个公式冗长，不利于阅读和修改，例如：

```
=IF(SUM($B4:$B7)=0,0,G2/SUM($B4:$B7))
```

将以上公式中的 SUM($B4:$B7)部分定义为“库存”，则公式可以简化为：

```
=IF(库存=0,0,G2/库存)
```

- 可替代单元格区域存储常量数据：在一些查询计算机中，常常使用关系对应表作为查询依据。可使用常量数组定义名称，省去了单元格存储空间，避免删除或修改等误操作导致关系对应表的缺失或者变动。
- 可解决数据有效性和条件格式中无法使用常量数组、交叉引用问题：在数据有效性和条件格式中使用公式，程序不允许直接使用常量数组或交叉引用(即使用交叉运算符空格获取单元格区域交集)，但可以将常量数组或交叉引用部分定义为名称，然后在数据有效性和条件格式中进行调用。
- 可以解决工作表中无法使用宏表函数问题：宏表函数不能直接在工作表单元格中使用，必须通过定义名称来调用。

8.1.3 名称的级别

有些名称在一个工作簿的所有工作表中都可以直接调用，而有些名称只能在某一个工作表中直接调用。这是由于名称的级别不同，其作用的范围也不同。类似于在 VBA 代码中定义全局变量和局部变量，Excel 的名称可以分为工作簿级名称和工作表级名称。

1. 工作簿级名称

一般情况下，用户定义的名称都能够在同一工作簿的各个工作表中直接调用，称为“工作簿级名称”或“全局名称”。例如，在工资表中，某公司采用固定基本工资和浮动岗位、奖金系数

的薪酬制度。基本工资仅在有关工资政策变化时才进行调整，而岗位系数和奖金系数则变动较为频繁。因此需要将基本工资定义为名称进行维护。

【例 8-1】在“工资表”中创建一个名为“基本工资”的工作簿级名称。

(1) 打开工作簿后，选择【公式】选项卡，在【定义的名称】命令组中单击【定义的名称】下拉按钮，在弹出的列表中选择【定义名称】选项。

(2) 打开【新建名称】对话框，在【名称】文本框中输入【基本工资】，在【引用位置】文本框中输入=3000，然后单击【确定】按钮，如图 8-1 所示。

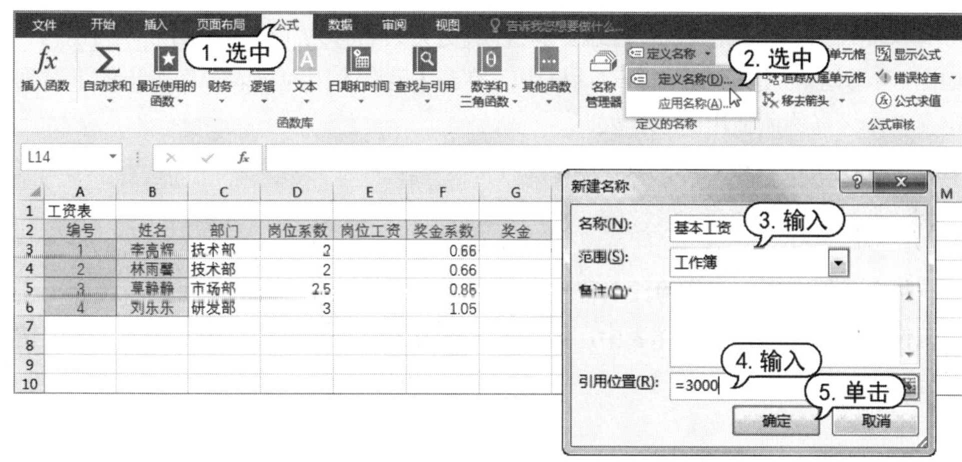

图 8-1　新建名称

(3) 选择 E3: E6 单元格区域，在编辑栏中执行以下公式：

```
=基本工资*D3
```

(4) 选择 E3: E6 单元格区域，选择【开始】选项卡，在【剪贴板】命令组中单击【复制】按钮，选择 G3: G6 单元格区域，单击【粘贴】按钮。此时，表格数据效果如图 8-2 所示。

G3　=基本工资*F3

编号	姓名	部门	岗位系数	岗位工资	奖金系数	奖金
1	李亮辉	技术部	2	6000	0.66	1980
2	林雨馨	技术部	2	6000	0.66	1980
3	莫静静	市场部	2.5	7500	0.85	2550
4	刘乐乐	研发部	3	9000	1.05	3150

图 8-2　复制公式

在【新建名称】对话框、【名称】文本框中的字符表示名称的命名，【范围】下拉列表中可以选择工作簿和具体工作表两种级别，【引用位置】文本框用于输入名称的值或定义公式。

在公式中调用其他工作簿中的全局名称，表示方法为：

```
工作簿全名+半角感叹号+名称
```

例如，若用户需要调用“工作表.xlsx”中的全局名称“基本工资”，应使用：

```
=工资表.xlsx!基本工资
```

2. 工作表级名称

当名称仅能在某一个工作表中直接调用时，所定义的名称为工作表级名称，又称为“局部名称”。如图 8-1 所示的【新建名称】对话框中，单击【范围】下拉列表，在弹出的下拉列表中可以选择定义工作级名称所适用的工作表。

在公式中调用工作表级名称的表示方法如下：

```
工作表名+半角感叹号+名称
```

Excel 允许工作表级、工作簿级名称使用相同的命名。当存在同名的工作表级和工作簿级名称时，在工作表级名称所在的工作表中，调用的名称为工作表级名称，在其他工作表中调用的为工作簿名称。

8.1.4 名称的限制

在实际工作中，有时当用户定义名称时，将打开【名称无效】对话框，这是因为在 Excel 中对名称的命名没有遵循其限定的规则。

- 名称的命名可以是任意字符与数字组合在一起，但不能以纯数字命名或以数字开头，如 1Abc，需要在前面加上下划线，以 1_Abc 命名。
- 不能以字母 R、C、r、c 作为名称命名，因为 R、C 在 R1C1 引用样式中表示工作表的行、列，不能与单元格地址相同，如 B3、USA1 等。
- 不能使用除下划线、点号和反斜线以外的其他符号，不能使用空格，允许用问号，但不能作为名称的开头，如可以用“Name？”。
- 字符不能超过 255 个字符，一般情况下，名称的命名应该便于记忆并且尽量简短，否则就违背了定义名称功能设定的目的。
- 字母不区分大小写，例如 NAME 与 name 是同一个名称。

此外，名称作为公式的一种存在形式，同样受到函数与公式关于嵌套层数、参数个数、计算精度等方面的限制。从使用名称的目的上看，名称应尽量更直观地体现其所引用数据或公式的含义，不宜使用可能产生歧义的名称，尤其是使用较多名称时，如果命名过于随意，则不便于名称的统一管理和对公式的解读与修改。

8.2　定义名称

本节将介绍在 Excel 中定义名称的方法和对象。

8.2.1　定义名称的方法

1. 在【新建名称】对话框中定义名称

Excel 提供了以下几种方式可以【新建名称】对话框。

- 选择【公式】选项卡，在【定义的名称】命令组中单击【定义名称】按钮。
- 选择【公式】选项卡，在【定义的名称】命令组中单击【名称管理器】按钮，打开【名称管理器】对话框后单击【新建】按钮。
- 按下 Ctrl+F3 组合键打开【名称管理器】对话框，然后单击【新建】按钮。

2. 使用名称框快速创建名称

打开如图 8-2 所示的“工资表”后，选中 A3: A6 单元格区域，将鼠标指针放置在【名称框】中，将其中的内容修改为编号，并按下 Enter 键，即可将 A3: A6 单元格区域定义名称为“编号”，如图 8-3 所示。

使用【名称框】可以方便地将单元格区域定位为名称，默认为工作簿级名称，若用户需要定义工作表级名称，需要在名称前加工作表名和感叹号，如图 8-4 所示。

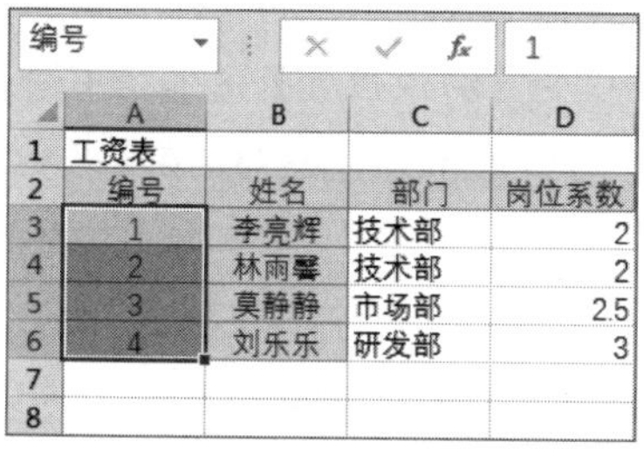

名称框：编号　编辑栏：1

	A	B	C	D
1	工资表			
2	编号	姓名	部门	岗位系数
3	1	李亮辉	技术部	2
4	2	林雨馨	技术部	2
5	3	莫静静	市场部	2.5
6	4	刘乐乐	研发部	3
7				
8				

图 8-3　定义工作簿级名称

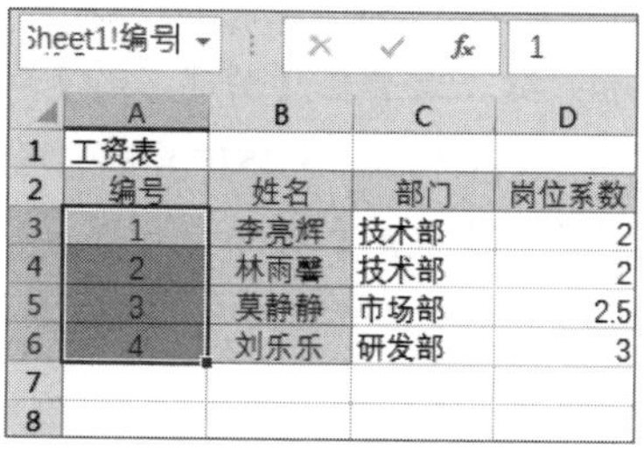

名称框：Sheet1!编号　编辑栏：1

	A	B	C	D
1	工资表			
2	编号	姓名	部门	岗位系数
3	1	李亮辉	技术部	2
4	2	林雨馨	技术部	2
5	3	莫静静	市场部	2.5
6	4	刘乐乐	研发部	3
7				
8				

图 8-4　定义工作表级名称

3. 根据所选内容批量创建名称

如果用户需要对表格中多行单元格区域按标题、列定义名称，可以使用以下操作方法。

(1) 选择“工资表”中 A2: C6 单元格区域，选择【公式】选项卡，在【定义的名称】命令中单击【根据所选内容创建】按钮，或者按下 Ctrl+Shift+F3 键。

(2) 打开【以选定区域创建名称】对话框，选中【首行】复选框并取消其他复选框的选中状态，然后单击【确定】按钮，如图 8-5 所示。

(3) 选择【公式】选项卡，在【定义的公式】命令组中单击【名称管理器】按钮，打开【名称管理器】对话框，可以看到以【首行】单元格中的内容命名的 3 个名称，如图 8-6 所示。

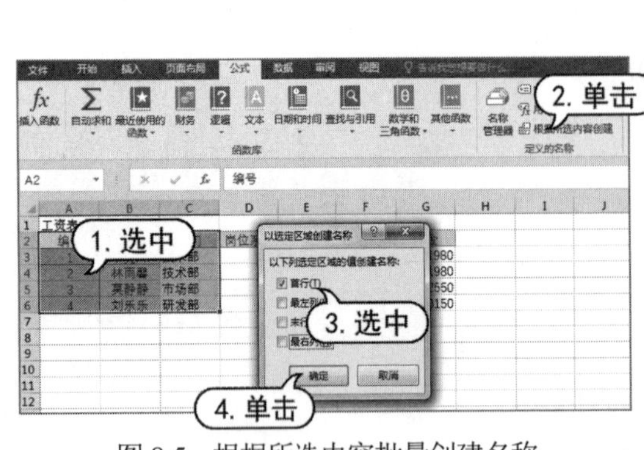

图 8-5　根据所选内容批量创建名称

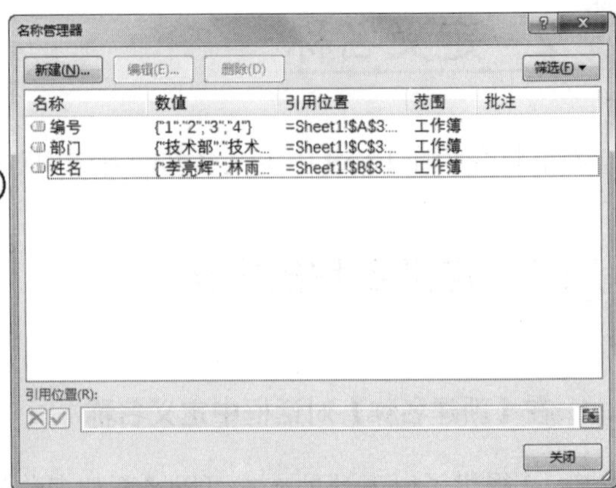

图 8-6　名称管理器

8.2.2　定义名称的对象

1. 使用合并区域引用和交叉引用

有些工作表由于需要按照规定的格式，要把计算的数据存放在不连续的多个单元格区域中，在公式中直接使用合并区域引用让公式的可读性变弱。此时可以将其定义为名称来调用。

【例 8-2】在如图 8-7 所示的降雨量统计表中，在 H5:H8 单元格区域统计最高、最低、平均值以及降雨天数统计。

(1) 按住 Ctrl 键，选中 B3: B12、D3: D12、F3: F12 和 H3 单元格区域，在名称框中输入“降雨量”，按下 Enter 键，或者在【新建名称】对话框的【引用位置】文本框中输入=Sheet1!$B$3, Sheet1!$B$3:$B$12,Sheet1!$D$3:$D$12,Sheet1!$F$3:$F$12,Sheet1!$H$3，在【名称】文本框中输入【降雨量】，然后单击【确定】按钮，如图 8-7 所示。

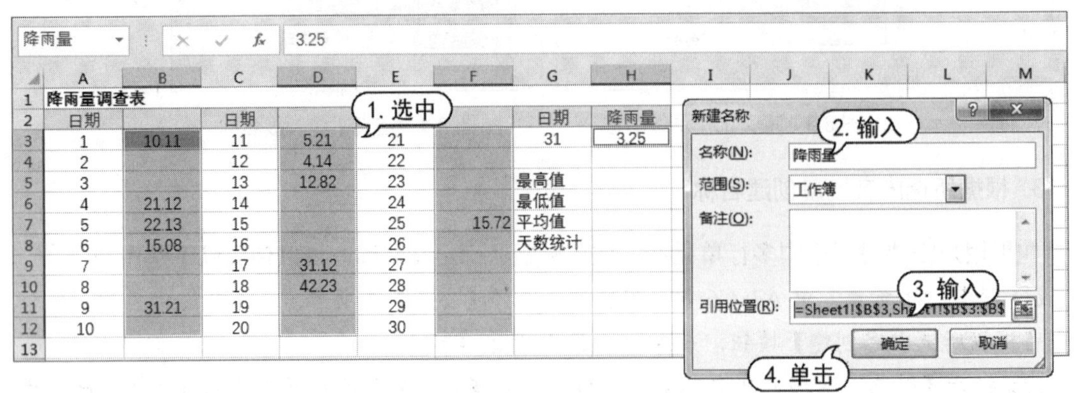

图 8-7　定义名称

(2) 在 H5 单元格中输入公式：

```
=MAX(降雨量)
```

(3) 在 H6 单元格中输入公式：

```
=MIN(降雨量)
```

(4) 在 H7 单元格中输入公式：

```
=AVERAGE(降雨量)
```

(5) 在 H7 单元格中输入公式：

```
=COUNT(降雨量)
```

(6) 完成以上公式的执行后，即可在 H5:H8 单元格区域中得到相应的结果，如图 8-8 所示。

SUM　=COUNT(降雨量)

	A	B	C	D	E	F	G	H
1	降雨量调查表							
2	日期		日期		日期		日期	降雨量
3	1	10.11	11	5.21	21		31	3.25
4	2		12	4.14	22			
5	3		13	12.82	23		最高值	42.23
6	4	21.12	14		24		最低值	3.25
7	5	22.13	15		25	15.72	平均值	17.25
8	6	15.08	16		26		天数统计	=COUNT(降雨量)
9	7		17	31.12	27			COUNT(value1, [value2], ...)
10	8		18	42.23	28			
11	9	31.21	19		29			
12	10		20		30			
13								

图 8-8　通过合并区域引用计算结果

在名称中使用交叉运算符(单个空格)的方法与在单元格的公式中一样，例如要定义一个名称“降雨量”，使其引用 Sheet1 工作表的 B3: B12、D3: D12 单元格区域，打开如图 8-7 所示的【新建名称】对话框，在【引用位置】文本中输入：

```
=Sheet1!$B$3:$B$12 Sheet1!$D$3:$D$12
```

或者单击【引用位置】文本框后的按钮，选取 B3: B12 单元格区域，自动将=Sheet1!$B$3:$B$12 应用到文本框，按下空格键输入一个空格，再使用鼠标选取 D3: D12 单元格区域，单击【确定】按钮退出对话框。

2. 使用常量

如果用户需要在整个工作簿中多次重复使用相同的常量，如产品利润率、增值税率、基本工资额等，将其定义为一个名称并在公式中使用名称，将可以使公式修改、维护变得方便。

【例 8-3】在某公司的经营报表中，需要在多个工作表的多处公式中计算税额(3%税率)，当这个税率发生变动时，可以定义一个名称“税率”以便公式调用和修改。

(1) 选择【公式】选项卡，在【定义的名称】命令组中单击【定义名称】按钮，打开【新建名称】对话框。

(2) 在【名称】文本框中输入【税率】，在【引用位置】文本框中输入:

```
=3%
```

(3) 在【备注】文本框中输入备注内容“税率为 3%”然后单击【确定】按钮即可。

3. 使用常量数组

在单元格中存储查询所需的常用数据，可能影响工作表的美观，并且会由于误操作(例如删除行、列操作，或者数据单元格区域选取时不小心按到键盘造成的数据意外修改)导致查询结果的错误。这时，可以在公式中使用常量数组或定义名称让公式更易于阅读和维护。

【例 8-4】某公司销售产品按单批检验的不良率评定质量等级，其标准不良率小于 1.5%、5%、10%的分别算特级、优质、一般，达到或超过 10%的为劣质。

(1) 打开工作表后，选择【公式】选项卡，在【定义的名称】命令组中单击【定义名称】按钮，打开【新建名称】对话框。

(2) 在【名称】文本框中输入“评定”，在【引用位置】文本框中输入以下等号和常量数组，如图 8-9 所示。

```
={0,"特级";1.5,"优质";5,"一般";10,"劣质"}
```

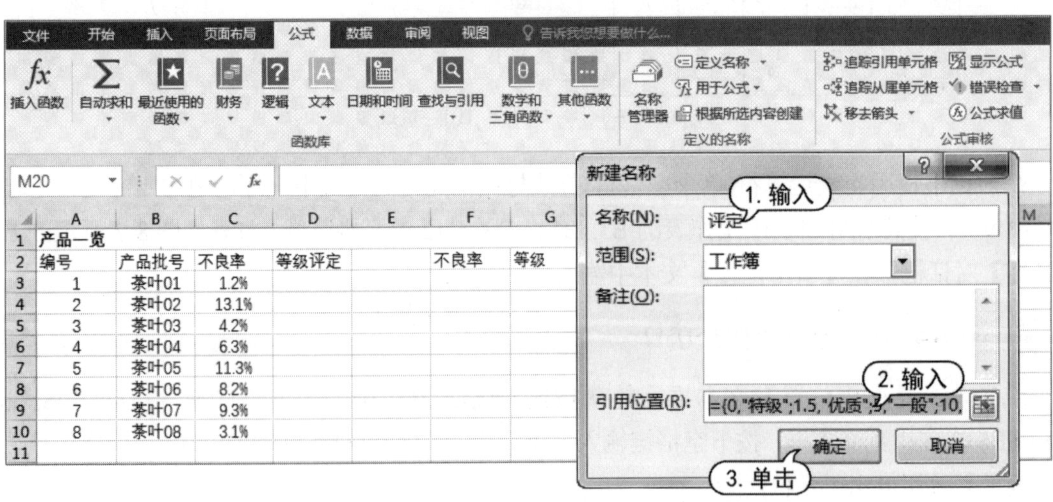

图 8-9　使用常量数组定义质量“评定”名称

(3) 在 D3 单元格中输入如下公式。

```
=LOOKUP(C3*100,评定)
```

其中，C3 单元格为百分比数值，因此需要*100 后查询。

(4) 双击填充柄，向下复制到 D10 单元格，即可得到如图 8-10 所示的结果。

D3 　=LOOKUP(C3*100,评定)

	A	B	C	D	E	F	G	H	I	J	K
1	产品一览										
2	编号	产品批号	不良率	等级评定		不良率	等级				
3	1	茶叶01	1.2%	特级							
4	2	茶叶02	13.1%	劣质							
5	3	茶叶03	4.2%	优质							
6	4	茶叶04	6.3%	一般							
7	5	茶叶05	11.3%	劣质							
8	6	茶叶06	8.2%	一般							
9	7	茶叶07	9.3%	一般							
10	8	茶叶08	3.1%	优质							
11											

图 8-10　公式计算结果

8.2.3　定义名称的技巧

1. 相对引用和混合引用定义名称

在名称中使用鼠标选取方式输入单元格引用时，默认使用带工作表名称的绝对引用方式，例如单击【引用位置】文本框右侧的按钮，然后单击选择 Sheet1 工作表中的 A1 单元格，相当于输入=Sheet1A$1。当需要使用相对引用或混合引用时，用户可以通过按下 F4 键切换。

在单元格中的公式内使用相对引用，是与公式所在单元格形成相对位置关系；在名称中使用相对引用，则是与定义名称时活动单元格形成相对位置关系。例如当B1 单元格是当前活动单元格时创建名称“降雨量”，定义中使用公式并相对引用 A1 单元格，则在 C1 输入“=降雨量”时，是调用 B1 而不是 A1 单元格。

2. 省略工作表名定义名称

默认情况下，在【新建名称】对话框的【引用位置】文本框中使用鼠标指定单元格引用时，将以带工作表名称的完整的绝对引用方式生成定义公式，例如：

```
=三季度 !A$$1
```

当需要在不同工作表引用各自表中的某个特定单元格区域，例如一季度、二季度等工作表中，也需要引用各自表中的 A1 单元格时，可以使用“缺省工作表名的单元格引用”方式来定义名称，即手工删除工作表名但保留感叹号，实现“工作表名”的相对引用。

3. 定义永恒不变引用的名称

在名称中对单元格区域的引用，即使是绝对引用，也可能因为数据所在单元格区域的插入行(列)、删除行(列)、剪切操作等而发生改变，导致名称与实际期望引用的区域不相符。

如图 8-11 所示，将单元格 D4: D7 定义为名称“语文”，默认为绝对引用。将第 5 行整行剪切后，在第 7 行执行【插入剪切的单元格】命令，再打开【名称管理器】对话框，就会发现“语文”引用的单元格区域由 D4: D7 变为 D4: D6。

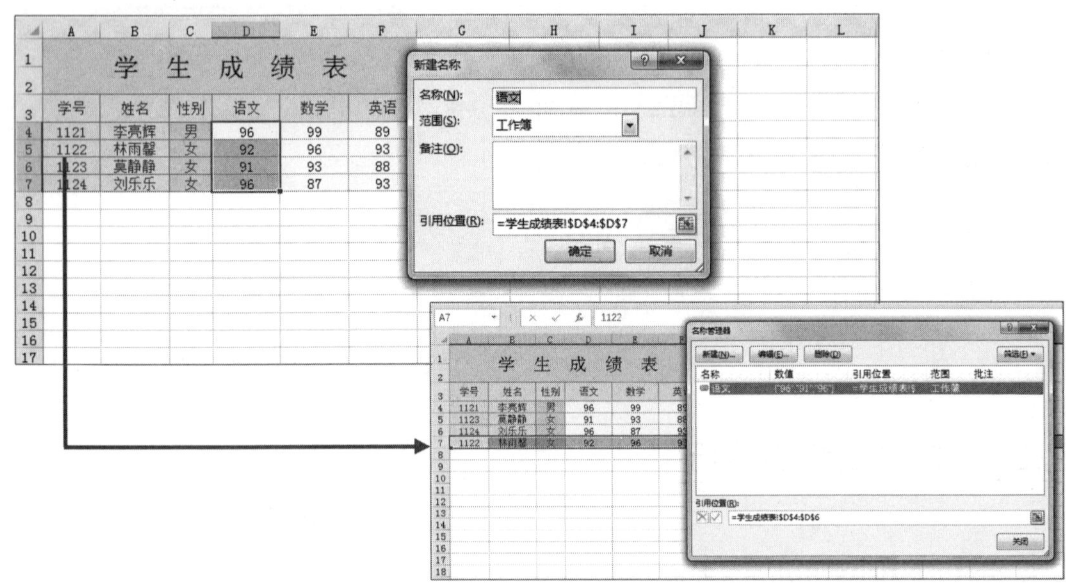

图 8-11　公式计算结果

如果用户需要永恒不变地引用“学生成绩表”工作表中的 D4: D7 单元格区域，可以将名称“语文”的【引用位置】改为：

```
=INDIRECT("学生成绩表!D4:D7")
```

如果希望这个名称能够在各个工作表分别引用各自的 D3: D7 单元格区域，可以将“语文”的【引用位置】改为：

```
=INDIRECT("D3:D7")
```

8.3　管理名称

Excel 2016 提供“名称管理器”功能，可以帮助用户方便地进行名称的查询、修改、筛选、删除操作。

8.3.1　名称的修改与备注

1. 修改名称的命名

在 Excel 2016 中，选择【公式】选项卡，在【定义的名称】命令组中单击【名称管理器】按钮，或者按下 Ctrl+F3 键，可以打开【名称管理器】对话框，如图 8-12 所示。在该对话框中选择名称(例如“评定”)，单击【编辑】按钮，可以打开【编辑名称】对话框，在【名称】文本框中

修改名称的命名，如图 8-13 所示。

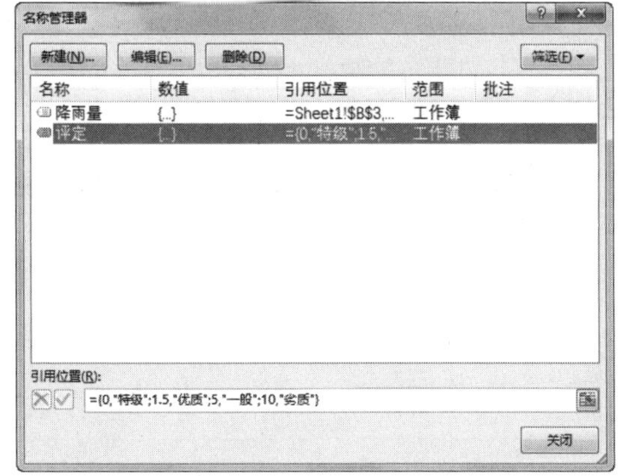

图 8-12 从名称管理器中选择已定义的名称

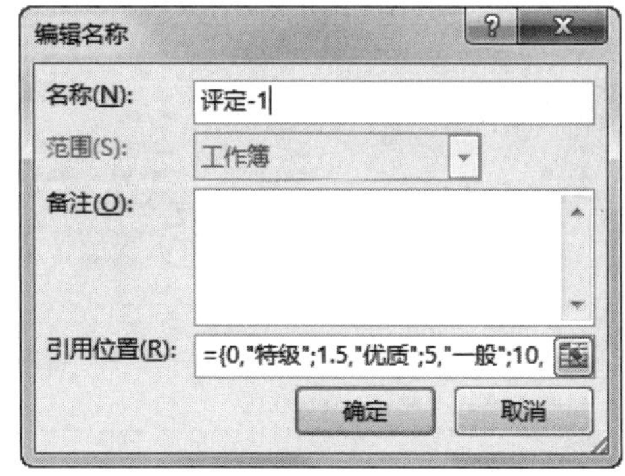

图 8-13 【编辑名称】对话框

完成名称命名的修改后，在【编辑名称】对话框中单击【确定】按钮，返回【名称管理器】对话框，单击【关闭】按钮即可。

计算机基础与实训教材系列

2. 修改名称的引用位置

与修改名称的命名操作相同，如果用户需要修改名称的引用位置，可以打开【编辑名称】对话框，在【引用位置】文本框中输入新的引用位置公式即可。

在编辑【引用位置】文本框中的公式时，按下方向键或 Home、End 以及用鼠标单击单元格区域，都会将光标激活的单元格区域以绝对引用方式添加到【引用位置】的公式中。这是由于【引用位置】编辑框在默认状态下是“点选”模式，按下方向键只是对单元格进行操作。按下 F2 键切换到“编辑”模式，就可以在编辑框的公式中移动光标，修改公式。

3. 修改名称的级别

如果用户需要将工作表级名称更改为工作簿级名称，可以打开【编辑名称】对话框，复制【引用位置】文本框中的公式，然后单击【名称管理器】对话框中的【新建】按钮，新建一个同名不同级别的名称，然后单击【删除】按钮将旧名称删除。反之，工作簿级名称修改为工作表级名称也可以使用相同的方法操作。

8.3.2 筛选和删除错误名称

当用户不需要使用名称或名称出现错误无法使用时，可以在【名称管理器】对话框中进行筛选和删除操作，具体方法如下。

(1) 打开【名称管理器】对话框，单击【筛选】下拉按钮，在弹出的下拉列表中选择【有错误的名称】选项，如图 8-14 所示。

(2) 此时，在筛选后的名称管理器中，将显示存在错误的名称。选中该名称，单击【删除】按钮，再单击【关闭】按钮即可，如图 8-15 所示。

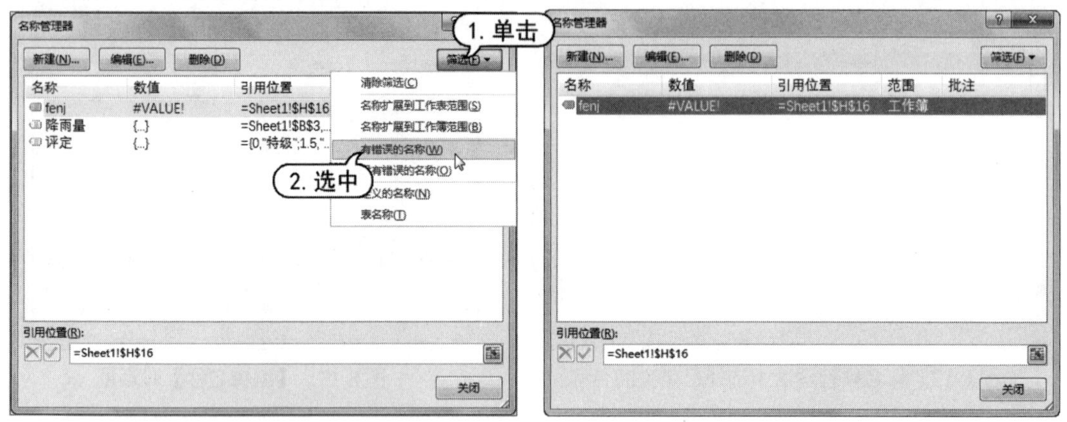

图 8-14　筛选有错误的名称　　　　图 8-15　删除名称

此外，在名称管理器中用户还可以通过筛选，显示工作簿级名称或工作表级名称、定义的名称或表名称。

8.3.3　在单元格中查看名称中的公式

在【名称管理器】对话框中，虽然用户也可以查看各名称使用的公式，但受限于对话框，有时并不方便显示整个公式。用户可以将定义的名称全部在单元格中罗列出现。

如图 8-16 所示，选择需要显示公式的单元格，按下 F3 键或者选择【公式】选项卡，在【定义的名称】命令组中单击【用于公式】下拉按钮，从弹出的下拉列表中选择【粘贴名称】，将以一列名称、一列文本公式的形式粘贴到单元格区域中，如图 8-16 所示。

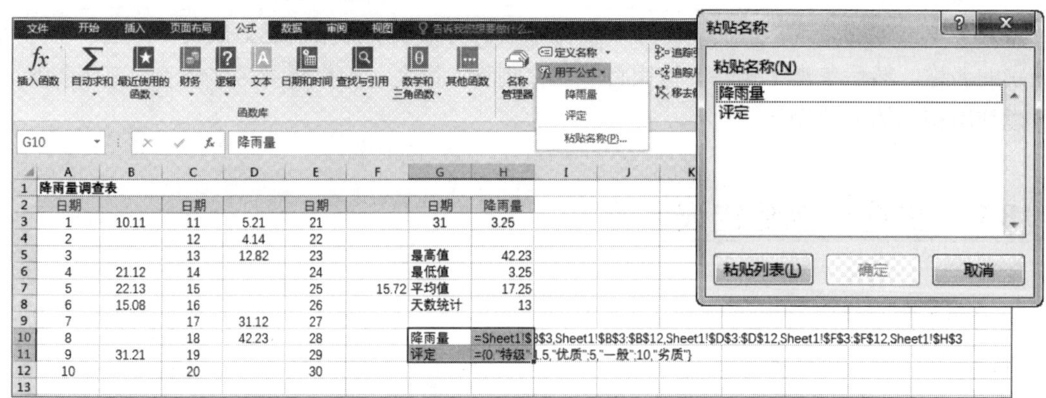

图 8-16　在单元格中粘贴名称列表

8.4　使用名称

本节将介绍在实际工作中调用名称的各种方法。

8.4.1　在公式中使用名称

当用户需要在单元格的公式中调用名称时，可以选择【公式】选项卡，在【定义的名称】命令组中单击【用于公式】下拉按钮，在弹出的下拉列表中选择相应的名称，也可以在公式编辑状态手动输入，名称也将出现在“公式记忆式键入”列表中。

例如，工作簿中定义了营业税的税率名称为“营业税的税率”，在单元格中输入其开头“营业”或“营”，该名称即可以出现在【公式记忆式键入】列表中。

8.4.2　在图表中使用名称

Excel 支持使用名称来绘制图表，但在制定图表数据源时，必须使用完整名称格式。例如在名为“降雨量调查表”的工作簿中定义了工作簿级名称“降雨量”。如图 8-17 所示，在【编辑数据系列】对话框【系列值】编辑框中，输入完整的名称格式，即工作簿名+感叹号+名称，如图 8-17 所示：

```
=降雨量调查表.xlsx!降雨量
```

如果直接在【系列值】文本框中输入“=降雨量”，将弹出如图 8-18 所示的警告对话框。

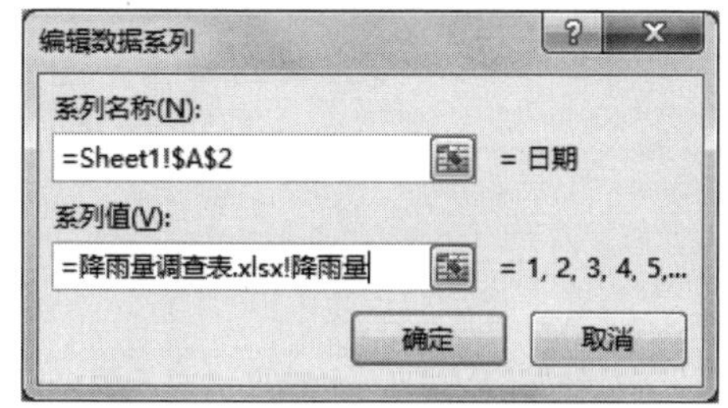

图 8-17　在图表系列中使用名称

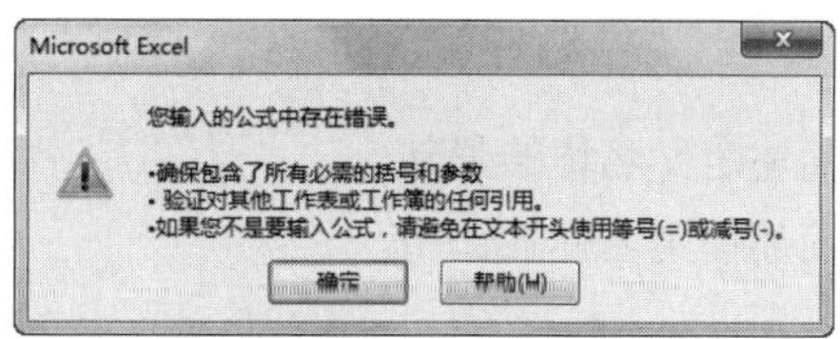

图 8-18　警告对话框

8.4.3　在条件格式和数据有效性中使用名称

条件格式和数据有效性在实际办公中应用非常广泛，但不支持直接使用常量数组、合并区域引用和交叉引用，因此用户必须先定义为名称后，再进行调用。

8.5 上机练习

本章的上机练习将介绍使用名称来代替单元格的区域进行计算，用户可以通过实例操作巩固所学的知识。

(1) 打开【统计表】工作表后，将 B7:E7 单元格区域的名称定义为“去年销售额统计”，如图 8-19 所示。

(2) 选中 F7 单元格，然后单击编辑栏上的【插入函数】按钮f_x，打开【插入函数】对话框。

(3) 在打开的【插入函数】对话框中的【选择函数】列表中选中 SUM 函数，然后单击【确定】按钮。

(4) 在打开的【函数参数】对话框中对函数的参数进行设置，如图 8-20 所示，此时公式为：

```
=SUM(去年销售额统计)
```


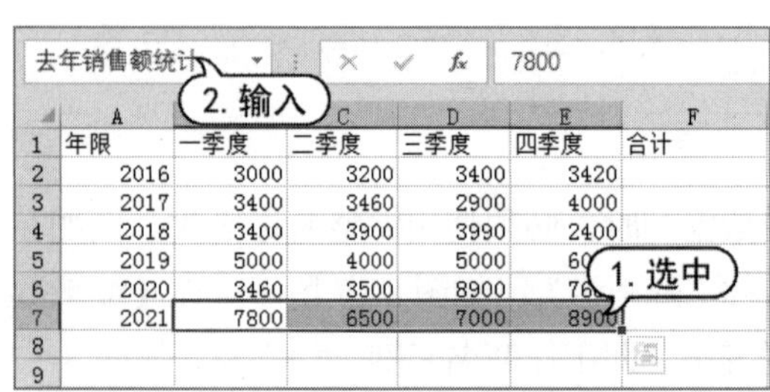

	A	B	C	D	E	F
1	年限	一季度	二季度	三季度	四季度	合计
2	2016	3000	3200	3400	3420	
3	2017	3400	3460	2900	4000	
4	2018	3400	3900	3990	2400	
5	2019	5000	4000	5000	60	
6	2020	3460	3500	8900	76	
7	2021	7800	6500	7000	8900	
8						
9						

图 8-19　定义名称

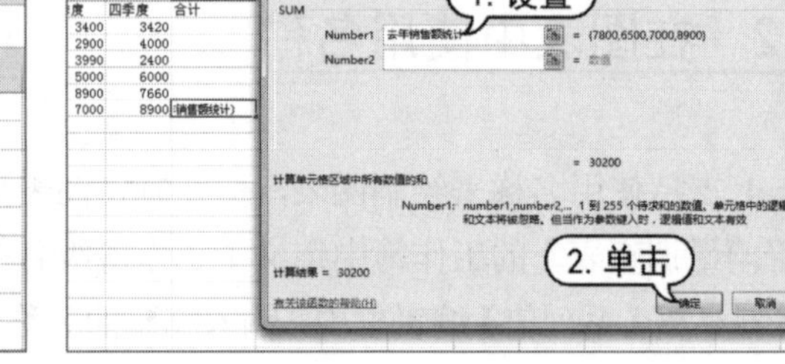

图 8-20　使用名称

(5) 单击【确定】按钮，即可在 F7 单元格中显示函数的运算结果，计算出 2021 年全年的销售总额。

8.6 习题

1. 简述定义名称的限制。
2. 简述使用名称的作用。

第9章 使用 Excel 常用函数

学习目标

Excel 软件提供了多种函数进行计算和应用，比如数学和三角函数，日期和时间函数，查找和引用函数等。本章将主要介绍这些函数在电子表格中的应用技巧。

本章重点

- 应用文本与逻辑函数
- 应用数学与三角函数
- 应用日期与时间函数
- 应用财务与统计函数
- 应用引用与查找函数

9.1 文本与逻辑函数

在 Excel 中进行文本信息处理的函数称为文本函数，而逻辑函数在条件判断、验证数据有效性方面有着重要的作用，本章将介绍 Excel 2016 中提供的文本与逻辑函数的应用技巧。

9.1.1 文本与逻辑函数简介

Excel 提供了多种文本和逻辑函数，主要用于转化 Excel 表格中的数据格式和进行条件匹配、真假值判断，并返回不同数值。

1. 文本函数

在使用 Excel 时，常用的文本函数有以下几种。

- CODE 函数用于返回文本字符串中第一个字符所对应的数字代码(其范围为 1~255)。返回的代码对应于计算机当前使用的字符集。其语法结构为 CODE(text)，其中，参数 text 表示需要得到其第一个字符代码的文本。
- CLEAN 函数用于删除文本中含有的当前 Windows 7 操作系统无法打印的字符。其语法结构为 CLEAN(text)，其中，参数 text 表示要从中删除不能打印字符的任何工作表信息。如果直接使用文本，需要添加双引号。
- LEFT 函数用于从指定的字符串中的最左边开始返回指定的字符数。其语法结构为 LEFT(text,num_chars)，其中，参数 text 表示所提取字符的字符串；参数 num_chars 表示指定要提取的字符数。num_chars 必须大于或等于零。
- LEN 函数用于返回文本字符串中的字符数。其语法结构为 LEN(text)，其中，参数 text 表示要查找设定长度的文本，空格也将作为字符进行计数。
- MID 函数用于从文本字符串中提取指定的位置开始的特定数目的字符。其语法结构为 MID(text,start_num,num_chars)。其中，参数 text 表示要提取字符的文本字符串；参数 start_num 表示要在文本字符串中提取的第一个字符的位置，文本中第一个字符的 start_num 为 1，依此类推；参数 num_chars 表示提取字符的个数。
- REPT 函数用于按照指定的次数重复显示文本，但结果不能超过 255 个字符。其语法结构为 REPT(text,number_times)。其中，参数 text 表示需要重复显示的文本；参数 number_times 表示重复显示文本的次数(正数)。若 number_times 不是整数，则截尾取整。

2. 逻辑函数

在使用 Excel 时，常用的逻辑函数有以下几种。

- AND 函数用于对多个逻辑值进行交集运算。当所有参数的逻辑值为真时，将返回运算结果为 TURE，反之，返回运算结果为 FALSE。其语法结构为 AND(logical1,logical2,…)。其中，参数 logical1,logical2,…为 1~255 个要进行检查的条件，它们可以为 TRUE 或 FALSE。
- IF 函数用于根据对所知条件进行判断，返回不同的结果。它可以对数值和公式进行条件检测，常与其他函数结合使用。其语法结构为 IF(logical_test,value_if_true,value_if_false)。其中，参数 logical_test 表示计算结果为 TRUE 或 FALSE 的任意值或表达式；参数 value_if_true 表示 logical_test 为 TRUE 时返回的值。如果省略，则返回字符串 TRUE；参数 value_if_false 表示 logical_test 为 FALSE 时返回的值。如果省略，则返回字符串 FALSE。
- NOT 函数是求反函数，用于对参数的逻辑值求反。当参数为真(TRUE)时，返回运算结果 FALSE；反之，当参数为假(FALSE)时，返回运算结果 TRUE，其语法结构为 NOT(logical)。其中，参数 logical 表示一个可以计算出真(TRUE)或假(FALSE)的逻辑值或逻辑表达式。
- OR 函数用于判断逻辑值并集的计算结果。当任何一个参数逻辑值为 TRUE 时，都将返

回 TURE；否则返回 FALSE。其语法结构为 OR(logical1,logical2,…)。其中，参数 logical1,logical2,…与 AND 函数的参数一样，数目页是可选的，范围为 1~255。

- TRUE 函数用于返回逻辑值 TRUE。其语法结构为 TRUE()。该函数不需要参数。

9.1.2 应用文本函数

为了便于掌握文本函数，下面将以常用函数中的 LEFT 函数、LEN 函数、REPT 函数和 MID 函数为例，介绍文本函数的应用方法。

【例 9-1】新建【公司培训计划表】工作簿，使用文本函数处理文本信息。

(1) 新建一个名为【公司培训计划表】的工作簿，然后在 Sheet1 工作表中创建数据，如图 9-1 所示。

(2) 选中 D3 单元格，在编辑栏中输入公式：

```
=LEFT(B3,1)&IF(C3="女","女士","先生")
```

	A	B	C	D	E	F	G	H	I	J	K	L	M
1	培训讲座	销售经理	性别	称呼	参加人数	课时	★	费用	金额				
2									千	百	十	元	
3	讲座1	刘备	男		100	3		200					
4	讲座2	曹操	男		120	3		210					
5	讲座3	孙权	男		80	4		150					
6	讲座4	小乔	女		210	5		300					
7	讲座5	袁绍	男		60	4		350					
8	讲座6	貂蝉	女		220	2		500					
9													

图 9-1 输入表格数据

(3) 按 Ctrl+Enter 组合键，即可从信息中提取相应的指导教师的姓名。

(4) 将光标移动至 D3 单元格右下角，待光标变为实心十字形时，按住鼠标左键向下拖至 D8 单元格，进行公式填充，从而提取所有教师的称呼，如图 9-2 所示。

	A	B	C	D	E	F	G	H	I	J	K	L	M
1	培训讲座	销售经理	性别	称呼	参加人数	课时	★	费用	金额				
2									千	百	十	元	
3	讲座1	刘备	男	刘先生	100	3		200					
4	讲座2	曹操	男	曹先生	120	3		210					
5	讲座3	孙权	男	孙先生	80	4		150					
6	讲座4	小乔	女	小女士	210	5		300					
7	讲座5	袁绍	男	袁先生	60	4		350					
8	讲座6	貂蝉	女	貂女士	220	2		500					
9													

图 9-2 提取教师称呼

(5) 选中 G3 单元格，在编辑栏中输入公式：

```
=REPT(G1,INT(F3))
```

(6) 在编辑栏中选中 G1，按 F4 快捷键，将其更改为绝对引用方式$G$1，如图 9-3 所示。

AVERAGE　=REPT($G$1,INT(F3))

	A	B	C	D	E	F	G	H	I	J	K	L	M
1	培训讲座	销售经理	性别	称呼	参加人数	课时	★	费用	金额				
2									千	百	十	元	
3	讲座1	刘备	男	刘先生	100	3	=REPT($G$1,I	200					
4	讲座2	曹操	男	曹先生	120	3		210					
5	讲座3	孙权	男	孙先生	80	4		150					
6	讲座4	小乔	女	小女士	210	5		300					
7	讲座5	袁绍	男	袁先生	60	4		350					
8	讲座6	貂蝉	女	貂女士	220	2		500					
9													

图 9-3　绝对引用

(7) 按 Ctrl+Enter 组合键，完成公式更改操作。使用相对引用方式复制公式至 G4:G8 单元格区域，计算不同的培训课程所对应的课程星级。

(8) 选中 I3 单元格，然后在编辑栏中输入以下公式:

```
=IF(LEN(H3)=4,MID(H3,1,1),0)
```

(9) 按 Ctrl+Enter 组合键，从“讲座 1”的费用中提取“千”位数额，如图 9-4 所示。

I3　=IF(LEN(H3)=4,MID(H3,1,1),0)

	A	B	C	D	E	F	G	H	I	J	K	L	M
1	培训讲座	销售经理	性别	称呼	参加人数	课时	★	费用	金额				
2									千	百	十	元	
3	讲座1	刘备	男	刘先生	100	3	★★★	200	0				
4	讲座2	曹操	男	曹先生	120	3	★★★	210					
5	讲座3	孙权	男	孙先生	80	4	★★★★	150					
6	讲座4	小乔	女	小女士	210	5	★★★★★	300					
7	讲座5	袁绍	男	袁先生	60	4	★★★★	350					
8	讲座6	貂蝉	女	貂女士	220	2	★★	500					
9													

图 9-4　提取“千”位数额

(10) 使用相对引用方式复制公式至 I4:I8 单元格区域，计算不同的培训讲座所对应的费用中的千位数额。

(11) 在 J3 单元格输入公式:

```
=IF(I3=0,IF(LEN(H3)=3,MID(H3,1,1),0),MID(H3,2,1))
```

然后按 Ctrl+Enter 组合键，提取“讲座 1”费用中的“百”位数额，如图 9-5 所示。

J3　=IF(I3=0,IF(LEN(H3)=3,MID(H3,1,1),0),MID(H3,2,1))

	A	B	C	D	E	F	G	H	I	J	K	L	M
1	培训讲座	销售经理	性别	称呼	参加人数	课时	★	费用	金额				
2									千	百	十	元	
3	讲座1	刘备	男	刘先生	100	3	★★★	200	0	2			
4	讲座2	曹操	男	曹先生	120	3	★★★	210	0				
5	讲座3	孙权	男	孙先生	80	4	★★★★	150	0				
6	讲座4	小乔	女	小女士	210	5	★★★★★	300	0				
7	讲座5	袁绍	男	袁先生	60	4	★★★★	350	0				
8	讲座6	貂蝉	女	貂女士	220	2	★★	500	0				
9													

图 9-5　提取“百”位数额

(12) 使用相对引用方式复制公式至 J4:J8 单元格区域，计算出不同的讲座所对应费用中的百位数额。

(13) 在 K3 单元格输入公式:

```
=IF(I3=0,IF(LEN(H3)=2,MID(H3,1,1),MID(H3,2,1)),MID(H3,3,1))
```

然后按 Ctrl+Enter 组合键，提取“讲座 1”所对应费用中的“十”位数额，如图 9-6 所示。

K3 =IF(I3=0, IF(LEN(H3)=2, MID(H3, 1, 1), MID(H3, 2, 1)), MID(H3, 3, 1))

培训讲座	销售经理	性别	称呼	参加人数	课时	★	费用	金额			
								千	百	十	元
讲座1	刘备	男	刘先生	100	3	★★★	200	0	2	0	
讲座2	曹操	男	曹先生	120	3	★★★	210	0	2		
讲座3	孙权	男	孙先生	80	4	★★★★	150	0	1		
讲座4	小乔	女	小女士	210	5	★★★★★	300	0	3		
讲座5	袁绍	男	袁先生	60	4	★★★★	350	0	3		
讲座6	貂蝉	女	貂女士	220	2	★★	500	0	5		

图 9-6 提取“十”位数额

(14) 在 L3 单元格输入公式:

```
=IF(I3=0,IF(LEN(H3)=1,MID(H3,1,1),MID(H3,3,1)),MID(H3,4,1))
```

然后按 Ctrl+Enter 组合键，提取“讲座 1”费用中的“元”位数额，如图 9-7 所示。

L3 =IF(I3=0, IF(LEN(H3)=1, MID(H3, 1, 1), MID(H3, 3, 1)), MID(H3, 4, 1))

培训讲座	销售经理	性别	称呼	参加人数	课时	★	费用	金额			
								千	百	十	元
讲座1	刘备	男	刘先生	100	3	★★★	200	0	2	0	0
讲座2	曹操	男	曹先生	120	3	★★★	210	0	2	1	
讲座3	孙权	男	孙先生	80	4	★★★★	150	0	1	5	
讲座4	小乔	女	小女士	210	5	★★★★★	300	0	3	0	
讲座5	袁绍	男	袁先生	60	4	★★★★	350	0	3	5	
讲座6	貂蝉	女	貂女士	220	2	★★	500	0	5	0	

图 9-7 提取“元”位数额

(15) 使用相对引用方式复制公式至 L4:L8 单元格区域，计算出不同的讲座所对应的费用中的个位数额。

9.1.3 应用逻辑函数

为了便于用户掌握逻辑函数，下面将以常用函数中的 IF 函数、NOT 函数和 AND 函数为例，介绍逻辑函数的应用方法。

【例 9-2】使用 IF 函数、NOT 函数和 OR 函数考评和筛选数据。

(1) 新建一个名为【成绩统计】的工作簿，然后重命名 Sheet1 工作表为“考评和筛选”，并在其中创建数据，如图 9-8 所示。

(2) 选中 F3 单元格，在编辑栏中输入公式:

```
=IF(AND(C3>=80,D3>=80,E3>=80),"达标","没有达标")
```

(3) 按 Ctrl+Enter 组合键，对【李亮辉】进行成绩考评，满足考评条件，则考评结果为“达标”。

(4) 将光标移至 F3 单元格右下角，当光标变为实心十字形时，按住鼠标左键向下拖至 F15 单元格，进行公式填充。公式填充后，如果有一门功课成绩小于 80，将返回运算结果“没有达标”，如图 9-9 所示。

成绩统计

姓名	是否获奖	数学	英语	物理	成绩考评	筛选
李亮辉	是	99	89	96		
林雨馨	否	96	93	95		
莫静静	否	93	88	96		
刘乐乐	是	97	93	96		
杨晓亮	否	91	87	70		
张珺涵	否	70	85	96		
姚妍妍	否	93	78	91		
许朝霞	否	78	91	82		
李　娜	否	98	89	88		
杜芳芳	否	93	96	90		
刘自建	否	88	87	72		
王　巍	是	93	90	91		
段程鹏	否	90	76	82		

图 9-8　在表格中输入数据

成绩统计

姓名	是否获奖	数学	英语	物理	成绩考评	筛选
李亮辉	是	99	89	96	达标	
林雨馨	否	96	93	95	达标	
莫静静	否	93	88	96	达标	
刘乐乐	是	97	93	96	达标	
杨晓亮	否	91	87	70	没有达标	
张珺涵	否	70	85	96	没有达标	
姚妍妍	否	93	78	91	没有达标	
许朝霞	否	78	91	82	没有达标	
李　娜	否	98	89	88	达标	
杜芳芳	否	93	96	90	达标	
刘自建	否	88	87	72	没有达标	
王　巍	是	93	90	91	达标	
段程鹏	否	90	76	82	没有达标	

图 9-9　公式填充效果

(5) 选中 G3 单元格，在编辑栏中输入公式：

```
=NOT(B3="否")
```

按 Ctrl+Enter 组合键，返回结果 TRUE，筛选竞赛得奖者与未得奖者，如图 9-10 所示。

(6) 使用相对引用方式复制公式到 G4:G15 单元格区域，如果“是”竞赛得奖者，则返回结果 TRUE；反之，则返回结果 FALSE，如图 9-11 所示。

=NOT(B3="否")

成绩统计

是否获奖	数学	英语	物理	成绩考评	筛选
是	99	89	96	达标	TRUE
否	96	93	95	达标	
否	93	88	96	达标	
是	97	93	96	达标	
否	91	87	70	没有达标	
否	70	85	96	没有达标	
否	93	78	91	没有达标	
否	78	91	82	没有达标	
否	98	89	88	达标	

图 9-10　筛选竞赛者

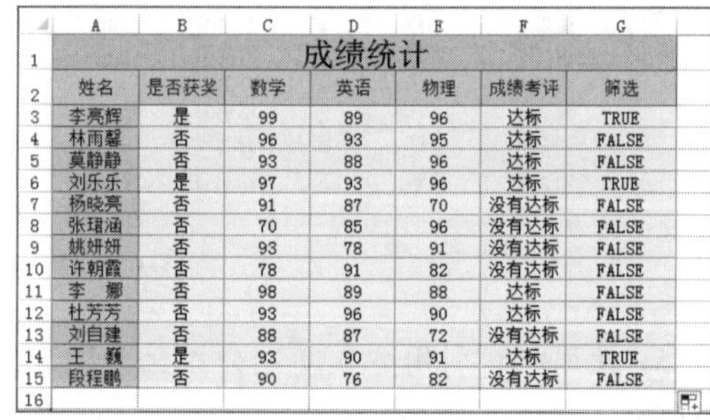

成绩统计

姓名	是否获奖	数学	英语	物理	成绩考评	筛选
李亮辉	是	99	89	96	达标	TRUE
林雨馨	否	96	93	95	达标	FALSE
莫静静	否	93	88	96	达标	FALSE
刘乐乐	是	97	93	96	达标	TRUE
杨晓亮	否	91	87	70	没有达标	FALSE
张珺涵	否	70	85	96	没有达标	FALSE
姚妍妍	否	93	78	91	没有达标	FALSE
许朝霞	否	78	91	82	没有达标	FALSE
李　娜	否	98	89	88	达标	FALSE
杜芳芳	否	93	96	90	达标	FALSE
刘自建	否	88	87	72	没有达标	FALSE
王　巍	是	93	90	91	达标	TRUE
段程鹏	否	90	76	82	没有达标	FALSE

图 9-11　相对引用

9.2　数学与三角函数

在 Excel 中，软件提供了大量的数学与三角函数，这些函数在用户进行数据统计与数据排序等运算时，起着非常重要的作用。

9.2.1　数学和三角函数简介

Excel 提供了多种数学函数，比如求和、绝对值、幂、对数、取整、余数等，主要用于数学

计算。Excel 2016 同样也提供了多种三角函数，比如正弦、余弦、正切等，主要用于角度计算。

1. 数学函数

下面对主要的数学函数进行介绍，帮助用户理解函数的种类、功能、语法结构及参数的含义：

- ABS 函数用于计算指定数值的绝对值，绝对值是没有符号的。语法结构为 ABS(number)，其中，参数 number 为需要返回绝对值的实数。
- CEILING 函数用于将指定的数值按指定的条件进行舍入计算。语法结构为 CEILING(number,significance)，其中，number 表示需要舍入的数值；significance 表示需要进行舍入的倍数，即舍入的基准。
- EVEN 函数用于指定的数值沿绝对值增大方向取整，并返回最接近的偶数。使用该函数可以处理成对出现的对象。语法结构为 EVEN(number)，其中，参数 number 为需要进行四舍五入的数值。
- EXP 函数用于计算指定数值的幂，即返回 e 的 n 次幂。语法结构为 EXP(number)，其中，EXP 函数的参数 number 表示应用于底数 e 的指数。常数 e 等于 2.718 281 828 459 04，是自然对数底数。
- FACT 函数用于计算指定正数的阶乘(阶乘主要用于排列和组合的计算)，一个数的阶乘等于 1*2*3*…。语法结构为 FACT(number)，其中，参数 number 表示需要计算其阶乘的非负数。
- FLOOR 函数用于将数值按指定的条件向下舍入计算。语法结构为 FLOOR(number, significance)，其中，number 表示需要进行舍入计算的数值；significance 表示进行舍入计算的倍数，其值不能为 0。
- INT 函数用于将数字向下舍入到最接近的整数。语法结构为 INT(number)，其中，参数 number 表示需要进行向下舍入取整的实数。当其值为负数时，将向绝对值增大的方向取整。
- MOD 函数用于返回两个数相除的余数。无论被除数能不能被整除，其返回值的正负号都与除数相同。语法结构为 MOD(number,divisor)，其中，参数 number 表示被除数；参数 divisor 表示除数。
- SUM 函数用于计算某一单元格区域中所有数字之和。语法结构为 SUM(number1,number2,…)，其中，参数 number1,number2,…表示要对其求和的 1~255 个可选参数。

2. 三角函数

下面分别对各三角函数进行介绍，帮助用户理解三角函数的种类、功能、语法结构及参数的含义。

- ACOS 函数用于返回数字的反余弦值，反余弦值是角度，其余弦值为数字。返回的角度值以弧度表示，范围是 0~pi。语法结构为 ACOS(number)，其中，参数 number 表示角度的余弦值，该值必须介于-1~1 之间。

- ACOSH 函数用于返回数字的反双曲余弦值。语法结构为 ACOSH(number)，其中，参数 number 为大于或等于 1 的实数。
- ASIN 函数用于返回参数的反正弦值，反正弦值为一个角度，该角度的正弦值即等于此函数的 number 参数。返回的角度值将以弧度表示，范围为-π/2~π/2。语法结构为 ASIN(number)，其中，参数 number 表示角度的正弦值，该值必须介于-1~1 之间。
- ASINH 函数用于返回参数的反双曲正弦值。语法结构为 ASINH(number)，其中，参数 number 为任意实数。
- ATAN 函数用于返回参数的反正切值，反正切值为角度，返回的角度值将以弧度表示，范围为-π/2~π/2。语法结构为 ATAN(number)，其中参数 number 表示角度的正切值。
- ATAN2 函数用于返回给定 X 以及 Y 坐标轴的反正切值，反正切值的角度等于 X 轴与通过原点和给定坐标点(x_num,y_num)的直线之间的夹角，其返回的结果以弧度表示并介于-π~π 之间(不包括-π)。语法结构为 ATAN2(x_num,y_num)，其中，参数 x_num 表示坐标点 X 的坐标；y_num 表示坐标点 Y 的坐标。
- ATANH 函数用于返回参数的反双曲正切值。语法结构为 ATANH(number)，其中，参数 x_num 为-1~1 之间的任意实数，不包括-1 和 1。
- COS 函数用于返回指定角度的余弦值。语法结构为 COS(number)，其中，参数 number 表示需要求余弦的角度，单位为弧度。
- COSH 函数用于返回参数的反双曲余弦值。语法结构为 COSH(number)，其中，参数 number 表示需要求双曲余弦的任意实数。
- DEGREES 函数用于将弧度转换为角度。语法结构为 DEGREES(angle)，其中，参数 angle 表示需要转换的弧度值。
- RADIANS 函数用于将角度转换为弧度，与 DEGREES 函数相对。语法结构为 RADIANS(angle)，其中，参数 angle 表示需要转换的角度。
- SIN 函数用于返回指定角度的正弦值。语法结构为 SIN(number)，其中，参数 number 表示需要求正弦的角度，单位为弧度。
- SINH 函数用于返回参数的双曲正弦值。语法结构为 SINH(number)，其中，参数 number 为任意实数。
- TAN 函数用于返回指定角度的正切值。其语法结构为 TAN(number)，其中，参数 number 表示需要求正切的角度，单位为弧度。
- TANH 函数用于返回参数的双曲正切值。其语法结构为 TANH(number)，其中，参数 number 为任意实数。

9.2.2 应用数学函数

为了便于用户掌握数学函数，下面将以常用函数中的 SUM 函数、INT 函数和 MOD 函数为例，介绍数学函数的应用方法。

【例 9-3】新建【员工工资领取】工作表，使用 SUM 函数、INT 函数和 MOD 函数计算总工资、具体发放人民币情况。

(1) 新建一个名为【员工工资领取】的工作表，并在其中输入数据。

(2) 选中 E3 单元格，打开【公式】选项卡，在【函数库】组中单击【自动求和】按钮。

(3) 插入 SUM 函数，并自动添加函数参数，按 Ctrl+Enter 键，计算出员工【刘备】的实发工资，如图 9-12 所示。

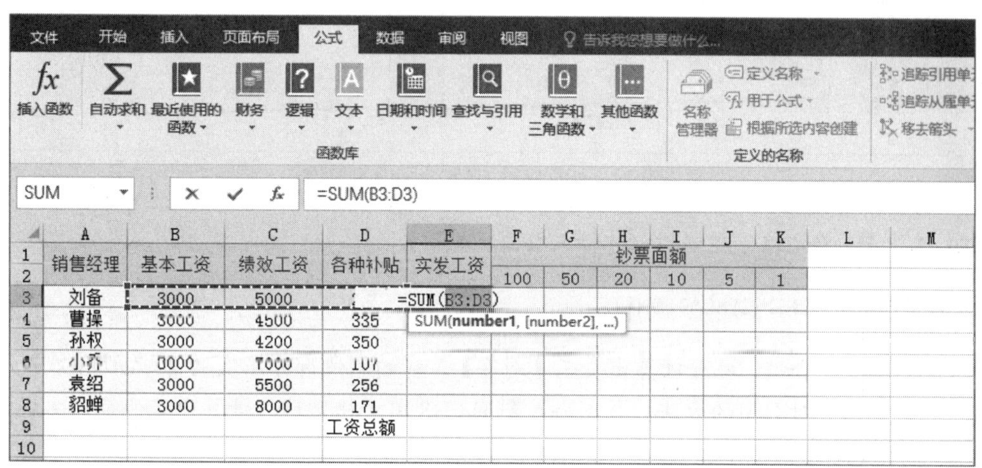

图 9-12　自动求和实发工资

(4) 选中 E3 单元格，将光标移至单元格右下角，待光标变为十字箭头时，按住鼠标左键向下拖至 E8 单元格中，释放鼠标，进行公式的复制，计算出其他员工的实发工资。

(5) 选中 F3 单元格，在编辑栏中使用 INT 函数输入公式：

```
=INT(E3/$F$2)
```

(6) 按下 Ctrl+Enter 组合键，即可计算出员工【刘备】工资应发的 100 元面值人民币的张数，如图 9-13 所示。

F3　=INT(E3/$F$2)

	A	B	C	D	E	F	G	H	I	J	K	L	M
1	销售经理	基本工资	绩效工资	各种补贴	实发工资	钞票面额							
2						100	50	20	10	5	1		
3	刘备	3000	5000	225	8225	82							
4	曹操	3000	4500	335	7835								
5	孙权	3000	4200	350	7550								

图 9-13　使用 INT 函数

(7) 使用相对引用的方法，复制公式到 F4:F8 单元格区域，计算出其他员工工资应发的 100 元面值人民币的张数。

(8) 选中 G3 单元格，在编辑栏中使用 INT 函数和 MOD 函数输入公式：

```
=INT(MOD (E5,$F$4)/$G$4)
```

(9) 按 Ctrl+Enter 组合键，即可计算出员工【刘备】工资的剩余部分应发的 50 元面值人民币的张数。接下来，使用相对引用的方法，复制公式到 G4:G8 单元格区域，计算出其他员工工资的剩余部分应发的 50 元面值人民币的张数，如图 9-14 所示。

G3 =INT(MOD(E3,$F$2)/$G$2)

	A	B	C	D	E	F	G	H	I	J	K	L	M
1	销售经理	基本工资	绩效工资	各种补贴	实发工资	钞票面额							
2						100	50	20	10	5	1		
3	刘备	3000	5000	225	8225	82	0						
4	曹操	3000	4500	335	7835	78	0						
5	孙权	3000	4200	350	7550	75	1						
6	小乔	3000	7000	107	10107	101	0						
7	袁绍	3000	5500	256	8756	87	1						
8	貂蝉	3000	8000	171	11171	111	1						
9				工资总额									
10													

图 9-14　计算应发 50 元人民币的张数

(10) 选中 H3 单元格，在编辑栏中输入公式:

```
=INT(MOD(MOD(E3,$F$2),$G$2)/$H$2)
```

按 Ctrl+Enter 组合键，即可计算出员工【刘备】工资的剩余部分应发的 20 元面值人民币的张数。接下来，使用相对引用的方法，复制公式到 H4:H8 单元格区域，计算出其他员工工资的剩余部分应发的 20 元面值人民币的张数，如图 9-15 所示。

H3 =INT(MOD(MOD(E3,$F$2),$G$2)/$H$2)

	A	B	C	D	E	F	G	H	I	J	K	L	M
1	销售经理	基本工资	绩效工资	各种补贴	实发工资	钞票面额							
2						100	50	20	10	5	1		
3	刘备	3000	5000	225	8225	82	0	1					
4	曹操	3000	4500	335	7835	78	0	1					
5	孙权	3000	4200	350	7550	75	1	0					
6	小乔	3000	7000	107	10107	101	0	0					
7	袁绍	3000	5500	256	8756	87	1	0					
8	貂蝉	3000	8000	171	11171	111	1	1					
9				工资总额									
10													

图 9-15　计算应发 20 元人民币的张数

(11) 使用同样的方法，计算工资的剩余部分应发的 10 元、5 元和 1 元面值人民币的张数。

9.2.3　应用三角函数

为了便于用户掌握三角函数的使用，下面将以常用函数中的 SIN 函数、COS 函数和 TAN 函数为例，介绍三角函数的应用方法。

【例 9-4】使用 SIN 函数、COS 函数和 TAN 函数计算正弦值、余弦值和正切值。

(1) 新建一个名为【三角函数查询表】的工作簿，并在 Sheet1 中创建数据，如图 9-16 所示。

(2) 选中 C4 单元格，打开【公式】选项卡，在【函数库】组中单击【插入函数】按钮，打开【插入函数】对话框。在【或选择类别】下拉列表中选择【数学与三角函数】选项，在【选择函数】列表框中选择 RADIANS 选项，并单击【确定】按钮，如图 9-17 所示。

	A	B	C	D	E	F	G
1		三角函数查询					
2							
3		角度	弧度	正弦值	余弦值	正切值	
4		10					
5		15					
6		20					
7		25					
8		30					
9		35					
10		40					
11		45					
12		50					
13		55					
14		60					
15		65					
16		70					
17		75					
18		80					
19		85					
20		90					
21							

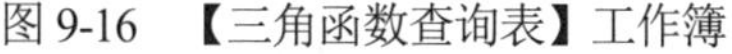

图 9-16　【三角函数查询表】工作簿

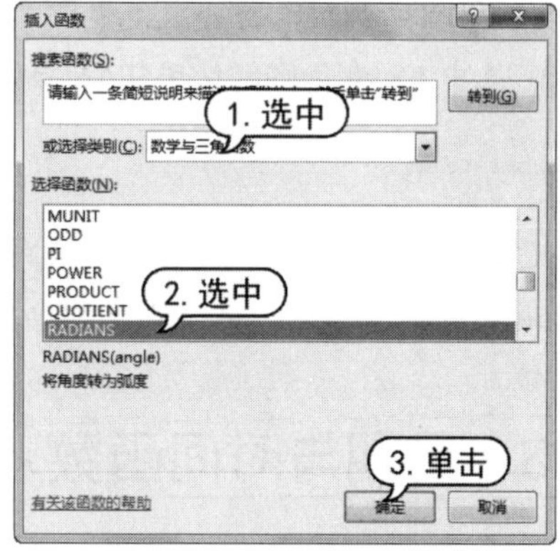

图 9-17　【插入函数】对话框

(3) 打开【函数参数】对话框后，在 Angle 文本框中输入 B4，并单击【确定】按钮，如图 9-18 所示。

(4) 此时，在 C4 单元格中将显示对应的弧度值。使用相对引用，将公式复制到其他单元格区域 C5:C20 单元格中，如图 9-19 所示。

图 9-18　【函数参数】工作簿

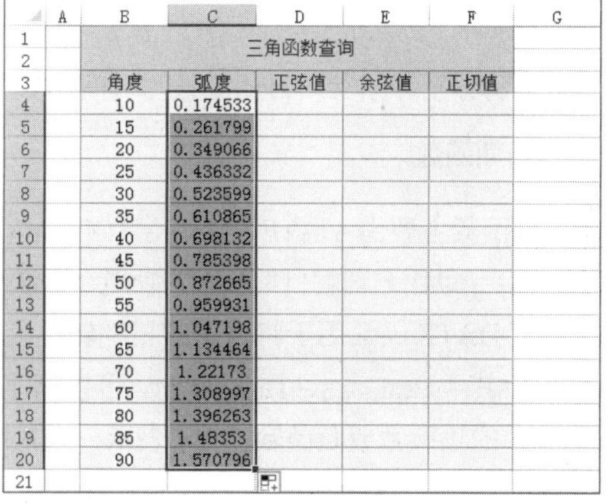

	A	B	C	D	E	F	G
1		三角函数查询					
2							
3		角度	弧度	正弦值	余弦值	正切值	
4		10	0.174533				
5		15	0.261799				
6		20	0.349066				
7		25	0.436332				
8		30	0.523599				
9		35	0.610865				
10		40	0.698132				
11		45	0.785398				
12		50	0.872665				
13		55	0.959931				
14		60	1.047198				
15		65	1.134464				
16		70	1.22173				
17		75	1.308997				
18		80	1.396263				
19		85	1.48353				
20		90	1.570796				
21							

图 9-19　相对引用公式

(5) 选中 D4 单元格，使用 SIN 函数在编辑栏中输入公式:

```
=SIN(C4)
```

(6) 按 Ctrl+Enter 组合键，计算出对应的正弦值。

(7) 使用相对引用，将公式复制到其他单元格区域 D5:D20 单元格中。

(8) 选中 E3 单元格，使用 COS 函数在编辑栏中输入公式:

```
=COS(C4)
```

按 Ctrl+Enter 组合键，计算出对应的余弦值。

(9) 使用相对引用，将公式复制到其他单元格区域 E5:E20 单元格中。

(10) 选中 F3 单元格，使用 TAN 函数在编辑栏中输入公式:

```
=TAN(C4)
```

按 Ctrl+Enter 组合键，计算出对应的正切值。

(11) 使用相对引用，将公式复制到其他单元格区域 F5:F20 单元格中，完成表格的制作。

9.3 日期与时间函数

日期函数主要用于日期对象的处理，用来完成转换、返回日期的分析和操作。时间函数用于处理时间对象，用来完成返回时间值、转换时间格式等与时间有关的分析和操作。Excel 2016 提供了多种日期和时间函数供用户使用。

9.3.1 日期与时间函数简介

下面将分别介绍常用日期函数与时间函数的语法结构和参数说明。

1. 日期函数

日期函数主要由 DATE、DAY、TODAY、MONTH 等函数组成。下面分别对常用的日期函数进行介绍，帮助用户理解日期函数的功能、语法结构及参数的含义：

- DATE 函数用于将指定的日期转换为日期序列号。语法结构为 DATE(year,month,day)，其中 year 表示指定的年份，可以为 1~4 位的数字；month 表示一年中从 1 月~12 月各月的正整数或负整数；day 表示一个月中从 1 日~31 日中各天的正整数或负整数。
- DAY 函数用于返回指定日期所对应的当月天数。语法结构为 DAY(serial_number)，其中，参数 serial_number 表示指定的日期。除了使用标准日期格式外，还可以使用日期所对应的序列号。
- MONTH 函数用于计算指定日期所对应的月份，是一个 1 月~12 月之间的整数。语法结构为 MONTH(serial_number)。
- TODAY 函数用于返回当前系统的日期。语法结构为 TODAY()，该函数没有参数，但在输入时必须在函数后面添加括号()。

如果在输入 TODAY 函数前，单元格的格式为【常规】，则结果将默认设为日期格式。除了使用该函数输入当前系统的日期外，还可以使用快捷键来输入，选中单元格后，按 Ctrl+; 组合键即可。

2. 时间函数

Excel 提供了多个时间函数，主要由 HOUR、MINUTE、SECOND、NOW、TIME 和 TIMEVALUE6 个函数组成，用于处理时间对象，完成返回时间值、转换时间格式等与时间有关的分析和操作。

- HOUR 函数用于返回某一时间值或代表时间的序列数所对应的小时数，其返回值为 0(12:00AM)~23(11:00PM)之间的整数。语法结构为 HOUR(serial_number)，其中，参数 serial_number 表示将要计算小时的时间值，包含要查找的小时数。
- MINUTE 函数用于返回某一时间值或代表时间的序列数所对应的分钟数，其返回值为 0~59 之间的整数。语法结构为 MINUTE(serial_number)，其中，参数 serial_number 表示需要返回分钟数的时间，包含要查找的分钟数。
- NOW 函数用于返回计算机系统内部时钟的当前时间。语法结构为 NOW()，该函数没有参数。
- SECOND 函数用于返回某一时间值或代表时间的序列数所对应的秒数，其返回值为 0~59 之间的整数。语法结构为 SECOND(serial_number)，其中，参数 serial_number 表示需要返回秒数的时间值，包含要查找的秒数。
- TIME 函数用于将指定的小时、分钟和秒合并为时间，或者返回某一特定时间的小数值。语法结构为 TIME(hour,minute,second)，其中，hour 表示小时参数；minute 表示分钟；second 表示秒；参数的数值范围为 0~32 767 之间。
- TIMEVALUE 函数用于将字符串表示的字符串转换为该时间对应的序列数字(即小数值)，其值为 0~0.999 999 999 的数值，代表从 0:00:00(12:00:00 AM)~23:59:59(11:59:59 PM)之间的时间。语法结构为 TIMEVALUE(time_text)，其中，参数 time_text 表示指定的时间文本，即文本字符串。

9.3.2　应用日期函数

下面将通过实例介绍创建【贷款借还信息统计】工作簿，并使用日期函数统计借还信息。

【例 9-5】在【贷款借还信息统计】工作簿中使用日期函数统计借还信息。

(1) 新建【贷款借还信息统计】的工作簿，在 Sheet1 工作表中输入数据。

(2) 选中 C3 单元格，打开【公式】选项卡，在【函数库】组中单击【插入函数】按钮，打开【插入函数】对话框。在【或选择类别】下拉列表框中选择【日期和时间】选项，在【选择函数】列表框中选择 WEEKDAY 选项，单击【确定】按钮，如图 9-20 所示。

(3) 打开【函数参数】对话框，在 Serial_number 文本框中输入 B3，在 Return_type 文本框中输入 2，单击【确定】按钮，计算出还款日期所对应的星期数为 1，即星期一，如图 9-21 所示。

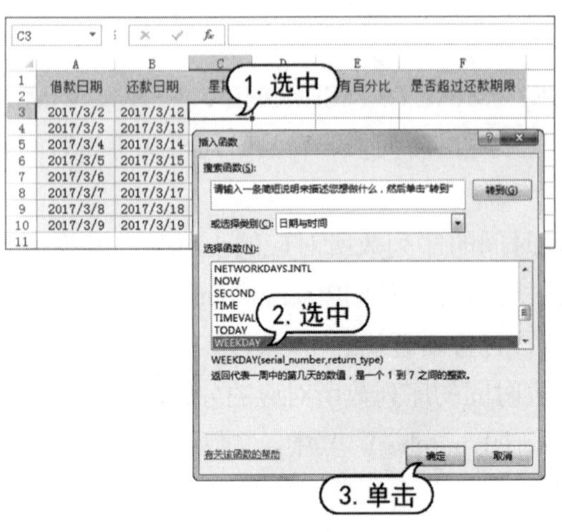

图 9-20　使用 WEEKDAY 函数

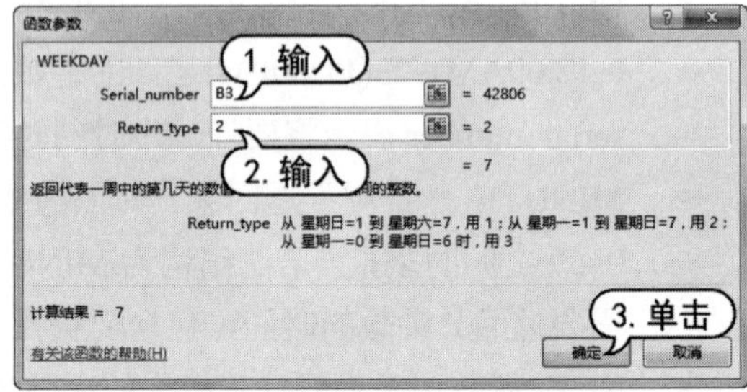

图 9-21　【函数参数】对话框

(4) 将光标移至 C3 单元格右下角，当光标变成实心十字形状时，按住鼠标左键向下拖动到 C10 单元格，然后释放鼠标左键，即可进行公式填充，并返回计算结果，计算出还款日期所对应的星期数，如图 9-22 所示。

(5) 在 D3 单元格输入公式：

```
=DATEVALUE("2017/3/12")-DATEVALUE("2017/3/2")
```

(6) 按 Ctrl+Enter 组合键，即可计算出借款日期和还款日期的间隔天数，如图 9-23 所示。

C3　=WEEKDAY(B3, 2)

	A	B	C	D	E
1-2	借款日期	还款日期	星期	天数	占有百分
3	2017/3/2	2017/3/12	7		
4	2017/3/3	2017/3/13	1		
5	2017/3/4	2017/3/14	2		
6	2017/3/5	2017/3/15	3		
7	2017/3/6	2017/3/16	4		
8	2017/3/7	2017/3/17	5		
9	2017/3/8	2017/3/18	6		
10	2017/3/9	2017/3/19	7		
11					
12					

图 9-22　计算出还款日期对应的星期数

D3　=DATEVALUE("2017/3/12")-DATEVALUE("2017/3/2")

	A	B	C	D	E	F	G
1-2	借款日期	还款日期	星期	天数	占有百分比	是否超过还款期限	
3	2017/3/2	2017/3/12	7	10			
4	2017/3/3	2017/3/13	1				
5	2017/3/4	2017/3/14	2				
6	2017/3/5	2017/3/15	3				
7	2017/3/6	2017/3/16	4				
8	2017/3/7	2017/3/17	5				
9	2017/3/8	2017/3/18	6				
10	2017/3/9	2017/3/19	7				
11							

图 9-23　计算借款日期和还款日期的间隔

(7) 使用 DAYS360 也可计算借款日期和还款日期的间隔天数，选中 D4 单元格，在编辑栏中输入以下公式：

```
=DAYS360(A4,B4,FALSE)
```

按 Ctrl+Enter 组合键即可，如图 9-24 所示。

(8) 选用相对引用方式，计算出所有的借款日期和还款日期的间隔天数。

(9) 在 E3 单元格输入公式：

```
=YEARFRAC(A3,B3,3)
```

(10) 按 Ctrl+Enter 组合键，即可以“实际天数/365”为计数基准类型计算出借款日期和还款日期之间的天数占全年天数的百分比，如图 9-25 所示。

D4 =DAYS360(A4,B4,FALSE)

	A	B	C	D	E
1-2	借款日期	还款日期	星期	天数	占有百分比
3	2017/3/2	2017/3/12	7	10	
4	2017/3/3	2017/3/13	1	10	
5	2017/3/4	2017/3/14	2		
6	2017/3/5	2017/3/15	3		
7	2017/3/6	2017/3/16	4		
8	2017/3/7	2017/3/17	5		
9	2017/3/8	2017/3/18	6		
10	2017/3/9	2017/3/19	7		
11					

图 9-24　在 D4 单元格输入公式

E3 =YEARFRAC(A3,B3,3)

	A	B	C	D	E
1-2	借款日期	还款日期	星期	天数	占有百分比
3	2017/3/2	2017/3/12	7	10	2.74%
4	2017/3/3	2017/3/13	1	10	
5	2017/3/4	2017/3/14	2	10	
6	2017/3/5	2017/3/15	3	10	
7	2017/3/6	2017/3/16	4	10	
8	2017/3/7	2017/3/17	5	10	
9	2017/3/8	2017/3/18	6	10	
10	2017/3/9	2017/3/19	7	10	
11					

图 9-25　在 E3 单元格输入公式

(11) 使用相对引用方式，计算出所有借款日期和还款日期之间的天数占全年天数的百分比。

(12) 在 F3 单元格输入公式：

```
=IF(DATEDIF(A3,B3,"D")>50,"超过还款日","没有超过还款日")
```

按 Ctrl+Enter 组合键，即可判断还款天数是否超过到期还款日。

(13) 将光标移至 F3 单元格右下角，当光标变为实心十字形状时，按住鼠标左键向下拖动到 F10 单元格，然后释放鼠标，即可进行公式填充，并返回计算结果，判断所有的还款天数是否超过到期还款日，如图 9-26 所示。

(14) 选中 C12 单元格，在编辑栏中输入如图 9-27 所示的公式：

```
=TODAY()
```

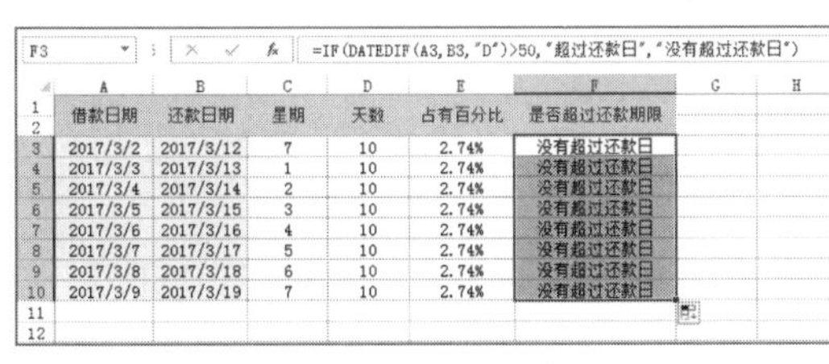

F3 =IF(DATEDIF(A3,B3,"D")>50,"超过还款日","没有超过还款日")

	A	B	C	D	E	F
1-2	借款日期	还款日期	星期	天数	占有百分比	是否超过还款期限
3	2017/3/2	2017/3/12	7	10	2.74%	没有超过还款日
4	2017/3/3	2017/3/13	1	10	2.74%	没有超过还款日
5	2017/3/4	2017/3/14	2	10	2.74%	没有超过还款日
6	2017/3/5	2017/3/15	3	10	2.74%	没有超过还款日
7	2017/3/6	2017/3/16	4	10	2.74%	没有超过还款日
8	2017/3/7	2017/3/17	5	10	2.74%	没有超过还款日
9	2017/3/8	2017/3/18	6	10	2.74%	没有超过还款日
10	2017/3/9	2017/3/19	7	10	2.74%	没有超过还款日

图 9-26　公式填充

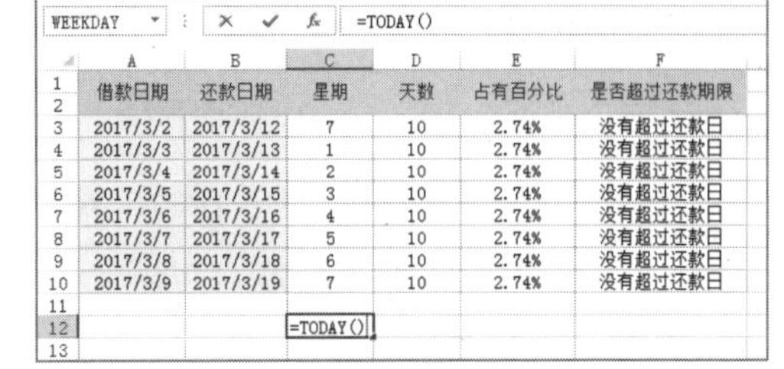

WEEKDAY =TODAY()

	A	B	C	D	E	F
1-2	借款日期	还款日期	星期	天数	占有百分比	是否超过还款期限
3	2017/3/2	2017/3/12	7	10	2.74%	没有超过还款日
4	2017/3/3	2017/3/13	1	10	2.74%	没有超过还款日
5	2017/3/4	2017/3/14	2	10	2.74%	没有超过还款日
6	2017/3/5	2017/3/15	3	10	2.74%	没有超过还款日
7	2017/3/6	2017/3/16	4	10	2.74%	没有超过还款日
8	2017/3/7	2017/3/17	5	10	2.74%	没有超过还款日
9	2017/3/8	2017/3/18	6	10	2.74%	没有超过还款日
10	2017/3/9	2017/3/19	7	10	2.74%	没有超过还款日
11						
12			=TODAY()			

图 9-27　在 B12 单元格输入公式

(15) 按 Ctrl+Enter 组合键，计算出当前系统日期。

9.3.3　应用时间函数

为了便于用户掌握日期函数，下面将以 6 种常用的时间函数为例，介绍其在实际工作中的应用方法。

【例 9-6】使用时间函数统计员工上班时间，计算员工迟到罚款金额。

(1) 新建一个名为【公司考勤表】的工作簿，然后在其中创建数据和套用表格样式。

(2) 选中 C3 单元格，打开【公式】选项卡，在【函数库】组中单击【插入函数】按钮，打开【插入函数】对话框。然后在该对话框的【或选择类别】下拉列表框中选择【日期与时间】选项，在【选择函数】列表框中选择 HOUR 选项，并单击【确定】按钮，如图 9-28 所示。

(3) 打开【函数参数】对话框，在 Serial_number 文本框中输入 B3，如图 9-29 所示，单击【确定】按钮，统计出员工【刘备】的刷卡小时数。

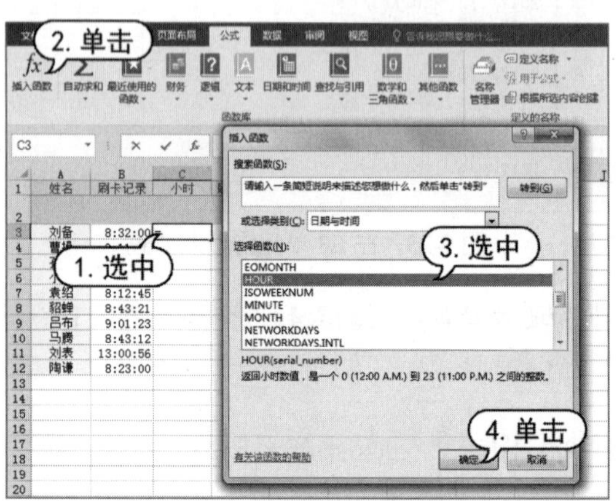

图 9-28 使用 HOUR 函数

图 9-29 设置参数

(4) 使用相对引用方式填充公式至 C4:C12 单元格区域，统计所有员工的刷卡小时数，如图 9-30 所示。

(5) 选中 D3 单元格，在编辑栏中输入公式：

```
=MINUTE(B3)
```

按 Ctrl+Enter 组合键，统计出员工【刘备】的刷卡分钟数，如图 9-31 所示。

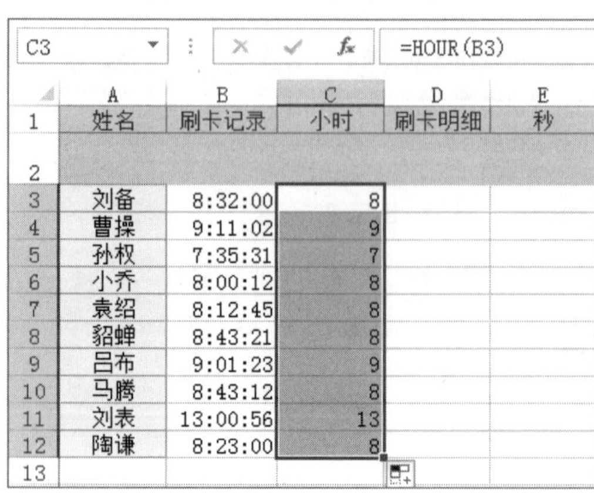

C3 =HOUR(B3)

	A	B	C	D	E
1	姓名	刷卡记录	小时	刷卡明细	秒
2					
3	刘备	8:32:00	8		
4	曹操	9:11:02	9		
5	孙权	7:35:31	7		
6	小乔	8:00:12	8		
7	袁绍	8:12:45	8		
8	貂蝉	8:43:21	8		
9	吕布	9:01:23	9		
10	马腾	8:43:12	8		
11	刘表	13:00:56	13		
12	陶谦	8:23:00	8		
13					

图 9-30 统计所有员工刷卡小时数

D3 =MINUTE(B3)

	A	B	C	D	E
1	姓名	刷卡记录	小时	刷卡明细	秒
2					
3	刘备	8:32:00	8	32	
4	曹操	9:11:02	9		
5	孙权	7:35:31	7		
6	小乔	8:00:12	8		
7	袁绍	8:12:45	8		
8	貂蝉	8:43:21	8		
9	吕布	9:01:23	9		
10	马腾	8:43:12	8		
11	刘表	13:00:56	13		
12	陶谦	8:23:00	8		
13					

图 9-31 统计员工的刷卡分钟数

(6) 使用相对引用方式填充公式至 D4:D12 单元格区域，统计所有员工刷卡的明细。

(7) 选中 E3 单元格，在编辑栏中输入以下公式：

```
=SECOND(B3)
```

按 Ctrl+Enter 组合键，统计出员工【刘备】的刷卡秒数。使用相对引用方式填充公式至 E4:E12 单元格区域，统计所有员工刷卡的秒数，如图 9-32 所示。

(8) 选中 F3 单元格，然后在编辑栏中输入以下公式：

```
=TIME(C3,D3,E3)
```

按下 Ctrl+Enter 组合键，即可将指定的数据转换为标准时间格式。使用相对引用方式填充公式到 F4:F12 单元格区域，将所有员工刷卡的时间转换为标准时间格式，如图 9-33 所示。

E3　=SECOND(B3)

姓名	刷卡记录	小时	刷卡明细	秒	标准时间
刘备	8:32:00	8	32	0	
曹操	9:11:02	9	11	2	
孙权	7:35:31	7	35	31	
小乔	8:00:12	8	0	12	
袁绍	8:12:45	8	12	45	
貂蝉	8:43:21	8	43	21	
吕布	9:01:23	9	1	23	
马腾	8:43:12	8	43	12	
刘表	13:00:56	13	0	56	
陶谦	8:23:00	8	23	0	

图 9-32　统计所有员工刷卡的秒数

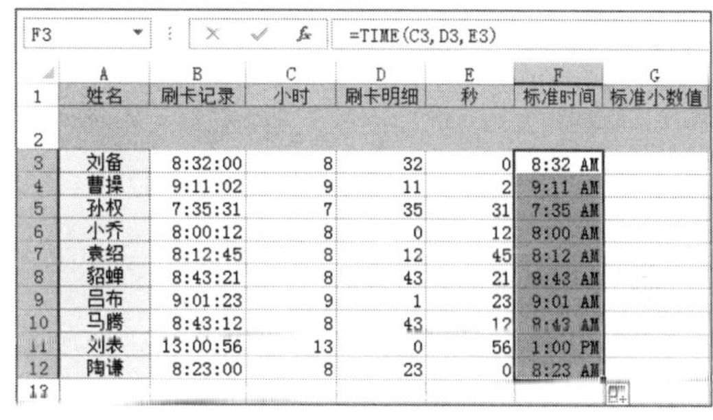

F3　=TIME(C3,D3,E3)

姓名	刷卡记录	小时	刷卡明细	秒	标准时间	标准小数值
刘备	8:32:00	8	32	0	8:32 AM	
曹操	9:11:02	9	11	2	9:11 AM	
孙权	7:35:31	7	35	31	7:35 AM	
小乔	8:00:12	8	0	12	8:00 AM	
袁绍	8:12:45	8	12	45	8:12 AM	
貂蝉	8:43:21	8	43	21	8:43 AM	
吕布	9:01:23	9	1	23	9:01 AM	
马腾	8:43:12	8	43	12	8:43 AM	
刘表	13:00:56	13	0	56	1:00 PM	
陶谦	8:23:00	8	23	0	8:23 AM	

图 9-33　转换时间格式

(9) 选中 G3 单元格，在编辑栏中输入以下公式：

```
=TIMEVALUE("8:50:01")
```

按 Ctrl+Enter 组合键，将员工【刘备】的标准时间转换为小数值。

(10) 使用同样的方法，计算其他员工刷卡标准时间的小数值，如图 9-34 所示。

(11) 选中 H3 单元格，输入公式：

```
=TIME(8,30,0)
```

按 Ctrl+Enter 键，输入公司规定的上班时间为 8:30:00 AM，此处的格式为标准时间格式。使用相对引用方式填充公式至 H4:H12 单元格区域，输入规定的标准时间格式的上班时间，如图 9-35 所示。

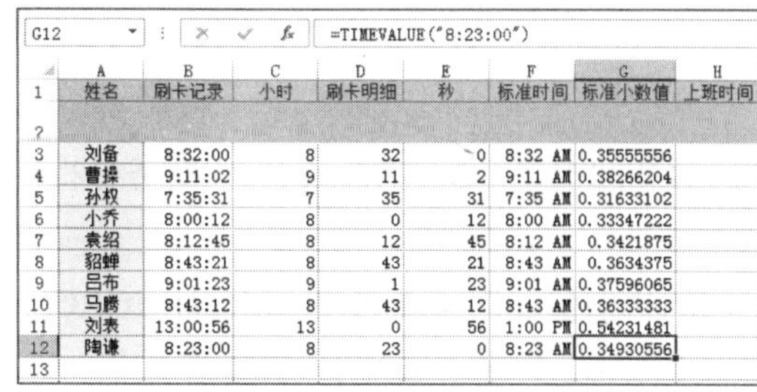

G12　=TIMEVALUE("8:23:00")

姓名	刷卡记录	小时	刷卡明细	秒	标准时间	标准小数值	上班时间
刘备	8:32:00	8	32	0	8:32 AM	0.35555556	
曹操	9:11:02	9	11	2	9:11 AM	0.38266204	
孙权	7:35:31	7	35	31	7:35 AM	0.31633102	
小乔	8:00:12	8	0	12	8:00 AM	0.33347222	
袁绍	8:12:45	8	12	45	8:12 AM	0.3421875	
貂蝉	8:43:21	8	43	21	8:43 AM	0.3634375	
吕布	9:01:23	9	1	23	9:01 AM	0.37596065	
马腾	8:43:12	8	43	12	8:43 AM	0.36333333	
刘表	13:00:56	13	0	56	1:00 PM	0.54231481	
陶谦	8:23:00	8	23	0	8:23 AM	0.34930556	

图 9-34　计算其他员工刷卡标准时间的小数值

H3　=TIME(8,30,0)

姓名	刷卡记录	小时	刷卡明细	秒	标准时间	标准小数值	上班时间	罚款
刘备	8:32:00	8	32	0	8:32 AM	0.35555556	8:30 AM	
曹操	9:11:02	9	11	2	9:11 AM	0.38266204	8:30 AM	
孙权	7:35:31	7	35	31	7:35 AM	0.31633102	8:30 AM	
小乔	8:00:12	8	0	12	8:00 AM	0.33347222	8:30 AM	
袁绍	8:12:45	8	12	45	8:12 AM	0.3421875	8:30 AM	
貂蝉	8:43:21	8	43	21	8:43 AM	0.3634375	8:30 AM	
吕布	9:01:23	9	1	23	9:01 AM	0.37596065	8:30 AM	
马腾	8:43:12	8	43	12	8:43 AM	0.36333333	8:30 AM	
刘表	13:00:56	13	0	56	1:00 PM	0.54231481	8:30 AM	
陶谦	8:23:00	8	23	0	8:23 AM	0.34930556	8:30 AM	

图 9-35　填充公式

(12) 在 I3 单元格输入公式：

```
=IF(F3<H3,"",IF(MINUTE(F3-H3)>30,"50 元","20 元"))
```

按 Ctrl+Enter 组合键，计算【刘备】罚款金额，空值表示该员工未迟到。使用相对引用方式填充公式 I4:I12 单元格区域，计算出迟到员工的罚款金额，如图 9-36 所示。

I3 =IF(F3<H3,"",IF(MINUTE(F3-H3)>30,"50元","20元"))

	A	B	C	D	E	F	G	H	I	J	K	L
1	姓名	刷卡记录	小时	刷卡明细	秒	标准时间	标准小数值	上班时间	罚款			
2												
3	刘备	8:32:00	8	32	0	8:32 AM	0.35555556	8:30 AM	20元			
4	曹操	9:11:02	9	11	2	9:11 AM	0.38266204	8:30 AM	50元			
5	孙权	7:35:31	7	35	31	7:35 AM	0.31633102	8:30 AM				
6	小乔	8:00:12	8	0	12	8:00 AM	0.33347222	8:30 AM				
7	袁绍	8:12:45	8	12	45	8:12 AM	0.3421875	8:30 AM				
8	貂蝉	8:43:21	8	43	21	8:43 AM	0.3634375	8:30 AM	20元			
9	吕布	9:01:23	9	1	23	9:01 AM	0.37596065	8:30 AM	50元			
10	马腾	8:43:12	8	43	12	8:43 AM	0.36333333	8:30 AM	20元			
11	刘表	13:00:56	13	0	56	1:00 PM	0.54231481	8:30 AM	20元			
12	陶谦	8:23:00	8	23	0	8:23 AM	0.34930556	8:30 AM				
13												
14												
15												

图 9-36　计算迟到员工的罚款金额

(13) 选中 G1 单元格，输入公式：

```
=NOW()
```

按 Ctrl+Enter 组合键，返回当前系统的时间。

9.4　财务与统计函数

财务函数是用于进行财务数据计算和处理的函数，统计函数是指对数据区域进行统计计算和分析的函数，使用财务和统计函数可以提高实际财务统计的工作效率。

9.4.1　财务与统计函数简介

下面将分别介绍常用财务函数与统计函数的语法结构和参数说明。

1. 财务函数

财务函数主要分为投资函数、折旧函数、本利函数和回报率函数 4 类，它们为财务分析提供了极大的便利。下面介绍几种常用的财务函数。

- AMORDEGRC 函数用于返回每个会计期间的折旧值。语法结构为 AMORDEGRC(cost,date_purchased,first_period,salvage,period,rate,basis)，其中，cost 表示资产原值；参数 date_purchased 表示购入资产的日期；first_period 表示第一个期间结束时的日期；salvage 表示资产在使用寿命结束时的残值；period 表示期间；basis 表示年基准。

- AMORLINC 函数用于返回每个会计期间的折旧值，该函数为法国会计系统提供。语法结构为 AMORLINCC(cost,date_purchased,first_period,salvage,period,rate,basis)，其中，cost 表示资产原值；参数 date_purchased 表示购入资产的日期；first_period 表示第一个期间结束时的日期；salvage 表示资产在使用寿命结束时的残值；period 表示期间；rate 表示折旧率；basis 表示年基准。
- DB 函数可以使用固定余额递减法计算一笔资产在给定时间内的折旧值。语法结构为 DB(cost,salvage,life,period,month)，其中，cost 数值，为资产原值，或者称为资产取得值；salbage 数值，资产折旧完以后的残余价值，也称为资产残值；life 数值，使用年限，折旧的年限；period 数值，计算折旧值的期间；month 数值，第一年的实际折旧月份数，可省略，默认值为 12。
- FV 函数可以基于固定利率及等额分期付款方式，返回某项投资的未来值。语法结构为 FV(rate,nper,pmt,pv,type)，其中，rate 表示各期利率；参数 nper 表示总投资期，即该项投资的付款总期数；pmt 表示为各期所应支付的金额；pv 表示现值，即从该项投资开始计算时已经入账的款项，或一系列未来付款的当前值的累积和，也称为本金；type 表示用于指定各期的付款时间是在期初或期末(0 为期末，1 为期初)。

2. 统计函数

针对常规统计，本节将对各常规统计函数进行简要介绍，帮助用户理解常规统计函数的功能、语法结构及参数的含义。

- AVEDEV 函数用于返回一组数据与其均值的绝对偏差的平均值，该函数可以评测这组数据的离散度。语法结构为 AVEDEV(number1,number2,…)。其中，参数 number1,number2,…表示用于计算绝对偏差平均值的一组参数，其个数可以在 1~255 之间。
- COUNT 函数用于返回数字参数的个数，即统计数组或单元格区域中含有数字的单元格个数。语法结构为 COUNT(value1,value2,…)，其中，参数 value1,value2,…表示包含或引用各种类型数据参数(1~255)，但只有数字类型的数据才能被统计。
- COUNTBLANK 函数用于计算指定单元格区域中空白单元格的个数。语法结构为 COUNTBLANK(range)，其中，参数 range 表示需要计算其中空白单元格数目的区域。
- MAX 函数用于返回一组值中的最大值。语法结构为 MAX(number1,number2,…)，其中，参数 number1,number2,…表示要从中找到最大值的 1~255 个参数。它们可以是数字或者包含数字的名称、数字或引用。
- MIN 函数用于返回一组值中的最小值。语法结构为 MIN(number1,number2,…)，其中，参数 number1,number2,…表示要从中找到最小值的 1~255 个参数。它们可以是数字或者包含数字的名称、数字或引用。

9.4.2 应用财务函数

下面将通过简单的实例操作，详细介绍折旧函数的应用。

【例 9-7】通过不同的折旧方法对固定资产进行折旧计算。

(1) 创建一个空白工作簿，然后在 Sheet1 工作表中输入需要的数据，并选中 B5 单元格。

(2) 在编辑栏中输入以下公式：

```
=SLN($D$2,$E$2,$F$2)
```

按下 Enter 键，然后向下复制公式至 B12 单元格，如图 9-37 所示。

B5 =SLN($D$2, $E$2, $F$2)

	A	B	C	D	E	F
1	资产编号	资产类型	资产名称	资产原值	资产残值	折旧年限
2	AU-0218	办公用品	电脑	8000	200	8
3						
4	折旧年限	平均年限法	双倍余额递减法	可变余额递减法	年数总和法	固定余额递减法
5	1	¥975.00				
6	2	¥975.00				
7	3	¥975.00				
8	4	¥975.00				
9	5	¥975.00				
10	6	¥975.00				
11	7	¥975.00				
12	8	¥975.00				
13	折旧总值					
14						
15						

图 9-37　输入并复制公式

(3) 选中 C5 单元格，在编辑栏中输入公式：

```
=DDB($D$2,$E$2,$F$2,A5)
```

按下 Enter 键，然后向下复制公式至 C12 单元格，如图 9-38 所示。

C5 =DDB($D$2, $E$2, $F$2, A5)

	A	B	C	D	E	F
1	资产编号	资产类型	资产名称	资产原值	资产残值	折旧年限
2	AU-0218	办公用品	电脑	8000	200	8
3						
4	折旧年限	平均年限法	双倍余额递减法	可变余额递减法	年数总和法	固定余额递减法
5	1	¥975.00	¥2,000.00			
6	2	¥975.00	¥1,500.00			
7	3	¥975.00	¥1,125.00			
8	4	¥975.00	¥843.75			
9	5	¥975.00	¥632.81			
10	6	¥975.00	¥474.61			
11	7	¥975.00	¥355.96			
12	8	¥975.00	¥266.97			
13	折旧总值					
14						
15						

图 9-38　双倍余额递减法

(4) 选中 D5 单元格，在编辑栏中输入以下公式：

```
=VDB($D$2,$E$2,$F$2,A5-1,A5)
```

按下 Enter 键，然后向下复制公式至 D12 单元格，如图 9-39 所示。

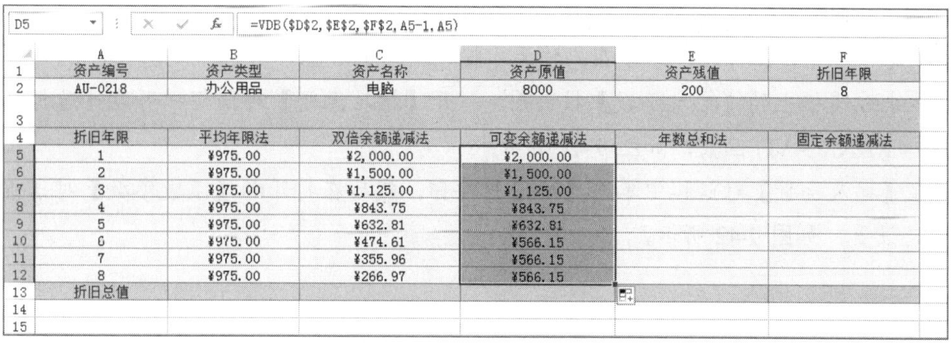

D5　=VDB($D$2,$E$2,$F$2,A5-1,A5)

	A	B	C	D	E	F
1	资产编号	资产类型	资产名称	资产原值	资产残值	折旧年限
2	AU-0218	办公用品	电脑	8000	200	8
3						
4	折旧年限	平均年限法	双倍余额递减法	可变余额递减法	年数总和法	固定余额递减法
5	1	¥975.00	¥2,000.00	¥2,000.00		
6	2	¥975.00	¥1,500.00	¥1,500.00		
7	3	¥975.00	¥1,125.00	¥1,125.00		
8	4	¥975.00	¥843.75	¥843.75		
9	5	¥975.00	¥632.81	¥632.81		
10	6	¥975.00	¥474.61	¥566.15		
11	7	¥975.00	¥355.96	¥566.15		
12	8	¥975.00	¥266.97	¥566.15		
13	折旧总值					
14						
15						

图 9-39　可变余额递减法

(5) 选中 E5 单元格，在编辑栏中输入公式：

```
=SYD($D$2,$E$2,$F$2,A5)
```

按下 Enter 键，然后向下复制公式至 E12 单元格。

(6) 使中 F5 单元格，在编辑栏中输入公式：

```
=DB($D$2,$E$2,$F$2,A5)
```

按下 Enter 键，然后向下复制公式至 F12 单元格。

(7) 选中 B13 单元格，在编辑栏中输入公式：

```
=SUM(B5:B12)
```

按下 Enter 键，然后向右复制公式至 F13 单元格，如图 9-40 所示。

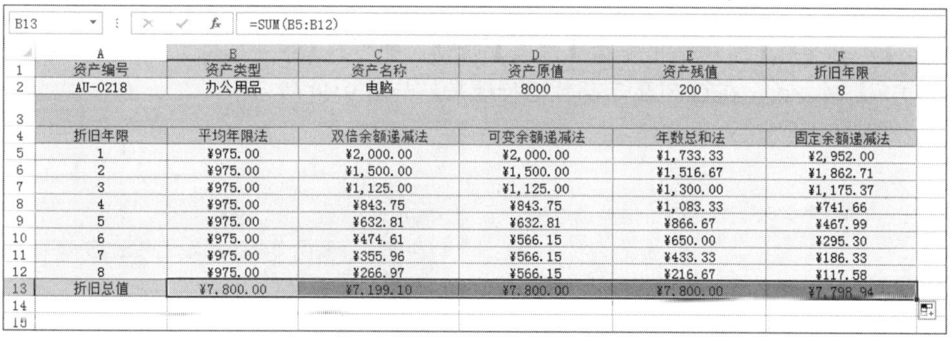

B13　=SUM(B5:B12)

	A	B	C	D	E	F
1	资产编号	资产类型	资产名称	资产原值	资产残值	折旧年限
2	AU-0218	办公用品	电脑	8000	200	8
3						
4	折旧年限	平均年限法	双倍余额递减法	可变余额递减法	年数总和法	固定余额递减法
5	1	¥975.00	¥2,000.00	¥2,000.00	¥1,733.33	¥2,952.00
6	2	¥975.00	¥1,500.00	¥1,500.00	¥1,516.67	¥1,862.71
7	3	¥975.00	¥1,125.00	¥1,125.00	¥1,300.00	¥1,175.37
8	4	¥975.00	¥843.75	¥843.75	¥1,083.33	¥741.66
9	5	¥975.00	¥632.81	¥632.81	¥866.67	¥467.99
10	6	¥975.00	¥474.61	¥566.15	¥650.00	¥295.30
11	7	¥975.00	¥355.96	¥566.15	¥433.33	¥186.33
12	8	¥975.00	¥266.97	¥566.15	¥216.67	¥117.58
13	折旧总值	¥7,800.00	¥7,199.10	¥7,800.00	¥7,800.00	¥7,798.94
14						
15						

图 9-40　表格效果

9.4.3　应用统计函数

下面将以 RANK 函数为例，介绍常用统计函数的使用方法。

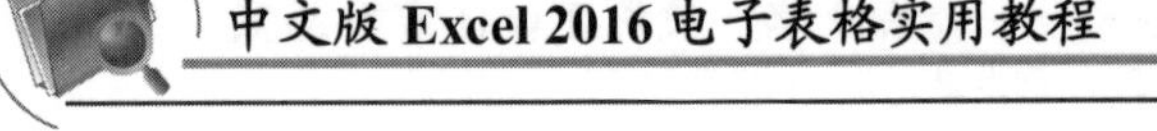

【例 9-8】利用 RANK 函数求学生成绩总分排名。

(1) 创建一个空白工作表，然后在工作表中输入所需的数据，并选中 G6 单元格。

(2) 单击编辑栏上的【插入函数】按钮，打开【插入函数】对话框，并在【选择函数】列表框中选择 RANK.AVG 函数，如图 9-41 所示。

(3) 在【插入函数】对话框中单击【确定】按钮，然后在打开的【函数参数】对话框中对函数参数进行设置，如图 9-42 所示。

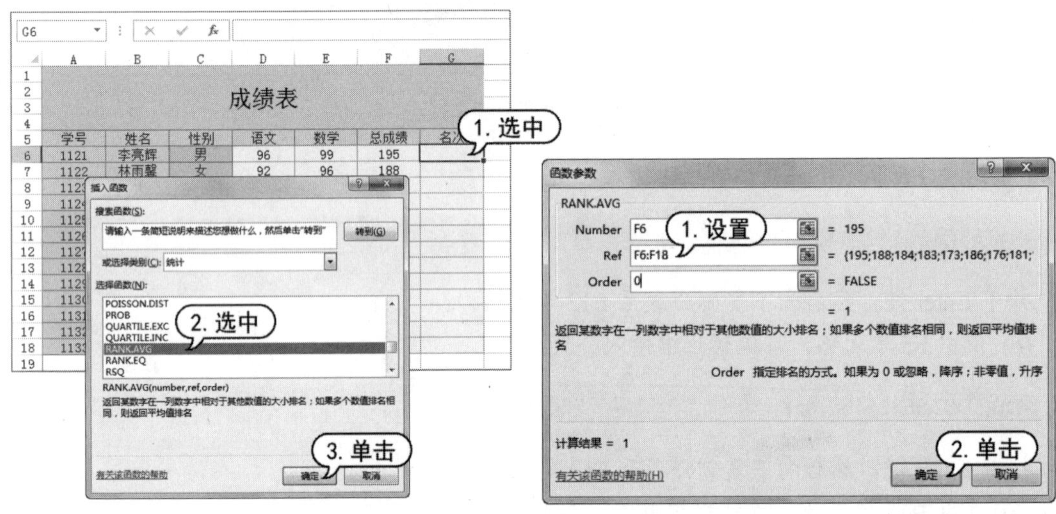

图 9-41　使用 RANK.AVG 函数　　图 9-42　【插入函数】对话框

(4) 此时，编辑栏中的公式如图 9-43 所示：

```
=RANK.AVG(F6,F6:F18,0)
```

(5) 在【函数参数】对话框中单击【确定】按钮，即可在 G6 单元格中显示函数的运行结果。接下来，向下复制公式，在 G 列显示函数运行结果，如图 9-44 所示。

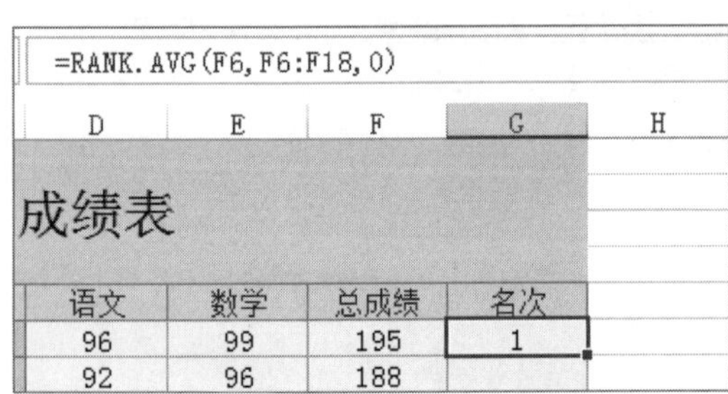

图 9-43　编辑栏中生成公式

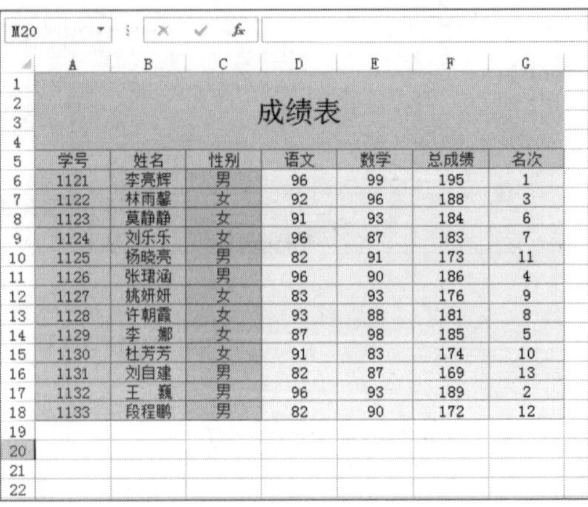

成绩表

学号	姓名	性别	语文	数学	总成绩	名次
1121	李亮辉	男	96	99	195	1
1122	林雨馨	女	92	96	188	3
1123	莫静静	女	91	93	184	6
1124	刘乐乐	女	96	87	183	7
1125	杨晓亮	男	82	91	173	11
1126	张珺涵	男	96	90	186	4
1127	姚妍妍	女	83	93	176	9
1128	许朝霞	女	93	88	181	8
1129	李　娜	女	87	98	185	5
1130	杜芳芳	女	91	83	174	10
1131	刘自建	男	82	87	169	13
1132	王　巍	男	96	93	189	2
1133	段程鹏	男	82	90	172	12

图 9-44　显示名次计算结果

9.5 引用与查找函数

引用与查询函数是 Excel 函数中应用相当广泛的一个类别，它并不专用于某个领域，在各种函数中起到连接和组合的作用。引用与查询函数可以将数据根据指定的条件查询出来，再按要求将其放在相应的位置。

9.5.1 引用与查找函数简介

在 Excel 2016 中，用户可以通过引用函数在数据清单或工作表中查找某个单元格引用；通过查找函数完成在数据清单或工作表中查找特定数值的操作，例如选择特定的值、按行或按列查找数值等。

1. 引用函数

下面分别对各种引用函数进行介绍，帮助用户理解引用函数的功能、语法结构及参数的含义。

- ADDRESS 函数用于按照给定的行号和列标，建立文本类型的单元格地址。语法结构为 ADDRESS(row_num,column_num,abs_num,a1,sheet_text)，其中，row_num 表示在单元格引用中使用的行号；column_num 表示在单元格引用中使用的列标；abs_num 指定返回的引用类型，其值与返回的引用类型的关系如表 9-1 所示。

表 9-1 abs_num 参数说明

abs_num 值	返回的引用类型
1 或忽略	绝对引用
2	绝对行号，相对列标
3	相对行号，绝对列标
4	相对引用

- COLUMN 函数用于返回引用的列标。语法结构为 COLUMN(reference)，其中，参数 reference 表示要得到其列标的单元格或单元格区域。
- INDIRECT 函数用于返回由文本字符串指定的引用。语法结构为 INDIRECT(ref_text, a1)，其中，ref_text 表示单元格的引用，该引用可以包含 A1 样式的引用、R1C1 样式的引用、定义为引用的名称或文本字符串单元格的引用；a1表示一个逻辑值，指明包含在单元格 ref_text 中的引用类型。如果 a1 为 TRUE 或省略，ref_text 被解释为 A1 样式的引用，反之，ref_text 被解释为 R1C1 样式的引用。
- ROW 函数用于返回引用的行号。语法结构为 ROW(reference)，其中，参数 reference 表示要得到其行号的单元格或单元格区域。

2. 查找函数

下面将分别对各种查找函数进行介绍，帮助用户掌握查找函数的基础知识。

- AREAS 函数用于返回引用中包含的区域(连续的单元格区域或某个单元格)个数。语法结构为 AREAS(reference)，其中，参数 reference 表示对某个单元格或单元格区域的引用，也可以引用多个区域。
- RTD 函数用于从支持 COM 自动化的程序中检索实时数据。语法结构为 RTD(progID,server,topic1,topic2,…)，其中，progID 表示一个注册的 COM 自动化加载宏的 progID 名称，该名称需要用双引号括起来；progIDserver 表示运行加载宏的服务器的名称；progIDtopic1,topic2,…表示 1~253 个参数，这些参数放在一起代表唯一的实时数据。
- CHOOSE 函数用于从给定的参数中返回指定的值。语法结构为 CHOOSE(index_num,value1,value2,…)，其中，index_num 表示待选参数序号，即指明从给定参数中选择的参数，必须为 1~254 之间的数字，或者是包含数字 1~254 的公式或单元格引用；value1,value2,…表示 1~254 个数值参数；CHOOSE 函数基于 index_num 从中选择一个数值，参数可以为数字、单元格引用、名称、公式、函数或文本。

提示

使用 CHOOSE 函数，当参数 index_num 为小数时，将被截尾取整。

9.5.2 应用引用函数

为了便于用户掌握引用函数，下面将通过实例，介绍引用函数的使用方法。

【例 9-9】在 Excel 中综合应用两种引用函数，先使用 INDEX 函数按学号查询考生姓名和成绩，然后使用 HYPERLINK 函数链接名次所在的工作表信息。

(1) 新建一个名为【成绩查询系统】的工作簿，将 Sheet1 工作表命名为“考生信息”，并在其中创建数据。

(2) 选择 F19 单元格，单击编辑栏左侧的【插入函数】按钮 *f*x，打开【插入函数】对话框，然后在【或选择类别】下拉列表框中选择【查找与引用】选项，在【选择函数】列表框中选择 INDEX 选项，并单击【确定】按钮，如图 9-45 所示。

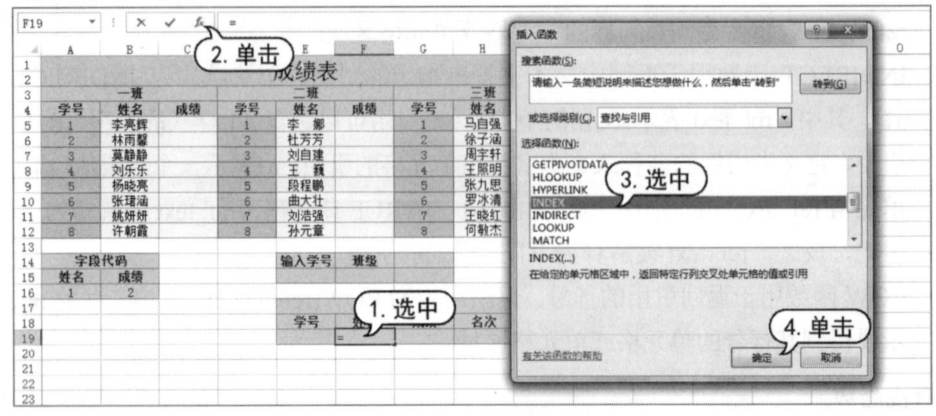

图 9-45　插入 INDEX 函数

(3) 在打开的【选定函数】对话框中，选择引用形式函数后，单击【确定】按钮，如图 9-46 所示。

(4) 在打开【函数参数】对话框，设置函数参数，如图 9-47 所示。

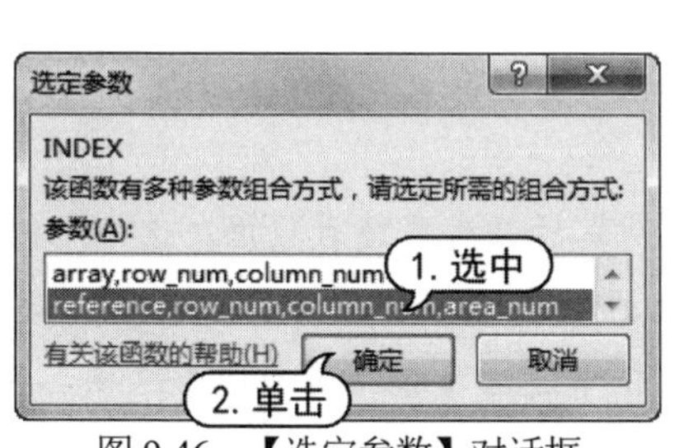

图 9-46　【选定参数】对话框

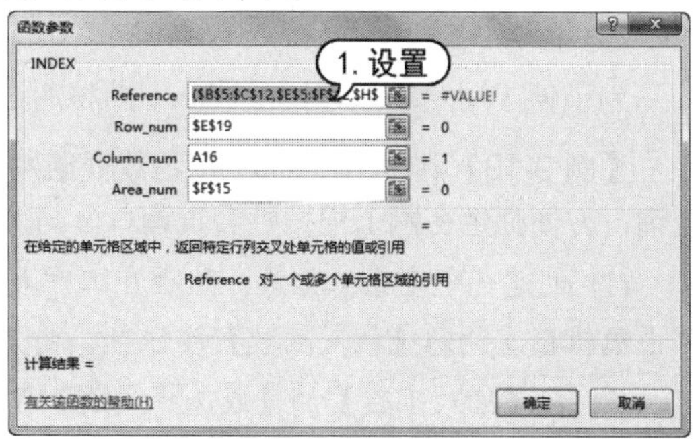

图 9-47　【函数参数】对话框

(5) 此时，在 F19 单元格中显示函数的运算结果，如图 9-48 所示。

(6) 将 F19 单元格中的公式复制到 G19 单元格中，在 E19 单元格中输入公式=E15，如图 9-49 所示。

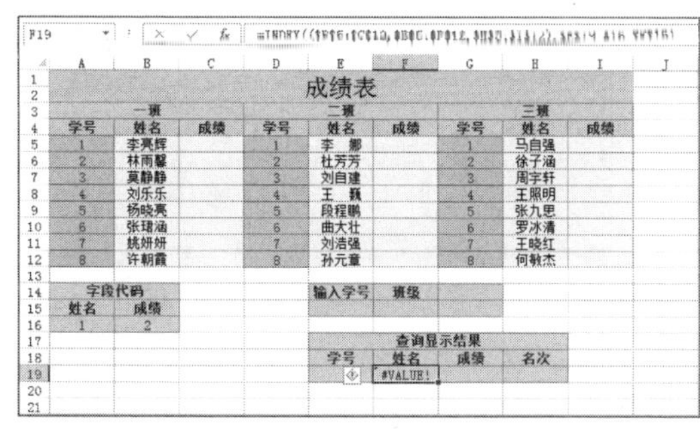

图 9-48　函数运算结果

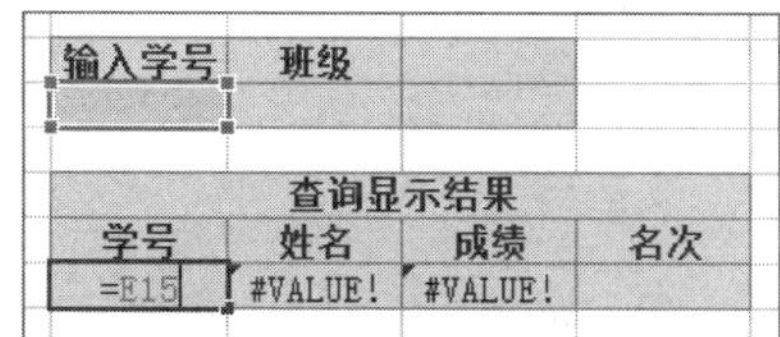

图 9-49　在 E19 单元格输入公式

(7) 按下 Enter 键，返回公式计算结果。选中 H19 单元格，在编辑栏中输入公式：

```
=HYPERLINK("E:\Excel 学生成绩统计.xlsx",G19)
```

(8) 按 Ctrl+Enter 键，添加名次超链接，然后在 E15 和 F15 单元格中输入学号和班级，即可在【查询显示结果】区域中显示结果，如图 9-50 所示。

F15　3

	A	B	C	D	E	F	G	H	I
1									
2	成绩表								
3	一班			二班			三班		
4	学号	姓名	成绩	学号	姓名	成绩	学号	姓名	成绩
5	1	李亮辉		1	李　娜		1	马自强	
6	2	林雨馨		2	杜芳芳		2	徐子涵	
7	3	莫静静		3	刘自建		3	周宇轩	
8	4	刘乐乐		4	王　巍		4	王照明	
9	5	杨晓亮		5	段程鹏		5	张九思	
10	6	张珺涵		6	曲大壮		6	罗冰清	
11	7	姚妍妍		7	刘浩强		7	王晓红	
12	8	许朝霞		8	孙元章		8	何敏杰	
13									
14	字段代码				输入学号	班级			
15	姓名	成绩			5	3			
16	1	2							
17					查询显示结果				
18					学号	姓名	成绩	名次	
19					5	张九思	0	0	
20									

图 9-50　查询学生成绩

9.5.3 应用查找函数

为了便于用户掌握查找函数，下面将通过实例介绍查找函数的使用方法。

【例 9-10】利用 HLOOKUP 函数根据姓名查询学生总分及名次(已知学生成绩表，制作一项查询，方便师生在网上根据姓名查询总分与名次)。

(1) 创建一个空白工作簿，然后在工作表中输入所需的学生成绩表数据，选中 B15 单元格，单击编辑栏左侧的【插入函数】按钮 *fx*，打开【插入函数】对话框。

(2) 在【插入函数】的【或选择类别】下拉列表框中选择【查找与引用】选项，在【选择函数】列表框中选择 HLOOKUP 选项，并单击【确定】按钮，如图 9-51 所示。

(3) 在打开的【函数参数】对话框中对函数参数进行设置，如图 9-52 所示。

图 9-51 【插入函数】对话框

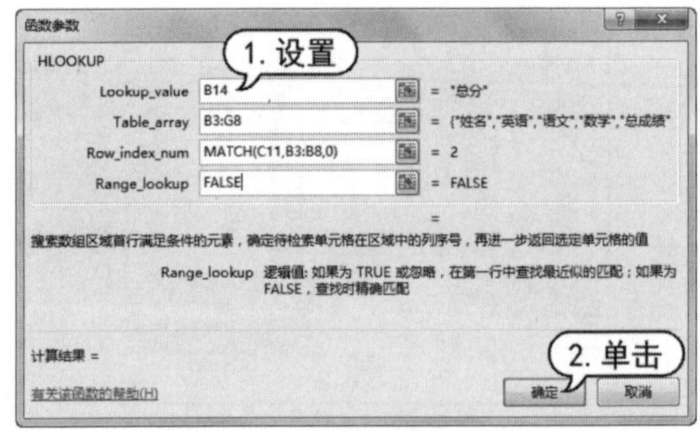

图 9-52 【函数参数】对话框

(4) 在【函数参数】对话框中单击【确定】按钮后，选中 C15 单元格，然后在编辑栏中输入公式：

```
=HLOOKUP(G3,B3:G8,MATCH(C11,B3:B8,0),FALSE)
```

按下 Enter 键后，在 C11 单元格中输入学生的姓名，即可在 B15 和 C15 单元格中显示该学生的总分和名次，如图 9-53 所示。

C15 =HLOOKUP(G3,B3:G8,MATCH(C11,B3:B8,0),FALSE)

	A	B	C	D	E	F	G
2		成绩表					
3	学号	姓名	英语	语文	数学	总成绩	名次
4	1121	李亮辉	96	99	78	273	3
5	1122	林雨馨	92	96	87	275	2
6	1123	莫静静	91	93	98	282	1
7	1124	刘乐乐	96	87	65	248	5
8	1125	杨晓亮	82	91	78	251	4
11		输入姓名	李亮辉				
14		总成绩	名次				
15		273	3				

图 9-53 显示学生的总分和名次

9.6　上机练习

本章的上机练习将介绍在 Excel 2016 中使用函数计算表格数据的方法，用户可以通过实例操作巩固所学的知识。

9.6.1　汇总指定商品的月销量

如图 9-54 所示展示了一份某公司生产的所有产品月度销售情况表，使用 SUMIF 函数对单个条件统计求和。

(1) 选中 F3 单元格，输入以下公式：

```
=SUMIF(B2:B13,$F$2,C2:C13)
```

(2) 按下 Enter 键，在 F2 单元格中输入【酸梅粉】，即可在 F3 单元格中显示产品的销售总量统计，如图 9-55 所示。

	A	B	C	D	E	F	G
1	产品编号	商品	月销售量		销量统计		
2	B0001	牛肉干	3500		商品		
3	B0002	桂花糕	4000		统计		
4	B0003	酸梅粉	4900				
5	B0004	果汁	3500				
6	B0005	果汁	560				
7	B0006	果汁	160				
8	B0007	牛肉干	520				
9	B0008	绿茶	4800				
10	B0009	绿茶	320				
11	B0010	咖啡	1500				
12	B0011	酸梅粉	3500				
13	B0012	酸梅粉	4300				
14							
15							

图 9-54 商品月销售情况统计表

	A	B	C	D	E	F	G
1	产品编号	商品	月销售量		销量统计		
2	B0001	牛肉干	3500		商品	酸梅粉	
3	B0002	桂花糕	4000		统计	12700	
4	B0003	酸梅粉	4900				
5	B0004	果汁	3500				
6	B0005	果汁	560				
7	B0006	果汁	160				
8	B0007	牛肉干	520				
9	B0008	绿茶	4800				
10	B0009	绿茶	320				
11	B0010	咖啡	1500				
12	B0011	酸梅粉	3500				
13	B0012	酸梅粉	4300				
14							
15							

图 9-55　输入产品名称统计销量

9.6.2　统计销量大于 4000 的销售总量

继续 9.6.1 小节的操作，使用 SMUIF 函数，汇总销量大于 4000 的产品总销量。

(1) 在工作表中输入如图 9-56 所示的文本后，在 F6 单元格输入以下公式：

```
=SUMIF(C2:C13,">4000")
```

(2) 按下 Enter 键，SUMIF 函数的求和结果如图 9-57 所示。

	A	B	C	D	E	F	G	H
1	产品编号	商品	月销售量		销量统计			
2	B0001	牛肉干	3500		商品	酸梅粉		
3	B0002	桂花糕	4000		统计	12700		
4	B0003	酸梅粉	4900					
5	B0004	果汁	3500		销量大于4000的商品总销量			
6	B0005	果汁	560		销量统计			
7	B0006	果汁	160					
8	B0007	牛肉干	520					

图 9-56　输入文本

	A	B	C	D	E	F	G	H
1	产品编号	商品	月销售量		销量统计			
2	B0001	牛肉干	3500		商品	酸梅粉		
3	B0002	桂花糕	4000		统计	12700		
4	B0003	酸梅粉	4900					
5	B0004	果汁	3500		销量大于4000的商品总销量			
6	B0005	果汁	560		销量统计	14000		
7	B0006	果汁	160					
8	B0007	牛肉干	520					

图 9-57　销量大于 4000 的产品总销量

9.6.3 使用函数计算员工加班时间

如图 9-58 所示为员工加班打卡记录明细表，人事部门希望利用这份明细表来计算员工的加班时间(小时数)。

- 如加班时间不足 0.5 小时，加班时间计为 0.5 小时。
- 如加班时间超过 0.5 小时，但不足 1 小时，按 1 小时计算。

M16

	A	B	C	D	E	F	G	H	I
1	员工加班打卡明细								
2	姓名	部门	上班	下班	加班小时	CEILING舍入0.5小时	四舍五入0.5小时		
3	刘备	市场部	18:12	21:32	3:20				
4	曹操	开发部	19:06	22:12	3:06				
5	孙权	服务部	18:15	19:55	1:40				
6									
7									
8									

图 9-58　员工加班打卡明细

(1) 选中 F3 单元格，输入以下公式:

```
=CEILING(E3,0.5/24)
```

(2) 按下 Enter 键，然后向下复制公式至 F5 单元格。

(3) 选中 G3 单元格，输入以下公式:

```
=MROUND(E3,0.5/24)
```

(4) 按下 Enter 键，然后向下复制公式至 G5 单元格，结果如图 9-59 所示。

	A	B	C	D	E	F	G	H	I
1	员工加班打卡明细								
2	姓名	部门	上班	下班	加班小时	CEILING舍入0.5小时	四舍五入0.5小时		
3	刘备	市场部	18:12	21:32	3:20	3:30	3:30		
4	曹操	开发部	19:06	22:12	3:06	3:30	3:00		
5	孙权	服务部	18:15	19:55	1:40	2:00	1:30		
6									
7									
8									

图 9-59　员工加班时间的计算

9.7 习题

1. 说明条件求和函数 SUMIF(range,criteria,sum_range)中各参数的含义？
2. Excel 内部函数包含哪几类函数。

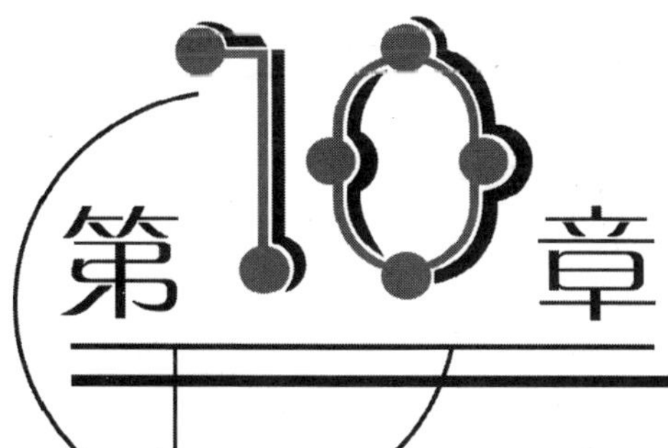

第10章 使用图表与图形

学习目标

在 Excel 电子表格中，通过插入图表与图形可以更直观地表现表格中数据的发展趋势或分布状况，从而创建出引人注目的报表。结合 Excel 的函数公式、定义名称、窗体控件以及 VBA 等功能，还可以创建实时变化的动态图表。

本章重点

- 创建与设置 Excel 迷你图
- 创建、设置与打印图表
- 使用图形与图片增强表格效果

10.1 使用迷你图

迷你图是工作表单元格中的一个微型图表。在数据表的旁边显示迷你图，可以帮助用户一目了然地反映一系列数据的变化趋势。

10.1.1 创建单个迷你图

在 Excel 2016 中创建迷你图的方法非常简单，具体如下。

(1) 打开一个工作表，选择【插入】选项卡，在【迷你图】命令组中单击【折线图】按钮，打开【创建迷你图】对话框。

(2) 选择 D4:I4 单元格区域作为【数据范围】。

(3) 选择 J4 单元格作为【位置范围】。

(4) 在【创建迷你图】对话框中单击【确定】按钮，Excel 将在 J4 单元格中创建一个折线迷你图，如图 10-1 所示。

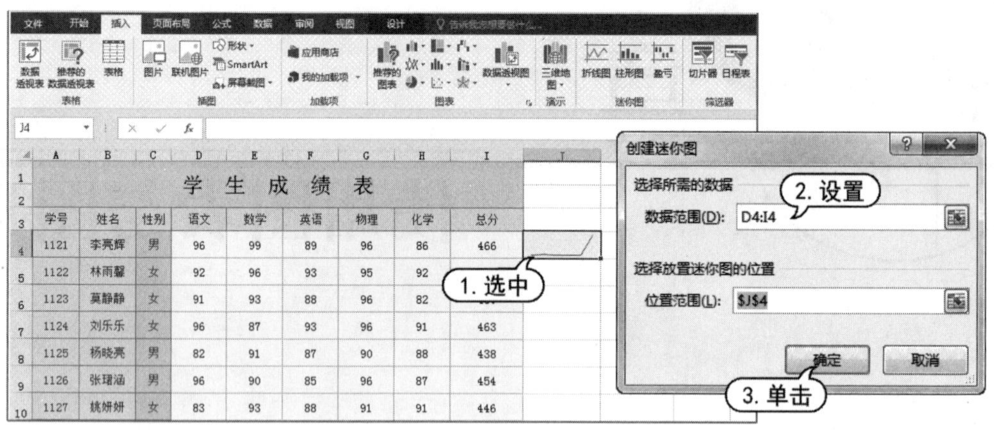

图 10-1　创建折线迷你图

在 Excel 中，迷你图仅提供折线迷你图、柱形迷你图和盈亏迷你图 3 种图表类型，并且不能制作两种以上图表类型的组合。

10.1.2　创建一组迷你图

在 Excel 2016 中，用户可以为多行(或者多列)数据创建一组迷你图，一组迷你图具有相同的图表特征。创建一组迷你图的方法如下。

(1) 在【插入】选项卡的【迷你图】命令组中单击【柱形图】按钮，打开【创建迷你图】对话框。

(2) 选择所需的数据，数据范围为 D4:I8 区域。

(3) 选择放置迷你图的位置，位置范围选择 J4:J8 区域。

(4) 单击【确定】按钮，即可在 J4:J8 单元格区域创建一组柱形迷你图，如图 10-2 所示。

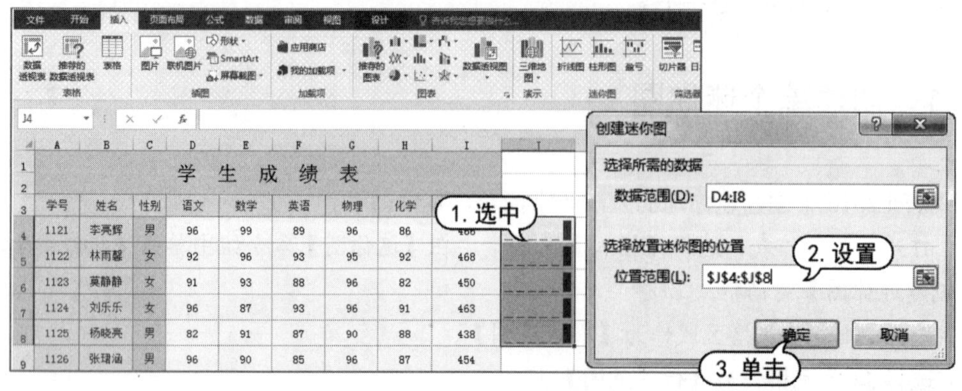

图 10-2　创建一组柱形迷你图

10.1.3　修改迷你图类型

1. 改变单个迷你图类型

如果用户要改变一组迷你图中的单个迷你图的类型，先要将该迷你图独立出来，再改变迷你图类型，具体方法如下。

(1) 选中一组迷你图中的一个单元格(例如 J4 单元格)，在【设计】选型卡的【分组】命令组中单击【取消组合】按钮，取消迷你图的组合。

(2) 在【设计】选型卡的【类型】命令组中单击【折线图】按钮，即可将单元格 J4 的迷你图改为折线迷你图，如图 10-3 所示。

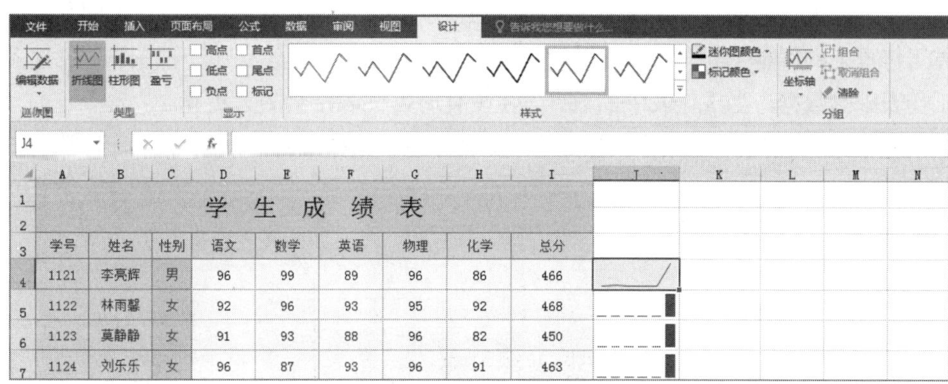

图 10-3　改变迷你图的类型

2. 改变一组迷你图类型

如果用户需要改变一组迷你图的类型，选中迷你图所在的单元格后，在如图 10-3 所示的【设计】选项卡中单击【类型】命令组中需要修改的迷你图类型按钮即可。

10.1.4　清除迷你图

清除工作表中迷你图的方法有以下几种。

- 选中迷你图所在的单元格，右击鼠标，在弹出的快捷菜单中选择【迷你图】|【清除所选的迷你图】命令，清除所选的迷你图。如果在弹出的菜单中选择【迷你图】|【清除所选迷你图组】命令，则会清除所选的迷你图所在的一组迷你图。
- 选中迷你图所在的单元格，在【设计】选项卡的【分组】命令组中，单击【清除】下拉按钮，打开清除下拉列表，再单击【清除所选的迷你图】或者【清除所选的迷你图组】命令。
- 选中迷你图所在的单元格，右击鼠标，在弹出的菜单中选择【删除】命令。

10.2 使用图表

为了能更加直观地表现电子表格中的数据，用户可将数据以图表的形式来表示，因此图表在制作电子表格时同样具有极其重要的作用。

10.2.1 图表的组成

在 Excel 2016 中，图表通常有两种存在方式：一种是嵌入式图表；另一种是图表工作表。其中，嵌入式图表就是将图表看作是一个图形对象，并作为工作表的一部分进行保存；图表工作表是工作簿中具有特定工作表名称的独立工作表。在需要独立于工作表数据查看、编辑庞大而复杂的图表或需要节省工作表上的屏幕空间时，就可以使用图表工作表。无论是建立哪一种图表，创建图表的依据都是工作表中的数据。当工作表中的数据发生变化时，图表便会随之更新。

图表的基本结构包括：图表区、绘图区、图表标题、数据系列、网格线、图例等，如图 10-4 所示。

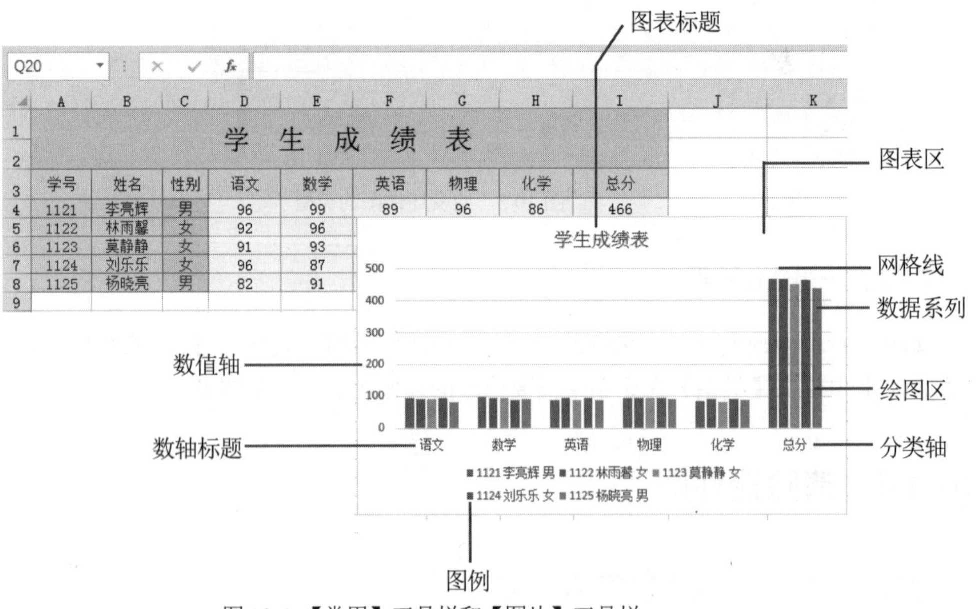

图 10-4 【常用】工具栏和【图片】工具栏

图表各组成部分的介绍如下。

- 图表区：在 Excel 2016 中，图表区指的是包含绘制的整张图表及图表中元素的区域。如果要复制或移动图表，必须先选定图表区。
- 绘图区：图表中的整个绘制区域。二维图表和三维图表的绘图区有所区别。在二维图表中，绘图区是以坐标轴为界并包括全部数据系列的区域；而在三维图表中，绘图区是以坐标轴为界并包含数据系列、分类名称、刻度线和坐标轴标题的区域。

- 图表标题：图表标题在图表中起到说明的作用，是图表性质的大致概括和内容总结，它相当于一篇文章的标题并可用来定义图表的名称。它可以自动地与坐标轴对齐或居中排列于图表坐标轴的外侧。
- 数据系列：在 Excel 中数据系列又称为分类，它指的是图表上的一组相关数据点。在 Excel 2016 图表中，每个数据系列都用不同的颜色和图案加以区别。每一个数据系列分别来自于工作表的某一行或某一列。在同一张图表中(除了饼图外)可以绘制多个数据系列。
- 网格线：图表中从坐标轴刻度线延伸并贯穿整个绘图区的可选线条系列。网格线的形式有水平的、垂直的、主要的、次要的等，还可以对它们进行组合。网格线使得对图表中的数据进行观察和估计更为准确和方便。
- 图例：在图表中，图例是包围图例项和图例项标示的方框，每个图例项左边的图例项标示和图表中相应数据系列的颜色与图案相一致。
- 数轴标题：用于标记分类轴和数值轴的名称，在 Excel 2016 默认设置下其位于图表的下面和左面。
- 图表标签：用于在工作簿中切换图表工作表与其他工作表，可以根据需要修改图表标签的名称。

10.2.2 图表的类型

Excel 2016 提供了多种图表，如柱形图、折线图、饼图、条形图、面积图和散点图等，各种图表各有优点，适用于不同的场合。

- 柱形图：可直观地对数据进行对比分析并表现对比结果。在 Excel 2016 中，柱形图又可细分为二维柱形图、三维柱形图、圆柱图、圆锥图以及棱锥图，如图 10-5 所示为三维柱形图。
- 折线图：折线图可直观地显示数据的走势情况。在 Excel 2016 中，折线图又分为二维折线图与三维折线图，如图 10-6 所示为折线图。

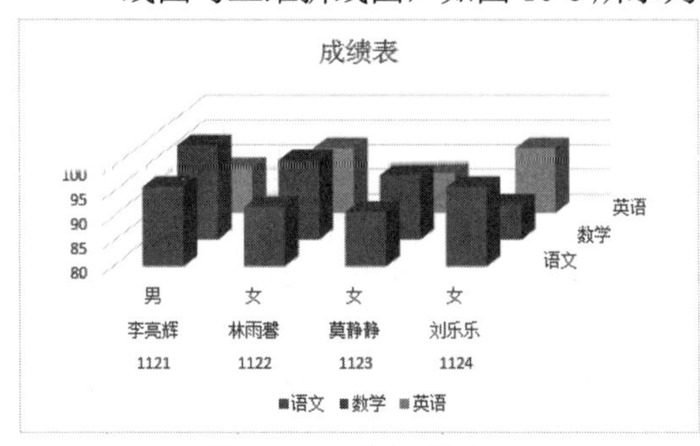

图 10-5 三维柱形图

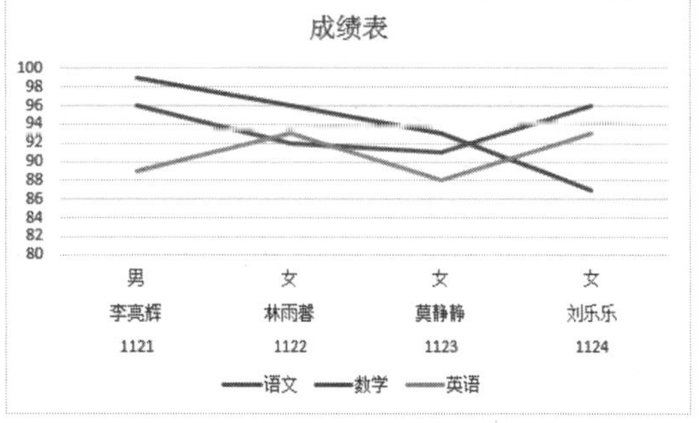

图 10-6 折线图

- 饼图：能直观地显示数据占有比例，而且比较美观。在 Excel 2016 中，饼图又可分为二维饼图、三维饼图、复合饼图等多种形式，如图 10-7 所示为三维饼图。

- 条形图：就是横向的柱形图，其作用也与柱形图相同，可直观地对数据进行对比分析。在 Excel 2016 中，条形图又可分为簇状条形图、堆积条形图等，如图 10-8 所示为条形图。

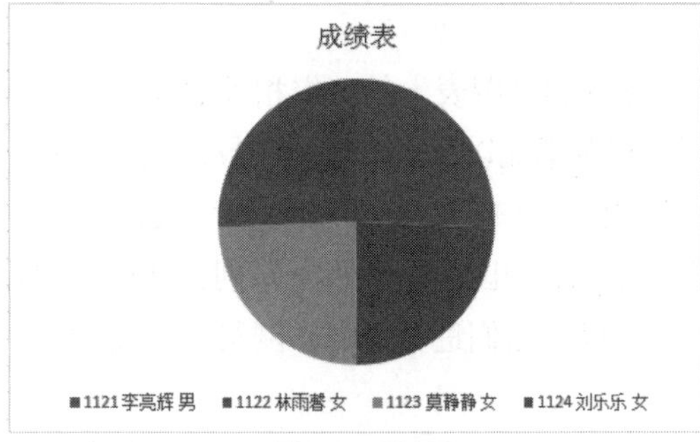

图 10-7　饼图

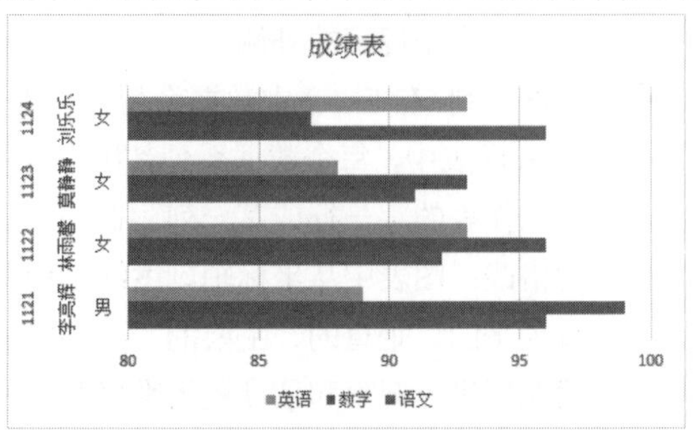

图 10-8　条形图

- 面积图：能直观地显示数据的大小与走势范围，在 Excel 2016 中，面积图又可分为二维面积图与三维面积图，如图 10-9 所示为三维面积图。
- 散点图：可以直观地显示图表数据点的精确值，以便对图表数据进行统计计算，如图 10-10 所示。

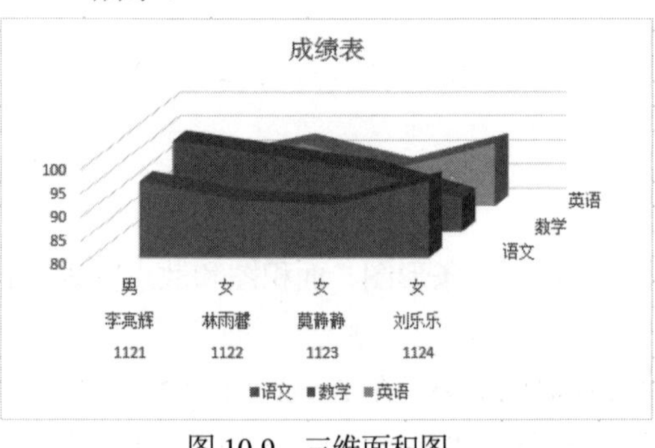

图 10-9　三维面积图

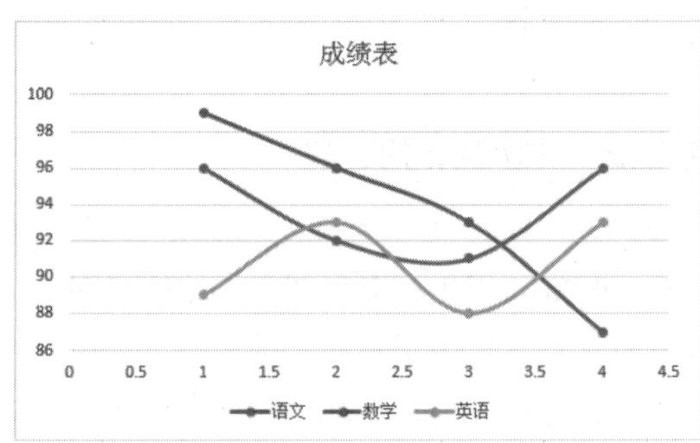

图 10-10　散点图

知识点

除了上面介绍的图表外，Excel 2016 还包括股价图、曲面图、组合图以及雷达图等类型图表。

10.2.3　创建图表

使用 Excel 2016 提供的图表向导，可以方便、快速地建立一个标准类型或自定义类型的图表。在图表创建完成后，仍然可以修改其各种属性，以使整个图表更趋于完善。

【例 10-1】创建【学生成绩】工作表，使用图表向导创建图表。

(1) 创建“成绩统计表”工作表，然后选中 A3:F7 单元格区域。

(2) 选择【插入】选项卡，在【图表】命令组中单击对话框启动器按钮，打开【插入图表】向导对话框。

(3) 在【插入图表】对话框中选择【所有图表】选项卡，然后在该选项卡左侧的导航窗格中选择图表类型，在右侧的列表框中选择一种图表类型，并单击【确定】按钮，如图 10-11 所示。

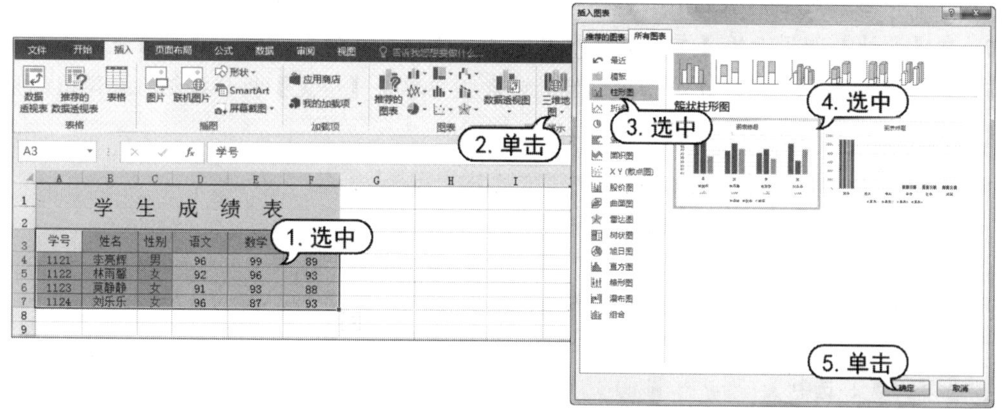

图 10-11 打开【插入表格】对话框

(4) 此时，在工作表中创建如图 10-12 所示的图表，Excel 软件将自动打开【图表工具】的【设计】选项卡。

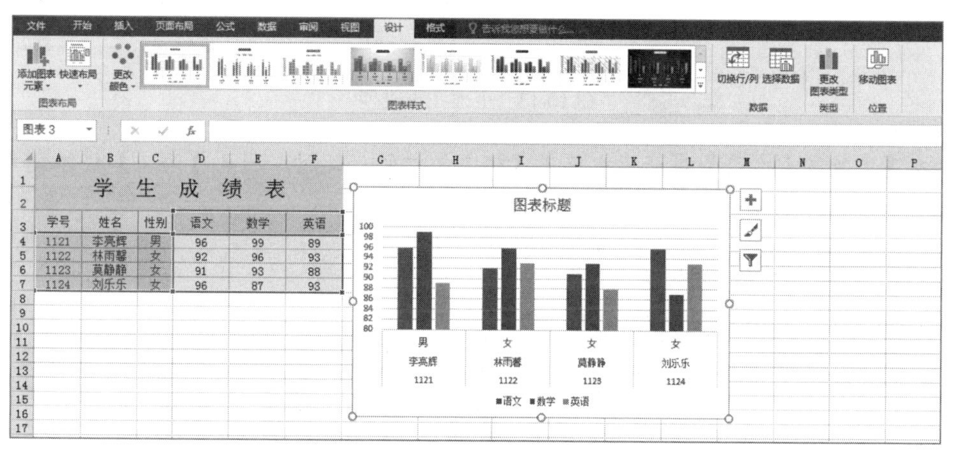

图 10-12　在工作表中插入表格

知识点

在 Excel 2016 中，按 Alt+F1 组合键或者按 F11 键可以快速创建图表。使用 Alt+F1 快捷键创建的是嵌入式图表，而使用 F11 快捷键创建的是图表工作表。在 Excel 2016 功能区中，打开【插入】选项卡，使用【图表】组中的图表按钮可以方便地创建各种图表。

10.2.4　创建组合图表

有时在同一个图表中需要同时使用两种图表类型，即为组合图表，比如由柱状图和折线图组成的线柱组合图表。

【例 10-2】在【学生成绩】工作表中，创建线柱组合图表。

(1) 继续【例 10-1】的操作，单击图表中表示【语文】的任意一个蓝色柱体，则会选中所有关于【语文】的数据柱体，被选中的数据柱体 4 个角上显示小圆圈符号。

(2) 在【设计】选项卡的【类型】组中单击【更改图表类型】按钮。打开【更改图表类型】对话框，选择【组合】选项，在对话框右侧的列表框中单击【语文】拆分按钮，在弹出的菜单中选择【带数据标记的折线图】选项，如图 10-13 所示。

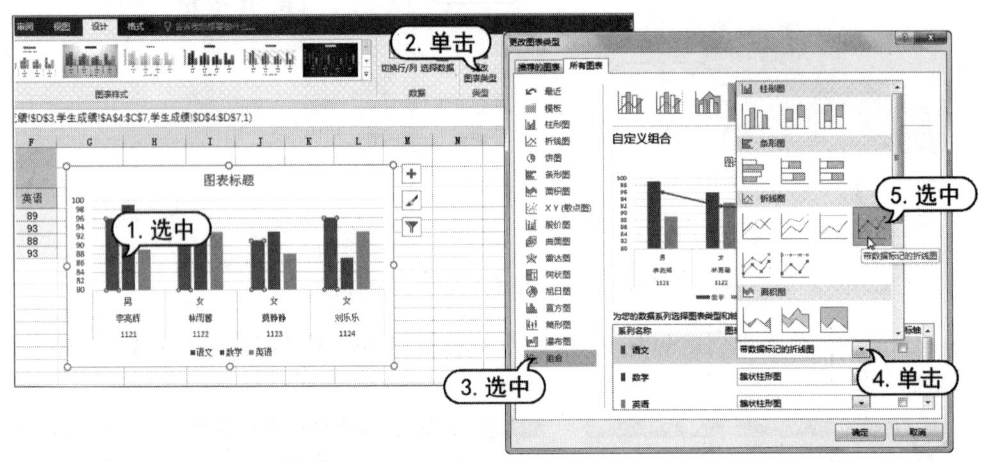

图 10-13　更改图表类型

(3) 在【更改图表类型】对话框中单击【确定】按钮。此时，原来【语文】柱体变为折线，完成线柱组合图表，如图 10-14 所示。

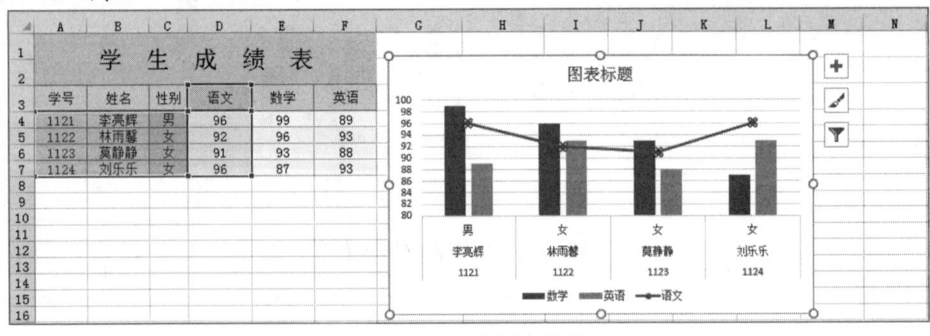

学号	姓名	性别	语文	数学	英语
1121	李亮辉	男	96	99	89
1122	林雨馨	女	92	96	93
1123	莫静静	女	91	93	88
1124	刘乐乐	女	96	87	93

图 10-14　组合图表效果

10.2.5　添加图表注释

在创建图表时，为了方便理解，有时需要添加注释解释图表内容。图表的注释就是一种浮动的文字，可以使用【文本框】功能来添加。

【例 10-3】在【学生成绩】工作表中添加图表注释。

(1) 继续【例 10-2】的操作，选择【插入】选项卡，在【文本】组中单击【文本框】下拉按

钮，在弹出的下拉列表中选择【横排文本框】选项，如图 10-15 所示。

(2) 按住鼠标左键在图表中拖拽，绘制一个横排文本框，并在文本框内输入文字，如图 10-16 所示。

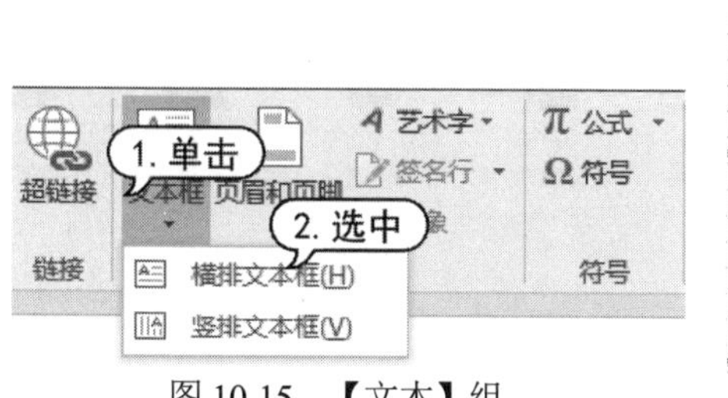

图 10-15　【文本】组

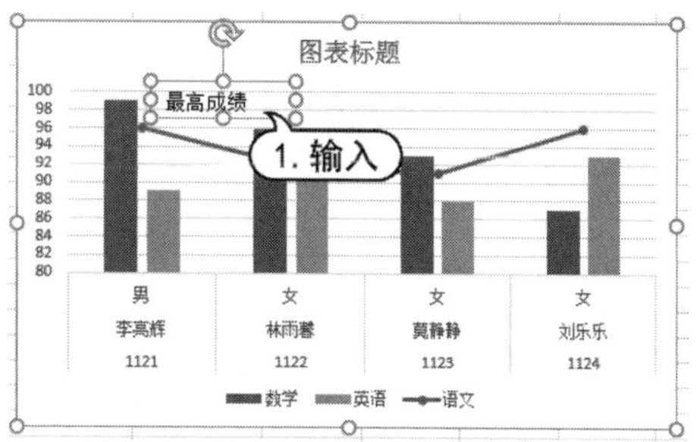

图 10-16　绘制横排文本框

(3) 当选中图表中绘制的文本框时，用户可以在【格式】选项卡里设置文本框和其中文本的格式。

10.2.6　更改图表类型

如果对插入图表的类型不满意，无法确切表现所需要的内容，则可以更改图表的类型。首先选中图表，然后打开【设计】选项卡，在【类型】组中单击【更改图表类型】按钮，打开【更改图表类型】对话框，选择其他类型的图表选项。

10.2.7　更改图表数据源

在 Excel 2016 中使用图表时，用户可以通过增加或减少图表数据系列，来控制图表中显示数据的内容。

【例 10-4】在【学生成绩】工作表中更改图表的数据源。

(1) 继续【例 10-3】的操作，选中图表，选择【设计】选项卡，在【数据】组中单击【选择数据】选项。

(2) 打开【选择数据源】对话框，单击【图表数据区域】后面的按钮。

(3) 返回工作表，选择 A3:E7 单元格区域，然后按下 Enter 键，如图 10-17 所示。

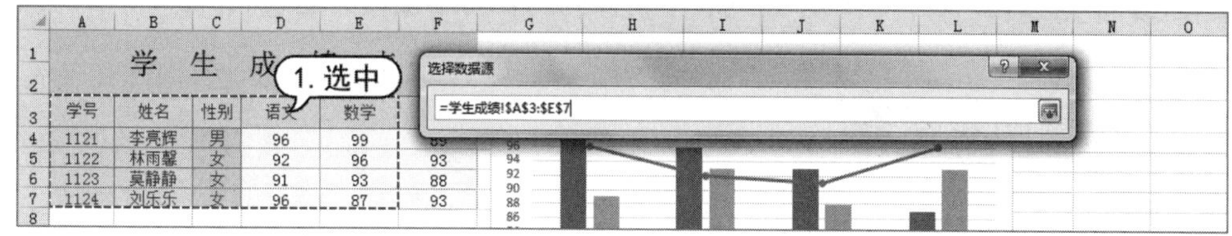

图 10-17　选择新的图表数据源

(4) 返回【选择数据源】对话框后单击【确定】按钮。此时，数据源发生变化，图表也随之

发生变化，如图 10-18 所示。

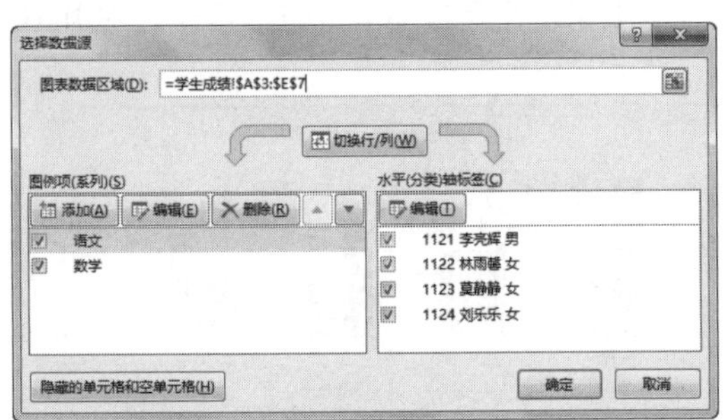

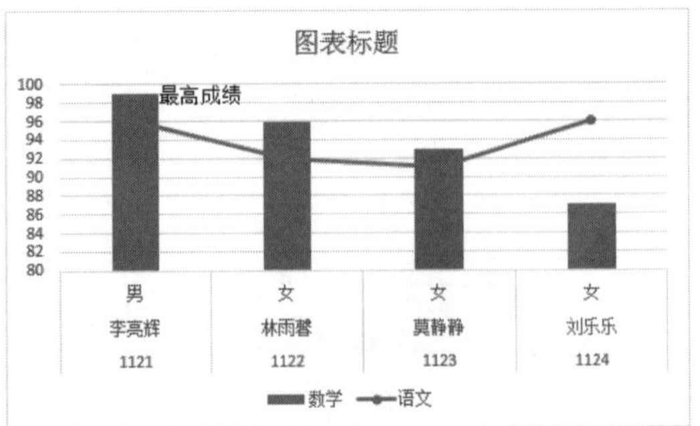

图 10-18　更改图表数据源

10.2.8　套用图表预设样式和布局

Excel 2016 为所有类型的图表预设了多种样式效果，选择【设计】选项卡，在【图表样式】组中单击【图表样式】下拉列表按钮，在弹出的下拉列表中即可为图表套用预设的图表样式。如图 10-19 所示为【例 10-4】所制作的【成绩统计表】工作表中的图表，其设置采用的是【样式 6】。

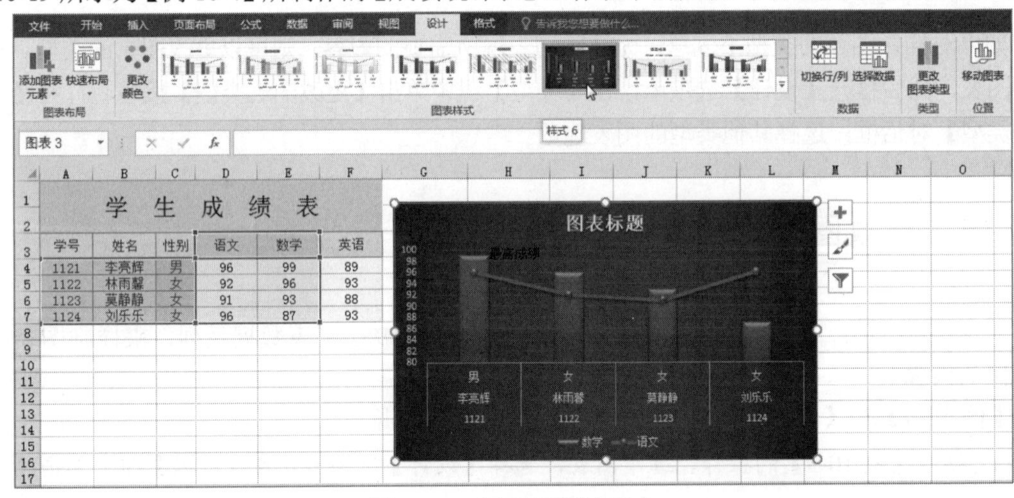

图 10-19　套用预设图表样式

此外，Excel 2016 也预设了多种布局效果，选择【设计】选项卡，在【图表布局】组中单击【快速布局】下拉按钮，在弹出的下拉列表中可以为图表套用预设的图表布局。

10.2.9　设置图表标签

选择【设计】选项卡，在【图表布局】组中可以设置图表布局的相关属性，包括设置图表标题、坐标轴标题、图例位置、数据标签显示位置以及是否显示数据表等。

1. 设置图表标题

在【设计】选项卡的【图表布局】命令组中，单击【添加图表元素】下拉按钮，在弹出的下拉列表中选择【图表标题】选项，可以显示【图表标题】子下拉列表，如图 10-20 所示。在下拉列表中可以选择图表标题的显示位置与是否显示图表标题。

2. 设置图表的图例位置

在【设计】选项卡的【图表布局】组中，单击【添加图表元素】下拉列表按钮，可以打开【图例】子下拉列表，如图 10-21 所示。在该下拉列表中可以设置图表图例的显示位置以及是否显示图例。

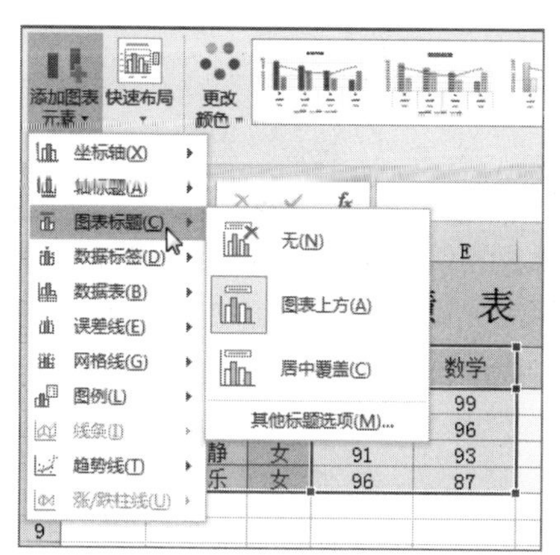

图 10-20　【图表标题】下拉列表

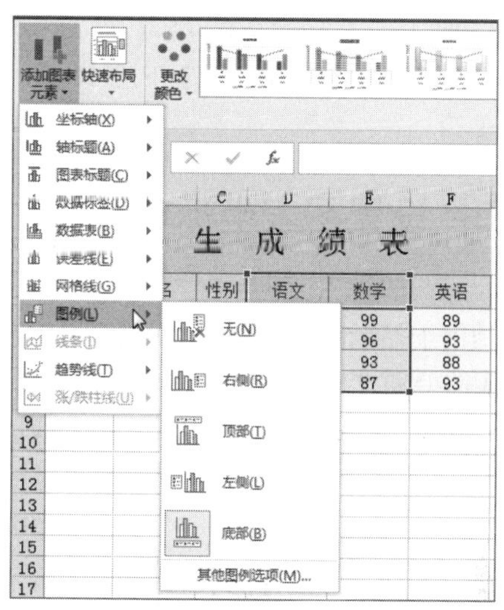

图 10-21　【图例】下拉列表

3. 设置图表坐标轴的标题

在【设计】选项卡的【图表布局】组中，单击【添加图表元素】下拉列表按钮，在弹出的下拉类别中可以打开【轴标题】子下拉列表，如图 10-22 所示。在该下拉列表中可以分别设置横坐标轴标题与纵坐标轴标题。

4. 设置数据标签的显示位置

在有些情况下，图表中的形状无法精确表达其所代表的数据，Excel 提供的数据标签功能可以很好地解决这个问题。数据标签可以用精确数值显示其对应形状所代表的数据。在【设计】选项卡的【图表布局】组中，单击【添加图表元素】下拉列表按钮，在弹出的下拉类别中可以打开【数据标签】子下拉列表，如图 10-23 所示。在该下拉列表中可以设置数据标签在图表中的显示位置。

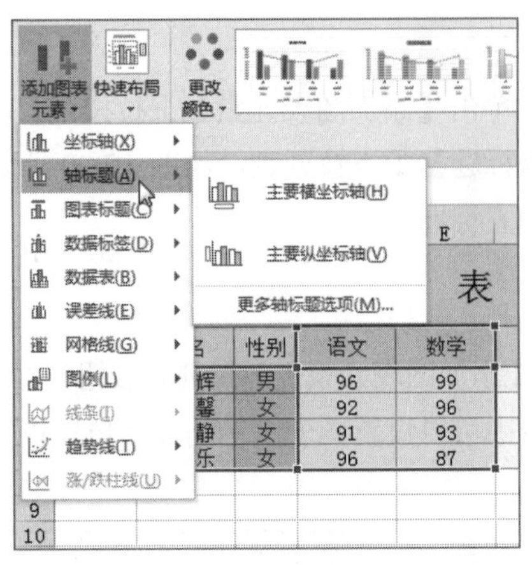

图 10-22 【轴标题】下拉列表

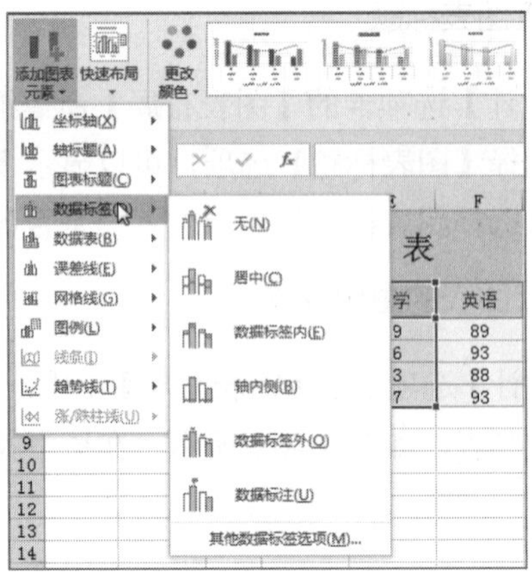

图 10-23 【数据标签】下拉列表

10.2.10 设置图表坐标轴

坐标轴用于显示图表的数据刻度或项目分类，而网格线可以更清晰地了解图表中的数值。在【设计】选项卡的【图表布局】组中，单击【添加图表元素】下拉列表按钮，在弹出的下拉列表中，可以选择【坐标轴】选项，根据需要详细设置图表坐标轴与网格线等属性。

1. 设置坐标轴

在【设计】选项卡的【图表布局】组中，单击【添加图表元素】下拉列表按钮，在弹出的下拉列表中选择【坐标轴】选项，如图 10-24 所示。在弹出的子下拉列表中可以分别设置横坐标轴与纵坐标轴的格式与分布。

在【坐标轴】子下拉列表中选择【更多轴选项】选项，可以打开【设置坐标轴格式】窗格，在该窗格中可以设置坐标轴的详细参数，如图 10-25 所示。

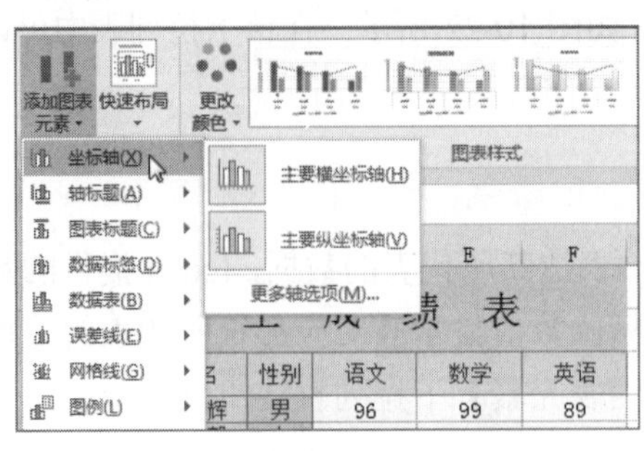

图 10-24 【坐标轴】下拉列表

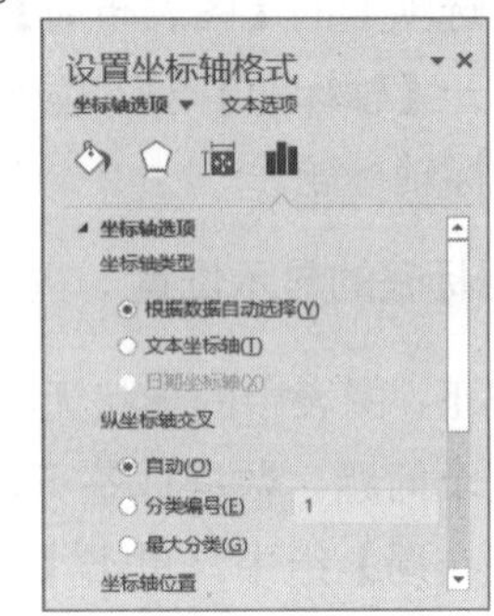

图 10-25 【设置坐标轴格式】窗格

2. 设置网格线

在【设计】选项卡的【图表布局】组中，单击【添加图表元素】下拉列表按钮，在弹出的下

拉列表中选择【网格线】选项，如图 10-26 所示。在该菜单中可以设置启用或关闭网格线，如图 10-27 所示为显示主轴主要水平和垂直网格线。

图 10-26　【网格线】下拉列表

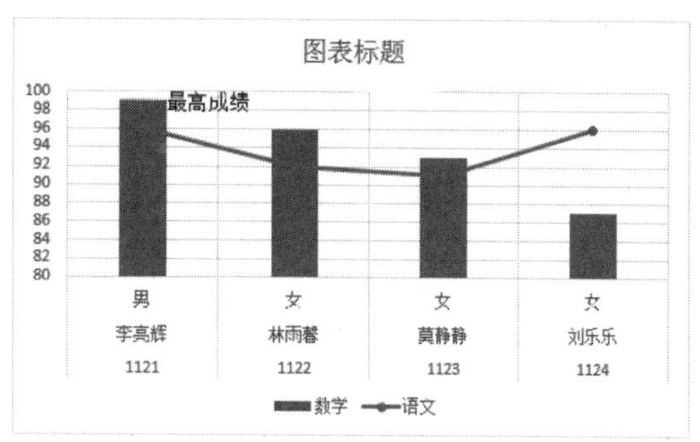

图 10-27　显示主轴网格线

10.2.11　设置图表背景

在 Excel 2016 中，可以为图表设置背景，对于一些三维立体图表还可以设置图表背景墙与基底背景。

1. 设置绘图区背景

选中图表后，在【格式】选项卡的【当前所选内容】命令组中单击【图表元素】下拉列表按钮，在弹出的下拉列表中选择【绘图区】选项，然后单击【设置所选内容格式】按钮，打开【设置绘图区格式】窗格。

在【设置绘图区格式】窗格中展开【填充】选项组后，选中【纯色填充】单选按钮，然后单击【填充颜色】按钮，即可在弹出的选项区域中为图表绘图区设置背景颜色，如图 10-28 所示。

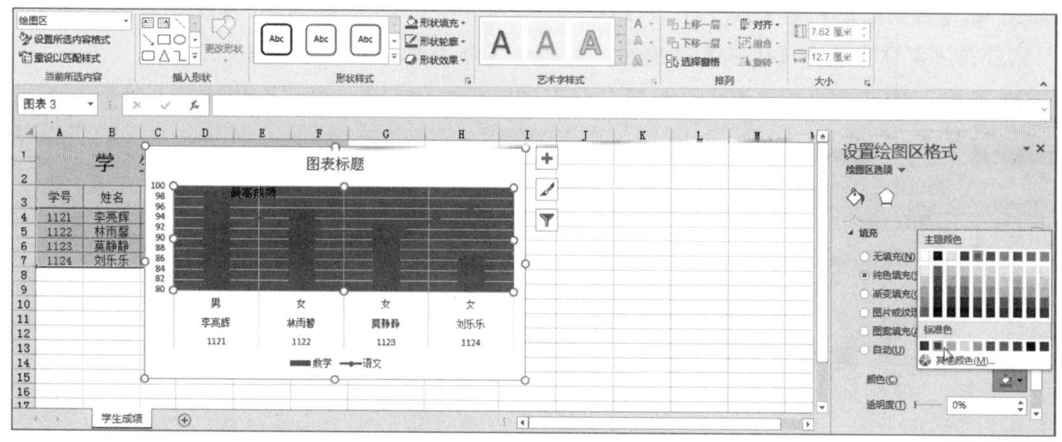

图 10-28　设置图表绘图区背景

2. 设置三维图表的背景

三维图表与二维图表相比多了一个面，因此在设置图表背景的时候需要分别设置图表的背景墙与基底背景。

【例 10-5】在【成绩统计】工作表中为图表设置三维图表背景。

(1) 选中工作表中的图表，选择【图表工具】|【设计】选项卡，然后单击【更改图表类型】按钮。

(2) 打开【更改图表类型】对话框，在【柱形图】列表框中选择【三维簇状柱形图】选项，然后单击【确定】按钮，如图 10-29 所示。

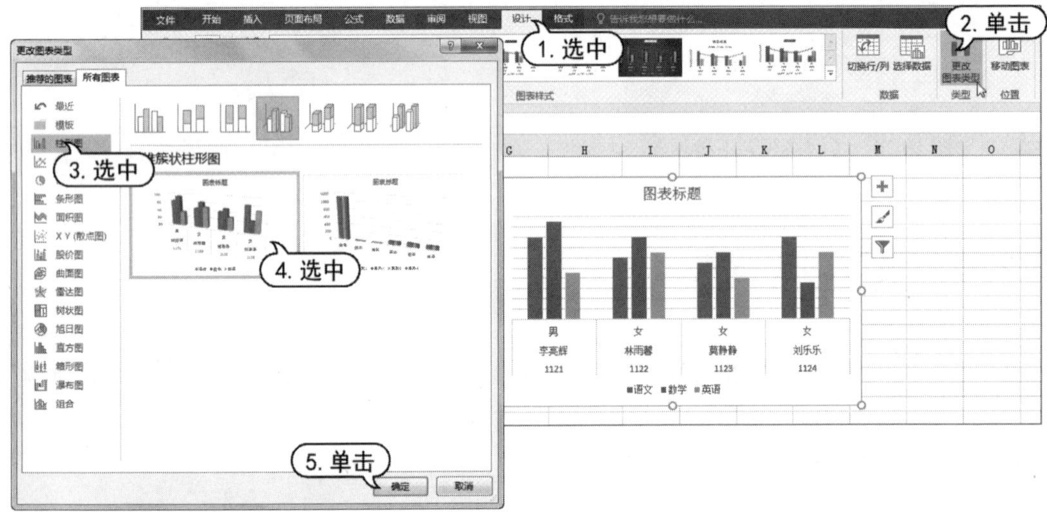

图 10-29　更改图形类型

(3) 此时，原来的柱形图将更改为【三维簇状柱形图】类型。

(4) 打开【图表工具】的【格式】选项卡，在【当前所选内容】组中单击【图表元素】下拉列表按钮，在弹出的下拉列表中选择【背景墙】选项，如图 10-30 所示。

(5) 在【当前所选内容】组中单击【设置所选内容格式】按钮，打开【设置背景墙格式】窗口，然后在该窗口中展开【填充】选项组，并选中【渐变填充】单选按钮。

(6) 此时，即可改变工作表中三维簇状柱形图背景墙的颜色，效果如图 10-31 所示。

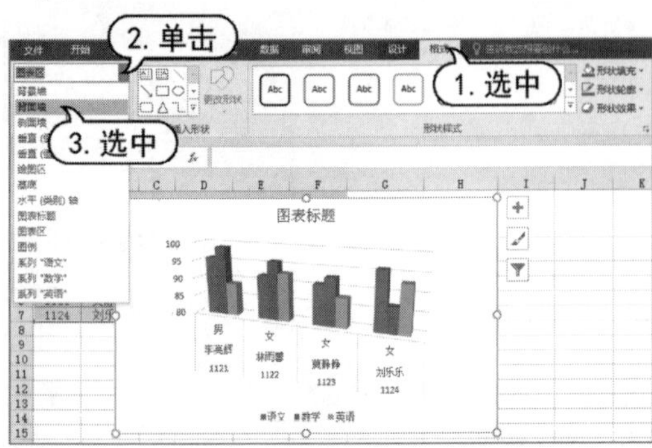

图 10-30　选择当前图表元素

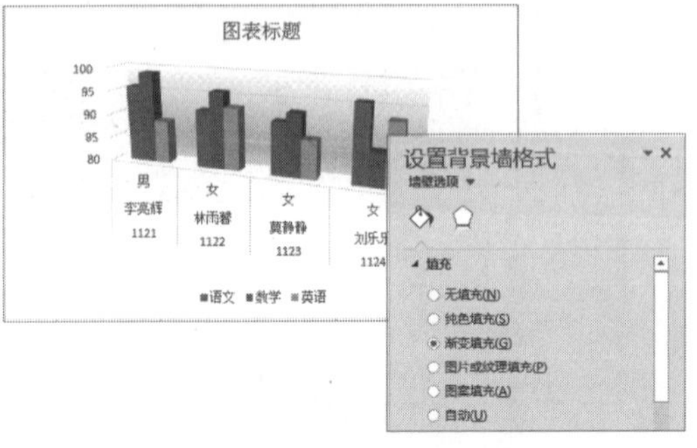

图 10-31　三维图表背景效果

在【设置背景墙格式】窗格的【渐变填充】选项区域中，用户可以设置具体的渐变填充属性参数，包括类型、方向、渐变光圈、颜色、位置和透明度等。

10.2.12　设置图表格式

插入图表后，还可以根据需要自定义设置图表的相关格式，包括图表形状的样式、图表文本样式等，让图表变得更加美观。

1. 设置图表中各个元素的样式

在 Excel 2016 电子表格中插入图表后，可以根据需要调整图表中任意元素的样式，例如图表区的样式、绘图区的样式以及数据系列的样式等。

【例 10-6】在【成绩统计】工作表中设置图表中各种元素的样式。

(1) 继续【例 10-5】的操作，选中图表，选择【图表工具】|【格式】选项卡，在【形状样式】命令组中单击【其他】下拉按钮，在弹出的【形状样式】下拉列表框中选择一种预设样式，如图 10-32 所示。

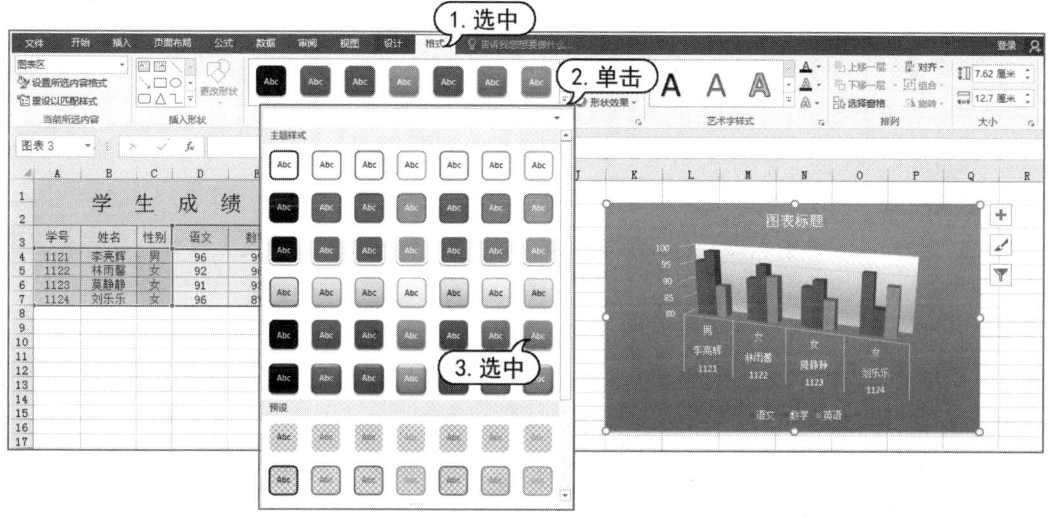

图 10-32　更改图形类型

(2) 返回工作簿窗口，即可查看新设置的图表区样式。

(3) 选定图表中的【英语】数据系列，在【格式】选项卡的【形状样式】组中，单击【形状填充】按钮，在弹出的菜单中选择【紫色】。

(4) 返回工作簿窗口，此时【地理】数据系列的形状颜色更改为紫色。

(5) 在图表中选择垂直轴主要网格线，在【格式】选项卡的【形状样式】组中，单击【其他】按钮，从弹出的列表框中选择一种网格线样式。

(6) 返回工作簿窗口，即可查看图表网格线的新样式，如图 10-33 所示。

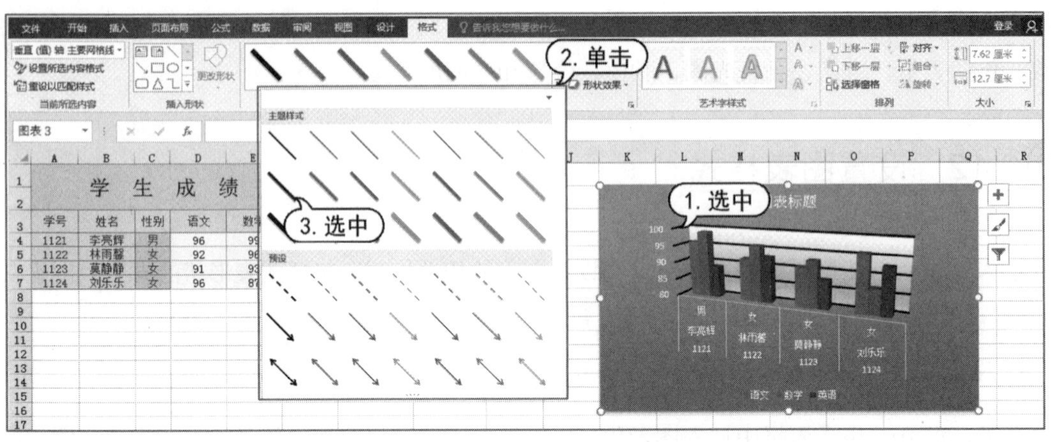

图 10-33 设置网格线样式

2. 设置图表中的文本格式

文本是 Excel 2016 图表不可或缺的元素，如图表标题、坐标轴刻度、图例以及数据标签等元素都是通过文本来表示的。在设置图表时，还可以根据需要设置图表中文本的格式。

【例 10-7】在【成绩统计】工作表中设置图表中文本内容的格式。

(1) 继续【例 10-6】的操作，在【格式】选项卡的【当前所选内容】命令组中单击【图表元素】下拉按钮，在弹出的下拉列表中选择【图表标题】选项。

(2) 在出现的【图表标题】文本框中输入图表标题文字【成绩统计】。

(3) 右击输入的图表标题，在弹出的菜单中选择【字体】命令。

(4) 在打开的【字体】对话框中设置标题文本的格式后，单击【确定】按钮，即可设置图表标题文本的格式，如图 10-34 所示。

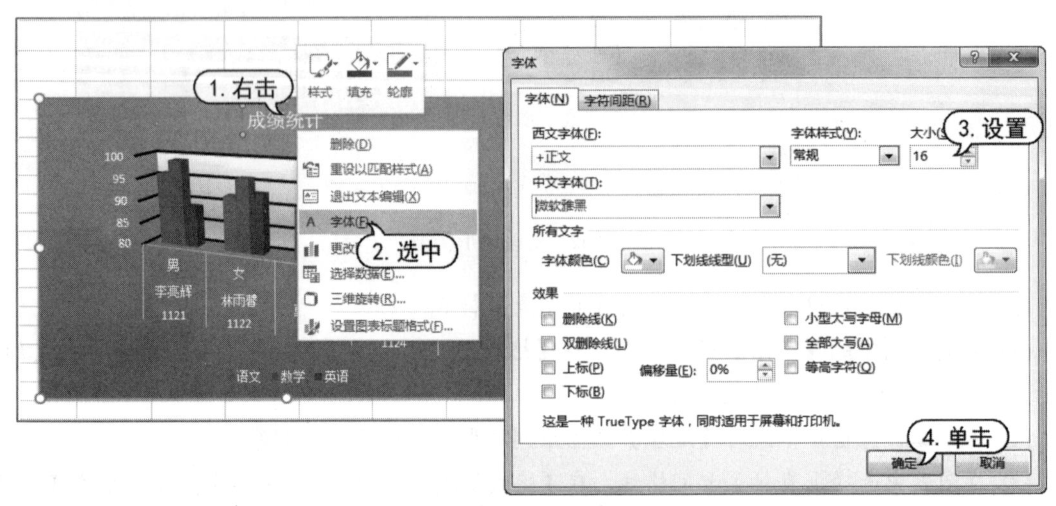

图 10-34 设置图表标题文本的格式

(5) 使用同样的方法可以设置纵坐标轴刻度文本、横坐标文本、图例文本的格式。

10.2.13 添加图表辅助线

在 Excel 2016 的图表中，可以添加各种辅助线来分析和观察图表数据内容。Excel 2016 支持的图表数据的分析功能主要包括趋势线、折线、涨/跌柱线以及误差线等。

1. 添加趋势线

趋势线是以图形的方式表示数据系列的变化趋势并对以后的数据进行预测，可以在 Excel 2016 的图表中添加趋势线来帮助数据分析。

【例 10-8】在【成绩统计】工作表中添加趋势线。

(1) 打开【成绩统计】工作簿的 Sheet1 工作表，然后选中图表，在【设计】选项卡的【图表布局】命令组中单击【添加图表元素】下拉列表按钮，在弹出的下拉列表中选择【趋势线】|【其他趋势线选项】选项。

(2) 在打开的【添加趋势线】对话框中选择【语文】选项，然后单击【确定】按钮，如图 10-35 所示。

(3) 在打开的【设置趋势线格式】窗格的【趋势线选项】选项区域中设置趋势线参数。

(4) 此时，在图表上添加了如图 10-36 所示的趋势线。

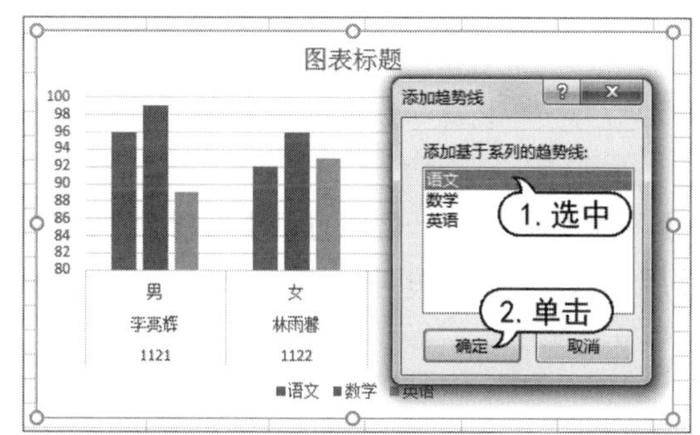

图 10-35 【添加趋势线】对话框

图 10-36 添加趋势线效果

(5) 右击添加的趋势线，从弹出的快捷菜单中选择【设置趋势线格式】命令，打开【设置趋势线格式】窗格中可以设置趋势线的各项参数。

2. 添加误差线

运用图表进行回归分析时，如果需要表现数据的潜在误差，则可以为图表添加误差线，其操作和添加趋势线的方法相似。

【例 10-9】在【成绩统计】工作簿中添加误差线。

(1) 打开【成绩统计】工作表后，选中图表中需要添加误差线的数据系列【语文】。

(2) 单击【设计】选项卡的【添加图表元素】下拉列表按钮，在弹出的下拉列表中选择【误差线】|【其他误差线选项】选项。

(3) 打开【设置误差线格式】窗格，然后在该窗格中设置误差线的参数，如图 10-37 所示。

(4) 完成以上设置后，将在图表中添加如图 10-38 所示的误差线。

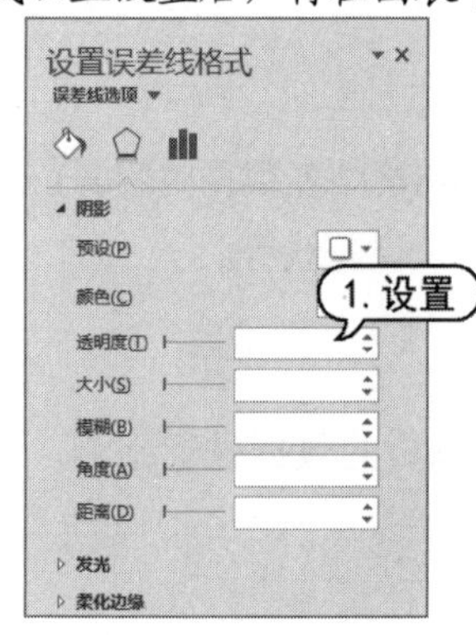

图 10-37 【设置误差线格式】窗格

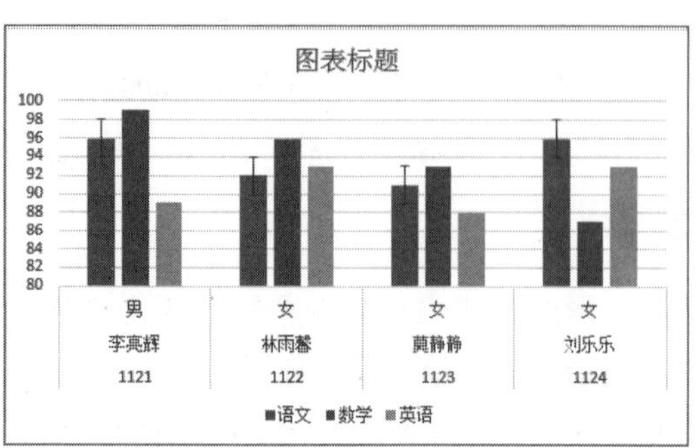

图 10-38 误差线效果

10.3 使用形状

形状是指浮于单元格上方的简单几何图形，也叫自选图形。在 Excel 2016 中，软件提供多种形状图形可以供用户使用。

10.3.1 插入形状

在【插入】选项卡的【插图】组中单击【形状】下拉列表按钮，可以打开【形状】下拉列表。在【形状】菜单中包含 9 个分类，分别为：最近使用形状、线条、矩形、基本形状、箭头总汇、公式形状、流程图、星与旗帜以及标注等。

【例 10-10】在工作表中插入一个左箭头矩形。

(1) 打开工作表后，选择【插入】选项卡，在【插图】命令组中单击【形状】拆分按钮，在弹出的菜单中选择【左箭头】选项。

(2) 在工作表中按住鼠标左键拖动，绘制如图 10-39 所示的图形。

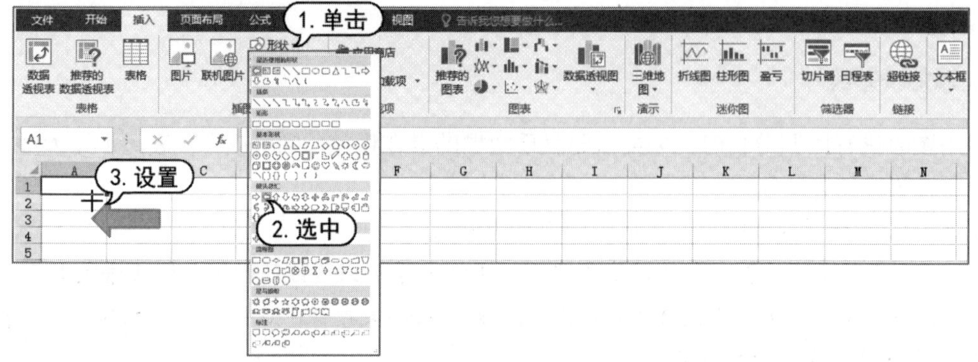

图 10-39 绘制形状

10.3.2　编辑形状

在工作表内插入了形状以后，可以将其进行旋转、移动、改变大小等编辑操作。

1. 旋转形状

在 Excel 2016 中用户可以旋转已经绘制完成的图形，让自绘图形能够满足用户的需要。旋转图形时，只需选中图形上方的圆形控制柄，然后拖动鼠标旋转图形，在拖动到目标角度后释放鼠标即可，如图 10-40 所示。

如果要精确旋转图形，可以右击图形，在弹出的菜单中选择【大小和属性】命令，显示【设置形状格式】窗格。在【大小】选项区域的【旋转】文本框中可以设置图形的精确旋转角度，如图 10-41 所示。

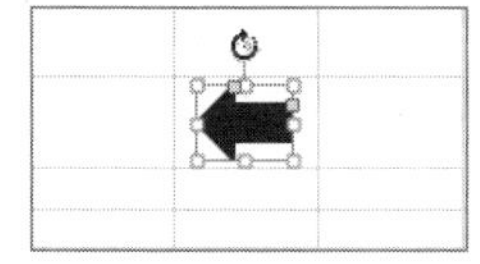

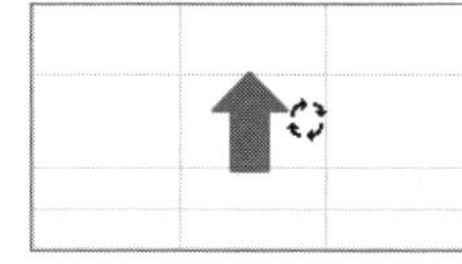

图 10-40　拖动鼠标旋转图形

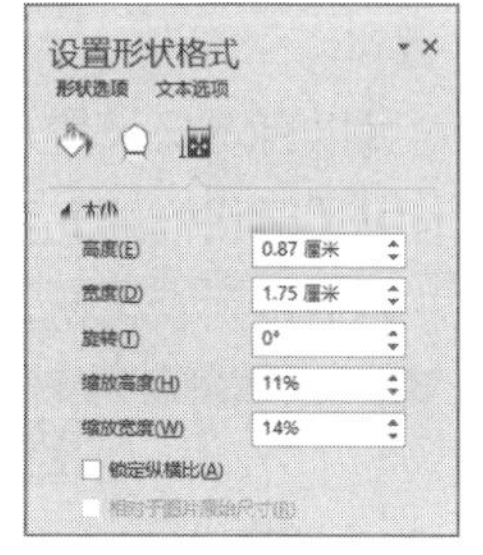

图 10-41　精确旋转图形

2. 移动形状

在 Excel 2016 的电子表格中绘制图形后，需要将图形移动到表格中需要的位置。移动图形的方法十分简单，选定图形后按住鼠标左键，然后拖动鼠标移动图形，到目标位置后释放鼠标左键，即可移动图形，如图 10-42 所示。

3. 缩放形状

如果用户需要重新调整图形的大小，可以拖动图形四周的控制柄调整尺寸，或者在【设置形状格式】窗格中精确设置图形缩放大小。

当将光标移动至图形四周的控制柄上时，光标将变为一个双箭头，按住鼠标左键并拖动，将图形缩放成目标形状后释放鼠标即可，如图 10-43 所示。

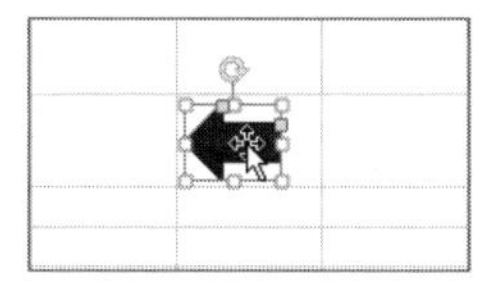

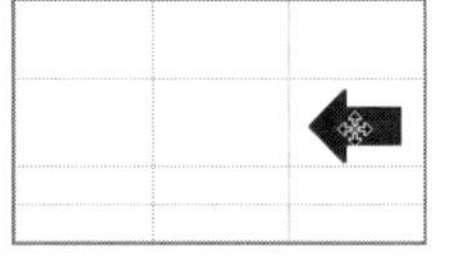

图 10-42　移动形状

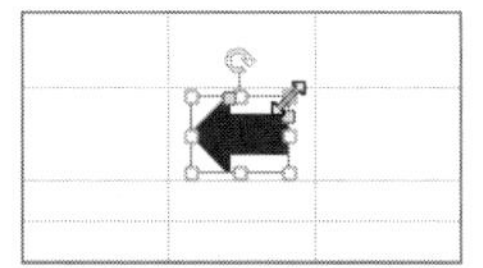

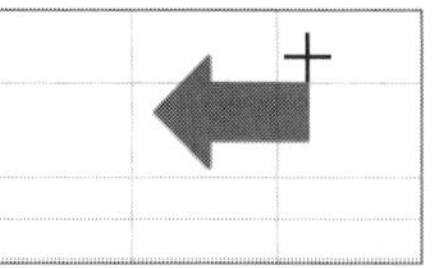

图 10-43　缩放形状

若使用鼠标拖动图形边角的控制柄时，同时按住 Shift 键可以使图形的长宽比例保持不变；如果在改变图形的大小时同时按住 Ctrl 键，将保持图形的中心位置不变。

10.3.3 排列形状

当电子表格中多个形状叠放在一起时，新创建的形状会遮住之前创建的形状，按先后次序叠放形状。要调整叠放的顺序，只需选中形状后，单击【格式】选项卡中的【上移一层】或【下移一层】按钮，即可将选中形状向上或向下移动。

另外，用户还可以对表格内的多个形状进行对齐和分布功能。例如，按住 Ctrl 键选中表格内的多个形状，选择【格式】选项卡中的【对齐对象】|【水平居中】命令，可以将多个形状排列在同一根垂直线上。

10.3.4 设置形状样式

Excel 2016 可以自定义设置形状填充、形状轮廓和形状效果等格式。用户选中形状后，单击【格式】选项卡中【形状样式】列表框中的一种样式，可以快速应用该样式，如图 10-44 所示。单击【形状效果】下拉列表按钮，在弹出的下拉列表中，可以改变形状的效果。

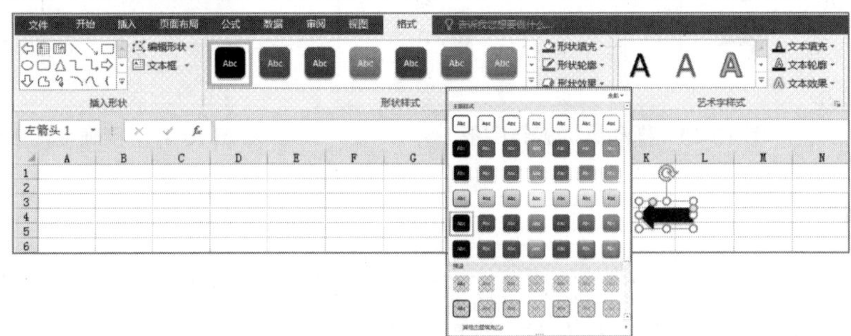

图 10-44 设置形状的样式

10.4 使用图片

在 Excel 2016 的工作表中，绘制图形只能满足表格的一些初级图形需要，如果要在电子表格中插入更加复杂的图形，则可以通过插入图片与剪贴画的方法来实现。

10.4.1 插入本地图片

Excel 2016 支持目前几乎所有的常用图片格式进行插入，用户可以选择将计算机硬盘上的图片插入到表格内并进行设置。

【例 10-11】在【日历】工作表中插入图片并进行设置。

(1) 打开【统计表】工作表，选择【插入】选项卡，在【插图】命令组中单击【图片】按钮。

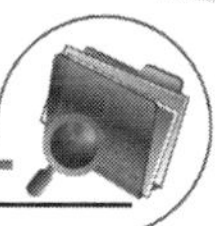

(2) 打开【插入图片】对话框，选中一个图片文件后单击【插入】按钮。

(3) 单击【插入】按钮，将在 A1 单元格中插入如图 10-45 所示的图片。

图 10-45　在工作表中插入图片

(4) 选择【格式】选项卡，在【大小】命令组中单击【裁剪】按钮，在图片四周会出现 8 个裁剪点，用鼠标拖放裁剪点后，再单击【裁剪】按钮即可裁掉图片的边角，如图 10-46 所示。

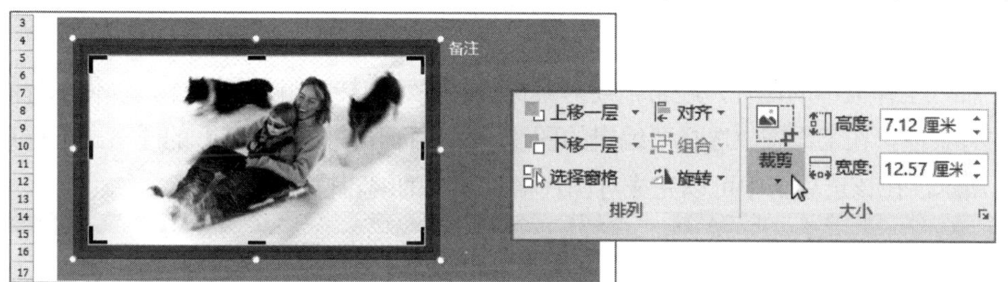

图 10-46　剪裁图片

(5) 在【图片样式】命令组中的列表框中，用户可以选择图片的样式。

(6) 拖动图片四周的控制点，可以调整图片的大小和位置。

10.4.2　插入联机图片

使用 Excel 的【联机图片】功能，用户可以通过互联网搜索图片，并将搜索到的图片插入至表格中，从而轻松达到美化工作表的目的。

【例 10-12】在工作表中插入联机图片。

(1) 选择【插入】选项卡，在【插图】命令组中单击【联机图片】按钮。

(2) 在打开的【插入图片】对话框中的文本框中输入要查找的剪贴画关键字(例如“山”)，并按下 Enter 键。

(3) 在【插入图片】对话框的搜索结果中选择要插入表格的剪贴画预览图后，单击【插入】按钮即可将其插入至工作表中，如图 10-47 所示。

图 10-47　在工作表中插入图片

10.4.3　设置图片格式

对于插入工作表中的图片，经常需要对其进行对齐、旋转、组合等操作，以使图片的分布更美观、更有条理。在工作表中选择要编辑的图片，然后打开【图片工具】的【格式】选项卡，如图 10-48 所示，在该选项卡中可以完成对图片格式设置的编辑操作。

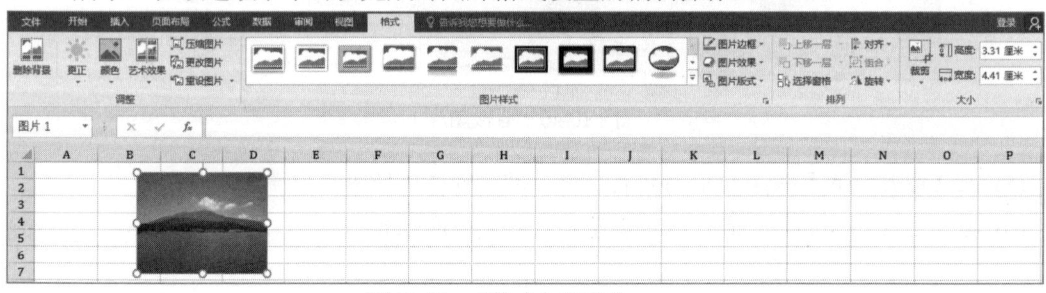

图 10-48　【格式】选项卡

- 调整图片亮度：在【图片工具】|【格式】选项卡的【调整】命令组中，可以调整图片的亮度。单击【更正】下拉列表按钮，在弹出的下拉列表中可以选择增高或者降低图片的亮度、锐度和对比度等。
- 调整图片颜色：如果对插入图片的颜色不满意，还可以为图片重新着色。在【图片工具】|【格式】选项卡的【调整】命令组中，单击【颜色】下拉列表按钮，在弹出的下拉列表中可以设置要调整的颜色。

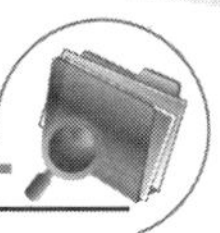

- 添加图片特效：在 Excel 2016 中，还可以为插入的图片添加各种特殊效果，例如映像、阴影、发光、柔化边缘、棱台以及三维旋转等。打开【图片工具】|【格式】选项卡的【图片样式】命令组，单击【图片效果】下拉列表按钮，在弹出的各级子下拉列表中可以选择要添加的图片特殊效果。
- 添加图片外框：要为插入的图片添加各种样式与颜色边框，可以打开【图片工具】|【格式】选项卡的【图片样式】命令组，单击【图片边框】下拉列表按钮，在弹出的下拉列表中设置图片边框的颜色与样式。
- 压缩图片：如果图片文件比较大，那么插入图片后的 Excel 表格文件也会很大。用户可以使用压缩图片功能来降低文件的大小。

10.5 使用艺术字

在 Excel 电子表格中，除了可以在单元格中插入文本外，还可以通过插入艺术字与文本框这两种方法在表格中插入文本。

【例 10-13】使用 Excel 2016，在电子表格中添加艺术字。

(1) 选择【插入】选项卡，在【文本】命令组中单击【艺术字】下拉选项，在弹出的下拉列表中选择一种艺术字样式。

(2) 返回工作表后，将在其中插入选定的艺术字样式，如图 10-49 所示。

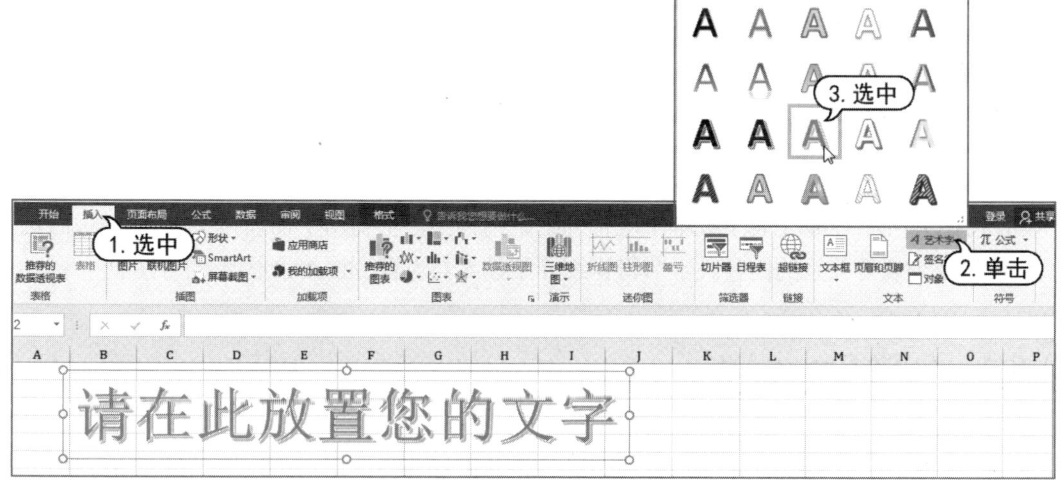

图 10-49　在单元格中插入艺术字

(3) 选定工作表中插入的艺术字，修改其内容为“艺术文字”。

(4) 选定艺术字，在【格式】选项卡中单击【文字效果】按钮，在弹出的下拉菜单中选择【映像】|【半映像，4pt 偏移量】选项，如图 10-50 所示。

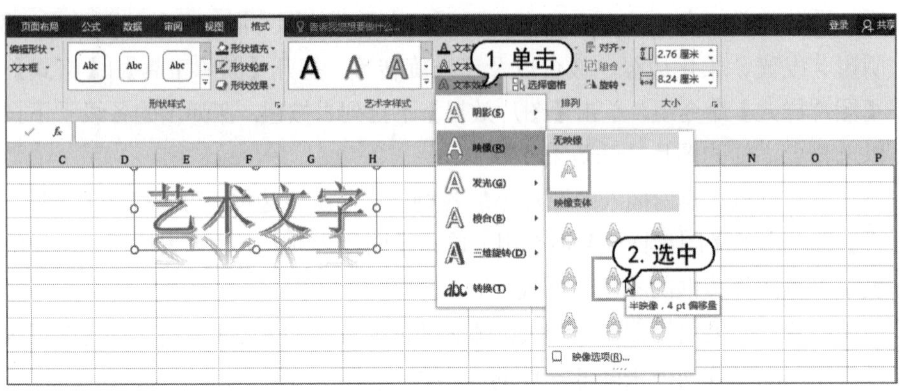

图 10-50　设置艺术字的文字效果

(5) 选定艺术字，在【格式】选项卡中单击【文本轮廓】下拉列表按钮，在弹出的下拉列表中可以为艺术字设置轮廓颜色。

(6) 选定艺术字，在【格式】选项卡中单击【文本填充】下拉列表按钮，在弹出的下拉列表中可以为艺术字设置填充颜色。完成艺术字的设置后，效果如图 10-51 所示。

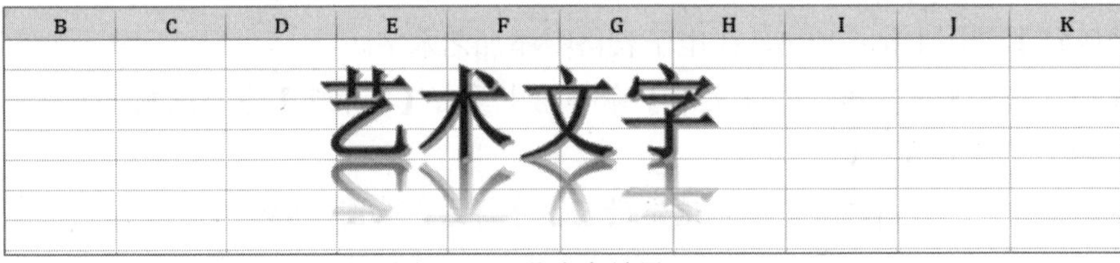

图 10-51　艺术字效果

10.6　使用 SmartArt

SmartArt 图形在早期 Excel 版本中被称为组织结构图，主要用于在表格中表现一些流程、循环、层次以及列表等关系的内容。本节将详细介绍插入与设置 SmartArt 图形的方法。

10.6.1　创建 SmartArt

Excel 预设了很多 SmartArt 图形样式，并且将其进行分类，用户可以根据需要方便地在表格中插入所需的 SmartArt 图形。

【例 10-14】在工作表中插入 SmartArt。

(1) 选择【插入】选项卡后，在【插图】命令组中单击【插入 SmartArt 图形】按钮。

(2) 在打开的【选择 SmartArt 图形】对话框中选择【流程】选项，然后在对话框中间列表区域选择一种流程样式，并单击【确定】按钮，如图 10-52 所示。

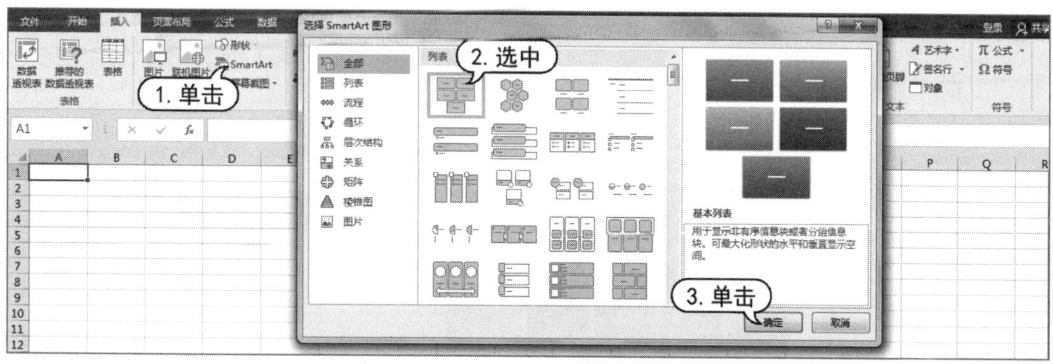

图 10-52　【选择 SmartArt 图形】对话框

(3) 返回工作表窗口，即可在表格中插入选定的 SmartArt 图形。

(4) 在 SmartArt 图形中输入文本内容。在【设计】选项卡的【SmartArt 样式】命令组中，单击【其他】下拉列表按钮▼，在弹出的下拉列表中设置 SmartArt 图形的样式，如图 10-53 所示。

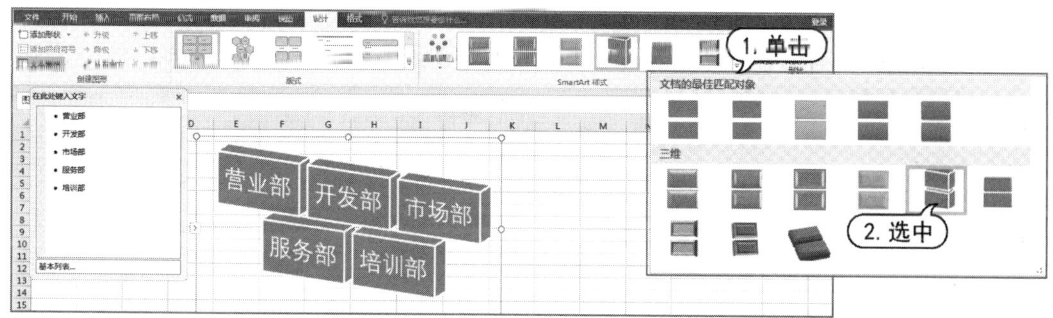

图 10-53　设置 SmartArt 图形的样式

(5) 选择 SmartArt 图形中一个形状，然后在【设计】选项卡的【创建图形】组中单击【添加形状】下拉列表按钮，在弹出的下拉列表中选择【在前面添加形状】选项，可在选中形状的前方添加一个新的图形形状。

10.6.2　设置 SmartArt 图形

插入 SmartArt 图形后，会自动打开【SmartArt 工具】的【设计】选项卡，如图 10-53 所示。在该选项卡中可以对已经插入的 SmartArt 图形进行具体的样式设计。

在【SmartArt 工具】|【设计】选项卡的【布局】组中，可以更改已经插入 SmartArt 图形的布局，还可以更改其显示颜色与显示效果，让其显示得更加美观。

【例 10-15】在 Excel 2016 电子表格中设计 SmartArt 图形的样式。

(1) 继续【例10-14】的操作，打开【SmartArt 工具】|【设计】选项卡，在【版式】命令组中选取【连续图片列表】布局样式。

(2) 此时，SmartArt 图形即可应用新的布局样式，如图 10-54 所示。

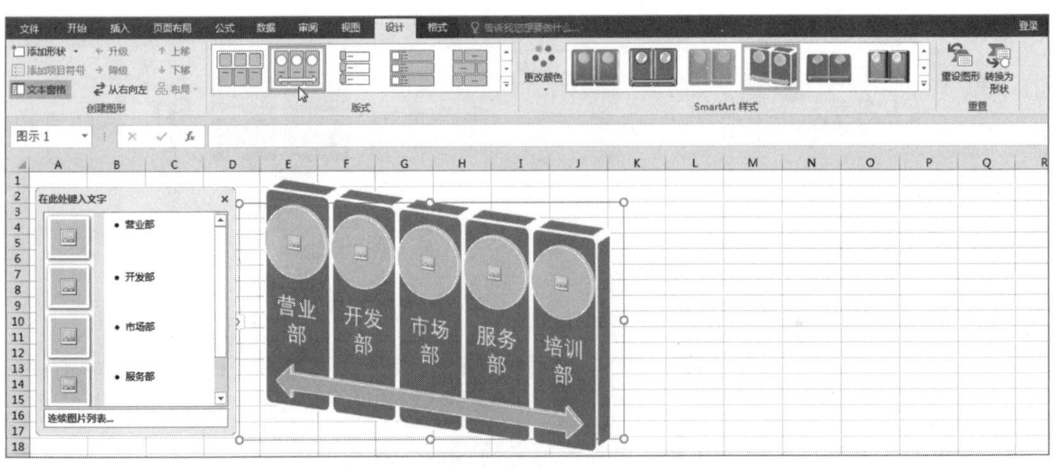

图 10-54　设置 SmartArt 版式

(3) 在【SmartArt 样式】组中单击【更改颜色】拆分按钮，在弹出的下拉列表中选择【彩色填充-个性色】选项。

(4) 返回工作簿窗口后，即可查看 SmartArt 图形的新颜色，如图 10-55 所示。

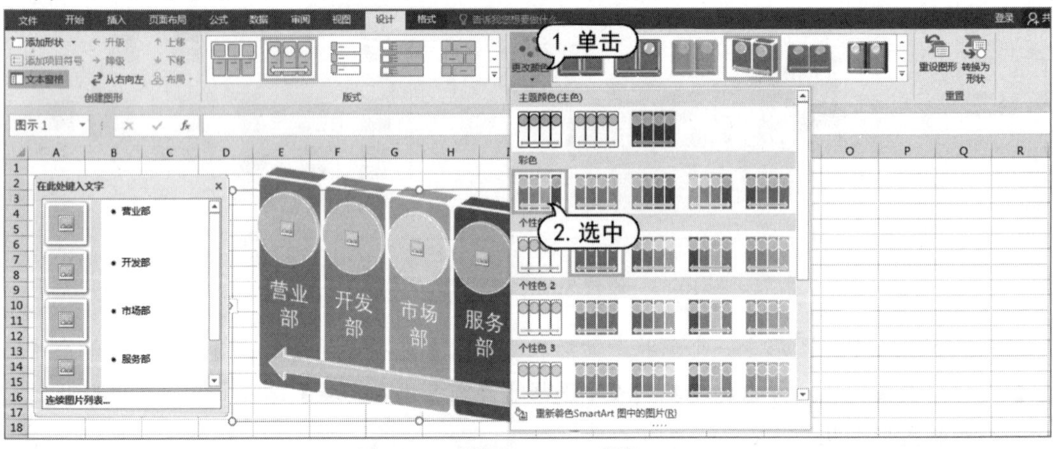

图 10-55　设置 SmartArt 颜色

(5) 打开【SmartArt 工具】的【格式】选项卡，在其中可以设置 SmartArt 图形中文本的格式，如图 10-56 所示。

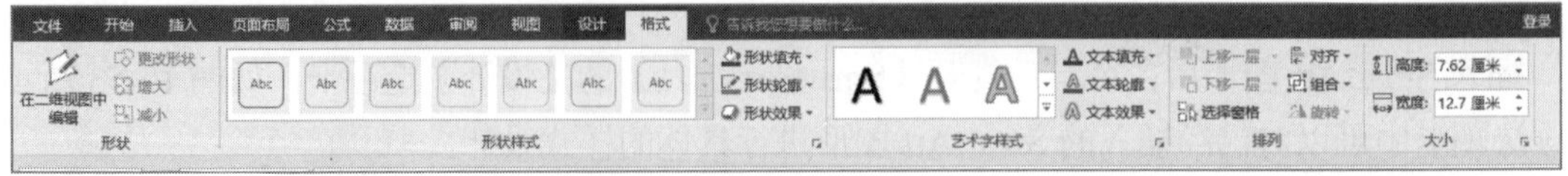

图 10-56　【格式】选项卡

10.7　上机练习

本章的上机练习将介绍在 Excel 中设置动态数据图表的方法，用户可以通过实例操作巩固所学的知识。

(1) 创建一个名为【销量分析表】的空白工作簿后，在其中输入相应的数据，如图 10-57 所示。

(2) 选中 A1:B8 单元格区域，在【插入】选项卡的【图表】命令组中单击【插入柱形图】拆分按钮，在弹出的下拉列表中选择【簇状柱形图】命令，如图 10-58 所示。

	A	B	C
1	时间	数据	
2	1月	300	
3	2月	500	
4	3月	800	
5	4月	400	
6	5月	200	
7	6月	700	
8	7月	1100	
9			

图 10-57　【销量分析表】工作簿

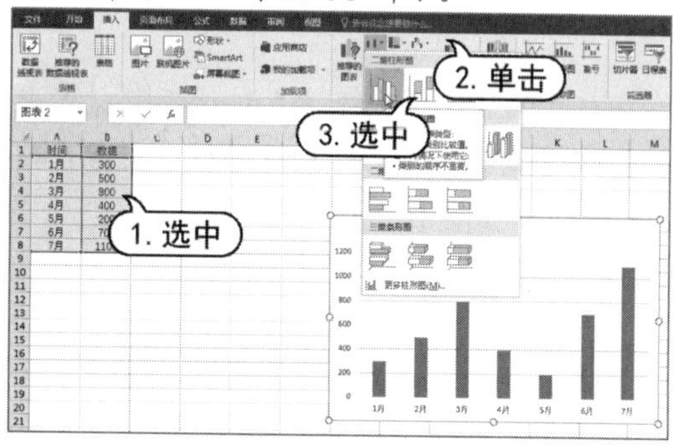

图 10-58　簇状柱形图

(3) 此时，将在工作表中插入一个簇状柱形图。

(4) 选中 A1 单元格后，选择【公式】选项卡，在【定义的名称】组中单击【名称管理器】选项。

(5) 在打开的【名称管理器】对话框中单击【新建】按钮，如图 10-59 所示。

(6) 在打开的【新建名称】对话框中的【名称】文本框中输入文本“时间”，然后单击【范围】下拉列表按钮，在弹出的下拉列表中选择 Sheet1 选项，如图 10-60 所示。

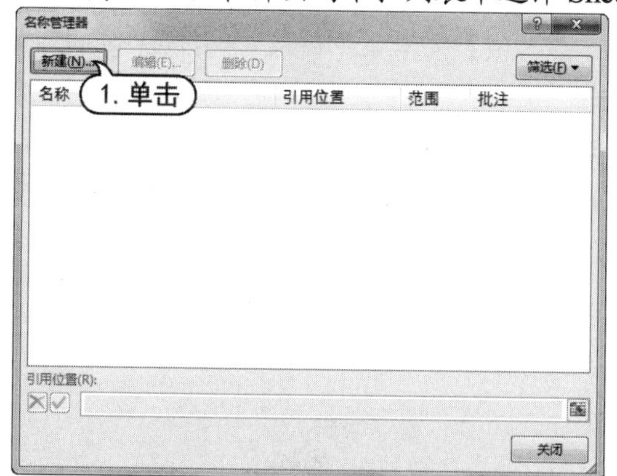

图 10-59　【名称管理器】对话框

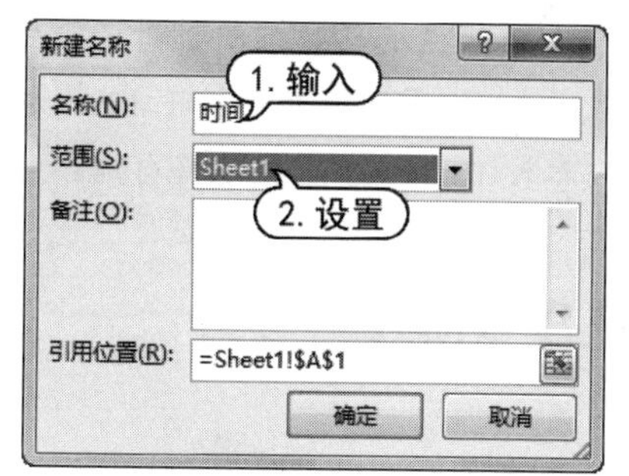

图 10-60　【新建名称】对话框

(7) 在【新建名称】对话框的【引用位置】文本框中输入公式：

```
=Sheet1!$A$2:$A$13
```

单击【确定】按钮。

(8) 返回【名称管理器】对话框后，再次单击【新建】按钮。

(9) 在打开的【新建名称】对话框的【名称】文本框中输入文本“数据”，单击【范围】下拉列表按钮，在弹出的下拉列表中选择【Sheet1】选项，在【引用位置】文本框中输入公式：

```
=OFFSET(Sheet1!$B$1,1,0,COUNT(Sheet1!$B:$B))
```

单击【确定】按钮，返回【名称管理器】对话框，如图 10-61 所示。

(10) 在【名称管理器】对话框中单击【关闭】按钮。

(11) 选中工作表中插入的图表，选择【设计】选项卡，在【数据】组中单击【选择数据】按钮。

(12) 在打开的【选择数据源】对话框中，单击【图例项】选项区域中的【编辑】按钮。

(13) 打开【编辑数据系列】对话框，在【系列值】文本框中输入“=Sheet1!数据”，然后单击【确定】按钮，如图 10-62 所示。

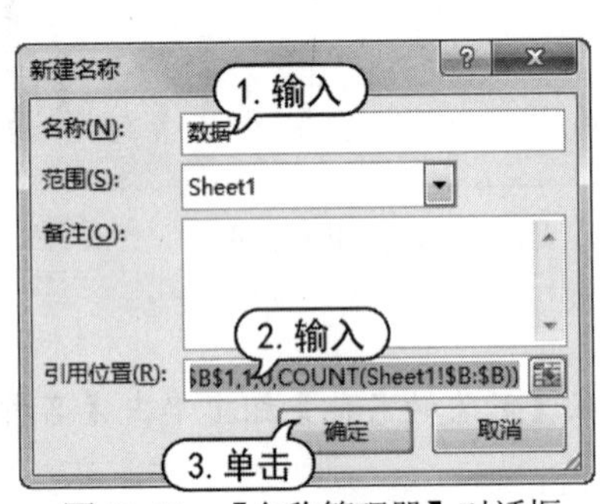

图 10-61 【名称管理器】对话框

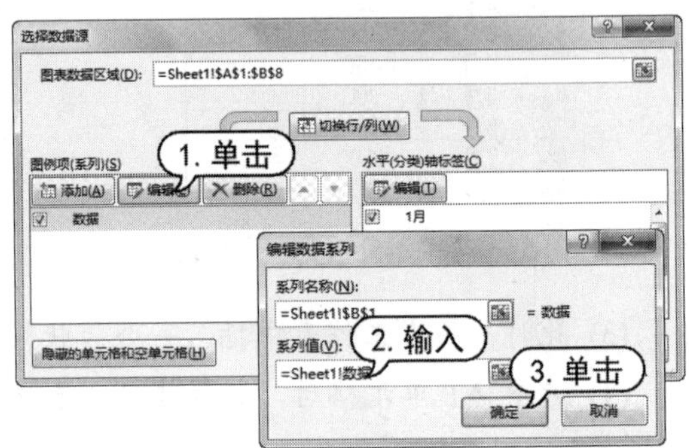

图 10-62 【编辑数据系列】对话框

(14) 返回【选择数据源】对话框后，在该对话框的【水平(分类)轴标签】列表框中单击【编辑】按钮。

(15) 在打开的【轴标签】对话框中的【轴标签区域】文本框中输入“=Sheet1!时间”，然后单击【确定】按钮。

(16) 返回【选择数据源】对话框后，在该对话框中单击【确定】按钮。此时，在 A9 单元格中输入文本“8 月”，然后按下 Enter 键，图表的水平轴标签上将添加相应的内容。在 B9 单元格中输入参数 1000，在图表中将自动添加相应的内容。

10.8 习题

1. 图表主要有哪几种类型？
2. 使用 Excel 2016 创建【员工业绩考核表】工作表，并在输入数据后添加饼状图表。
3. 使用 Excel 2016，在表格中分别插入“春”“夏”“秋”“冬”4 张联机图片，并分别为其设置不同的显示效果。
4. 使用 SmartArt 图形制作近期工作计划。

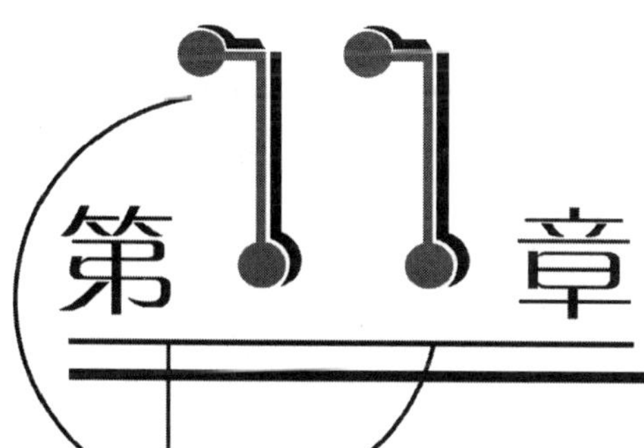

第11章 使用 Excel 分析数据

学习目标

在日常工作中，用户经常需要对 Excel 中的数据进行管理与分析，将数据按照一定的规律排序、筛选、分类汇总，并使用 Excel 分析工具对数据进行方差、相关系数、协方差、回归分析等分析处理，从而使数据更加合理地被利用。

本章重点

- 排序与筛选表格数据
- 创建分类汇总
- 使用 Excel 分析工具库
- 使用数据透视表分析数据

11.1 排序表格数据

数据排序是指按一定规则对数据进行整理、排列，这样可以为数据的进一步处理做好准备。Excel 2016 提供了多种方法对数据清单进行排序，可以按升序、降序的方式，也可以由用户自定义排序。

11.1.1 按单一条件排序数据

在数据量相对较少(或排序要求简单)的工作簿中，用户可以设置一个条件对数据进行排序处理，具体方法如下。

【例 11-1】 在【人事档案】工作表中按单一条件排序表格数据。

(1) 打开【人事档案】工作表，选中 E4:E22 单元格区域，然后选择【数据】选项卡，在【排序和筛选】组中单击【升序】按钮。

(2) 在打开的【排序提醒】对话框中选中【扩展选定区域】单选按钮，然后单击【排序】按钮，如图 11-1 所示。

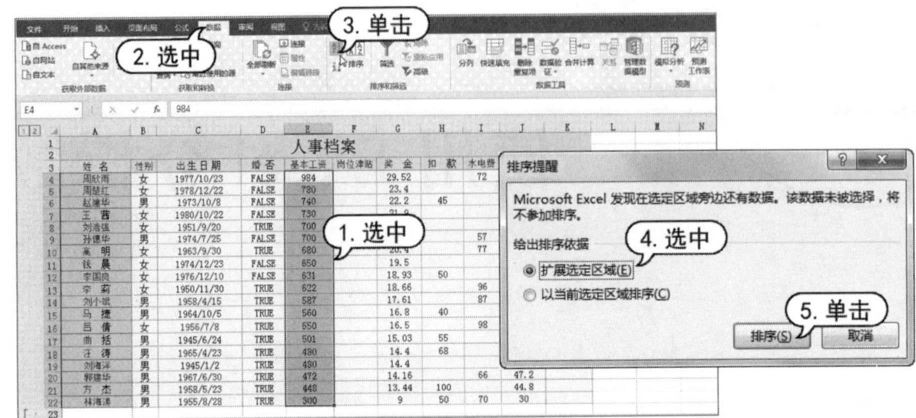

图 11-1　按单一条件排序数据

(3) 此时，在工作表中显示排序后的数据，即从低到高的顺序重新排列。

11.1.2　按多个条件排序数据

在 Excel 中，按多个条件排序数据可以有效避免排序时出现多个数据相同的情况，从而使排序结果符合工作的需要。

【例 11-2】在【成绩】工作表中按多个条件排序表格数据。

(1) 打开【成绩】工作表后选择 B2:E18 单元格区域，然后选择【数据】选项卡，然后单击【排序和筛选】组中的【排序】按钮。

(2) 在打开的【排序】对话框中单击【主要关键字】下拉列表按钮，在弹出的下拉列表中选择【语文】选项；单击【排序依据】下拉列表按钮，在弹出的下拉列表中选中【数值】选项；单击【次序】下拉列表按钮，在弹出的下拉列表中选中【升序】选项，如图 11-2 所示。

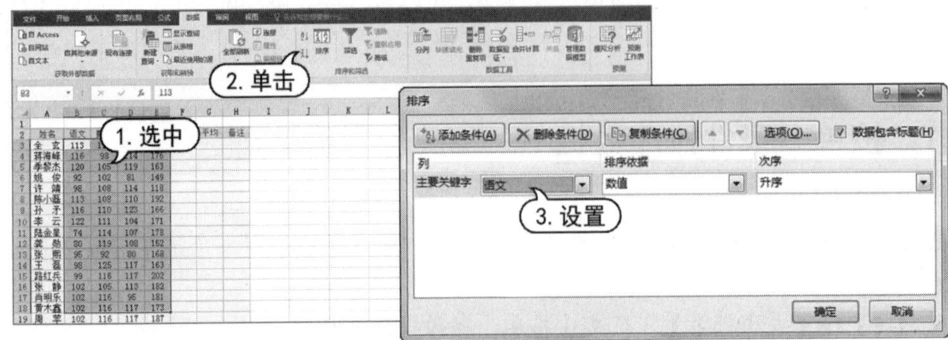

图 11-2　设置主要排序关键字

(3) 在【排序】对话框中单击【添加条件】按钮，添加次要关键字，然后单击【次要关键字】下拉列表按钮，在弹出的下拉列表中选择【数学】选项；单击【排序依据】下拉列表按钮，在弹出的下拉列表中选择【数值】选项；单击【次序】下拉列表按钮，在弹出的下拉列表中选择【升序】选项，如图 11-3 所示。

(4) 完成以上设置后，在【排序】对话框中单击【确定】按钮，即可按照“语文”和“数学”成绩的“升序”条件对工作表中选定的数据进行排序，效果如图 11-4 所示。

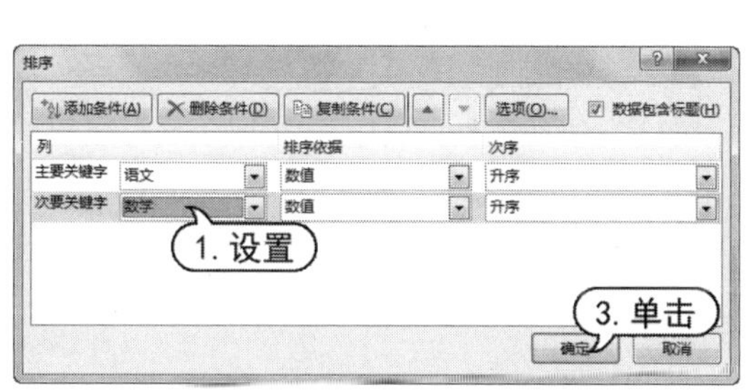

图 11-3　设置次要排序关键字

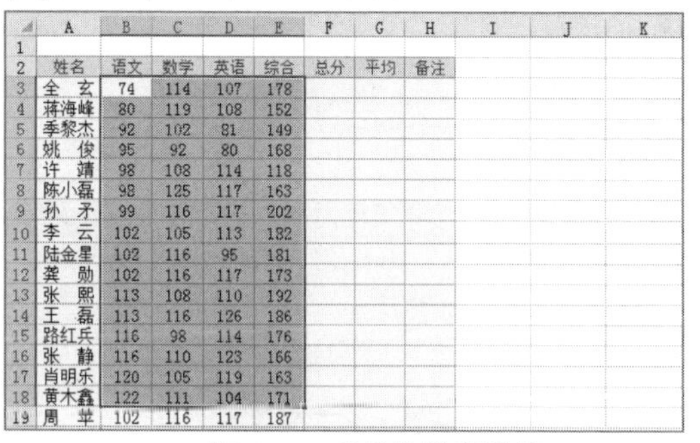

	A	B	C	D	E	F	G	H	I	J	K
1											
2	姓名	语文	数学	英语	综合	总分	平均	备注			
3	全　玄	74	114	107	178						
4	蒋海峰	80	119	108	152						
5	季黎杰	92	102	81	149						
6	姚　俊	95	92	80	168						
7	许　靖	98	108	114	118						
8	陈小磊	98	125	117	163						
9	孙　矛	99	116	117	202						
10	李　云	102	105	113	182						
11	陆金星	102	116	95	181						
12	龚　勋	102	116	117	173						
13	张　熙	113	108	110	192						
14	王　磊	113	116	126	186						
15	路红兵	116	98	114	176						
16	张　静	116	110	123	166						
17	肖明乐	120	105	119	163						
18	黄木鑫	122	111	104	171						
19	周　苹	102	116	117	187						

图 11-4　多条件排序结果

11.1.3　自定义条件排序数据

在 Excel 中，用户除了可以按单一或多个条件排序数据，还可以根据需要自行设置排序的条件，即自定义条件排序。

【例 11-3】 在【人事档案】工作表中自定义排序【性别】列数据。

(1) 打开【人事档案】工作表后，选中 B3:B22 单元格区域。

(2) 选择【数据】选项卡，然后单击【排序和筛选】组中的【排序】按钮，并在打开的【排序提醒】对话框中单击【排序】按钮，如图 11-5 所示。

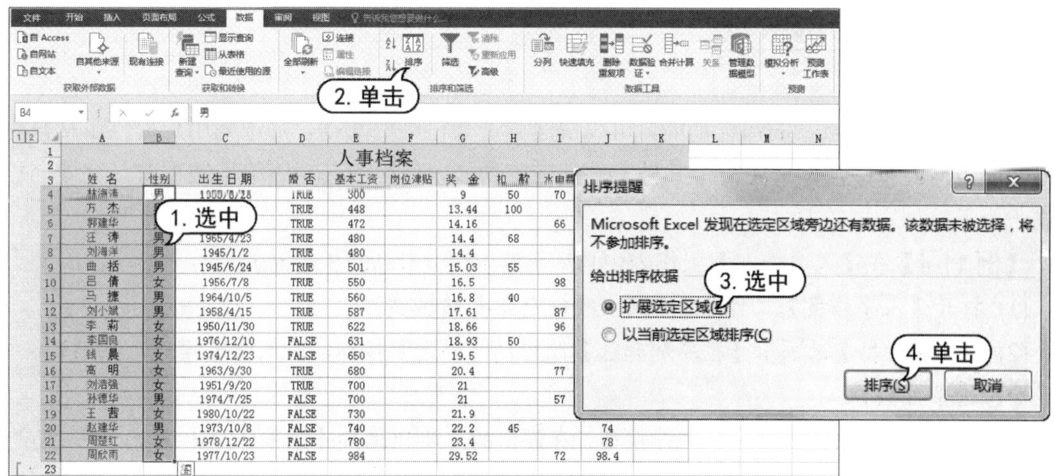

图 11-5　设置排序

(3) 在打开的【排序】对话框中单击【主要关键字】下拉列表按钮，在弹出的下拉列表中选择【性别】选项；单击【次序】下拉列表按钮，在弹出的下拉列表中选择【自定义序列】选项，如图 11-6 所示。

(4) 在打开的【自定义序列】对话框的【输入序列】文本框中输入自定义排序条件“男，女”后，单击【添加】按钮，然后单击【确定】按钮，如图 11-7 所示。

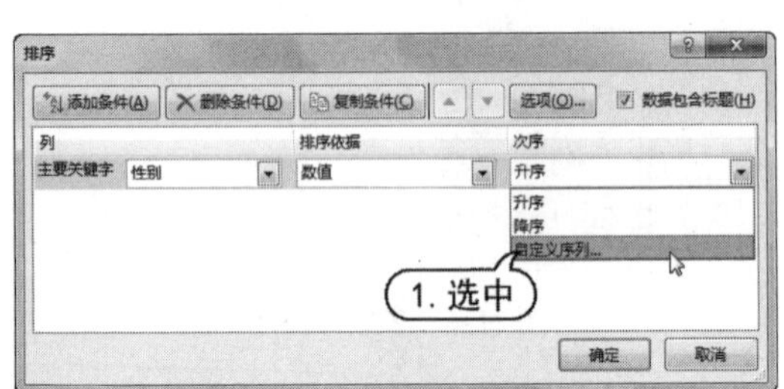

图 11-6 【排序】对话框

图 11-7 【自定义序列】对话框

(5) 返回【排序】对话框后，在该对话框中单击【确定】按钮，即可完成自定义排序操作。

11.2 筛选表格数据

筛选是一种用于查找数据清单中数据的快速方法。经过筛选后的数据清单只显示包含指定条件的数据行，以供用户浏览、分析之用。

11.2.1 自动筛选数据

使用 Excel 2016 自带的筛选功能，可以快速筛选表格中的数据。筛选为用户提供了从具有大量记录的数据清单中快速查找符合某种条件记录的功能。使用筛选功能筛选数据时，字段名称将变成一个下拉列表框的框名。

【例 11-4】在【人事档案】工作表中自动筛选出奖金最高的 3 条记录。

(1) 打开【人事档案】工作表，选中 G3:G22 单元格区域。

(2) 单击【数据】选项卡【排序和筛选】组中的【筛选】按钮，进入筛选模式，在 G3 单元格中显示筛选条件按钮。

(3) 单击 G3 单元格中的筛选条件按钮，在弹出的菜单中选择【数字筛选】|【前 10 项】命令，如图 11-8 所示。

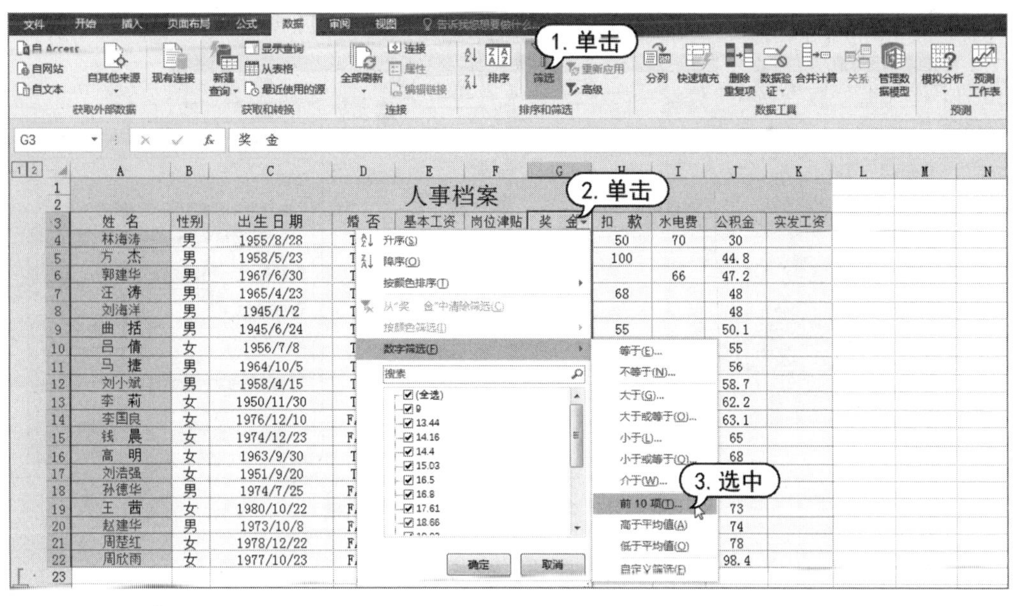

图 11-8　设置筛选条件

(4) 在打开的【自动筛选前 10 个】对话框中单击【显示】下拉列表按钮，在弹出的下拉列表中选择【最大】选项，然后在其后的文本框中输入参数 3，如图 11-9 所示。

(5) 完成以上设置后，在【自动筛选前 10 个】对话框中单击【确定】按钮，即可筛选出“奖金”列中数值最大的 3 条数据记录，如图 11-10 所示。

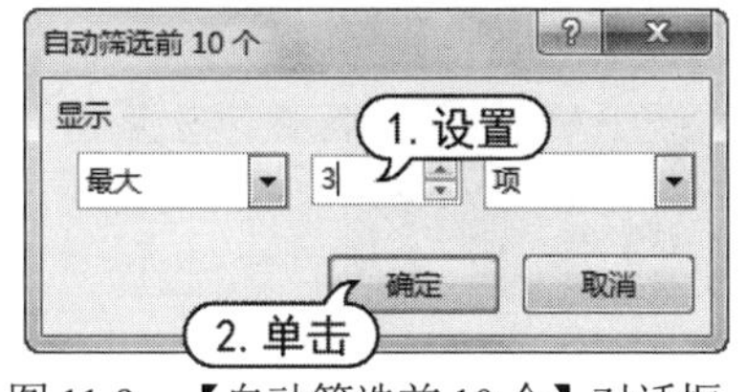

图 11-9　【自动筛选前 10 个】对话框

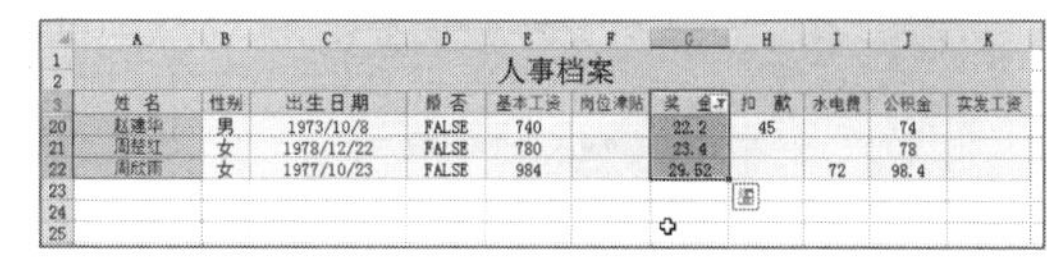

图 11-10　自动筛选数据结果

11.2.2　多条件筛选数据

对筛选条件较多的情况，可以使用高级筛选功能来处理。

使用高级筛选功能，必须先建立一个条件区域，用来指定筛选的数据所需满足的条件。条件区域的第一行是所有作为筛选条件的字段名，这些字段名与数据清单中的字段名必须完全一致。条件区域的其他行则是筛选条件。需要注意的是，条件区域和数据清单不能连接，必须用一个空行将其隔开。

【例 11-5】在【成绩】工作表中筛选出语文成绩大于 100 分，数学成绩大于 110 分的数据记录。

(1) 打开【成绩】工作表后，选中 A2:E18 单元格区域。

(2) 选择【数据】选项卡，然后单击【排序和筛选】组中的【高级】按钮，在打开的【高级

筛选】对话框中单击【条件区域】文本框后的按钮，如图 11-11 所示。

图 11-11　打开【高级筛选】对话框

(3) 在工作表中选中 A20:B21 单元格区域，然后按下 Enter 键，如图 11-12 所示。

(4) 返回【高级筛选】对话框后，单击该对话框中的【确定】按钮，即可筛选出表格中“语文”成绩大于 100 分，“数学”成绩大于 110 分的数据记录，如图 11-13 所示。

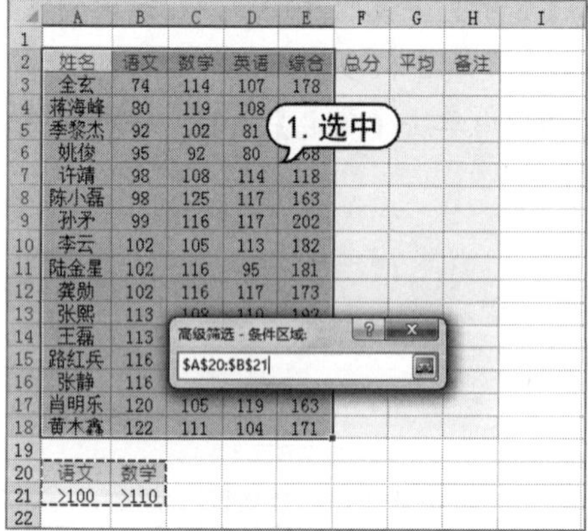

图 11-12　选定条件区域

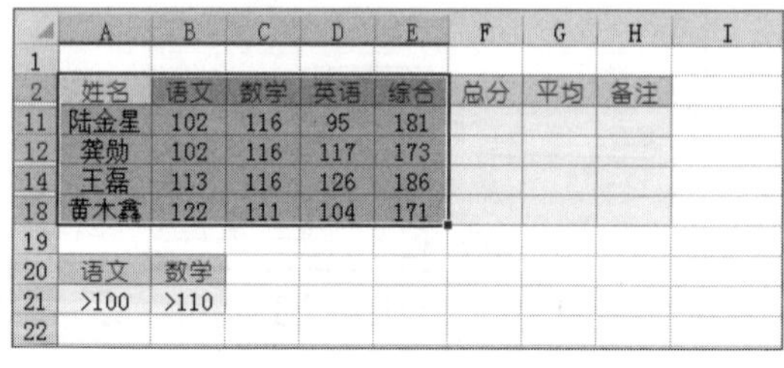

	A	B	C	D	E	F	G	H	I
1									
2	姓名	语文	数学	英语	综合	总分	平均	备注	
11	陆金星	102	116	95	181				
12	龚勋	102	116	117	173				
14	王磊	113	116	126	186				
18	黄木鑫	122	111	104	171				
19									
20	语文	数学							
21	>100	>110							
22									

图 11-13　数据筛选结果

(5) 用户在对电子表格中的数据进行筛选或者排序操作后，如果要清除操作，重新显示电子表格的全部内容，则在【数据】选项卡的【排序和筛选】组中单击【清除】按钮即可。

11.2.3　筛选不重复值

重复值是用户在处理表格数据时常遇到的问题，使用高级筛选功能可以得到表格中的不重复值(或不重复记录)。

【例 11-6】在【成绩】工作表中筛选出语文成绩不重复的记录。

(1) 打开【成绩】工作表，然后单击【数据】选项卡【排序和筛选】单元格中的【高级】按钮。在打开的【高级筛选】对话框中选中【选择不重复的记录】复选框，然后单击【列表区域】

文本框后的按钮。

(2) 选中 B3:B18 单元格区域，然后按下 Enter 键。

(3) 返回【高级筛选】对话框后，选中【选择不重复的记录】复选框，单击该对话框中的【确定】按钮，即可筛选出工作表中“语文”成绩不重复的数据记录，效果如图 11-14 所示。

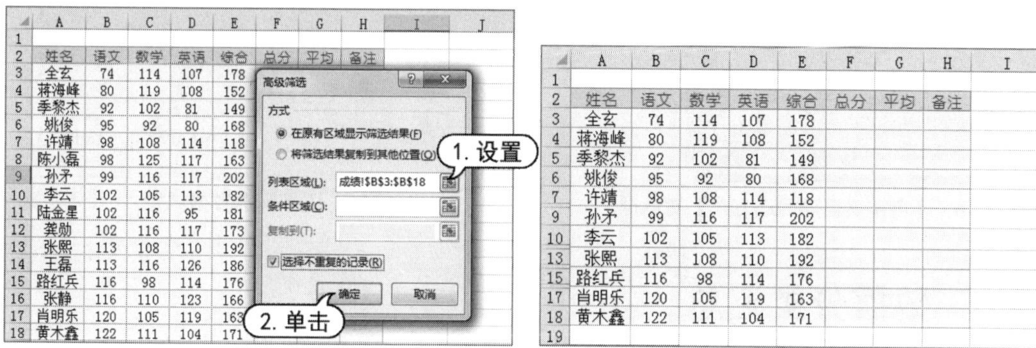

图 11-14　筛选不重复的值

11.2.4　模糊筛选数据

有时，筛选数据的条件可能不够精确，只知道其中某一个字或内容。用户可以用通配符来模糊筛选表格内的数据。

【例 11-7】在【人事档案】工作表中筛选出姓“刘”且名字包含 3 个字的数据。

(1) 打开【人事档案】工作表，然后选中 A3:A22 单元格区域，并单击【数据】选项卡【排序和筛选】组中的【筛选】按钮，进入筛选模式。

(2) 单击 A3 单元格中的筛选条件按钮，在弹出的菜单中选择【文本筛选】|【自定义筛选】命令，如图 11-15 所示。

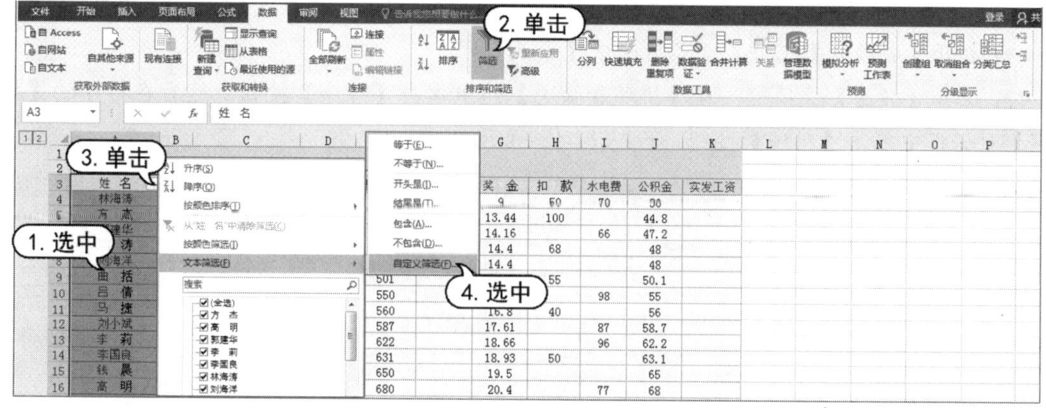

图 11-15　自定义筛选

(3) 在打开的【自定义自动筛选方式】对话框中单击【姓名】下拉列表按钮，在弹出的下拉列表中选择【等于】选项，并在其后的文本框中输入“刘??”，如图 11-16 所示。

(4) 最后，在【自定义自动筛选方式】对话框中单击【确定】按钮，即可筛选出姓名为“刘”，且名字包含 3 个字的数据记录，如图 11-17 所示。

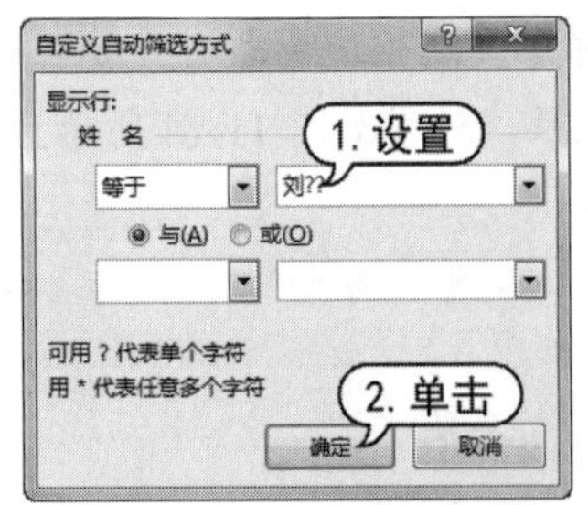

图 11-16 【自定义自动筛选方式】对话框

	A	B	C	D
1				
2				
3	姓 名	性别	出生日期	婚 否
8	刘海洋	男	1945/1/2	TRUE
12	刘小斌	男	1958/4/15	TRUE
17	刘浩强	女	1951/9/20	TRUE
23				

图 11-17 模糊筛选数据结果

11.3 数据分类汇总

分类汇总数据，即在按某一条件对数据进行分类的同时，对同一类别中的数据进行统计运算。分类汇总被广泛应用于财务、统计等领域，用户要灵活掌握其使用方法，应掌握创建、隐藏、显示以及删除它的方法。

11.3.1 创建分类汇总

Excel 2016 可以在数据清单中自动计算分类汇总及总计值。用户只需指定需要进行分类汇总的数据项、待汇总的数值和用于计算的函数(例如，求和函数)即可。如果使用自动分类汇总，工作表必须组织成具有列标志的数据清单。在创建分类汇总之前，用户必须先根据需要对分类汇总的数据列进行数据清单排序。

【例 11-8】在【考试成绩】工作表中将“总分”按专业分类，并汇总各专业的总分平均成绩。

(1) 打开【成绩表】工作表，然后选中【专业】列。

(2) 选择【数据】选项卡，在【排序和筛选】组中单击【升序】按钮，然后在打开的【排序提醒】对话框中单击【排序】按钮，如图 11-18 所示。

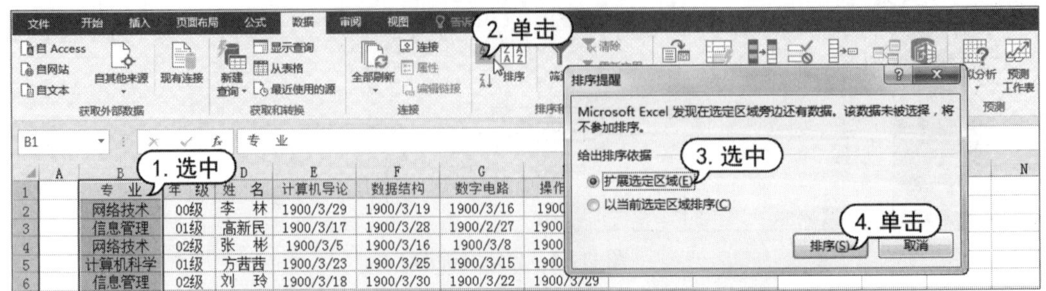

图 11-18 设置排序

(3) 选中任意一个单元格，在【数据】选项卡的【分级显示】组中单击【分类汇总】按钮。

(4) 在打开的【分类汇总】对话框中单击【分类字段】下拉列表按钮，在弹出的下拉列表中选择【专业】选项；单击【汇总方式】下拉列表按钮，在弹出的下拉列表中选择【平均值】选项；分别选中【替换当前分类汇总】复选框和【汇总结果显示在数据下方】复选框，如图 11-19 所示。

(5) 完成以上设置后，在【分类汇总】对话框中单击【确定】按钮，即可查看表格分类汇总后的效果，如图 11-20 所示。

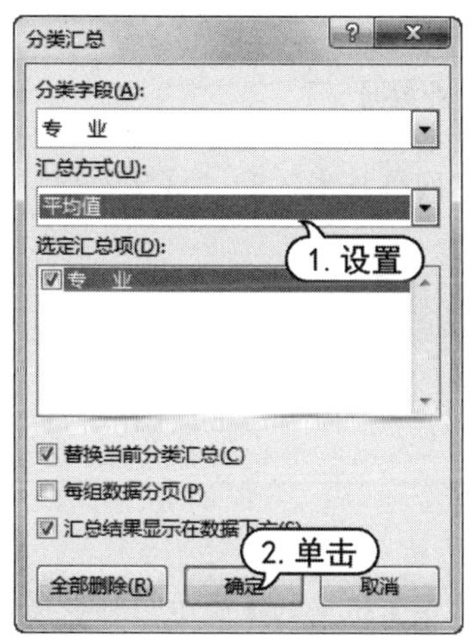

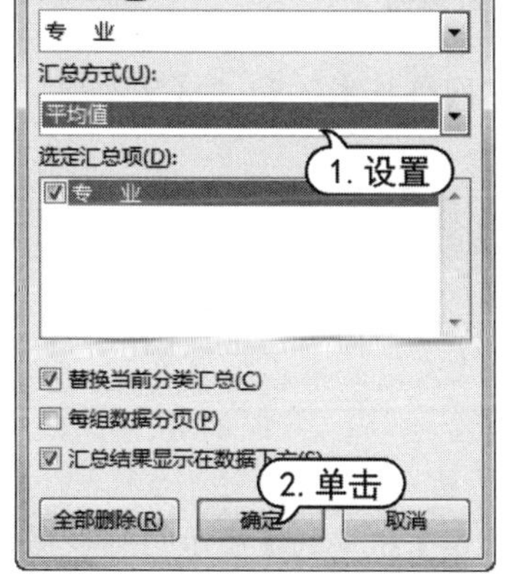

图 11-19　【分类汇总】对话框

图 11-20　数据分类汇总结果

提示

建立分类汇总后，如果修改明细数据，汇总数据将会自动更新。

11.3.2　隐藏和删除分类汇总

用户在创建了分类汇总后，为了方便查阅，可以将其中的数据进行隐藏，并根据需要在适当的时候显示出来。

1. 隐藏分类汇总

为了方便用户查看数据，可将分类汇总后暂时不需要使用的数据隐藏，从而减小界面的占用空间。当需要查看时，再将其显示。

【例 11-9】在【考试成绩】工作表中隐藏除汇总外的所有分类数据，并显示“计算机科学”专业的详细数据。

(1) 在【考试成绩】工作表中选中 I14 单元格，然后在【数据】选项卡的【分级显示】组中单击【隐藏明细数据】按钮，隐藏“计算机科学”专业的详细记录，如图 11-21 所示。

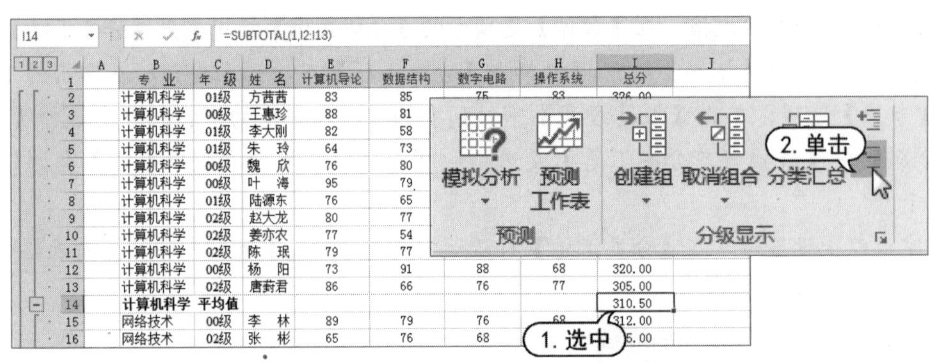

图 11-21　隐藏“计算机科学”专业数据

(2) 重复以上操作，分别选中 I27、I38 单元格，隐藏“网络技术”和“信息管理”专业的详细记录，如图 11-22 所示。

	A	B	C	D	E	F	G	H	I	J
1		专　业	年　级	姓　名	计算机导论	数据结构	数字电路	操作系统	总分	
14		计算机科学 平均值							310.50	
27		网络技术 平均值							310.83	
38		信息管理 平均值							319.00	
39		总计平均值							313.12	
40										

图 11-22　隐藏分类汇总

(3) 选中 I14 单元格，然后单击【数据】选项卡【分级显示】组中的【显示明细数据】按钮，即可重新显示“计算机科学”专业的详细数据。

提示

除了以上介绍的方法以外，单击工作表左边列表树中的+、-符号按钮，同样可以显示与隐藏详细数据。

2. 删除分类汇总

查看完分类汇总后，若用户需要将其删除，恢复原先的工作状态，可以在 Excel 中删除分类汇总，具体方法如下。

【例 11-10】在【考试成绩】工作表中删除设置的分类汇总。

(1) 继续【例 11-9】的操作，在【数据】选项卡中单击【分类汇总】按钮，在打开的【分类汇总】对话框中，单击【全部删除】按钮即可删除表格中的分类汇总，如图 11-19 所示。

(2) 此时，表格内容将恢复设置分类汇总前的状态。

11.4　使用分析工具库分析数据

在建立复杂统计或工程分析时，数据分析非常有用。在实际工作中，用户要熟练掌握并运用数据分析，首先应对其有所了解。下面将具体介绍数据分析的定义以及在 Excel 中加载分析工具库的方法。

11.4.1　数据分析简介

数据分析的目的是把隐没在一大批看起来杂乱无章的数据中的信息集中、萃取和提炼出来，以找出所研究对象的内在规律。在实际应用中，数据分析可帮助人们做出判断，以便采取适当的行动。数据分析是组织有目的地收集数据、分析数据，使大量数据成为信息的过程。

通俗地讲，数据分析就是使用分析工具对提供的数据和参数进行统计和分析。

分析工具通过适当的统计和工程宏函数，可在输出表格中显示相应的结果，其中有些工具在生成输出表格时还能同时生成图表。

分析工具库是安装 Office 或 Excel 时可选的加载项，用户要使用它必须首先使用安装光盘加载程序，具体操作如下。

【例 11-11】在 Excel 2016 中加载分析工具库。

(1) 打开一个空白工作簿，打开【数据】选项卡，查看是否显示【分析】组和【数据分析】按钮。单击【文件】按钮，在打开的【信息】界面中单击【选项】选项。

(2) 在打开的【Excel 选项】对话框中选择【加载项】选项，在【管理】下拉列表框中选择【Excel 加载项】选项，然后单击【转到】按钮，如图 11-23 所示。

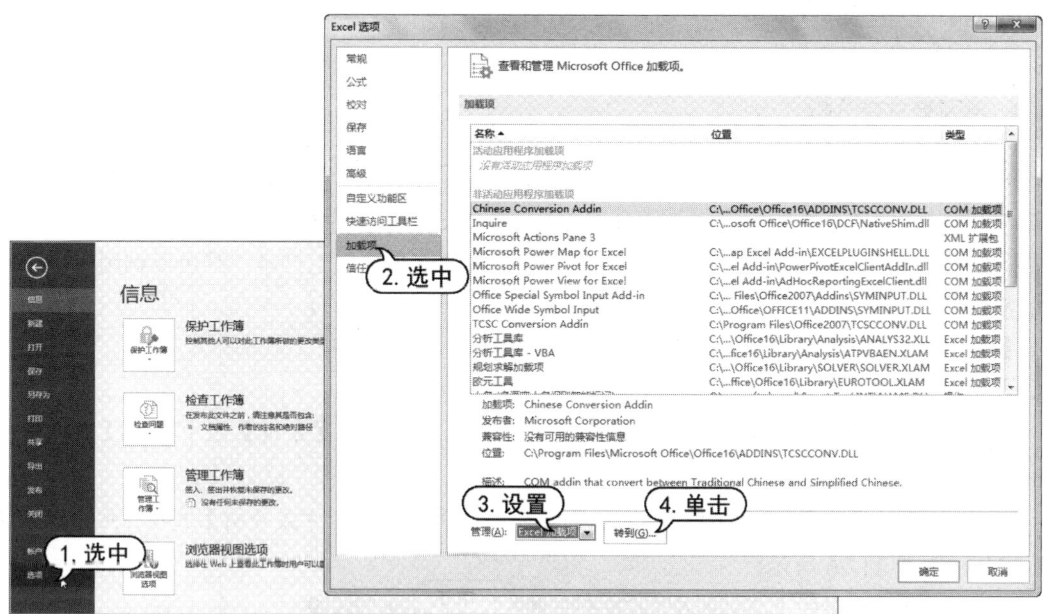

图 11-23　转到 Excel 加载项

(3) 在打开的【加载宏】对话框中，在【可用加载宏】列表框中选中【分析工具库】复选框，然后单击【确定】按钮，如图 11-24 所示。

(4) 返回工作簿中，此时，在【数据】选项卡中添加了【分析】组，并显示【数据分析】按钮，如图 11-25 所示。

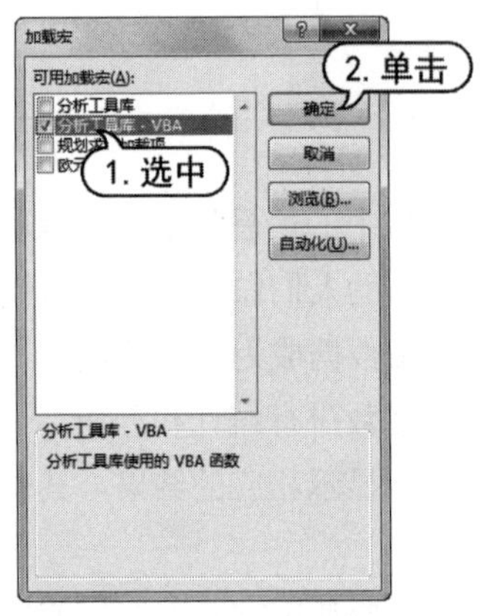

图 11-24 【加载宏】对话框

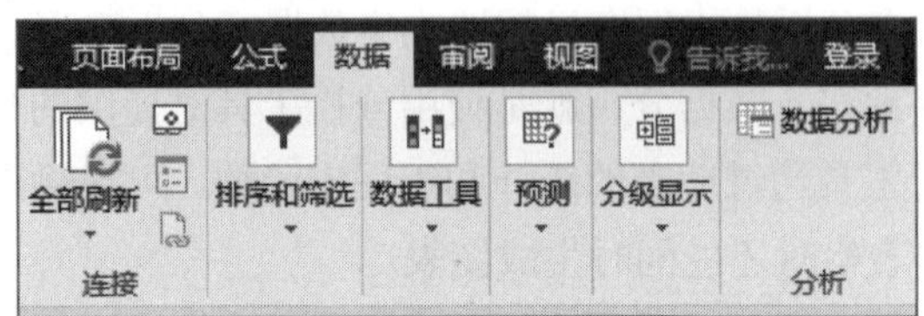

图 11-25 显示【数据分析】按钮

11.4.2 方差分析

Excel 2016 为用户提供了单因素、可重复双因素和无重复双因素 3 种方差分析。通常情况下，用户需要根据因素的个数以及待检验样本总体中所含样本的个数选择适合的工具。下面逐一介绍这 3 种不同类型的方差分析。

1. 单因素方差分析

单因素方差分析可以对两个或多个样本的数据执行简单的方差分析。此分析可提供一种假设测试，即假设每个样本都取自相同基础几率分布，而不是对多个样本来说基础概率分布都不相同。如果只有两个样本，则可使用工作表函数 TTEST；如果有两个以上样本，则可以调用【单因素方差分析】模型。

【例 11-12】创建【速度分析】工作簿，使用单因素方差分析工具根据车型 A、车型 B、车型 C 等 3 种车型在 4 种环境中的速度检测汽车性能。

(1) 打开【速度分析】工作表后，选择【数据】选项卡，在【分析】组中单击【数据分析】按钮。

(2) 在打开的【数据分析】对话框中选择【方差分析：单因素方差分析】选项，然后单击【确定】按钮，如图 11-26 所示。

图 11-26 【数据分析】工作表

(3) 在打开的【方差分析: 单因素方差分析】对话框中的【输入区域】文本框中输入$B$3:$D$6，在α文本框中输入 0.01，然后选中【输出区域】单选按钮，并在其后的文本框中输入$B$8，单击【确定】按钮，如图 11-27 所示。

(4) 此时，将在工作表中显示方差分析结果，如图 11-28 所示。

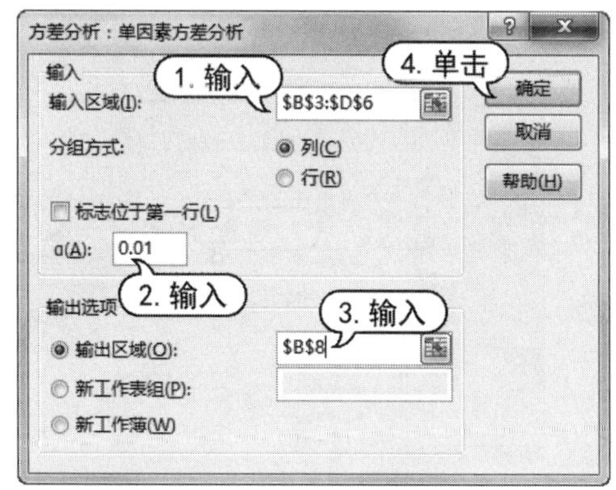

图 11-27 【方差分析】对话框

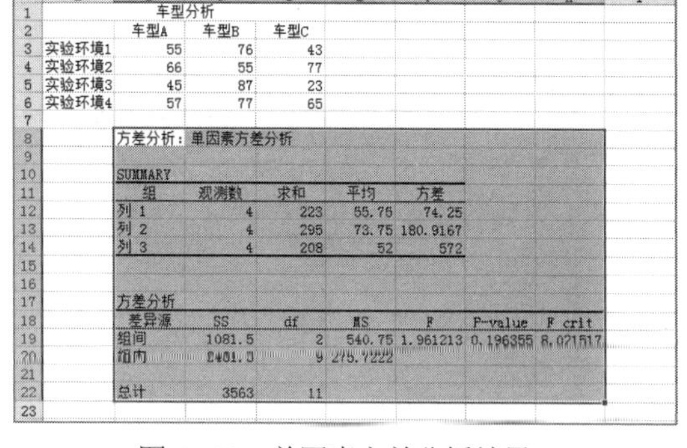

	A	B	C	D	E	F	G	H	I
1		车型分析							
2		车型A	车型B	车型C					
3	实验环境1	55	76	43					
4	实验环境2	66	55	77					
5	实验环境3	45	87	23					
6	实验环境4	57	77	65					
7									
8		方差分析：单因素方差分析							
9									
10		SUMMARY							
11		组	观测数	求和	平均	方差			
12		列 1	4	223	55.75	74.25			
13		列 2	4	295	73.75	180.9167			
14		列 3	4	208	52	572			
15									
16									
17		方差分析							
18		差异源	SS	df	MS	F	P-value	F crit	
19		组间	1081.5	2	540.75	1.961213	0.196355	8.021517	
20		组内	2481.5	9	275.7222				
21									
22		总计	3563	11					
23									

图 11-28 单因素方差分析结果

(5) 在 B24 单元格中输入文本【检测结果】，然后选中 C24 单元格，在其中输入公式:

```
=IF(G19<0.01,"3 类车型测试性能接近","3 类车型性能相差较大")
```

按 Ctrl+Enter 组合键，即可根据方差分析的结果得到检测结果，如图 11-29 所示。

C24 =IF(G19<0.01,"3类车型测试性能接近","3类车型性能相差较大")

	A	B	C	D	E	F	G	H	I	J	K	L	M
16													
17		方差分析											
18		差异源	SS	df	MS	F	P-value	F crit					
19		组间	1081.5	2	540.75	1.961213	0.196355	8.021517					
20		组内	2481.5	9	275.7222								
21													
22		总计	3563	11									
23													
24		检测结果	3类车型性能相差较大										
25													

图 11-29 检测结果

2. 可重复双因素分析

可重复双因素分析用于当数据按照二维进行分类时的情况。例如，在测量植物高度的实验中，植物可能施用不同品牌的化肥(如 A、B 和 C)，并且可能置于不同的温度环境中(如高和低)。对于这 6 种可能的组合{化肥，温度}，有相同数量的植物高度观察值，此时便可使用此方差分析工具对数据进行分析。

【例 11-13】创建【农作物高度分析】工作簿，使用可重复双因素分析工具测试不同温度的环境和化肥培植下植物的高度(注意每种化肥和每种温度统计两次)。

(1) 打开【农作物高度分析】工作簿后，在 Sheet1 工作表中创建数据，然后打开【数据】选项卡，在【分析】组中单击【数据分析】按钮。

(2) 在打开的【数据分析】对话框的【分析工具】列表框中选择【方差分析：可重复双因素

分析】选项，然后单击【确定】按钮，如图 11-30 所示。

(3) 打开【方差分析：可重复双因素分析】对话框，设置输入区域和输出区域，在【每一样本行数】文本框中输入 2，在 α 文本框中输入 0.05，然后单击【确定】按钮。

(4) 此时，可在工作表中查看分析结果，如图 11-31 所示。

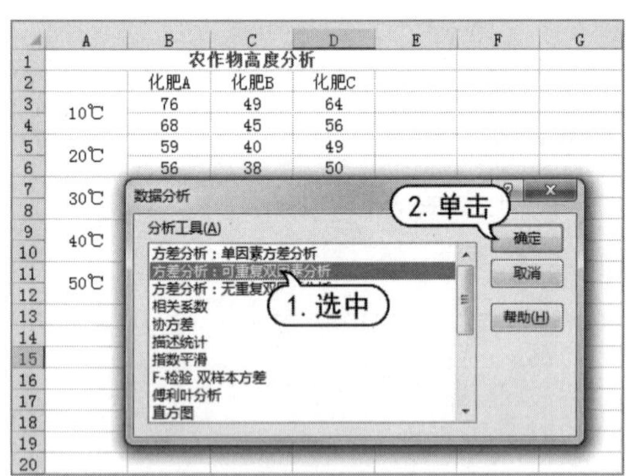

图 11-30 可重复双因素分析

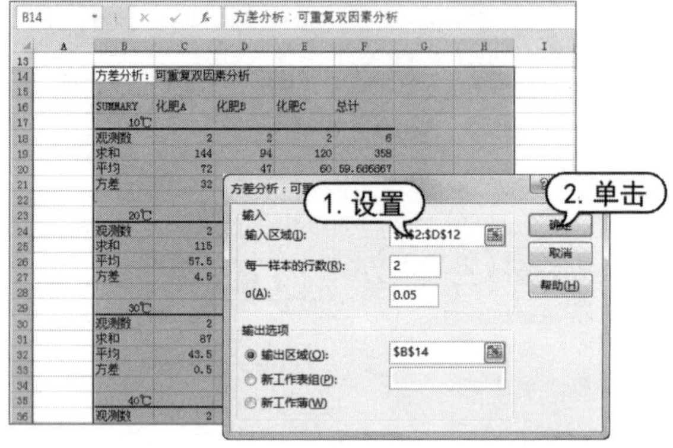

图 11-31 方差分析结果

3. 无重复双因素分析

无重复双因素分析工具可用于当数据像可重复双因素那样按照两个不同的维度进行分类时的情况。下面以实例介绍无重复双因素分析的方法。

【例 11-14】在【农作物高度分析】工作簿中，进行无重复双因素分析。

(1) 打开【农作物高度分析】工作簿后，在【分析】组中单击【数据分析】按钮，在打开的【数据分析】对话框的【分析工具】列表框中选择【方差分析：无重复双因素分析】选项后，单击【确定】按钮。

(2) 在打开的【方差分析：无重复双因素分析】对话框中设置输入区域和输出区域，在 α 文本框中输入 0.05，单击【确定】按钮，如图 11-32 所示。

(3) 此时，用户可以在工作表中查看分析结果，如图 11-33 所示。

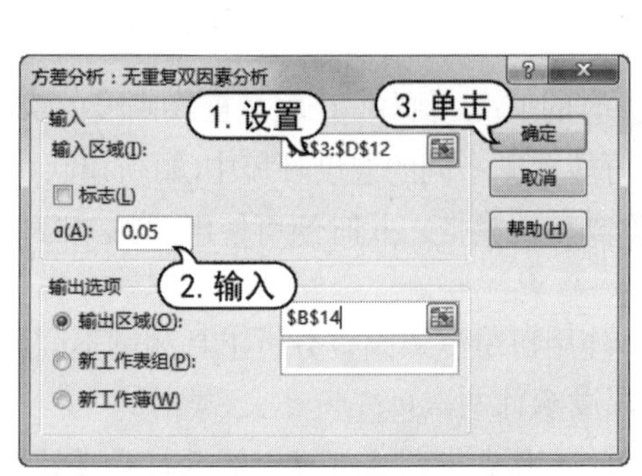

图 11-32 设置方差分析参数

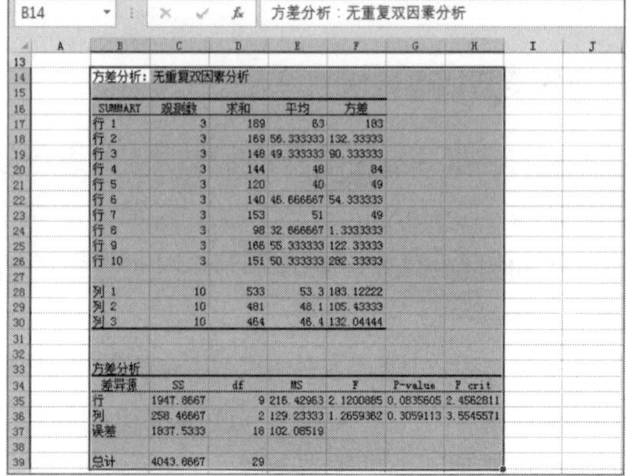

图 11-33 无重复双因素分析结果

11.4.3　相关系数

相关系数是描述两个测量值变量之间离散程度的指标，主要用于判断两个测试值变量的变化是否相关，即一个变量的较大值是否与另一个变量的较大值相关联(称为正相关)，或一个变量的较小值是否与另一个变量的较大值相关联(称为负相关)，还是两个变量中的值互不关联。该分析工具特别适用于当 N 个对象中每个对象都有两个以上的测量值变量的情况。它提供一张输出表(相关矩阵)，可以显示应用于每个可能的测量值变量的 CORREL(或 PEARSON)值。下面将以具体实例介绍进行相关系数分析的方法。

【例 11-15】在【浓度和吸光度的相关系数】工作簿中输入数据，并进行相关系数分析。

(1) 打开【浓度和吸光度的相关系数】的工作簿，选择【数据】选项卡，在【分析】组中单击【数据分析】按钮。

(2) 在打开的【数据分析】对话框的【分析工具】列表框中选择【相关系数】选项，然后单击【确定】按钮，如图 11-34 所示。

(3) 打开【相关系数】对话框，设置输入区域和输出区域，然后在【分组方式】选项区域中选中【逐行】单选按钮和【标志位于第一列】复选框，并单击【确定】按钮。

(4) 此时，可以在工作表中查看相关系数分析的结果，如图 11-35 所示。

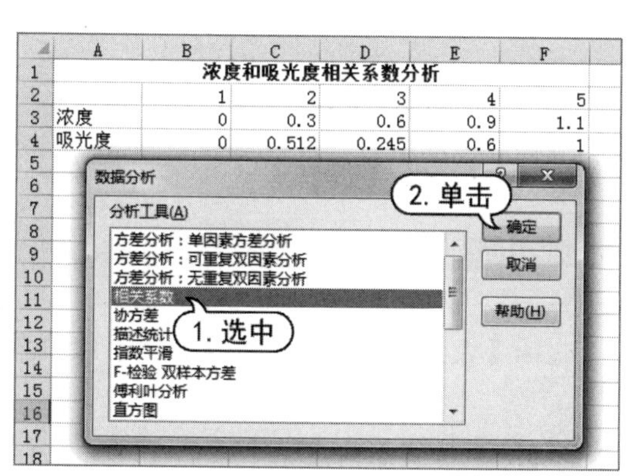

图 11-34　【浓度和吸光度的相关系数】工作簿

图 11-35　相关系数分析结果

11.4.4　协方差

协方差可以检测每对测量值变量，以便确定两个测量值变量是否趋向同时变动，即一个测量值的变动程度会对另一个测量值产生多大的影响。通过它将得到一张输入表，在其中可以显示每对测量值变量之间的协方差。下面以具体实例来介绍进行协方差分析的方法。

【例 11-16】在【销售额与成本】工作簿中进行协方差分析。

(1) 打开【销售额与成本】工作簿，然后选择【数据】选项卡，在【分析】组中单击【数据分析】按钮。

(2) 在打开的【数据分析】对话框的【分析工具】列表框中，选择【协方差】选项，然后单击【确定】按钮，如图 11-36 所示。

(3) 打开【协方差】对话框，设置输入区域和输出区域，分别选中【逐行】单选按钮和【标志位于第一列】复选框，然后单击【确定】按钮。

(4) 此时，即可在工作表中查看协方差分析的结果，如图 11-37 所示。

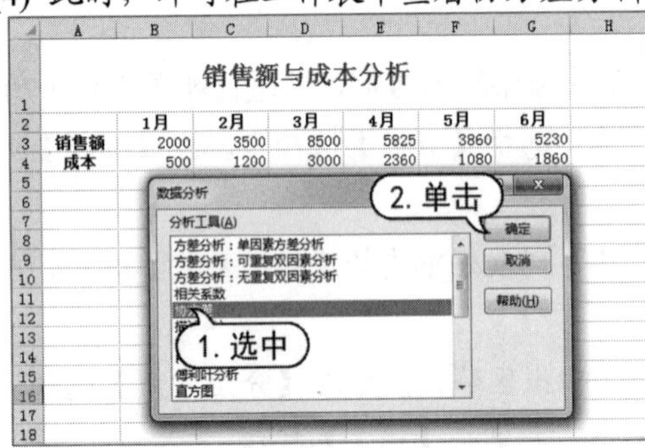

图 11-36 【销售额与成本】工作簿

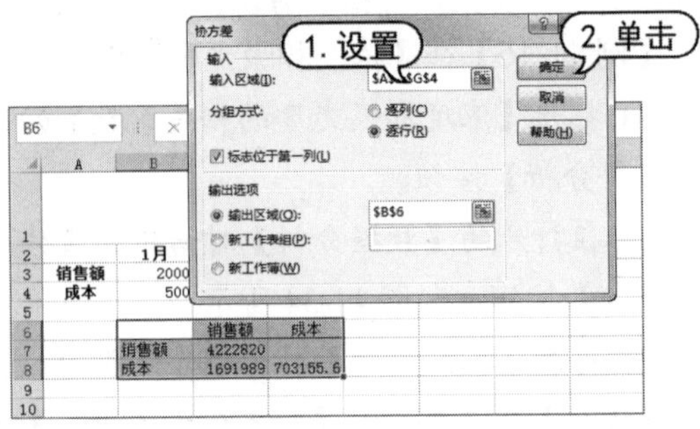

图 11-37 协方差分析结果

11.4.5 回归分析

回归分析可以通过对一组观察值使用“最小二乘法”直线拟合来进行线性回归分析。它可以用来分析单个因素变量是如何受一个或几个自变量影响的。下面将以具体实例介绍进行回归分析的方法。

【例11-17】在【田径运动员成绩预测】工作簿中使用回归分析工具，根据年龄、身高和体重 3 个因素来对运动员的成绩进行分析。

(1) 打开【田径运动员成绩预测】的工作簿后，选择【数据】选项卡，在【分析】组中单击【数据分析】按钮。

(2) 打开【数据分析】对话框，然后在该对话框的【分析工具】列表框中选择【回归】选项，并单击【确定】按钮，如图 11-38 所示。

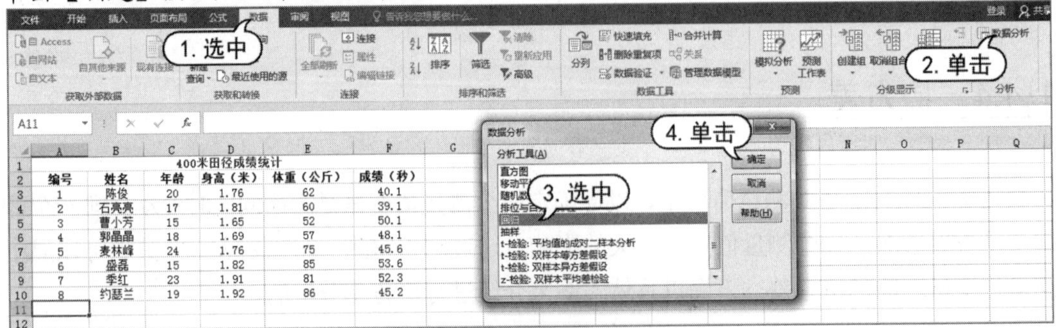

图 11-38 【田径运动员成绩表】工作簿

(3) 打开【回归】对话框，根据需要设置相关选项，单击【确定】按钮，如图 11-39 所示。

(4) 此时，返回工作簿，即可查看进行回归分析后的数据结果，如图 11-40 所示。

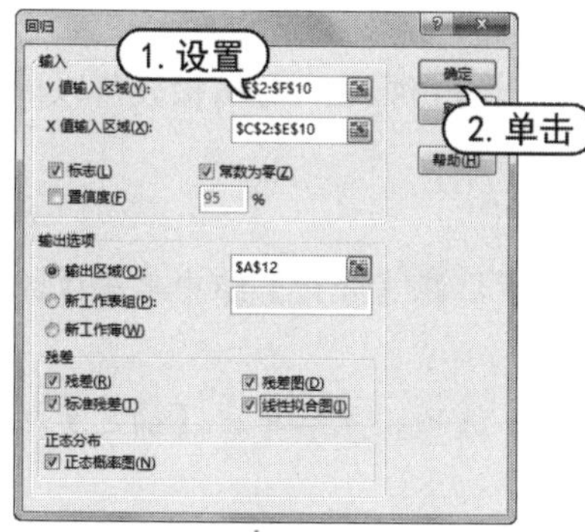

图 11-39　【回归】对话框

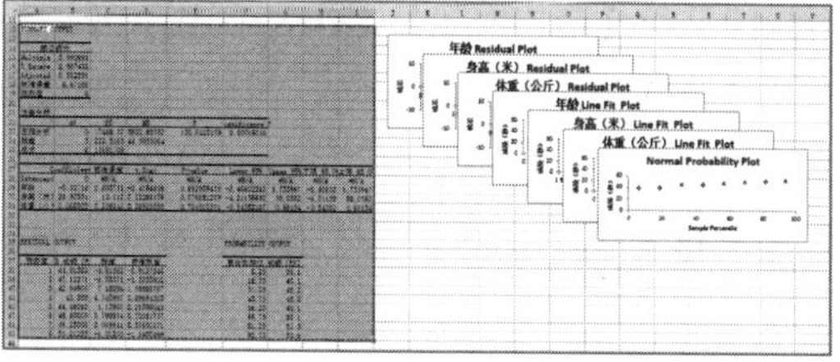

图 11-40　回归分析后的数据结果

11.4.6　抽样分析

抽样分析以数据源区域为总体，从而为其创建一个样本。当总体太大而不能进行处理或绘制时，可以选用具有代表性的样本。如果确认数据源区域中的数据是周期性的，还可以对一个周期中特定时间段中的数值进行采样，也可以采用随机抽样，满足用户保证抽样的代表性的要求。

【例 11-18】在【考试成绩表】工作表中进行抽样分析。

(1) 打开【考试成绩表】工作表后，选择【数据】选项卡，在【分析】组中单击【数据分析】按钮。

(2) 打开【数据分析】对话框，选择【抽样】选项，然后单击【确定】按钮，如图 11-41 所示。

(3) 在打开的【抽样】对话框中，根据用户的需要设置【输入区域】、【输出区域】和【样本数】，然后单击【确定】按钮。

(4) 此时，即可看到进行抽样分析后的数据结果，如图 11-42 所示。

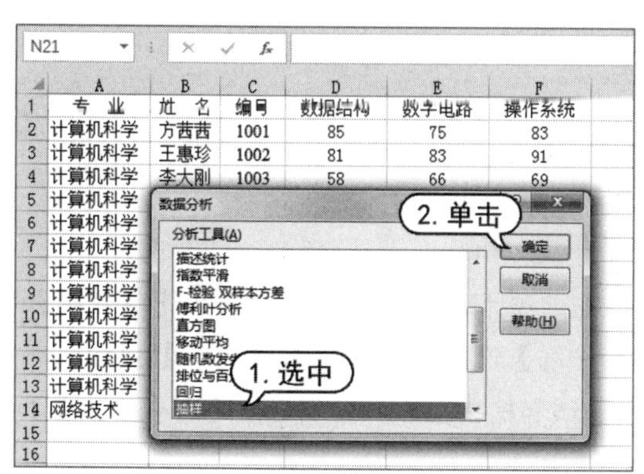

图 11-41　考试成绩表

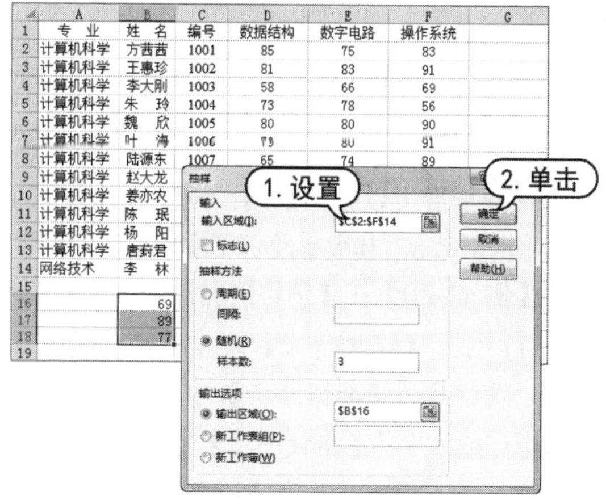

图 11-42　抽样分析后的数据结果

11.4.7 描述统计

描述统计分析用于生成数据源区域中数据的单变量统计分析报表，分析报表可以提供有关数据趋中性和易变性的信息。

【例 11-19】在【销售情况】工作表中进行描述统计分析。

(1) 打开【销售情况】工作表后，选择【数据】选项卡，在【分析】组中单击【数据分析】按钮。

(2) 在打开的【数据分析】对话框中选择【描述统计】选项，然后单击【确定】按钮，如图 11-43 所示。

(3) 打开【描述统计】对话框，设置输入区域和输出区域，选中【逐列】单选按钮，并选中所有其他复选框，然后单击【确定】按钮。

(4) 此时，即可查看描述统计的数据结果，如图 11-44 所示。

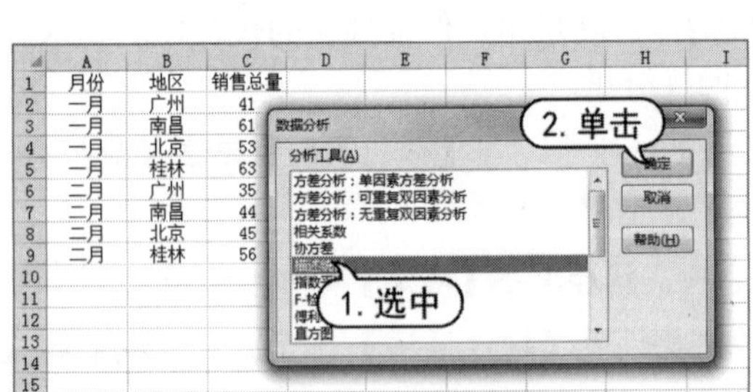

图 11-43 销售情况表

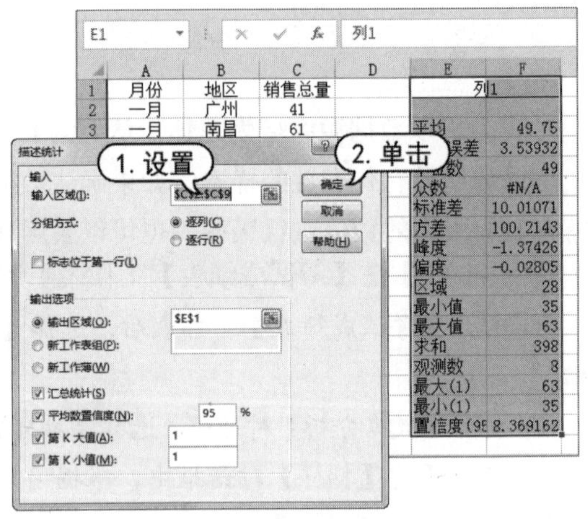

图 11-44 描述统计数据结果

11.4.8 指数平滑

指数平滑可以根据前期预测值导出相应的新预测值，并修正前期预测值的误差。该分析工具将使用平滑常数 a，其大小决定了本次预测对前期预测误差的修正程度。

【例 11-20】在【销售情况】工作表中进行指数平滑分析。

(1) 打开【销售情况】工作表后，选择【数据】选项卡，在【分析】组中单击【数据分析】按钮。在打开的【数据分析】对话框中选择【指数平滑】选项，然后单击【确定】按钮。

(2) 在打开的【指数平滑】对话框中设置输入区域和输出区域，分别选中【图表输出】和【标准误差】复选框，并单击【确定】按钮，如图 11-45 所示。

(3) 此时，即可查看指数平滑的数据结果，如图 11-46 所示。

图 11-45　【指数平滑】对话框　　　　图 11-46　指数平滑数据结果

11.4.9　F-检验 双样本方差

F-检验 双样本方差可以通过双样本 F-检验对两个样本总体的方差进行比较。下面将以具体实例介绍进行 F-检验 双样本方差分析的方法。

【例 11-21】 在【田径接力赛】工作簿中进行 F-检验 双样本方差分析。

(1) 打开【田径接力赛】工作簿后，在工作表中输入数据，然后选择【数据】选项卡，并单击【分析】组中的【数据分析】按钮。

(2) 打开【数据分析】对话框，然后在该对话框的【分析工具】列表框中选择【F-检验 双样本方差】选项，并单击【确定】按钮，如图 11-47 所示。

(3) 打开【F-检验 双样本方差】对话框，设置输入区域和输出区域，然后选中【标志】复选框，在 α 文本框中输入 0.05，单击【确定】按钮。

(4) 此时，即可查看进行 F-检验 双样本方差分析后的数据结果，如图 11-48 所示。

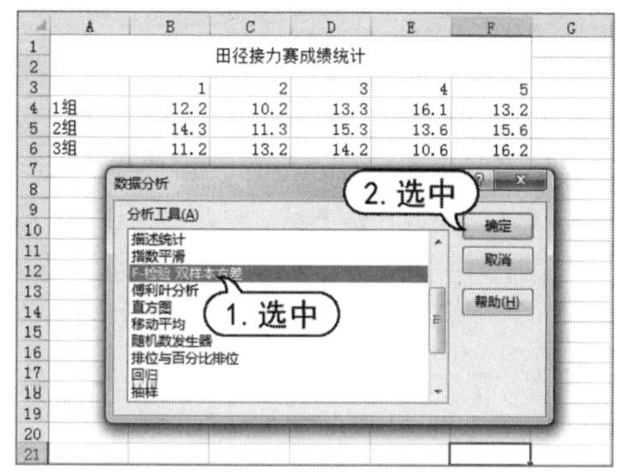

图 11-47　田径接力赛成绩表

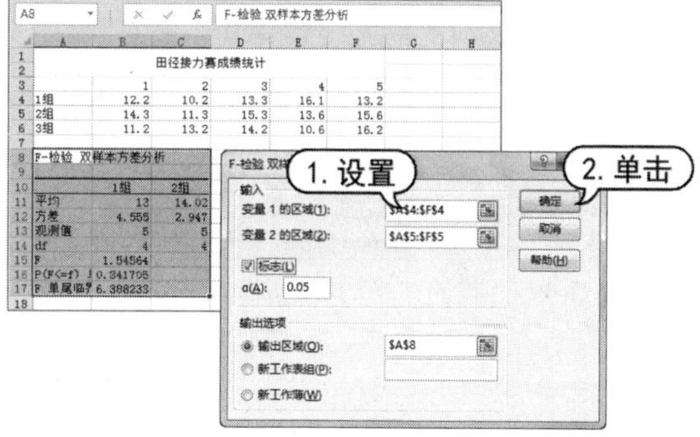

图 11-48　F-检验 双样本方差分析结果

11.4.10　t-检验

t-检验分析工具基于每个样本总体平均值是否相等。其中可以使用不同的假设：样本总体方差相等、样本总体方差不相等和成对双样本平均值。下面分别进行介绍。

- t-检验：平均值的成对二样本分析，当样本中存在自然配对的观察值时(如对一个样本组在实验前后进行了两次检验)，可以使用此成对检验。该分析工具及其公式可以进行成对双样本学生 t-检验，以确定取自处理前后的观察值是否来自具有相同总体平均值的分布。此 t-检验窗体并未假设两个总体的方差是相等的。
- t-检验：双样本等方差假设，该分析工具可以进行双样本学生 t-检验，此 t-检验窗体先假设两个数据集取自具有相同方差的分布，故也称作同方差 t-检验。可以使用此 t-检验来确定两个样本是否来自具有相同总体平均值的分布。
- t-检验：双样本异方差假设，该分析工具可以进行双样本学生 t-检验，此 t-检验窗体先假设两个数据集取自具有不同方差的分布，故也称作异方差 t-检验。如同等方差情况，使用此 t-检验来确定两个样本是否来自具有不同总体平均值的分布。当两个样本中存在截然不同的对象时，可使用此检验。当对于每个对象具有唯一一组对象及代表每个对象在处理前后的测量值的两个样本时，则应该使用成对检验。

【例 11-22】在【考试成绩表】工作表中进行 t-检验分析。

(1) 打开【考试成绩表】工作表后，选择【数据】选项卡，在【分析】组中单击【数据分析】按钮。

(2) 打开【数据分析】对话框，然后在该对话框的【分析工具】列表框中选择【t-检验：平均值的成对二样本分析】选项，并单击【确定】按钮，如图 11-49 所示。

(3) 打开【t-检验：平均值的成对二样本分析】对话框，参考图 11-50 所示根据需要设置相关选项，然后单击【确定】按钮。

(4) 此时，即可查看进行 t-检验：平均值的成对二样本分析后的数据结果，如图 11-50 所示。

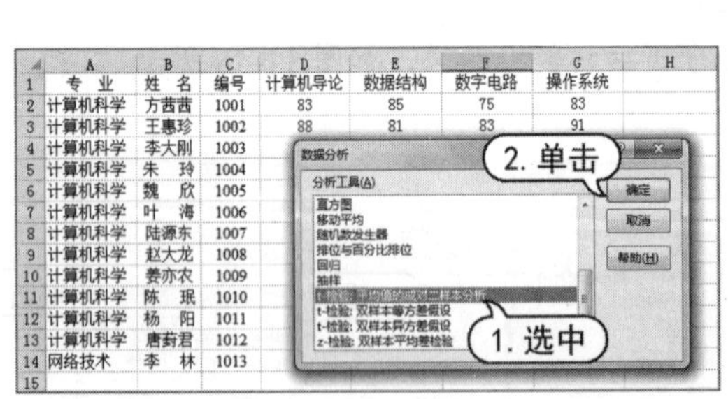

图 11-49 t-检验：平均值的成对二样本分析

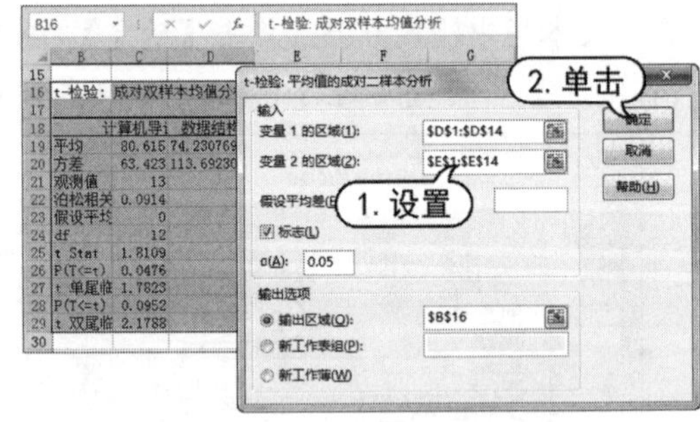

图 11-50 分析后的数据结果

11.4.11 直方图

直方图可以计算数据单元格区域和数据接收区间的单个和累积频率。该工具可用于统计数据集中某个数值出现的次数。

【例 11-23】在【考试成绩表】工作表中进行直方图分析。

(1) 打开【考试成绩表】工作表后，选择【数据】选项卡，在【分析】组中单击【数据分析】按钮。

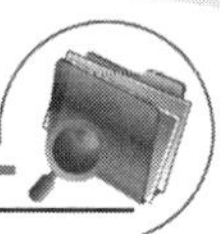

(2) 在【数据分析】对话框中选择【直方图】选项，并单击【确定】按钮，如图 11-51 所示。

(3) 在打开的【直方图】对话框中参考图 11-52 所示进行设置，然后单击【确定】按钮。

(4) 此时，即可查看进行直方图分析后的数据结果，如图 11-52 所示。

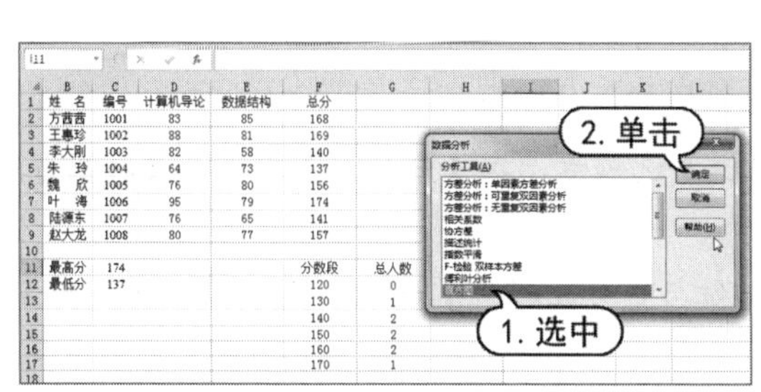

图 11-51　考试成绩表

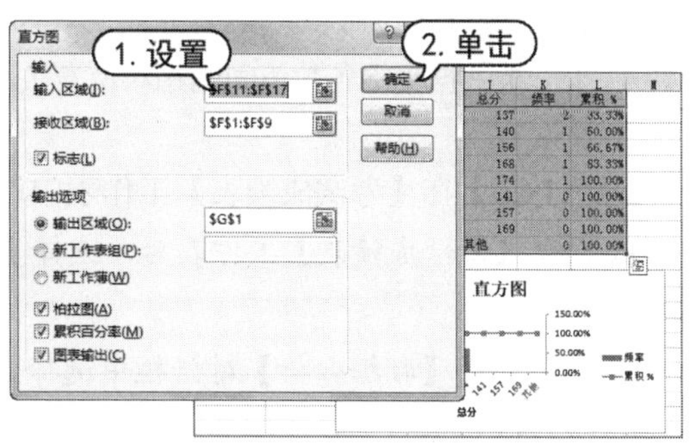

图 11-52　直方图效果

11.4.12　移动平均

移动平均可以对一系列变化的数据按照指定的数据一次求取平均，并以此作为数据变化的趋势供分析参考。使用该分析工具可以预测销售量、库存及其他趋势。下面以实例介绍进行移动平均分析的方法。

【例 11-24】在【销售情况】工作表中进行移动平均分析。

(1) 在 Excel 2016 中打开【销售情况】工作表后，选择【数据】选项卡，在【分析】组中单击【数据分析】按钮。

(2) 在打开的【数据分析】对话框中选择【移动平均】选项，然后单击【确定】按钮，如图 11-53 所示。

(3) 打开【移动平均】对话框，设置【输入区域】和【输出区域】，分别选中【标志位于第一行】、【图表输出】和【标准误差】复选框，然后单击【确定】按钮。

(4) 此时，即可查看进行移动平均分析后的数据结果，如图 11-54 所示。

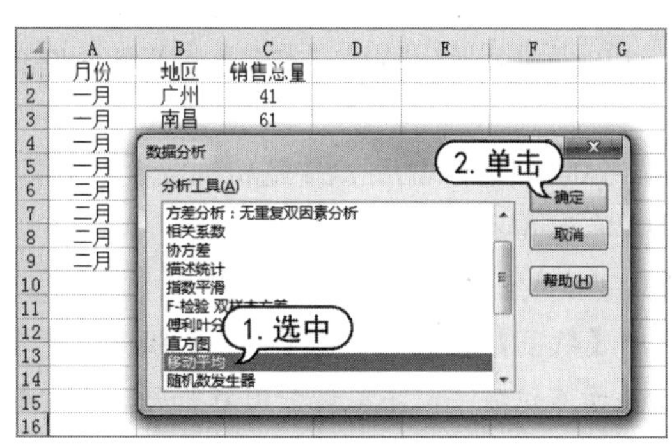

图 11-53　移动平均分析

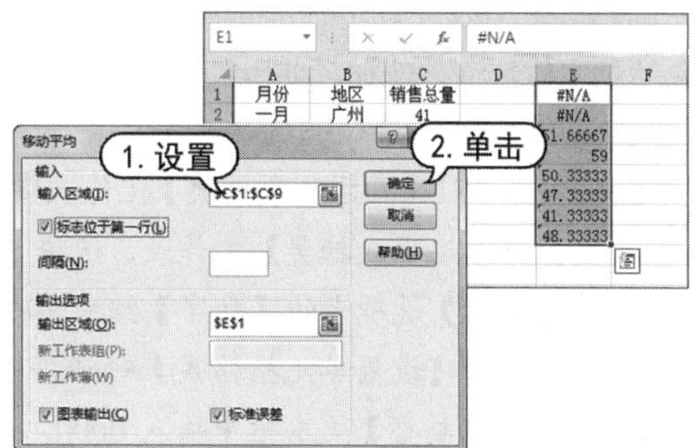

图 11-54　分析结果

计算机基础与实训教材系列

11.4.13 排位与百分比排位

排位与百分比排位可以产生一个数据表，在其中包含数据集中各个数值的顺序排序和百分比排位，用来分析数据集中各数值间的相对位置关系。下面将以具体实例介绍进行排位与百分比排位分析的方法。

【例 11-25】在【考试成绩表】工作表中进行排位与百分比分析。

(1) 打开【考试成绩表】工作表后，选择【数据】选项卡，在【分析】组中单击【数据分析】按钮。

(2) 在打开的【数据分析】对话框中选择【排位与百分比排位】选项，然后单击【确定】按钮，如图 11-55 所示。

(3) 在打开的【排位与百分比排位】对话框中进行设置，然后单击【确定】按钮。

(4) 此时，即可查看进行排位与百分比排位分析后的数据结果，如图 11-56 所示。

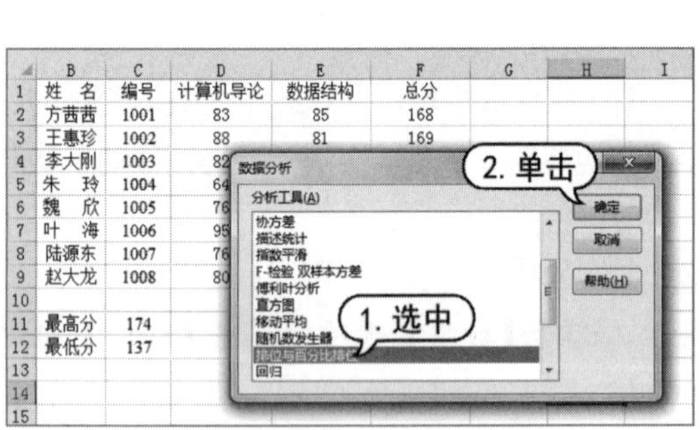

图 11-55 排位与百分比排位

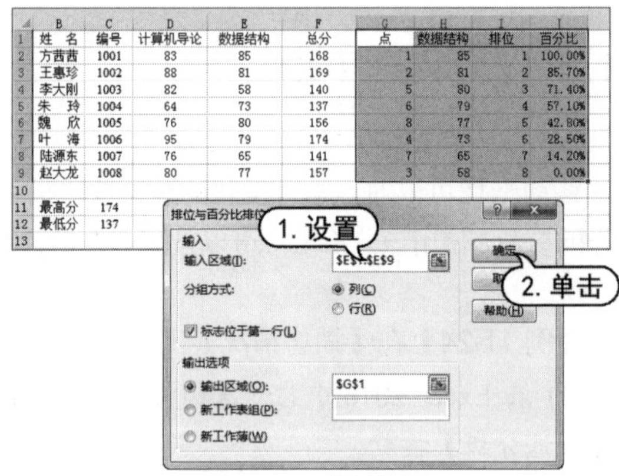

图 11-56 分析结果

11.4.14 随机数发生器

随机数发生器可用几个分布中一个产生的独立随机数来填充某个区域，并通过几率分布来表示总体的主体特征。例如，使用均匀分布表示抽奖实例结果的总体特征。下面将以具体实例介绍进行随机数发生器分析的方法。

【例 11-26】在【幸运观众抽奖】工作表中从编号 0001~9999 的观众中随机抽取 5 个中奖者。

(1) 打开【幸运观众抽奖】工作表，选中 B4:B8 单元格区域。

(2) 在【开始】选项卡的【数字】组中单击【数字格式】按钮。

(3) 在打开的【设置单元格格式】对话框中选中【数字】选项卡，在【分类】组中选择【自定义】选项，在【类型】文本框中输入 0000，表示显示 4 位数字，不足部分用 0 补齐，然后单击【确定】按钮，完成设置，如图 11-57 所示。

(4) 返回工作表，选择【数据】选项卡，在【分析】组中单击【数据分析】按钮。

(5) 打开【数据分析】对话框，然后在【分析工具】列表框中选择【随机数发生器】选项，并单击【确定】按钮。

(6) 在打开的【随机数发生器】对话框中的【变量个数】和【随机数个数】文本框中分别输入 1 和 5，然后单击【分布】下拉列表按钮，在弹出的下拉列表中选择【均匀】选项，在【参数】选项区域的【与】文本框中输入 9999，设置【输出区域】，最后单击【确定】按钮。

(7) 此时，即可查看进行随机数发生器分析后的数据结果，如图 11-58 所示。

图 11-57　设置单元格格式

图 11-58　随机数发生器分析结果

11.5　使用数据透视表分析数据

数据透视表允许用户使用特殊的、直接的操作分析 Excel 表格中的数据，对于创建好的数据透视表，用户可以灵活重组其中的行字段和列字段，从而实现修改表格布局，达到“透视”效果的目的。

11.5.1　数据透视表简介

1. 认识数据透视表

数据透视表是用来从 Excel 数据列表、关系数据库文件或 OLAP 多维数据集中的特殊字段中总结信息的分析工具。它是一种交互式报表，可以快速分类汇总、比较大量的数据，并可以随时选择其中页、行和列中的不同元素，以达到快速查看源数据的不同统计结果，同时还可以随意显示和打印出指定区域的明细数据。

数据透视表有机地综合了数据排序、筛选、分类汇总等数据分析的优点，可以方便地调整分类汇总的方式，灵活地以多种不同方式展示数据的特征。一张“数据透视表”仅靠鼠标移动字段位置，即可变换出各种类型的报表。同时，数据透视表也是解决函数公式速度瓶颈的手段之一。因此，该工具是最常用、功能最全的 Excel 数据分析工具之一。

2. 数据透视表的用途

数据透视表是一种对大量数据快速汇总和建立交叉列表的交互式动态表格，能够帮助用户分析、组织数据。例如，计算平均数或标准差、建立列联表、计算百分比、建立新的数据子集等。建好数据透视表后，用户可以对数据透视表重新安排，以便从不同的角度查看数据。数据透视表的名字来源于它具有“透视”表格的能力，从大量看似无关的数据中寻找背后的联系，从而将繁杂的数据转化为由价值的数据。

11.5.2 应用数据透视表

在 Excel 中，用户要应用数据透视表，首先要学会如何创建它。在实际工作中，为了让数据透视表更美观，更符合工作簿的整体风格，用户还需要掌握设置数据透视表格式的方法，包括设置数据汇总、排序数据透视表、显示与隐藏数据透视表等。

1. 创建数据透视表

在 Excel 2016 中，用户可以参考以下实例所介绍的方法，创建数据透视表。

【例 11-27】在【产品销售】工作表中创建数据透视表。

(1) 打开【产品销售】工作表，选中 A2:E7 单元格区域，然后选择【插入】选项卡，并单击【表格】命令组中的【数据透视表】按钮。

(2) 在打开的【创建数据透视表】对话框中选中【现有工作表】单选按钮，然后单击按钮，如图 11-59 所示。

图 11-59 【产品销售】工作表

(3) 单击 A10 单元格，然后按下 Enter 键。

(4) 返回【创建数据透视表】对话框后，在该对话框中单击【确定】按钮。在显示的【数据透视表字段】窗格中，选中需要在数据透视表中显示的字段，如图 11-60 所示。

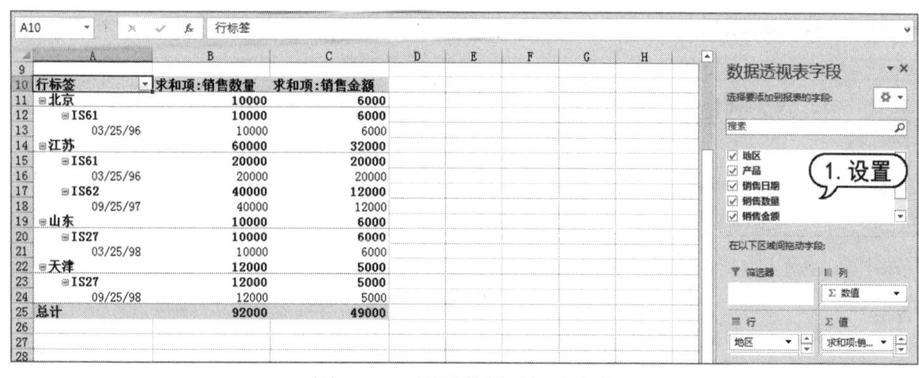

图 11-60　设置数据透视表字段

(5) 最后，单击工作表中的任意单元格，关闭【数据透视表字段列表】窗口，完成数据透视表的创建。

2. 设置数据汇总

数据透视表中默认的汇总方式为求和汇总，除此之外，用户还可以手动为其设置求平均值、最大值等汇总方式。

【例 11-28】在【产品销售】工作表中设置数据的汇总方式。

(1) 继续【例 11-27】的操作，右击数据透视表中的 C10 单元格，在弹出的菜单中选择【值汇总依据】|【平均值】命令，如图 11-61 所示。

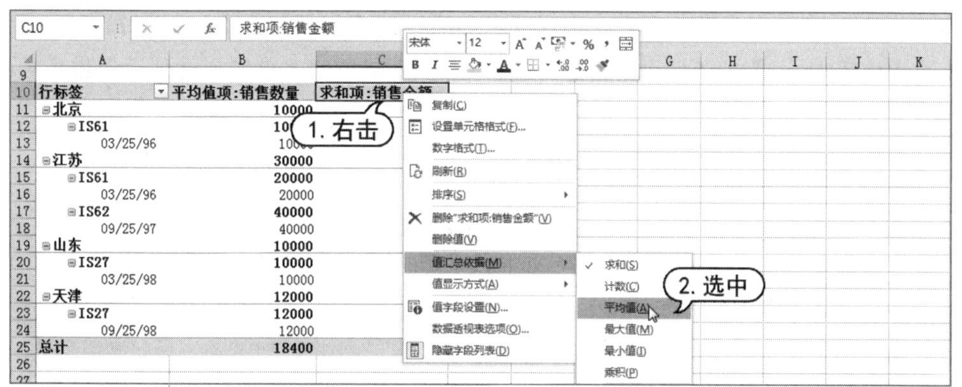

图 11-61　显示值汇总依据(平均值)

(2) 此时，数据透视表中的数据将随之发生变化。

3. 隐藏/显示明细数据

当数据透视表中的数据过多时，可能会不利于阅读者查阅，此时，通过隐藏和显示明细数据，可以设置只显示需要的数据。

【例 11-29】在【产品销售】工作表中设置隐藏与显示数据。

(1) 继续【例 11-28】的操作，选中并右击 A15 单元格，在弹出的菜单中选择【展开/折叠】|【折叠】命令，如图 11-62 所示。

(2) 此时，即可隐藏数据透视表中相应的明细数据，如图 11-63 所示。

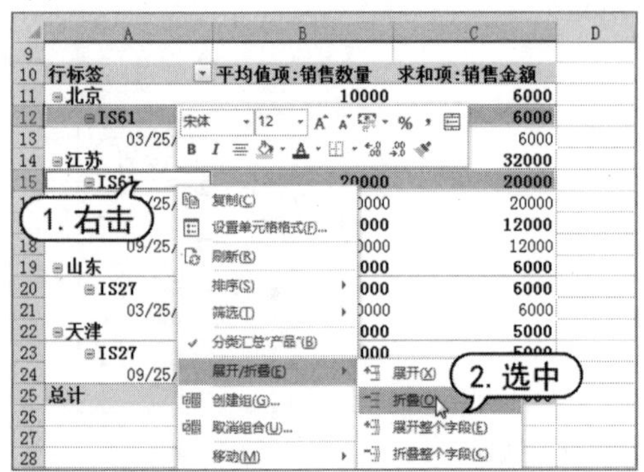

图 11-62 折叠明细数据

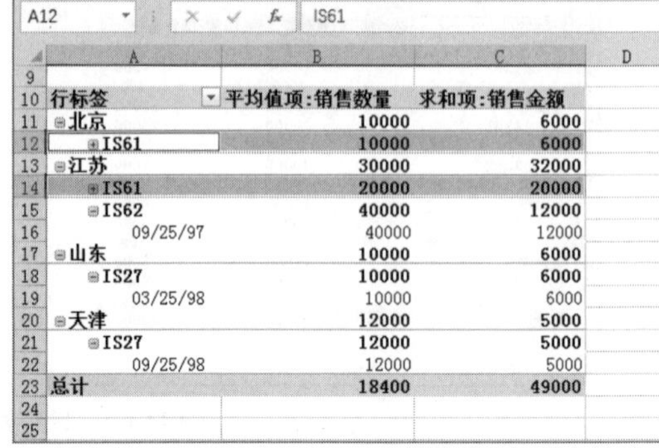

图 11-63 明细数据隐藏效果

(3) 单击隐藏数据前的⊞按钮，即可将明细数据重新显示。

4. 数据透视表的排序

在 Excel 中对数据透视表进行排序，将更有利于用户查看其中的数据。

【例 11-30】在【产品销售】工作表中设置排序。

(1) 选择数据透视表中的 A12 单元格后，右击鼠标，在弹出的菜单中选择【排序】|【其他排序选项】命令。

(2) 打开【排序(地区)】对话框，选中【升序排序(A 到 Z)依据】单选按钮，单击该单选按钮下方的下拉按钮，在弹出的下拉列表中选择【求和项：销售金额】选项，如图 11-64 所示。

(3) 在【排序(地区)】对话框中单击【确定】按钮，返回工作表后即可看到设置排序后的效果，如图 11-65 所示。

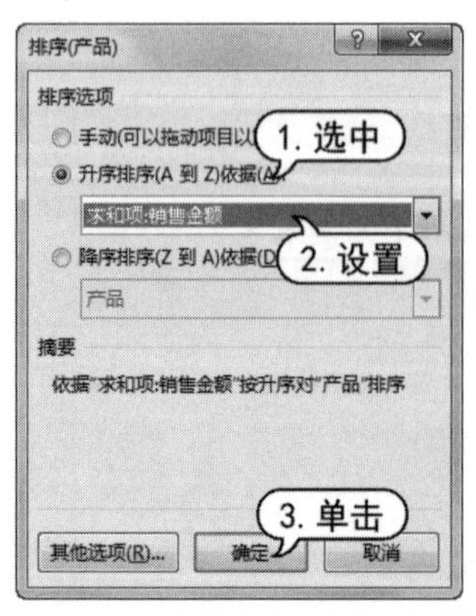

图 11-64 【排序(地区)】对话框

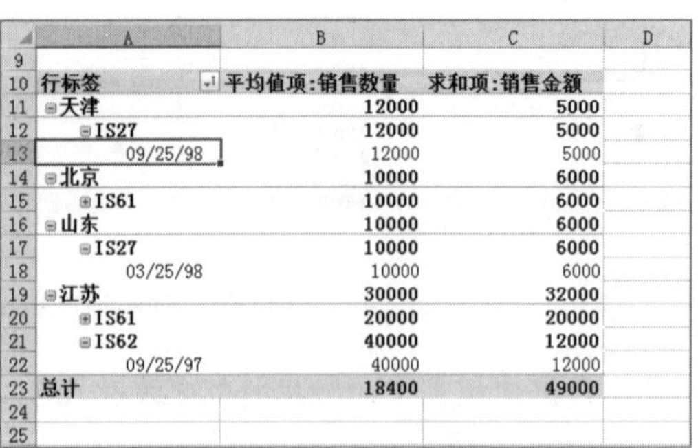

图 11-65 排序效果

单击【数据】选项卡中的【排序和筛选】组中的【排序】按钮，也可以打开【排序】对话框。用户在设置数据表排序时，应注意的是，【排序】对话框中的内容将根据当前所选择的单元格进行调整。

11.5.3　设置数据透视表

数据透视表与图表一样，如果用户需要对其进行外观设置，可以在 Excel 中对数据透视表的格式进行调整。

【例 11-31】在【产品销售】工作表中设置数据透视表的格式。

(1) 选中制作的数据透视表，选择【设计】选项卡，单击【数据透视表样式】命令组中的【其他】按钮。

(2) 在展开的列表框中选中一种数据透视表样式，如图 11-66 所示。

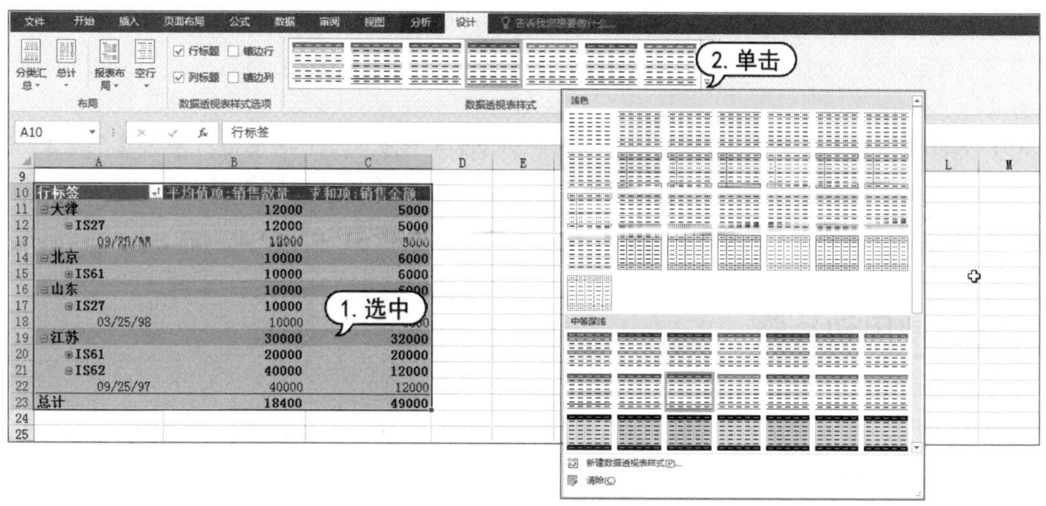

图 11-66　设置数据透视表的格式

(3) 此时，即可看到设置后的数据透视表的样式效果。

11.5.4　移动数据透视表

对于已经创建好的数据透视表，不仅可以在当前工作表中移动位置，还可以将其移动到其他工作表中。移动后的数据透视表保留原位置数据透视表的所有属性与设置，不用担心由于移动数据透视表而造成数据出错的故障。

【例 11-32】在【产品销售】工作表中将数据透视表移动到 Sheet3 工作表中。

(1) 打开【产品销售】工作表后，选择【数据透视表工具】的【分析】选项卡，在【操作】组中单击【移动数据透视表】按钮。

(2) 打开【移动数据透视表】对话框，选中【现有工作表】单选按钮，如图 11-67 所示。

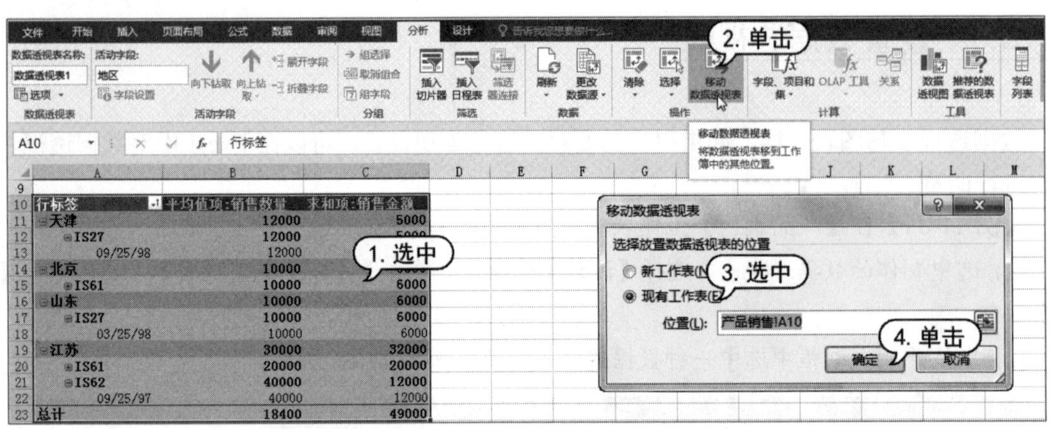

图 11-67　打开【移动数据透视表】对话框

(3) 单击【位置】文本框后的▣按钮，选择 Sheet3 工作表的 A1 单元格，单击【确定】按钮。

(4) 返回【移动数据透视表】对话框后，在该对话框中单击【确定】按钮，即可将数据透视表移动到 Sheet3 工作表中(而【产品销售】工作表中则没有数据透视表)。

11.5.5　使用切片器

切片器是 Excel 2016 中自带的一个简便的筛选组件，它包含一组按钮。使用切片器可以方便地筛选出数据表中的数据。

1. 插入切片器

要在数据透视表中筛选数据，首先需要插入切片器，选中数据透视表中的任意单元格，打开【数据透视表工具】|【分析】选项卡，在【筛选】命令组中，单击【插入切片器】按钮。在打开的【插入切片器】对话框中选中所需字段前面的复选框，然后单击【确定】按钮，即可显示插入的切片器，如图 11-68 所示。

图 11-68　打开【插入切片器】对话框

插入的切片器像卡片一样显示在工作表内，在切片器中单击需要筛选的字段，如在【销售数量】切片器里单击 10000 选项，在【产品】和【销售日期】切片器里则会自动选中销售数量为 10000 的项目名称，而且在数据透视表中也会显示相应的数据，如图 11-69 所示。

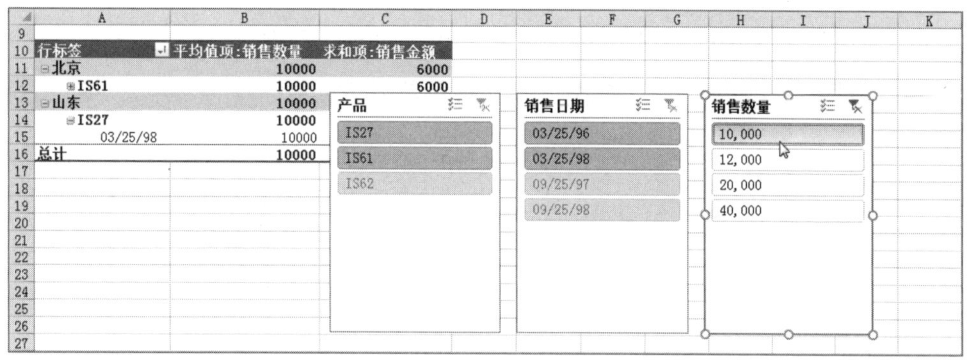

图 11-69　选择切片器数据

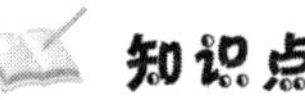

单击筛选器右上角的【清除筛选器】按钮，即可清除对字段的筛选。另外，选中切片器后，将光标移动到切片器边框上，当光标变成形状时，按住鼠标左键进行拖动，可以调节切片器的位置。打开【切片器工具】的【选项】选项卡，在【大小】组中还可以设置切片器大小钮。

2. 排列切片器

选中切片器，打开【切片器工具】的【选项】选项卡，在【排列】组中单击【对齐】按钮，从弹出的菜单中选择一种排列方式，如选择【垂直居中】对齐方式，此时，切片器将垂直居中显示在数据透视表中，操作界面和效果如图 11-70 所示。

图 11-70　设置切片器垂直居中对齐

选中某个切片器，在【排列】组中单击【上移一层】和【下移一层】按钮，可以上下移动切片器，或者将切片器置于顶层或底层。按 Ctrl 键可以选中多个切片器，在切片器内，可以按 Ctrl 键选中多个字段项进行筛选。

3. 设置切片器按钮

切片器中包含多个按钮(即记录或数据)，可以设置按钮大小和排列方式。选中切片器后，打开【切片器工具】的【选项】选项卡，在【按钮】组的【列】微调框中输入按钮的排列方式，在【高度】和【宽度】文本框中输入按钮的高度和宽度，如图 11-71 所示。

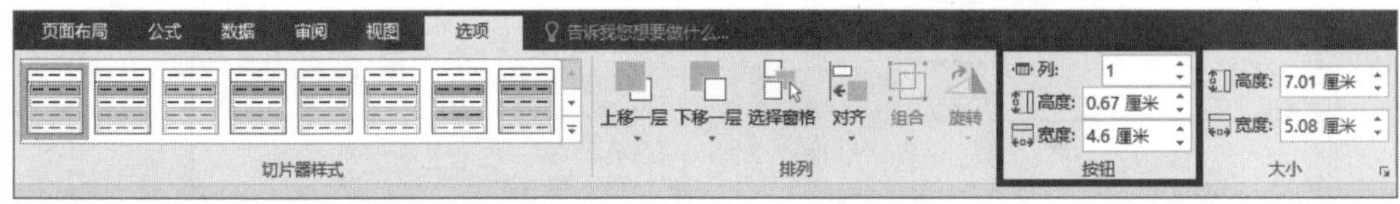

图 11-71　设置切片器按钮

4. 应用切片器样式

Excel 2016 提供了多种内置的切片器样式。选中切片器后，打开【切片器工具】的【选项】选项卡，在【切片器样式】组中单击【其他】按钮，从弹出的列表框中选择一种样式，即可快速为切片器应用该样式，如图 11-72 所示。

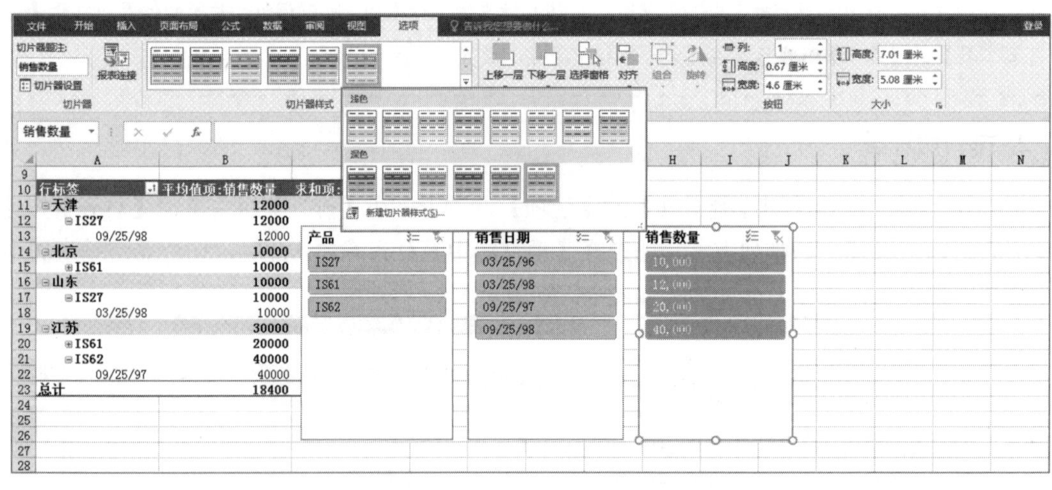

图 11-72　应用切片器样式

5. 详细设置切片器

选中一个切片器后，打开【切片器工具】的【选项】选项卡，在【切片器】组中单击【切片器设置】按钮，打开【切片器设置】对话框，可以重新设置切片器的名称、排序方式以及页眉标签等，如图 11-73 所示。

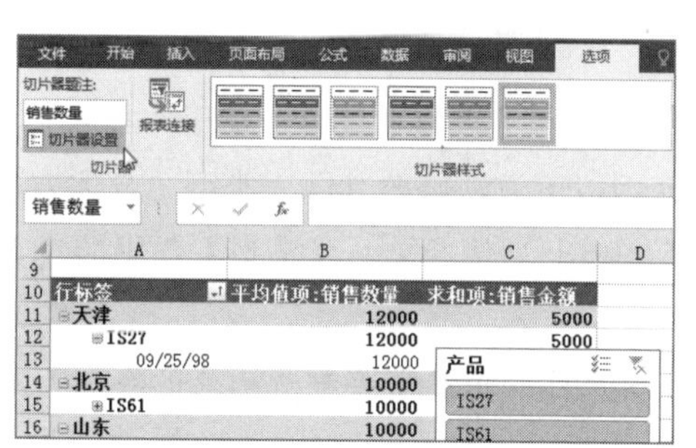

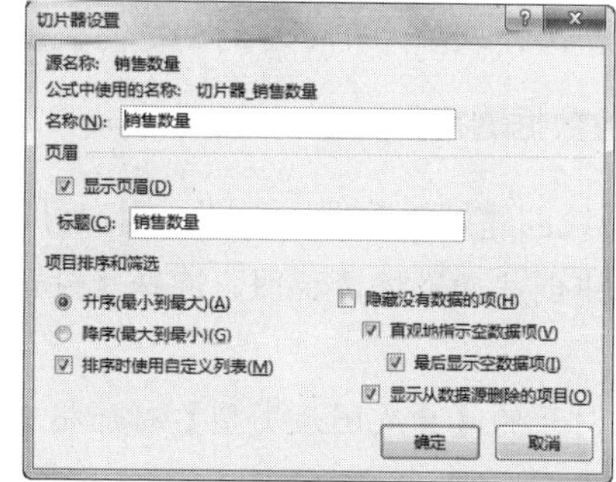

图 11-73　打开【切片器设置】对话框

6. 清除与删除切片器

要清除切片器的筛选器可以直接单击切片器右上方的【清除筛选器】按钮，或者右击切片器，在弹出的快捷菜单中选择【从“(切片器名称)”中清除筛选器】命令，即可清除筛选器。

要彻底删除切片器，只需在切片器内右击鼠标，在弹出的快捷菜单中选择【删除“(切片器名称)”】命令，即可删除该切片器。

11.5.6　使用数据透视图

数据透视图是针对数据透视表统计出的数据进行展示的一种手段。下面将通过实例详细介绍创建数据透视图的方法。

1. 创建数据透视图

创建数据透视图的方法与创建数据透视表类似，具体如下。

(1) 选中【产品销售】工作表中的整个数据透视表，然后选择【分析】选项卡，并单击【工具】组中的【数据透视图】按钮。

(2) 在打开的【插入图表】对话框中选中一种数据透视图样式后，单击【确定】按钮，如图 11-74 所示。

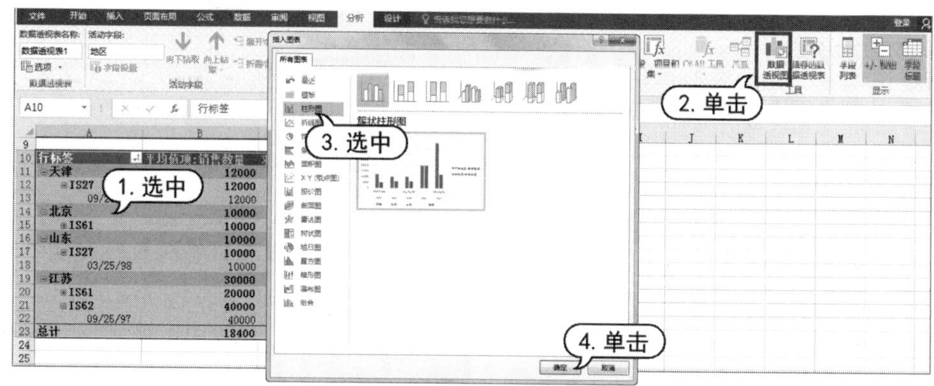

图 11-74　打开【插入图表】对话框

(3) 返回工作表后，即可看到创建的数据透视图效果。

2. 修改数据透视图类型

对于已经创建好的数据透视图，用户可以使用以下方法修改其图表类型，具体方法如下。

(1) 选中创建的数据透视图，选择【设计】选项卡，然后单击【类型】组中的【更改图表类型】按钮。

(2) 在打开的【更改图表类型】对话框中，用户可以根据需要更改图表的类型，完成后单击【确定】按钮，如图 11-75 所示。

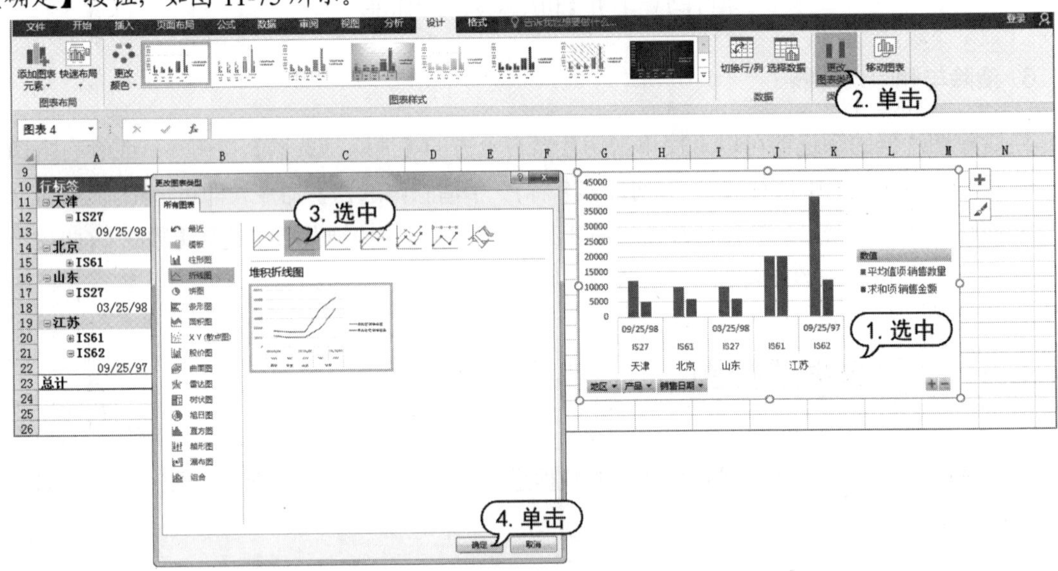

图 11-75　打开【更改表格类型】对话框

(3) 此时，数据透视图的类型将被修改。

 **提示**

数据透视图中的数据与数据透视表中的数据是相互关联的，当数据透视表中的数据发生变化时，数据透视图中也会发生相应的改变。

3. 修改显示项目

用户可以参考下面介绍的方法修改数据透视图的显示项目。

(1) 选中并右击工作表中插入的数据透视图，然后在弹出的菜单中选择【显示字段列表】命令。

(2) 在显示的【数据透视图字段】窗格中的【选中要添加到报表的字段】列表框中，用户可以根据需要，选择在图表中显示的图例，如图 11-76 所示。

(3) 单击【地区】选项后的下拉列表按钮，在弹出的菜单中，设置图表中显示的项目，如图 11-77 所示。

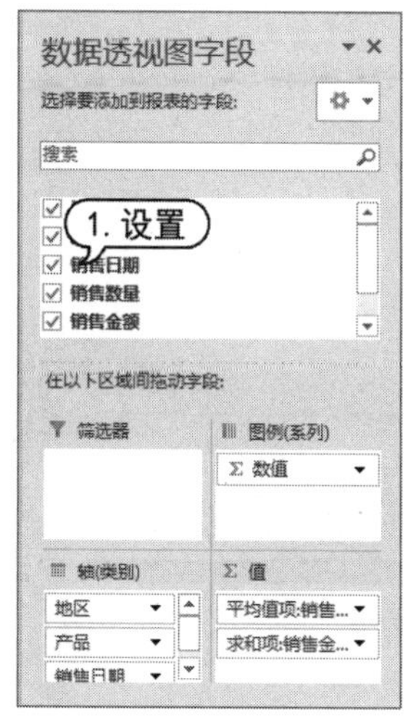

图 11-76　选择在图表中显示的图例

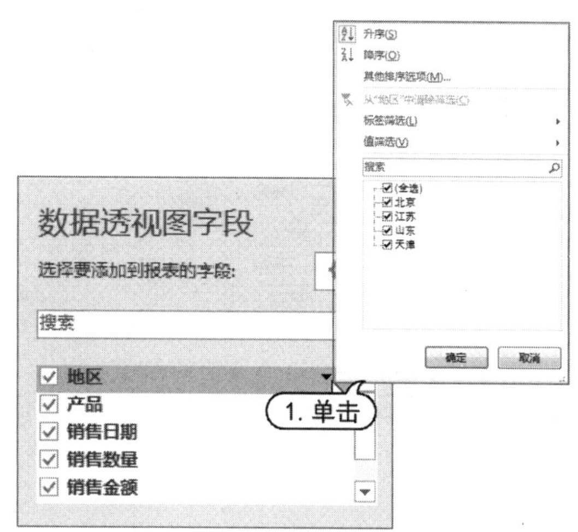

图 11-77　设置图表中显示的项目

11.6　上机练习

本章的上机练习将介绍制作【调查分析表】，并在其中进行抽样和描述统计分析，用户可以通过练习而巩固所学的知识。

(1) 在 Excel 中新建一个名为【调查分析表】的工作簿，并在 Sheet1 工作表中创建数据，如图 11-78 所示。

(2) 选择【数据】选项卡，在【分析】组中单击【数据分析】按钮。

(3) 在打开的【数据分析】对话框中选择【抽样】选项后，单击【确定】按钮，如图 11-79 所示。

调查分析表

编号	城市	季度	销售数量	销售金额	实现利润	抽样数据
1	南京	一季度	55	1550	460	
2	上海	一季度	43	1430	650	
3	北京	一季度	45	1450	690	
4	广州	一季度	34	1340	430	
5	南京	二季度	78	1780	550	
6	上海	二季度	43	1430	210	
7	北京	二季度	65	1650	380	
8	广州	二季度	31	1031	310	
9	南京	三季度	98	1098	780	
10	上海	三季度	77	1077	340	
11	北京	三季度	65	1650	420	
12	广州	三季度	38	1380	310	

图 11-78　调查分析表

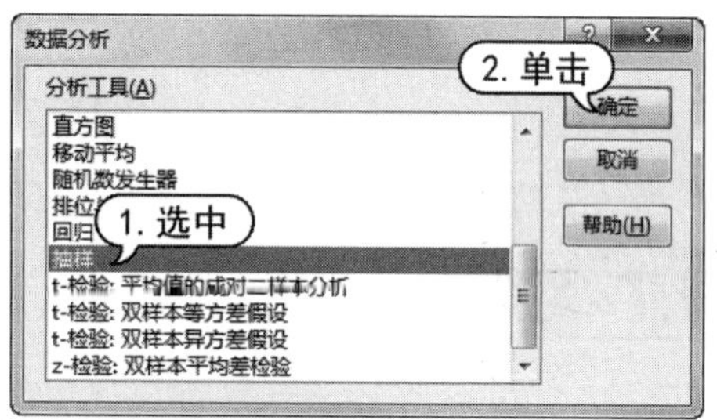

图 11-79　抽样分析

(4) 打开【抽样】对话框，设置【输入区域】和【输出区域】，在【样本数】文本框中输入 5，然后单击【确定】按钮。

(5) 此时，可以在工作表中查看抽样出的 5 个样本数据，如图 11-80 所示。

(6) 使用同样的方法，打开【数据分析】对话框，在该对话框中选择【描述统计】选项，并单击【确定】按钮，如图 11-81 所示。

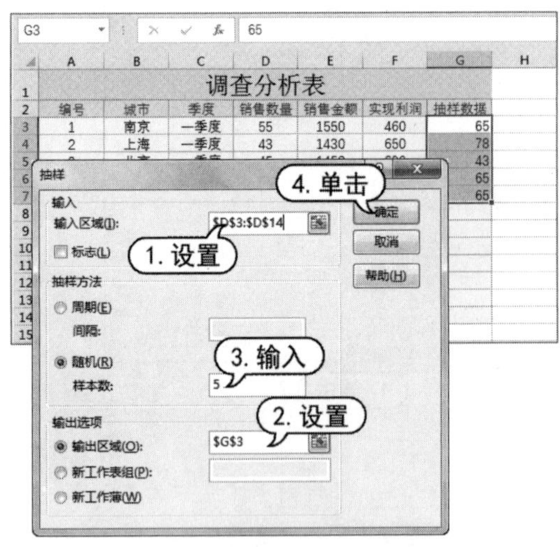

图 11-80　抽样分析结果

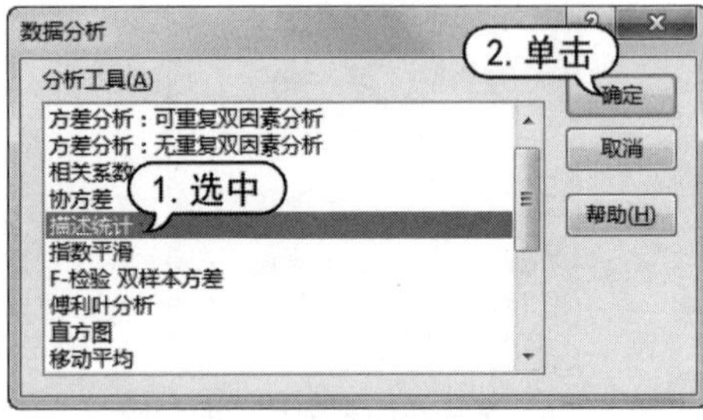

图 11-81　描述统计

(7) 在打开的【描述统计】对话框中的【输入区域】中选取抽出的 5 个数据所在的单元格区域，选中所有的复选框，在【输出区域】中选取输出的位置，然后单击【确定】按钮。

(8) 返回工作簿，此时，可以查看进行描述统计分析后的数据结果，如图 11-82 所示。

图 11-82　描述统计结果

11.7 习题

1. 创建【笔记本电脑报价表】工作簿，并根据笔记本电脑价格从低到高排序表格中的数据。

2. 在【笔记本电脑报价表】工作簿中，通过高级筛选功能筛选出品牌为惠普，价格小于4 000元的记录。

3. 练习创建【销售明细】工作表，并在该工作表中创建数据透视表。

第12章 使用 Excel 高级功能

学习目标

本章将主要介绍包括条件格式、数据有效性、合并计算工具、链接和超链接、使用语音引擎等 Excel 高级功能。这些功能极大地增强了 Excel 处理电子表格数据的能力。

本章重点

- 条件格式
- 数据有效性
- 合并计算

12.1 条件格式

Excel 2016 的条件格式功能可以根据指定的公式或数值来确定搜索条件，然后将格式应用到符合搜索条件的选定单元格中，并突出显示要检查的动态数据。例如，希望使单元格中的负数用红色显示，超过 1000 以上的数字字体增大等。

12.1.1 使用“数据条”

在 Excel 2016 中，条件格式功能提供了【数据条】、【色阶】、【图标集】3 种内置的单元格图形效果样式。其中数据条效果可以直观地显示数值大小对比程度，使得表格数据效果更为直观方便。

【例 12-1】在【销售明细】工作表中以数据条形式来显示【实现利润】列的数据。

(1) 打开【销售明细】工作表后，选定 F3:F14 单元格区域。

(2) 在【开始】选项卡的【样式】组中单击【条件格式】下拉列表按钮，在弹出的下拉列表

中选择【数据条】命令，在弹出的下拉列表中选择【渐变填充】子列表里的【紫色数据条】选项，如图 12-1 所示。

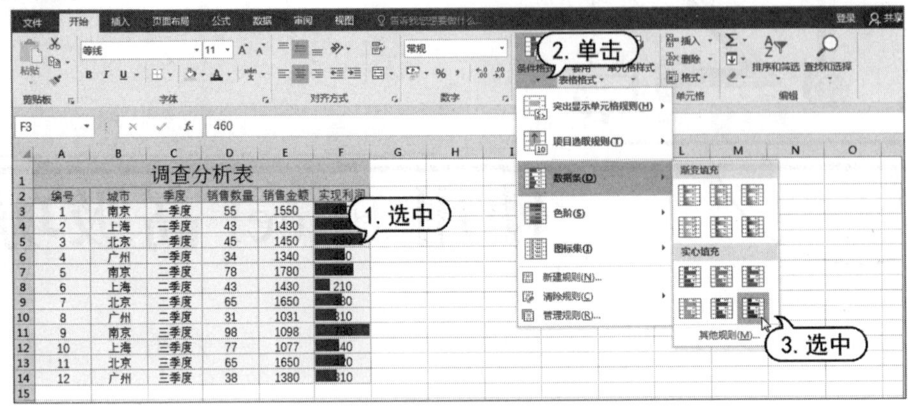

图 12-1　选择数据条效果

(3) 此时工作表内的【实现利润】一列中的数据单元格内添加了紫色渐变填充的数据条效果，可以直观对比数据。

(4) 用户还可以通过设置将单元格数据隐藏起来，只保留数据条效果显示。先选中单元格区域 F3:F14 中的任意单元格，再单击【条件格式】下拉列表按钮，在弹出的下拉列表中选择【管理规则】命令。

(5) 打开【条件格式规则管理器】对话框，选择【数据条】规则，单击【编辑规则】按钮，如图 12-2 所示。

(6) 打开【编辑格式规则】对话框，在【编辑规则说明】区域里选中【仅显示数据条】复选框，然后单击【确定】按钮，如图 12-3 所示。

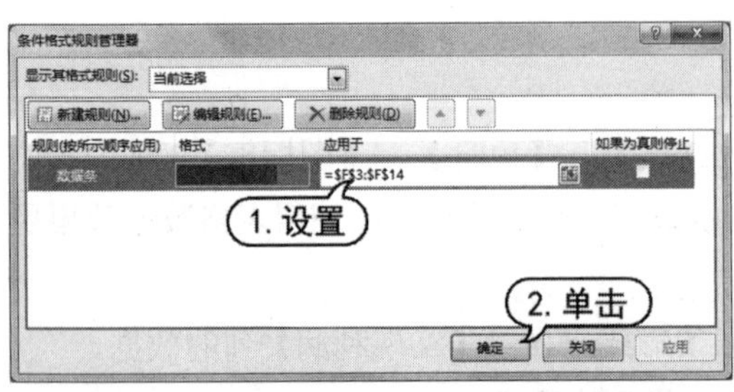

图 12-2　【条件格式规则管理器】对话框

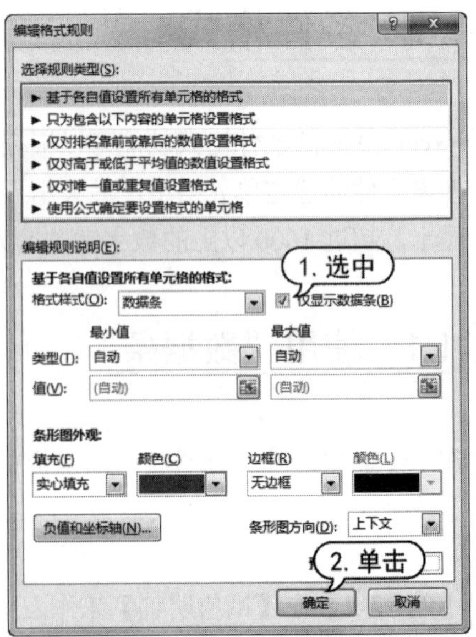

图 12-3　【编辑格式规则】对话框

(7) 返回【条件格式规则管理器】对话框，单击【确定】按钮即可完成设置。此时单元格区域 F3:F14 只有数据条的显示，没有具体数值。

12.1.2 使用“色阶”

“色阶”可以用色彩直观地反映数据大小，形成“热图”(Heat Chart)。“色阶”预置了包括 6 种“三色刻度”和 3 种“双色刻度”在内的 9 种外观，用户可以根据数据的特点选择自己需要的种类。

【例 12-2】在工作表中用色阶展示城市一天内的平均气温数据。

(1) 打开工作表后，选中需要设置条件格式的单元格区域 A3: I3，在【开始】选项卡的【样式】命令组中单击【条件格式】下拉按钮，在弹出的下拉列表中选择【色阶】|【绿-黄-红色阶】命令，如图 12-4 所示。

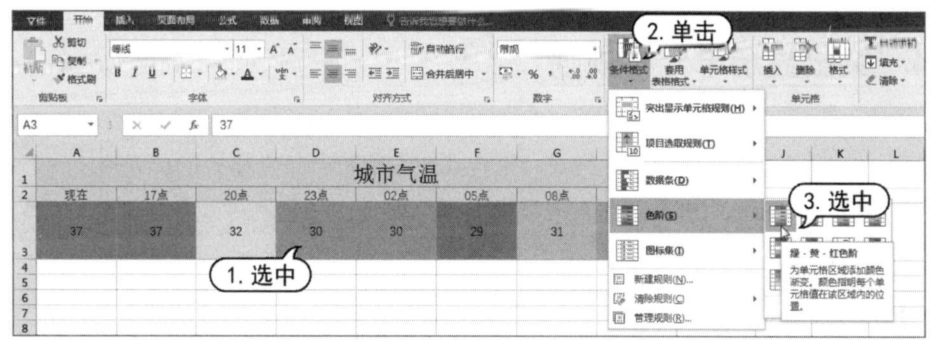

图 12-4　设置【色阶】条件格式样式

(2) 此时，在工作表中将以“红-黄-绿”三色刻度，显示选中单元格区域中的数据。

12.1.3 使用“图标集”

“图标集”允许用户在单元格中呈现不同的图标来区分数据的大小。Excel 提供了“方向”、“形状”、“标记”、“等级”4 大类，共计 20 种图标样式。

【例 12-3】在【学生成绩表】工作表中使用“图标集”对成绩数据进行直观反映。

(1) 打开工作表后，选中需要设置条件格式的单元格区域，如 B3:D11。

(2) 在【开始】选项卡的【样式】命令组中，单击【条件格式】下拉按钮，在展开的下拉列表中选择【图标集】命令。

(3) 在展开的选项菜单中，用户可以移动鼠标在各种样式中逐一滑过，B3:D11 被选中的单元格中将会同步显示出相应的效果。以使用“四等级”图标集为例，使用鼠标单击【四等级】样式即可，效果如图 12-5 所示。

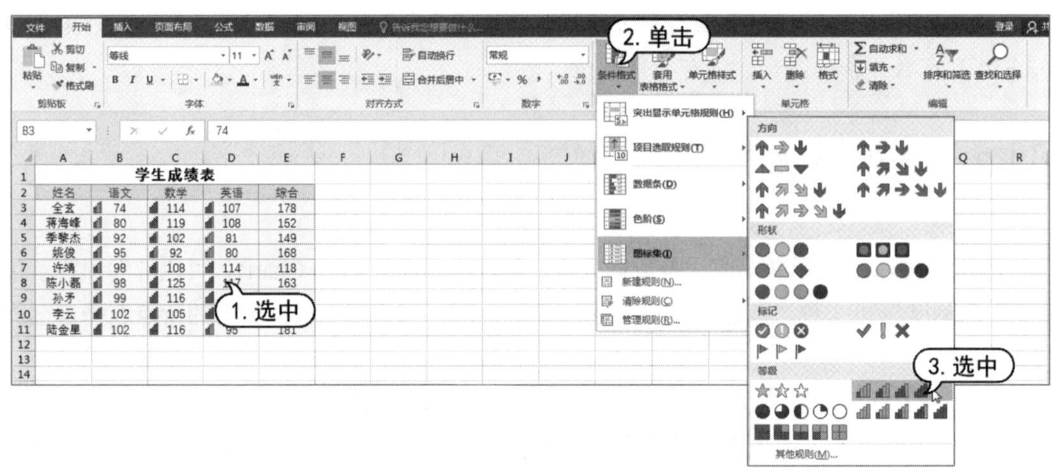

图 12-5　设置【图标集】条件格式样式

12.1.4　突出显示单元格规则

用户可以自定义电子表格的条件格式，来查找或编辑符合条件格式的单元格。

【例 12-4】在【销售明细】工作表中设置以绿色填充、深绿色文本突出显示【实现利润】列大于 500 的单元格。

(1) 打开【销售明细】工作表后，选中 F3:F14 单元格区域，然后在【开始】选项卡中单击【条件格式】下拉列表按钮，在弹出的下拉列表中选择【突出显示单元格规则】|【大于】选项，如图 12-6 所示。

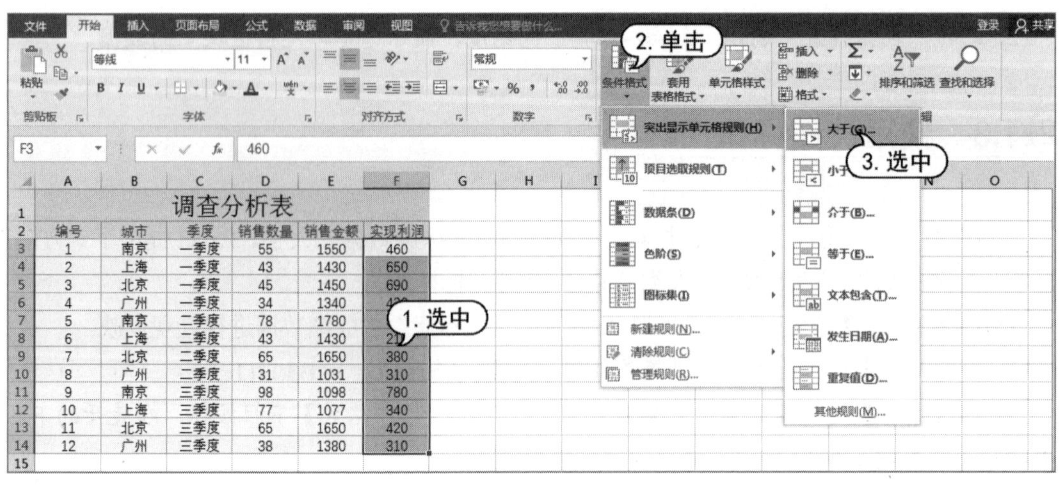

图 12-6　突出显示单元格规则

(2) 打开【大于】对话框，在【为大于以下值的单元格设置格式】文本框中输入 500，在【设置为】下拉列表框中选择【浅红填充色深红色文本】选项，单击【确定】按钮，如图 12-7 所示。

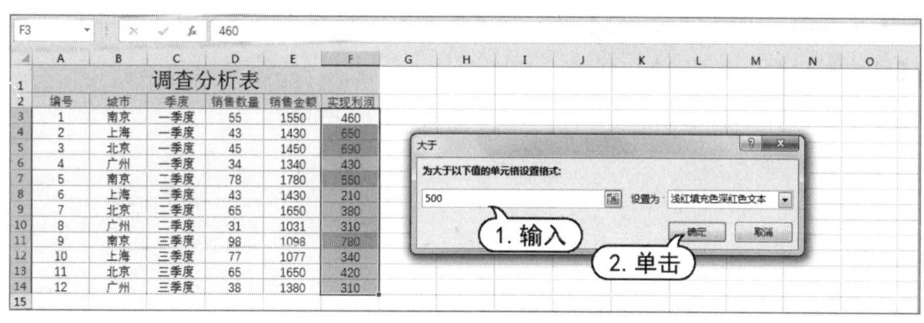

图 12-7　突出显示大于 500 的单元格

(3) 此时，满足条件格式，则会自动套用带颜色文本的单元格格式。

12.1.5　自定义条件格式

如果 Excel 内置的条件格式样式不能满足用户的需求，可以通过【新建规则】功能自定义条件格式。

【例 12-5】在【学生成绩表】工作表中通过自定义规则来设置条件格式，将 110 分以上的成绩用一个图标显示。

(1) 打开工作表后，选择需要设置条件格式的 B3：E11 单元格区域。

(2) 在【开始】选项卡的【样式】命令组中单击【条件格式】下拉按钮，在展开的下拉列表中选择【新建规则】命令。

(3) 打开【新建格式规则】对话框，在【选择规则类型】列表框中，选择【基于各自值设置所有单元格的格式】选项，如图 12-8 所示。

图 12-8　打开【新建格式规则】对话框

(4) 单击【格式样式】下拉按钮，在弹出的下拉列表中选择【图标集】选项。

(5) 在【根据以下规则显示各个图标】组合框中，在【类型】下拉列表中选择【数字】，在【值】编辑框中输入 110，在【图标】下拉列表中选择一种图标，如图 12-9 所示。

(6) 在【当<110 且】和【当<33】两行的【图标】下拉列表中选择【无单元格图标】选项，然后单击【确定】按钮，如图 12-9 所示。

(7) 此时，表格中的自定义条件格式的效果如图 12-10 所示。

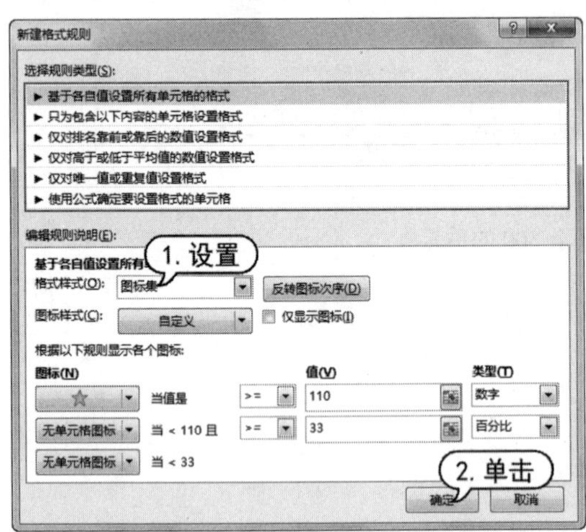

图 12-9 设置自定义条件样式

	A	B	C	D	E	F
1	学生成绩表					
2	姓名	语文	数学	英语	综合	
3	全玄	74	☆ 114	107	☆ 112	
4	蒋海峰	80	☆ 119	108	76	
5	季黎杰	92	102	81	87	
6	姚俊	95	92	80	95	
7	许靖	98	108	☆ 114	106	
8	陈小磊	98	☆ 125	☆ 117	☆ 118	
9	孙矛	99	☆ 116	☆ 117	79	
10	李云	102	105	☆ 113	89	
11	陆金星	102	☆ 116	95	98	
12						

图 12-10 表格自定义条件格式效果

12.1.6 条件格式转成单元格格式

条件格式是根据一定的条件规则设置的格式，而单元格格式是对单元格设置的格式。如果条件格式所依据的数据被删除时，会使原先的标记失效。如果还需要保持原先的格式，则可以将条件格式转换为单元格格式。

用户可以先选中并复制目标条件格式区域，然后在【开始】选项卡里的【剪贴板】组中单击【剪贴板】按钮，打开【剪贴板】窗格，单击其中的粘贴项目(如图12-11 所示为复制 F3:F14 单元格区域)，在【剪贴板】窗格中单击该粘贴项目。

此时，将剪贴板粘贴项目复制到 F3:F14 区域，并把原来的条件格式转化成单元格格式，此时如果删除原来符合条件格式的 F5 单元格内容，其单元格的格式并不会改变，仍会保留绿色，如图 12-12 所示。

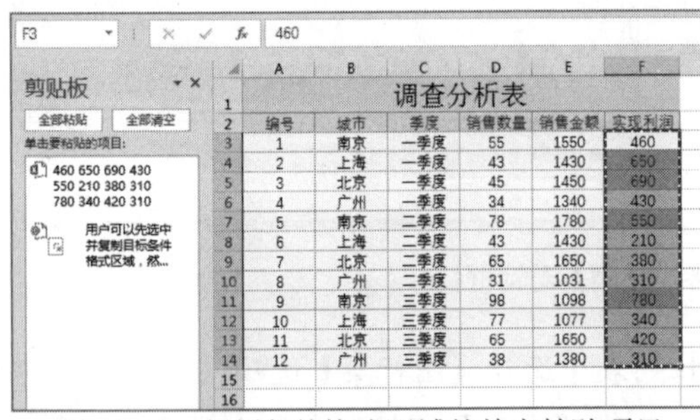

图 12-11 复制条件格式区域并单击粘贴项目

	A	B	C	D	E	F	G
1	调查分析表						
2	编号	城市	季度	销售数量	销售金额	实现利润	
3	1	南京	一季度	55	1550	460	
4	2	上海	一季度	43	1430	650	
5	3	北京	一季度	45	1450		
6	4	广州	一季度	34	1340	430	
7	5	南京	二季度	78	1780	550	
8	6	上海	二季度	43	1430	210	
9	7	北京	二季度	65	1650	380	
10	8	广州	二季度	31	1031	310	
11	9	南京	三季度	98	1098	780	
12	10	上海	三季度	77	1077	340	
13	11	北京	三季度	65	1650	420	
14	12	广州	三季度	38	1380	310	
15							

图 12-12 条件格式转换为单元格格式

12.1.7　复制与清除条件格式

1. 复制条件格式

要复制条件格式，用户可以通过使用【格式刷】或【选择性粘贴】功能来实现，这两种方法不仅适用于当前工作表或同一工作簿的不同工作表之间的单元格条件格式的复制，也适用于不同工作簿中的工作表之间的单元格条件格式的复制。

2. 清除条件格式

当用户不再需要条件格式时可以选择清除条件格式，清除条件格式主要有以下两种方法：

- 在【开始】选项卡中单击【条件格式】下拉列表按钮，在弹出的下拉列表中选择【清除规则】选项，并在弹出的子下拉列表中选择合适的清除范围。
- 在【开始】选项卡中单击【条件格式】下拉列表按钮，在弹出的下拉列表中选择【管理规则】选项，打开【条件格式规则管理器】对话框，选中要删除的规则后单击【删除规则】按钮，然后单击【确定】按钮即可清除条件格式。

12.1.8　管理条件格式规则优先级

Excel 允许对同一个单元格区域设置多个条件格式。当两个或更多条件格式规则应用于一个单元格区域时，将按其在此对话框中列出的优先级顺序执行这些规则。

1. 调整条件格式优先级

用户可以通过编辑条件格式的方法打开【条件格式规则管理器】对话框。此时，在列表中，越是位于上方的规则，其优先级越高。默认情况下，新规则总是添加到列表的顶部，因此具有最高的优先级，用户也可以使用对话框中的“上移”和“下移”按钮更改优先级顺序，如图 12-13 所示。

图 12-13　条件格式规则管理器

当同一个单元格存在多个条件格式规则时，如果规则之间不冲突，则全部规则都有效。例如如果一个规则将单元格格式设置为字体“宋体”，而另一个规则将同一个单元格的格式底色设置为“橙色”，则该单元格格式设置字体为“宋体”，且单元格底色为“橙色”。因为这两种格式间没有冲突，所以两个规则都可以得到应用。

如果规则之间存在冲突，则只执行优先级高的规则。例如，一个规则将单元格字体颜色设置为“橙色”，而另一个规则将单元格字体颜色设置为“黑色”。因为这两个规则冲突，所以只应用一个规则，执行优先级较高的规则。

2. 应用“如果为真则停止”规则

当同时存在多个条件格式规则时，优先级高的规则先执行，次一级规则后执行，这样逐条规则执行，直至所有规则执行完毕。在这个过程中，用户可以应用“如果为真则停止”规则，当优先级较高的规则条件被满足后，则不再执行其优先级之下的规则。应用这种规则，可以实现对数据集中的数据进行有条件地筛选。

【例 12-6】在【学生成绩表】中对语文成绩 90 分以下的数据设置【数据条】格式进行分析。

(1) 打开工作表后，选中 B1: B17 单元格区域，添加新规则条件格式。

(2) 打开【条件格式规则管理器】对话框，单击【新建规则】按钮，在打开的【新建格式规则】对话框中，添加如图 12-14 所示的规则，并选中【单元格值＞90】规则后的【如果为真则停止】复选框。

(3) 应用【如果为真则停止】规则设置条件格式后，数据条只显示小于 90 的数据。

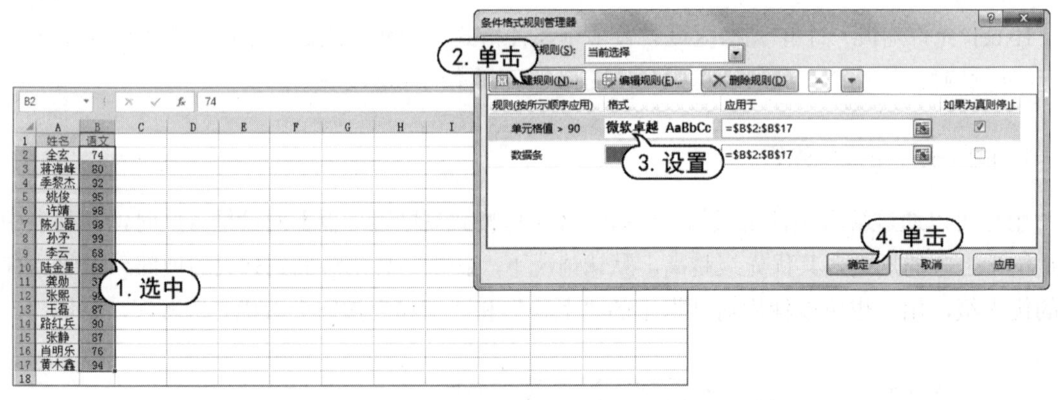

图 12-14　条件格式规则管理器

12.2　数据有效性

在 Excel 中，可以使用一种称为【数据有效性】的特性来控制单元格可接受数据的类型。使用这种特性就可以有效地减少和避免输入数据的错误。例如限定为特定的类型、一定的取值范围，甚至特定的字符及输入的字符数。

12.2.1　设置数据有效性

在 Excel 2016 中，要对某个单元格或单元格区域设置数据有效性，具体方法如下。

(1) 选中要设置数据有效性的单元格或单元格区域。

(2) 选中【数据】选项卡，在【数据工具】命令组中单击【数据验证】按钮，打开【数据验证】对话框，如图 12-15 所示。

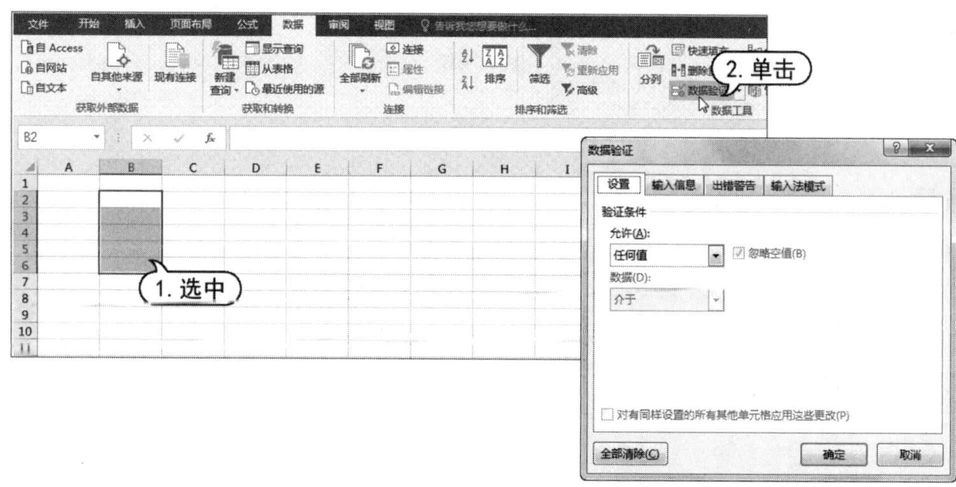

图 12-15　打开【数据验证】对话框

(3) 在【数据验证】对话框中，可以进行数据有效性的相关设置。

提示

在 Excel 中，数据有效性只对用户的直接输入有效，对剪贴到单元格中的数据无效。

12.2.2　指定数据类型

在【数据验证】对话框默认打开的【设置】选项卡中，单击【允许】下拉列表按钮，在弹出的下拉列表中可以选择单元格可接受的数据类型，有【任何值】、【整数】、【小数】、【序列】、【日期】、【时间】、【文本长度】和【自定义】等多个选项可供选择，以便对工作表上的选定单元格应用数据输入限制。比如选择【整数】选项，那么还会要求用户选择数值的范围等。

12.2.3　设置输入信息

在【数据验证】对话框中选择【输入信息】选项卡，可以设置处于有效性规则的单元格时显示信息，这样用户就可以知道该单元格已建立了有效性规则，而不会输入错误的信息，如图 12-16 所示。

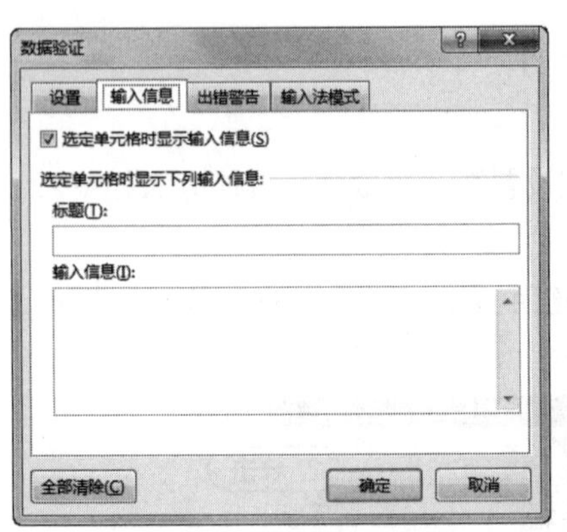

商品名称	进价	销售价	数量	折扣
打印机	3500		25	0.8
数码相机	640			0.95
复印机	5100			0.85
笔记本电脑	9300			0.7

请输入一个整数
数值为0~1000000
之间的整数

图 12-16　设置输入信息验证

提示

若要清除单元格的【输入信息】，则在【输入信息】选项卡中，单击【全部清除】按钮即可。

12.2.4　设置出错警告

在【数据验证】对话框中选择【出错警告】选项卡，可以设置当用户在单元格中输入不被允许的数据时，弹出警告，如图 12-17 所示。

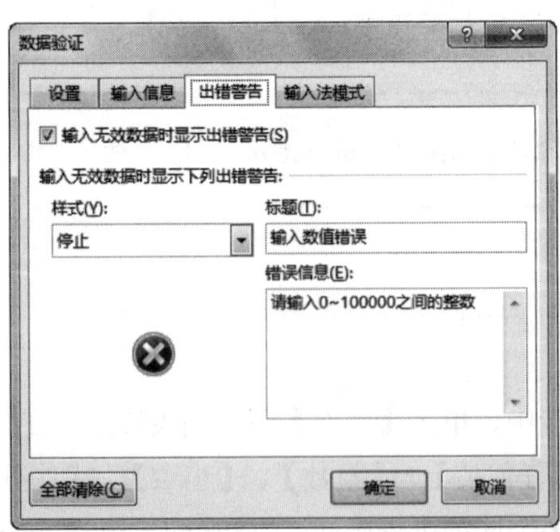

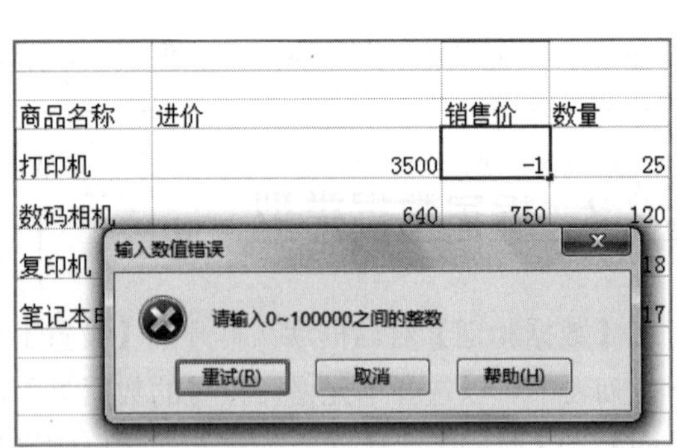

图 12-17　设置输入信息出错警告

在单元格中输入不被允许的数据时，可以在【出错警告】选项卡的【样式】下拉列表中选择 3 种处理方式，分别为：【停止】、【警告】与【信息】。

- 选择【停止】样式，则当用户输入不被允许的数据时会弹出如图 12-17 所示的对话框，单击【重试】按钮可以重新输入数据。
- 选择【警告】样式，则当用户输入不被允许的数据时会弹出如图 12-18 所示的对话框，单击【是】按钮保存输入的数据，单击【否】按钮则可以重新输入数据。

◉ 选择【信息】样式，则当用户输入不被允许的数据时，Excel 只会打开如图 12-19 所示的对话框，提示用户输入了非法值，而不会阻止输入数据。

图 12-18　提示出错警告

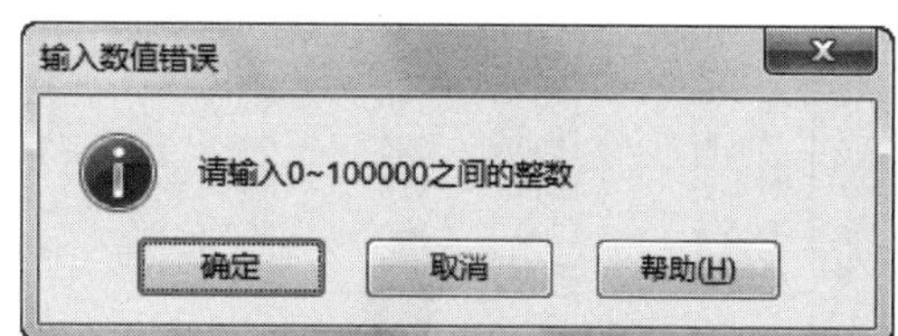

图 12-19　提示出错信息

12.3　合并计算

在日常工作中，经常需要将相似结构或内容的多个表格进行合并汇总，使用 Excel 中的“合并计算”功能可以轻松完成此类操作。

12.3.1　按类合并计算

若表格中的数据内容相同，但表头字段、记录名称或排列顺序不同时，就不能使用按位置合并计算，此时可以使用按类合并的方式对数据进行合并计算。

【例 12-7】在【工资统计】工作簿中合并计算 1 月、2 月工资。

(1) 打开【工资统计】工作簿后，选择【两个月工资合计】工作表。

(2) 选择【数据】选项卡，在【数据工具】组中单击【合并计算】选项。

(3) 在打开的【合并计算】对话框中单击【函数】下拉列表按钮，在弹出的下拉列表中选择【求和】选项，如图 12-20 所示。

图 12-20　设置求和合并计算

(4) 单击【引用位置】文本框后的按钮，选择【一月份工资】工作表标签，选择 A2:D9 单元格区域，并按下 Enter 键，如图 12-21 所示。

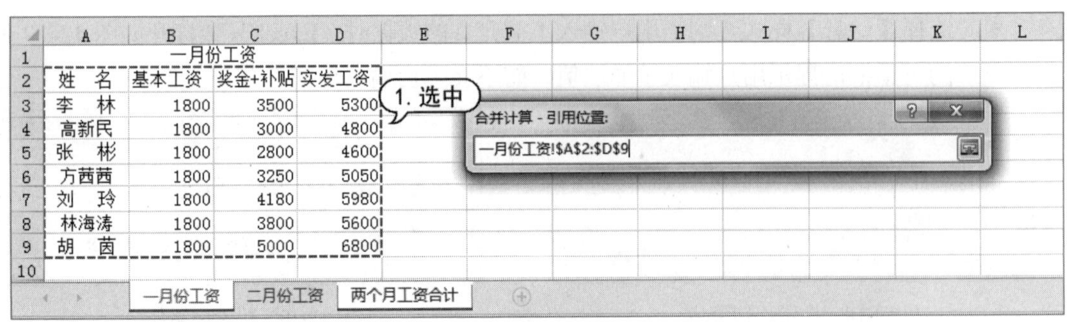

	A	B	C	D
1	一月份工资			
2	姓　名	基本工资	奖金+补贴	实发工资
3	李　林	1800	3500	5300
4	高新民	1800	3000	4800
5	张　彬	1800	2800	4600
6	方茜茜	1800	3250	5050
7	刘　玲	1800	4180	5980
8	林海涛	1800	3800	5600
9	胡　茵	1800	5000	6800

图 12-21　选择一月份工资表中的引用位置

(5) 返回【合并计算】对话框后，单击【添加】按钮。

(6) 使用相同的方法，引用“二月份工资”工作表中的 A2:D9 单元格区域数据，然后在【合并计算】对话框中选中【首行】和【最左列】复选框，并单击【确定】按钮。

(7) 此时，Excel 软件将自动切换到“两月工资合计”选项表，显示按类合并计算的结果，如图 12-22 所示。

	A	B	C	D
1		基本工资	奖金+补贴	实发工资
2	李　林	3600	7000	10600
3	高新民	3600	6000	9600
4	张　彬	3600	5600	9200
5	方茜茜	3600	6500	10100
6	刘　玲	3600	8360	11960
7	林海涛	3600	7600	11200
8	胡　茵	3600	10000	13600

图 12-22　显示按类合并计算结果

12.3.2　按位置合并计算

采用按位置合并计算要求多个表格中数据的排列顺序与结构完全相同，这样才能得出正确的计算结果。

【例 12-8】在【工资统计】工作簿中合并计算 1 月、2 月工资。

(1) 打开【工资统计】工作簿后，选中【两个月工资合计】工作表中的 E3 单元格。

(2) 选择【数据】选项卡，在【数据工具】组中单击【合并计算】按钮，在打开的【合并计算】对话框中单击【函数】下拉列表按钮，并在弹出的下拉列表中选择【求和】选项，如图 12-23 所示。

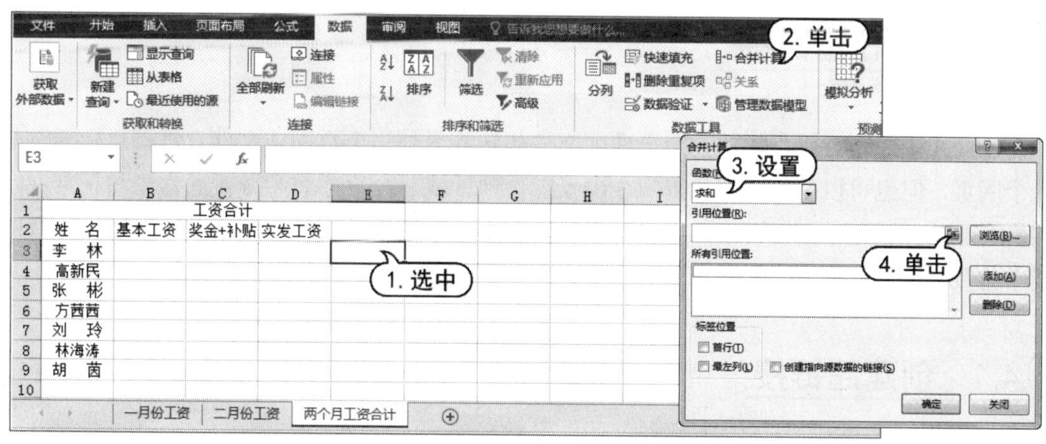

图 12-23　设置按位置合并计算

(3) 在【合并计算】对话框中单击【引用位置】文本框后的按钮，然后切换到“一月份工资”工作表并选中 D3:D9 单元格区域，并按下 Enter 键，如图 12-24 所示。

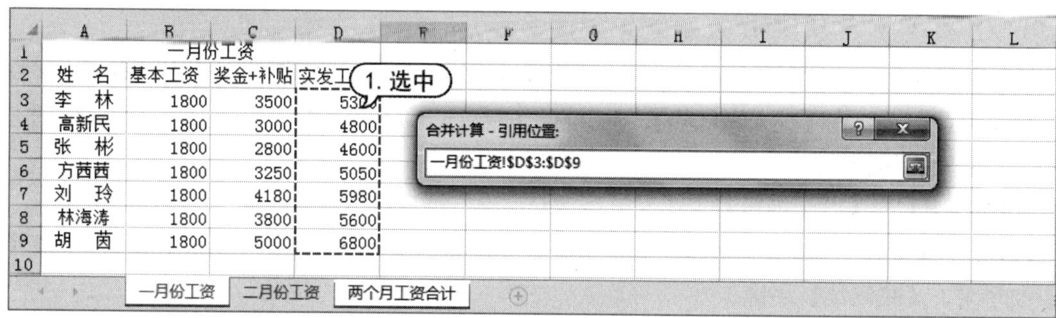

图 12-24　选择引用位置

(4) 返回【合并计算】对话框后，单击【添加】按钮，将引用的位置添加到【所有引用位置】列表框中。

(5) 选择【二月份工资】工作表，Excel 将自动将该工作表中的相同单元格区域添加到【合并计算】对话框的【引用位置】文本框中。

(6) 在【合并计算】对话框中单击【添加】按钮，再单击【确定】按钮，即可在【两个月工资合计】工作表中查看合并计算结果，如图 12-25 所示。

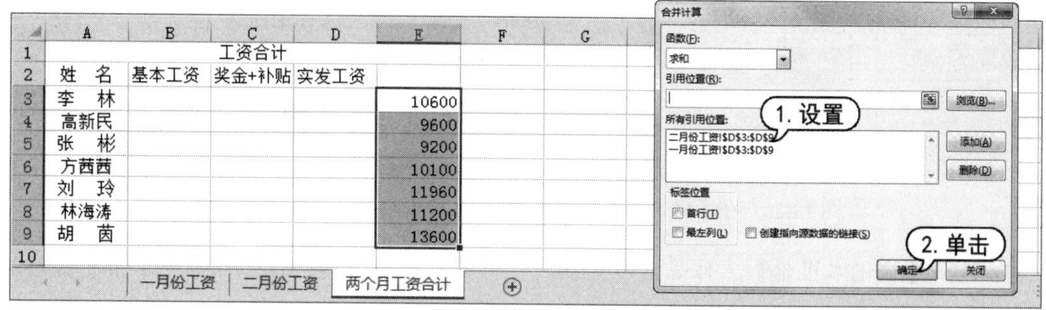

图 12-25　查看合并计算结果

12.4 使用超链接

在 Excel 中，超链接是指从一个页面或文件跳转到另外一个页面或文件。链接目标通常是另外一个网页，但也可以是一幅图片、一个电子邮件地址或一个程序。超链接通常以与正常文本不同的格式显示。通过单击该链接，用户可以跳转到本机系统中的文件、网络共享资源、互联网中的某个位置。

12.4.1 创建超链接

在 Excel 中，常用的超链接可以分为 5 种类型：到现有文件或网页、本文档中的其他位置的链接、到新建文档的链接，电子邮件地址的链接和用工作表函数创建的超链接。

1. 链接现有文件或网页

在 Excel 中可以建立链接至本地文件或网页地址的超链接，当用户单击链接时即可直接打开对应的文件或网页。在【插入超链接】对话框的【现有文件或网页】选项卡中，可以设置链接到已有文件和网页的超链接。

【例 12-9】在【产品销售】工作表中添加外形图片链接。

(1) 打开【笔记本报价】工作表，选择要添加超链接的单元格，选择【插入】选项卡，在【链接】组中单击【超链接】按钮。

(2) 打开【插入超链接】对话框的【现有文件或网页】选项卡，在【当前文件夹】列表框中选择对应的外形图片文件，然后单击【确定】按钮，如图 12-26 所示。

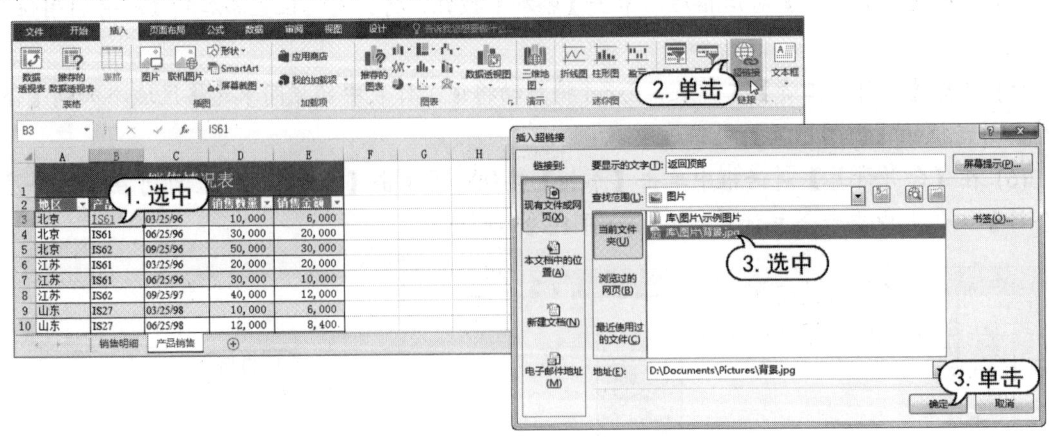

图 12-26 在【插入超链接】对话框中为单元格设置超链接

(3) 返回【笔记本报价】工作簿，即可插入外形图片的超链接。在工作簿中单击超链接后，即可打开外形图片文件。

在【插入超链接】对话框的【原有文件或网页】选项卡中，各选项的功能如下所示。

- 在【当前文件夹】列表框中，可以打开工作簿所在文件夹，在其中选择要链接的文件。用户可以在【查找范围】下拉列表框中，选择要链接文件的保存路径。
- 在【浏览过的网页】列表框中，可以选择最近访问的网页地址，作为链接网页。
- 在【最近使用过的文件】列表框中，会显示最近访问的文件列表，在其中可以选择要链接的文件。

2. 链接本文档中的位置

链接到本文档中的其他位置的链接就是创建链接到当前工作簿的某个位置，这个位置就可以用目标单元格定义名称或使用单元格引用。在【插入超链接】对话框的【本文档中的位置】选项卡中，可以设置链接到已有文件和网页的超链接。

【例 12-10】在【产品销售】工作表中为不同系列的文本添加报价导航超链接。

(1) 打开【产品销售】工作表后选中 A3:E3 单元格区域，在编辑栏中将该区域命名为【顶部】，如图 12-27 所示。

(2) 在【产品销售】工作表的 D23 单元格中添加导航文本，完成后如图 12-28 所示。

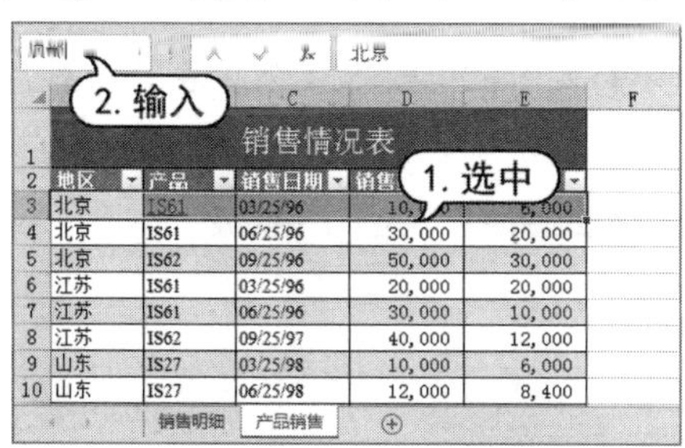

图 12-27　命名单元格区域

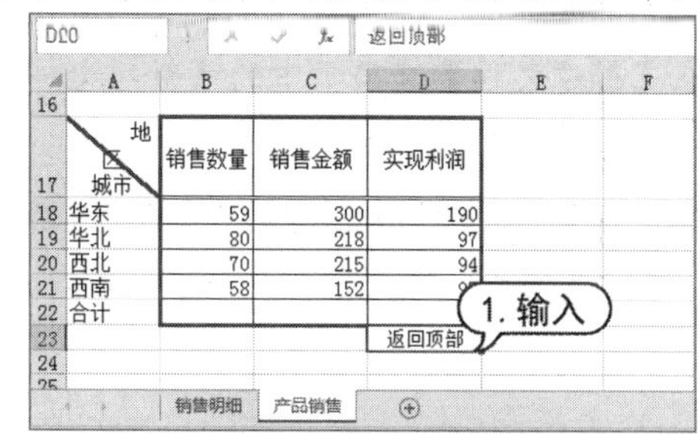

图 12-28　添加导航文本

(3) 选定 D23 单元格，然后在【插入】选项卡的【链接】组中单击【超链接】按钮，在打开的【插入超链接】对话框中选择【本文档中的位置】选项。

(4) 在【本文档中的位置】选项卡的【或在此文档中选择一个位置】列表框内，选择【已定义名称】选项组下的【顶部】选项，然后单击【确定】按钮，如图 12-29 所示。

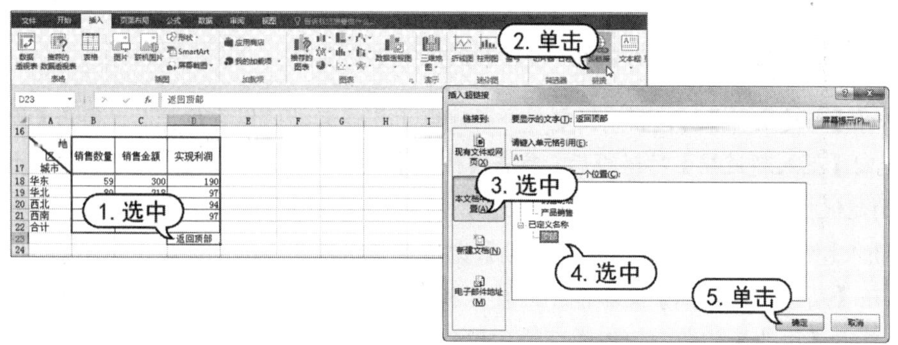

图 12-29　设置本文档中的链接位置

(5) 此时，单击 D23 单元格中设置的超链接，即可快速转到表格中 A3:E3 单元格区域。

在【插入超链接】对话框的【本文档中的位置】选项卡中，各选项的功能如下所示。

- 在【要显示的文字】文本框中，显示当前选定单元格中的内容。
- 在【请输入单元格引用】文本框中，可以输入当前工作表中单元格的位置，使超链接指向该单元格。
- 在【或在此文档中选择一个位置】列表框中，选择工作簿的其他工作表，让超链接指向其他工作表中的单元格。

3. 链接到新建表格文档

创建到新建文档的链接指的是用户在创建链接时创建一个新的文档，这个新的文档的位置或是在本机上，或是在网络上。

【例 12-11】在【产品销售】工作表中创建一个能够链接到新建文档的超链接。

(1) 打开【产品销售】工作表，在 G14 单元格中输入文本【创建表格】。

(2) 选中 G14 单元格，在【插入】选项卡的【链接】组中单击【超链接】按钮，然后在打开的【插入超链接】对话框中选择【新建文档】选项。

(3) 在【新建文档】选项卡中的【新建文档名称】文本框中输入【销售表附件】，然后单击【更改】按钮，如图 12-30 所示。

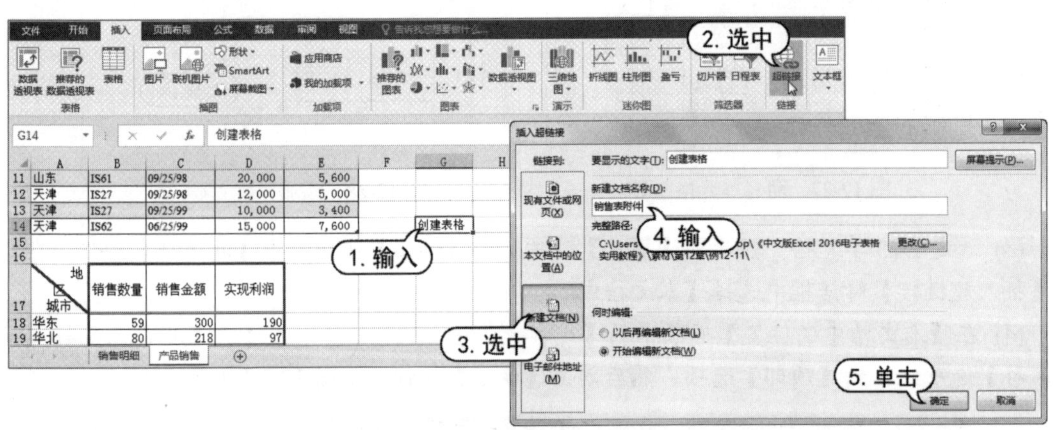

图 12-30　设置【新建文档】选项卡

(4) 打开【新建文档】对话框，指定一个新建电子表格文档的保存位置后，单击【确定】按钮。

(5) 返回【插入超链接】对话框后，单击【确定】按钮。此时单击【产品销售】工作表中 G14 单元格中的超链接将创建空白电子表格文档。

在【插入超链接】对话框的【新建文档】选项卡中，各选项的功能如下所示。

- 在【新建文档名称】文本框中，输入新建工作簿的名称。
- 单击【更改】按钮，可以重新设置新建工作簿的保存位置。
- 在【何时编辑】选项区域中，若选中【以后再编辑新文档】单选按钮，则只创建工作簿而并不打开新建工作簿；若选中【开始编辑新文档】单选按钮，则单击超链接后，会创建并打开新工作簿。

4. 链接到电子邮件地址

创建到电子邮件地址的链接是指建立指向电子邮件地址的链接，如果事先已安装了电子邮件程序如 Outlook、Outlook Express 等，单击所创建的指向电子邮件地址的超链接时，将自动启动电子邮件程序，创建一个电子邮件。在【插入超链接】对话框的【电子邮件地址】选项卡中，可以设置链接至电子邮件地址的超链接。

【例 12-12】在【产品销售】工作表中插入电子邮件超链接。

(1) 打开【产品销售】工作表后，在 E23 单元格中输入文本。

(2) 选中 E23 单元格，在【插入】选项卡的【链接】组中单击【超链接】按钮，然后在打开的【插入超链接】对话框中选择【电子邮件地址】选项。

(3) 在【电子邮件地址】文本框中输入电子邮件的地址，在【主题】文本框中输入“产品销售情况报告”，然后单击【确定】按钮，如图 12-31 所示。

图 12-31　插入电子邮件链接

(4) 返回【产品销售】工作表，即可插入电子邮件超链接。在工作簿中单击 E23 单元格中的超链接即可为设定的电子邮件地址发送邮件。

在【插入超链接】对话框的【电子邮件地址】选项卡中，各选项的功能如下所示。

- 在【电子邮件地址】文本框中，可以输入链接的电子邮件地址。
- 在【主题】文本框中，可以预先输入邮件的主题。
- 在【最近用过的电子邮件地址】列表中，会显示最近使用的邮件地址，方便用户选择。

5. 用工作表函数创建自定义的超链接

用工作表函数创建自定义的超链接指的是利用函数 HYPERLINK 来创建一个快捷方式(跳转)，用以打开存储在网络服务器或 Internet 中的文件。当单击函数 HYPERLINK 所在的单元格时，Excel 将打开存储在 link_location 中的文件。

语法：HYPERLINK(link_location,friendly_name)

Link_location 为文档的路径和文件名，此文档可以作为文本打开。Link_location 还可以指向文档中某个更为具体的位置，如 Excel 工作表或工作簿中的单元格或命名区域，或是指向 Microsoft Word 文档中的书签。路径可以是存储硬盘驱动器的文件，或是服务器中的【通用型命名约定】(UNC)路径，或是在 Internet 上的【统一资源定位符】(URL)路径。

Friendly_name 为单元格中显示的跳转文本或数字值。单元格的内容为蓝色并带有下划线。如果省略 Friendly_name，单元格将 Link_location 显示为跳转文本。

在使用 HYPERLINK 函数创建自定义的超链接时应注意以下几点。

- Link_location 可以为括在引号中的文字串，或是包含文字串链接的单元格。
- Friendly_name 可以为数值、文字串、名称或包含跳转文本或数值的单元格。
- 如果 Friendly_name 返回错误值(例如#VALUE!)单元格将显示错误值以代替跳转文本。
- 若在 Link_location 中指定的跳转不存在或不能访问，则当单击单元格时会出现错误信息。
- 如果需要选定函数 HYPERLINK 所在的单元格，请单击该单元格旁边的某个单元格，再用箭头移动到该单元格。

12.4.2 添加屏幕显示

如果希望鼠标停放在超链接上时显示指定提示，则可以在【插入超链接】对话框中单击【屏幕提示】按钮，打开【设置超链接屏幕提示】对话框，在【屏幕提示文字】文本框中输入所需文本，然后单击【确定】按钮即可，如图 12-32 所示。

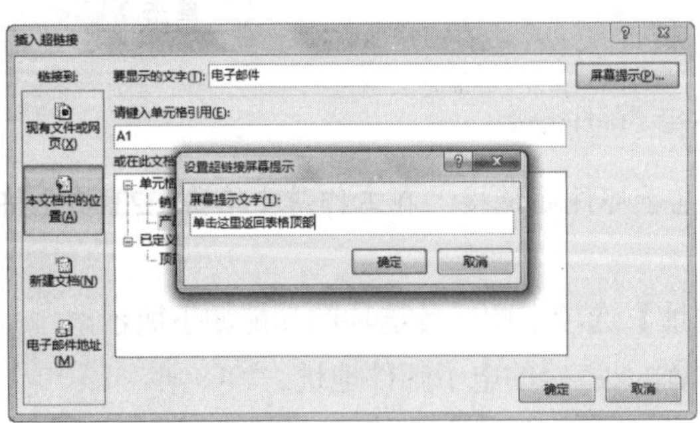

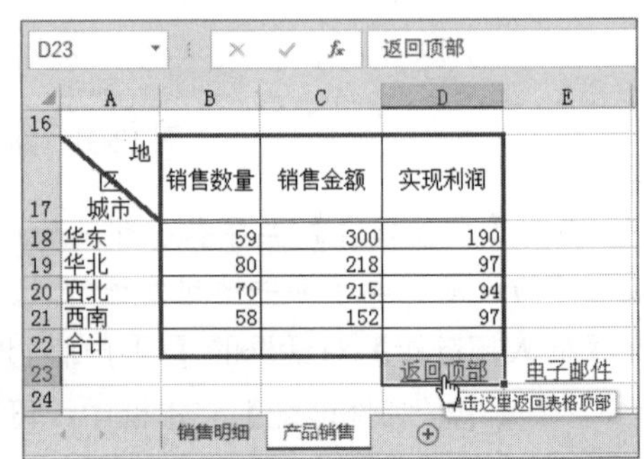

图 12-32 为超链接添加屏幕提示

12.4.3 修改超链接

超链接建立好以后，在使用过程中可以根据实际需要进行修改，包括修改超链接的目标、修改超链接的文本或图形、修改超链接文本的显示方式，下面分别予以介绍。

1. 修改超链接的目标

选定需要修改的超链接的文本或图形，右击文本或图形，从弹出的快捷菜单中选择【编辑超链接】命令，如图 12-33 所示，打开【编辑超链接】对话框。在该对话框中的【地址】下拉列表框中输入新的超链接地址，然后单击【确定】按钮即可，如图 12-34 所示。

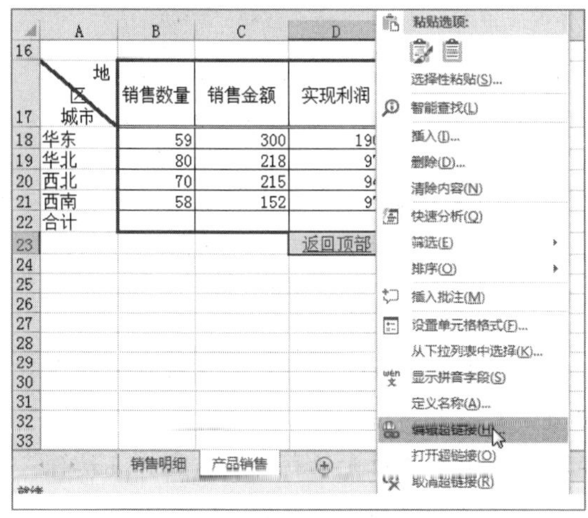

图 12-33　编辑超链接

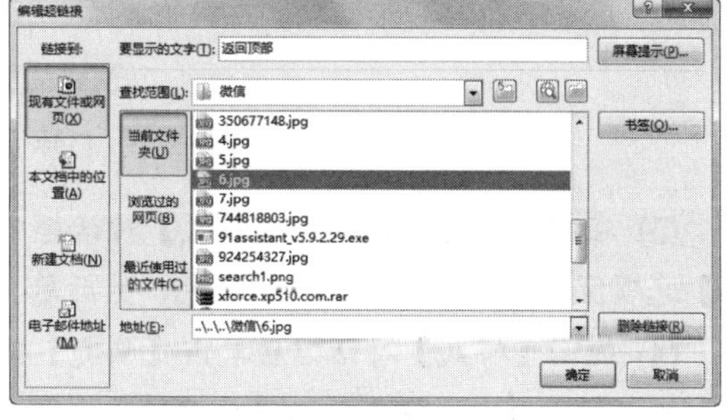

图 12-34　修改超链接目标

2. 修改超链接的文本或图形

对于已建立超链接的文本或图形，可以直接对它们进行修改。首先选定超链接的文本或图形。如果是对于文本，可以在编辑栏中进行修改；如果要重新设置图形的格式，可以使用【绘图】或【图片】工具栏进行修改；如果要更改代表超链接的图形，则可以插入新的图形，使其成为指向相同目标的超链接，然后删除此图形即可。

提示

另外，对于使用 HYPERLINK 工作表函数创建的超链接也可以修改其链接文本。首先使用方向键选定包含该函数的单元格，然后单击编辑栏，对函数中的 Friendly_name 进行修改，最后按下 Enter 键。

3. 修改超链接文本的显示方式

对于超链接文本的显示方式进行修改，可以使其更为醒目、美观。对【超链接】进行的更改，将应用于当前工作簿中的所有超链接。

【例 12-13】在【产品销售】工作表中为超链接添加背景色。

(1) 打开【产品销售】工作表后选中 D23 单元格，在【开始】选项卡的【样式】组中单击【单元格样式】下拉列表按钮，从弹出的下拉列表中选择【新建单元格样式】选项。

(2) 打开【样式】对话框，单击【格式】按钮，如图 12-35 所示。

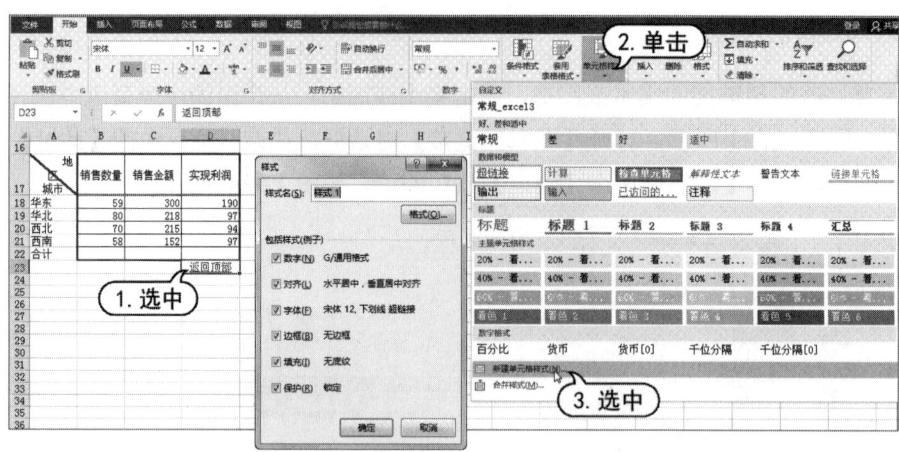

图 12-35　打开【样式】对话框

(3) 在打开的【设置单元格格式】对话框中选择【填充】选项卡，然后在该选项卡的【背景色】选项区域中选择一种合适的颜色，然后单击【确定】按钮。

(4) 返回【样式】对话框后单击【确定】按钮，再次单击【单元格样式】下拉列表按钮，在弹出的下拉列表中选择定义的单元格样式，即可将其应用在超链接上，如图 12-36 所示。

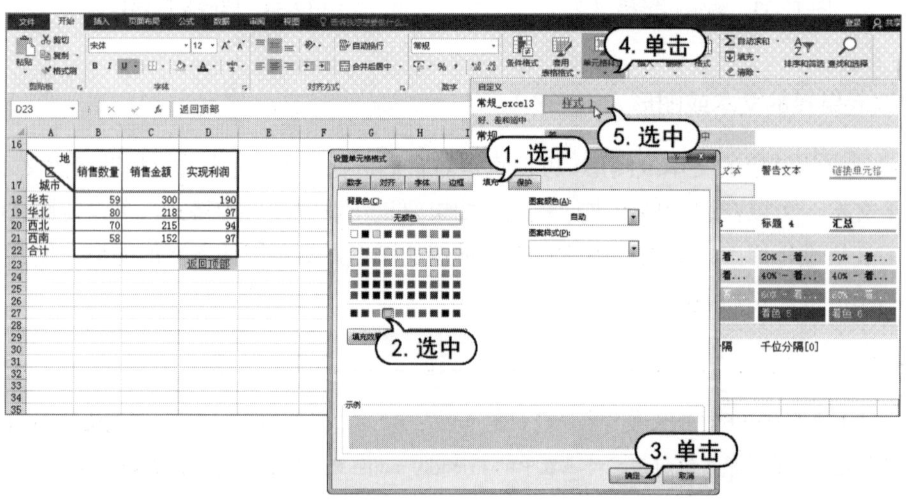

图 12-36　为超链接设置背景色

12.4.4　复制、移动和取消超链接

对于在 Excel 中建立好的超链接，用户可以根据实际制表需要进行复制、移动、取消及删除操作。下面将分别进行介绍。

- 复制超链接：首先右击要复制的超链接的文本或图形，在弹出的菜单中选择【复制】命令，然后选定目标单元格，并右击鼠标，在弹出的菜单中选择【选择性粘贴】|【粘贴】

命令即可。

- 移动超链接：右击要复制的超链接的文本或图形，在弹出的菜单中选择【剪切】命令，然后选定目标单元格，并右击鼠标，在弹出的菜单中选择【粘贴】命令即可。
- 取消超链接：右击需要取消的超链接，在弹出的菜单中选择【取消超链接】命令即可。

12.5 链接与嵌入外部对象

在 Excel 中，用户可以使用链接或嵌入对象的方式，将其他应用程序中的对象插入到 Excel 表格中(比如将通过 AutoCAD 程序绘制的图形链接或嵌入到 Excel 电子表格中)：

- 链接对象是指该对象在源文件中创建，然后被插入到目标文件中，并且维持这两个文件之间的链接关系。更新源文件时，目标文件中的链接对象也可以得到更新。
- 嵌入对象是将在源文件中创建的对象嵌入到目标文件中，使该对象成为目标文件的一部分。通过这种方式，如果源文件发生了变化不会对嵌入的对象产生影响，而且对嵌入对象所做的更改也只反映在目标文件中。

12.5.1 链接和嵌入对象简介

链接对象和嵌入对象之间主要的区别在于数据存放的位置，和对象被放置到目标文件之后的更新方式。嵌入对象存放在插入的文档中，并且不进行更新。链接对象保持独立的文件，并可被更新。

1. 使用链接对象

如果希望源文件中的数据发生变化时，目标文件中的信息也能随之更新，那么可以使用链接对象。使用链接对象时，原始信息会保存在源文件中。目标文件中只显示链接信息的一个映像，它只保存原始数据的存放位置。为了保持对原始数据的链接，那些保存在计算机或网络上的源文件必须始终可用。

如果更改源文件中的原始数据，链接信息将会自动更新。例如，如果在 Microsoft Excel 工作簿中选中了一个单元格区域，然后在 Word 文档中将其粘贴为链接对象，那么修改工作簿中的信息后，Word 中的信息也会被更新。

2. 使用嵌入对象

当源文件的数据变化时，如果用户不希望更新复制的数据，那么可以使用嵌入对象。这样，源文件的拷贝可以完全嵌入到工作簿中。

当打开网络中其他位置的文件时，不必访问原始数据就可以查看嵌入对象。由于嵌入对象与源文件没有链接关系，所以更改原始数据时并不更新该对象。如果需要更改嵌入对象，那么双击该对象即可在源应用程序中将其打开并进行编辑。源应用程序或是其他能编辑该对象的应用程序必须安装在当前的计算机中。如果将信息复制为嵌入对象，目标文件占用的磁盘空间比使用链接对象时要大。

3. 控制链接的更新方式

默认情况下，每次打开目标文件或在目标文件已打开的情况下，源文件发生变化时，链接对象都会自动更新。打开工作簿时，将出现一个启动提示，询问是否要更新链接。尽管可以手动更新，但是这是更新链接的主要方法。

如果用户使用公式链接其他文档中的数据，那么只要该数据发生变化，Microsoft Excel 就会自动更新数据。

12.5.2 插入外部对象

在 Excel 2016 工作表中，可以直接插入一些外部对象。在插入对象时，Excel 将自动启动该对象的编辑程序，并且可以在 Excel 和该程序之间自由切换。下面将介绍在 Excel 工作表中插入对象的操作方法。

【例 12-14】新建一个 Excel 工作簿，并在其中插入 AutoCAD 图形对象。

(1) 创建一个工作簿，然后选定 A1 单元格。

(2) 选择【插入】选项卡，然后单击【文本】下拉列表按钮，在弹出的下拉列表中选择【对象】选项。

(3) 打开【对象】对话框，在【新建】选项卡的【对象类型】列表中选择将要插入到文件中对象的类型，这里选择【AutoCAD 图形】选项，然后单击【确定】按钮，如图 12-37 所示。

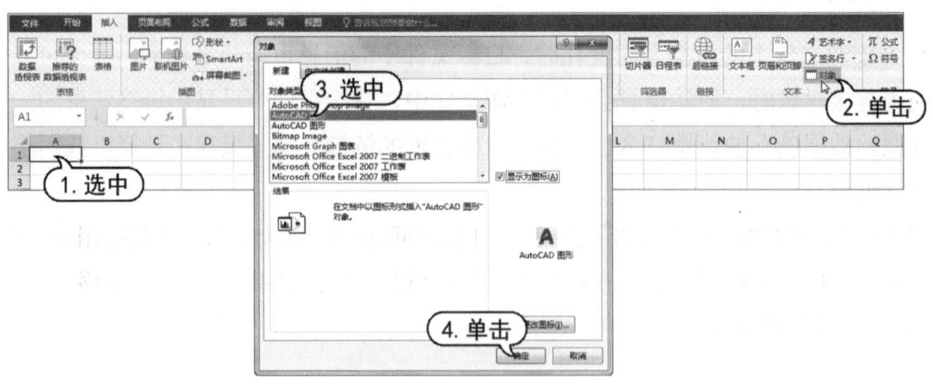

图 12-37 打开【对象】对话框

(4) 此时，即可在 Excel 2016 窗口中插入 AutoCAD 图形。

(5) 双击 Excel 2016 中的【AutoCAD 图形】图标，可以启动 AutoCAD 软件，并在该软件中绘制图形。

12.5.3 将已有文件插入工作表

在 Excel 中，除了可以插入某个对象外，还可以通过插入对象的方式将整个文件插入到工作簿中并建立链接，也可以把存放在磁盘上的文件插入到工作表中。

【例 12-15】新建一个工作簿，并在其中插入制作完成 Flash 影片。

(1) 创建一个工作簿并选择【插入】选项卡，然后单击【文本】下拉列表按钮，在弹出的下拉列表中选择【对象】选项。

(2) 打开【对象】对话框，选择【由文件创建】选项卡并单击【浏览】按钮。

(3) 在打开的【浏览】对话框中选中要插入的 Flash 影片文件，然后单击【插入】按钮，如图 12-38 所示。

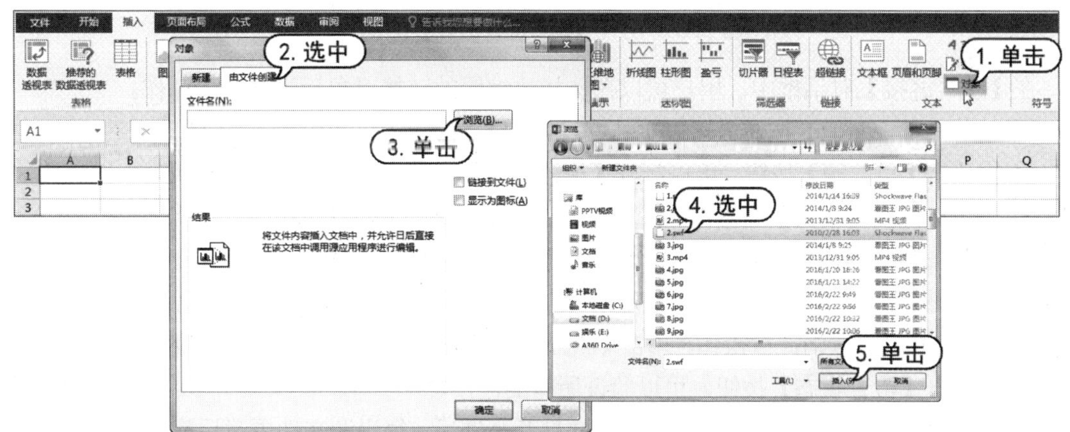

图 12-38 将文件插入工作表

(4) 返回【对象】对话框，然后单击【确定】按钮即可在工作簿中插入 Flash 影片文件，双击可以浏览该文件。

12.5.4 编辑外部对象

在 Excel 工作表中，对于链接或嵌入的对象，可以随时将其打开，再进行相应的操作。对于链接对象，可以自动进行更新，还可以随时手动进行更新，特别是当链接文件移动位置或重新命名之后。

1. 在源程序中编辑链接对象

对于在工作表中插入的链接对象，可以在【编辑链接】对话框中，对链接的对象进行更新、更改源、断开链接、打开等操作。

在 Excel 2016 中选择【数据】选项卡，在【连接】组中单击【编辑链接】选项，可以打开【编辑链接】对话框，如图 12-39 所示。

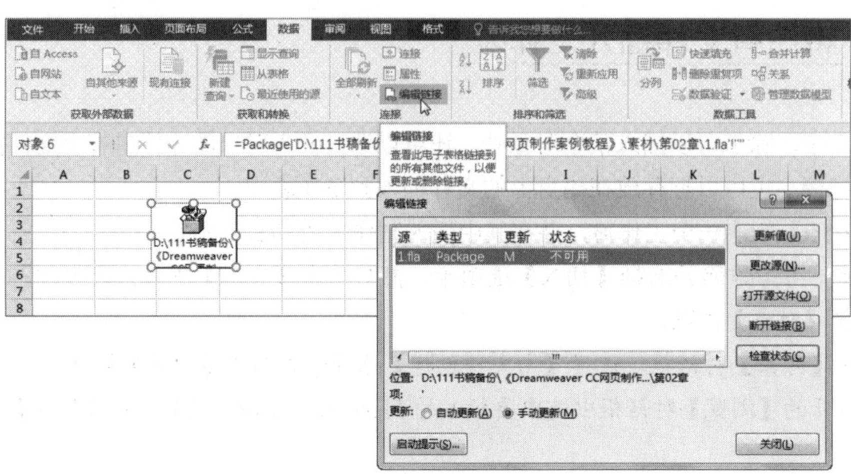

图 12-39　打开【编辑链接】对话框

在【编辑链接】对话框中，用户可以在选择要编辑的链接对象后进行如下操作。

- 单击【更新值】按钮，可以更新在【链接】对话框中选定的所有链接。
- 单击【更改源】按钮，可以打开【更改链接】对话框，允许引用对其他对象的链接，在【将链接更改为】文本框中输入新的链接后单击【确定】按钮返回。
- 单击【打开源文件】按钮，可以打开与工作簿相链接的文件进行编辑。
- 单击【断开链接】按钮，可以打开一个消息框，提示用户是否确定要断开链接。单击【取消】按钮，取消此次操作，单击【断开链接】按钮，可以取消链接，并替换为最新的值。
- 单击【检查状态】按钮，可以验证所有的链接。
- 选中【自动更新】单选按钮，可以在打开文件后，每当源文件更改后都自动更新选定链接的数据。当链接被锁定时，【自动更新】选项无效。
- 选中【手动更新】单选按钮，每当单击【更新值】按钮时，对选定的链接进行数据更新。
- 单击【启动提示】按钮，可以打开【启动提示】对话框。在该对话框中可以设置当打开工作簿时，Excel 是否提示用户要更新其他工作簿的链接等选项。

2. 在源程序中编辑嵌入对象

如果要在源程序中编辑嵌入的对象，可以双击该对象并将其打开，然后根据需要进行更改。如果是在嵌入程序中对对象进行编辑，在对象外面的任意位置单击就可返回到目标文件中。如果是在源应用程序中编辑嵌入对象，可以在完成编辑后，关闭源应用程序即可返回到目标文件中。

12.6　发布与导入表格数据

用户在使用 Excel 2016 制作表格时，既可以将工作簿或其中一部分(例如工作表中的某项)保存为网页，并发布在互联网上，也可以将网上的表格内容导入至 Excel 中。

12.6.1　发布 Excel 表格数据

在 Excel 中，整个工作簿、工作表、单元格区域或图表等均可发布。在【另存为】对话框中单击【保存类型】下拉列表按钮，在弹出的下拉列表中选择【网页】选项，然后在显示的选项区域中单击【发布】按钮，如图 12-40 所示，即可在打开的【发布为网页】对话框中设置要发布表格的内容与相关选项，如图 12-41 所示。

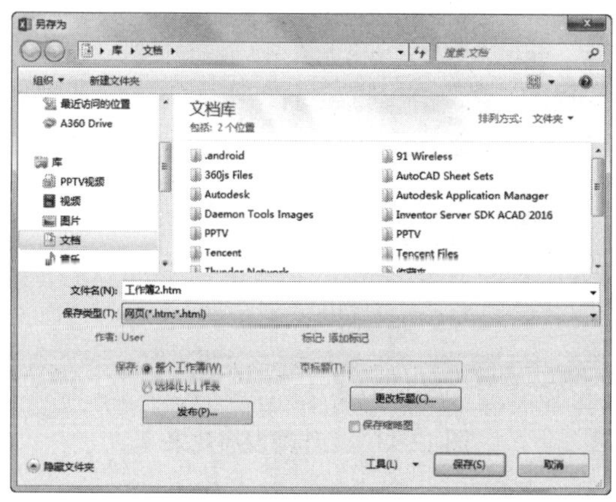

图 12-40　【另存为】对话框

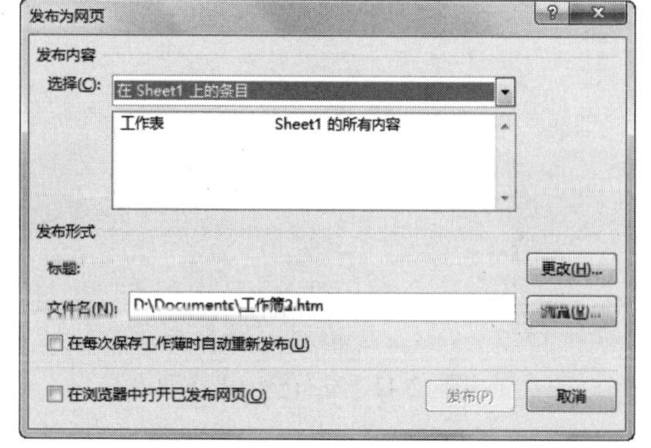

图 12-41　【发布为网页】对话框

在【发布为网页】对话框中，各选项的功能如下所示。

- 在【选择】下拉列表框中，可以选择是发表整个工作簿还是工作簿表格中的某一部分，如工作表、图表等。
- 在【文件名】文本框中可以输入网页的标题，单击【更改】按钮可以更改网页的标题。
- 单击【浏览】按钮，可以打开已经发布的网页文件。
- 选中【在每次保存工作簿时自动重新发布】复选框，则当用户每次保存源工作簿时，不论是否修改其中数据，Excel 都会自动重新发布。
- 选中【在浏览器中打开已发布网页】复选框，则在单击【发布】按钮后，会自动在浏览器中打开已经发布的网页。
- 单击【发布】按钮，即可将表格中的数据发布到网页当中。

1. 将整个工作簿放置到 Web 页上

如果要将工作簿中的所有数据一次性发布到网页上，可以在网页上发布整个工作簿，下面将以一个实例来详细介绍具体操作步骤。

【例 12-16】将【产品销售】工作簿发布至网页。

(1) 打开【产品销售】工作簿后单击【文件】按钮，在打开的界面中选择【另存为】选项。

(2) 在【另存为】选项区域中单击【浏览】按钮，然后在打开的【另存为】对话框中单击【保存类型】下拉列表按钮，在弹出的下拉列表中选择【网页】选项。

(3) 单击【发布】按钮，打开【发布为网页】对话框，然后在该对话框中单击【选择】下拉列表按钮，在弹出的下拉列表中选择【整个工作簿】选项，如图 12-42 所示。

(4) 在【发布为网页】对话框中单击【发布】按钮，即可将【产品销售】工作簿整个工作簿发布为网页，效果如图 12-43 所示。

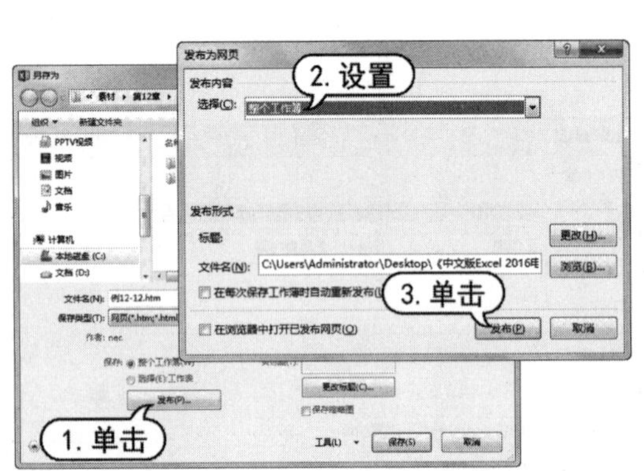

图 12-42 发布整个工作簿

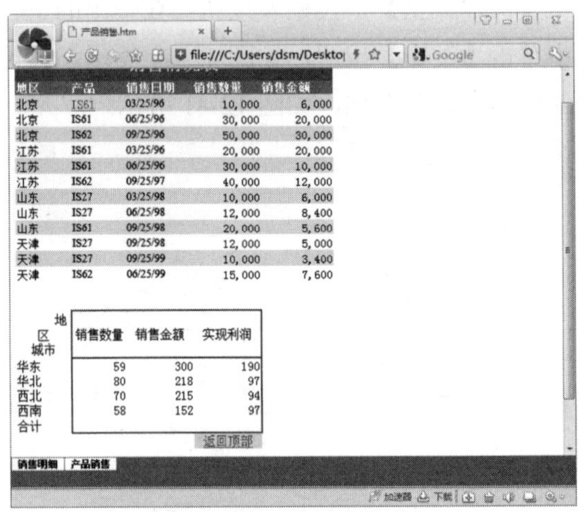

地区	产品	销售日期	销售数量	销售金额
北京	IS61	03/25/96	10, 000	6, 000
北京	IS61	06/25/96	30, 000	20, 000
北京	IS62	09/25/96	50, 000	30, 000
江苏	IS61	03/25/96	20, 000	20, 000
江苏	IS61	06/25/96	30, 000	10, 000
江苏	IS62	09/25/97	40, 000	12, 000
山东	IS27	03/25/98	10, 000	6, 000
山东	IS27	06/25/98	12, 000	8, 400
山东	IS61	09/25/98	20, 000	5, 600
天津	IS27	09/25/98	12, 000	5, 000
天津	IS27	09/25/99	10, 000	3, 400
天津	IS62	06/25/99	15, 000	7, 600

地区 城市	销售数量	销售金额	实现利润
华东	59	300	190
华北	80	218	97
西北	70	215	94
西南	58	152	97
合计			

图 12-43 工作簿发布效果

2. 将单元格区域发布到网页上

在 Excel 2016 中也可以将单元格区域发布到网页上。方法与前述大体相同，只需在如图 12-42 所示的【发布为网页】对话框中的【选择】下拉列表中选择【单元格区域】选项，并指定要发布的单元格区域，然后单击【发布】按钮即可。

【例 12-17】在【产品销售】工作表中将 A2:E14 单元格区域中的内容发布至网页上。

(1) 打开【产品销售】工作表后参考【例 12-16】介绍的方法，打开【发布为网页】对话框，然后在该对话框中单击【选择】下拉列表按钮，在弹出的下拉列表中选择【单元格区域】选项。

(2) 单击▣按钮，选中 A2:E14 单元格区域，然后按下 Enter 键。

(3) 返回【发布为网页】对话框后，单击【发布】按钮即可。

12.6.2 将网页数据导入 Excel

如果用户需要使用 Excel 收集网页中的数据，可以参考下面实例介绍的方法进行操作。

【例 12-18】将网页中的数据导入至 Excel 2016 中。

(1) 选择【数据】选项卡，单击【获取外部数据】下拉列表按钮，在弹出的下拉列表中选择【自网站】选项。

(2) 打开【新建 Web 查询】对话框，在【地址】文本框中输入网站地址，然后单击【转到】按钮。

(3) 单击网页中的【单击可选定此表】按钮，当该按钮状态变为时，表示网页中的内容被选定，如图 12-44 所示。

(4) 在【新建 Web 查询】对话框中单击【导入】按钮，打开【导入数据】对话框，然后选定一个单元格，并单击【确定】按钮，如图 12-45 所示。

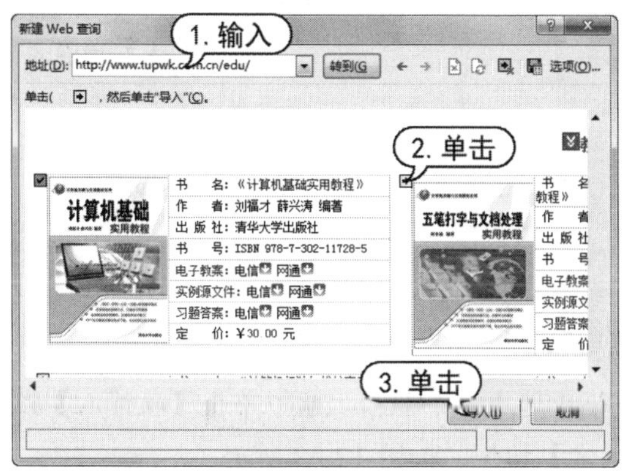

图 12-44　【新建 Web 查询】对话框

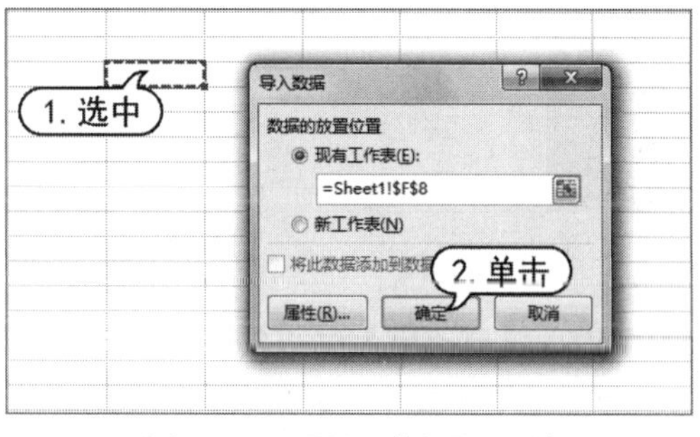

图 12-45　【导入数据】对话框

(5) 此时，即可在工作表中导入网页中的数据。

此外，在【导入数据】对话框中单击【属性】按钮，可以对导入数据进行设置，例如查询定义、刷新控件、数据格式及布局等。

12.7　上机练习

本章的上机练习将通过实例介绍通过网络多人协同在线编辑 Excel 表格的方法，帮助用户巩固并加深所学的知识。

(1) 在 Excel 2016 中打开一个工作簿后，单击软件右侧的【登录】选项。

(2) 在打开的【登录】对话框中输入用于 Office 账户的电子邮箱，并单击【下一步】按钮。

(3) 在打开的界面中输入用于登录 Office 账户的密码，然后单击【登录】按钮，登录 Office 账户。

(4) 单击【文件】按钮，在打开的界面中选择【另存为】命令，然后在显示的选项区域中选择【OneDirve-个人】选项，并单击【OneDirve-个人】按钮。

(5) 在打开的【另存为】对话框中双击打开【公开】文件夹，如图 12-46 所示。

(6) 打开【公开】文件夹后单击【保存】按钮，将工作簿保存。

(7) 单击【文件】按钮，在打开的界面中选择【共享】命令，然后在显示的选项区域中单击【与人共享】按钮，如图 12-47 所示。

(8) 打开【共享】窗格，单击【邀请人员】文本框后的按钮。

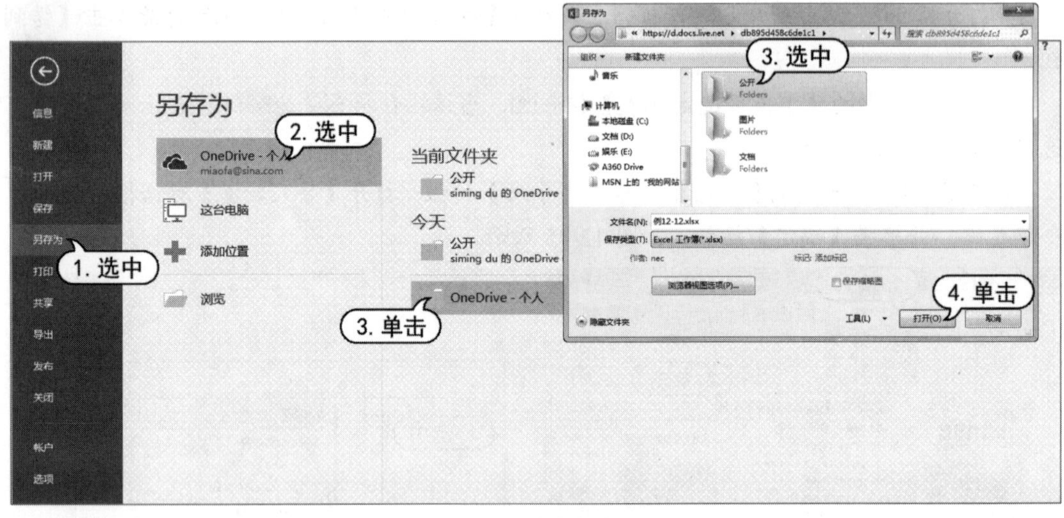

图 12-46　将电子表格保存到云

(9) 打开【通讯簿】对话框，在【姓名】列表框中选中一个联系人后，单击【收件人】按钮，将其添加至【邮件收件人】列表中，然后单击【确定】按钮，如图 12-48 所示。

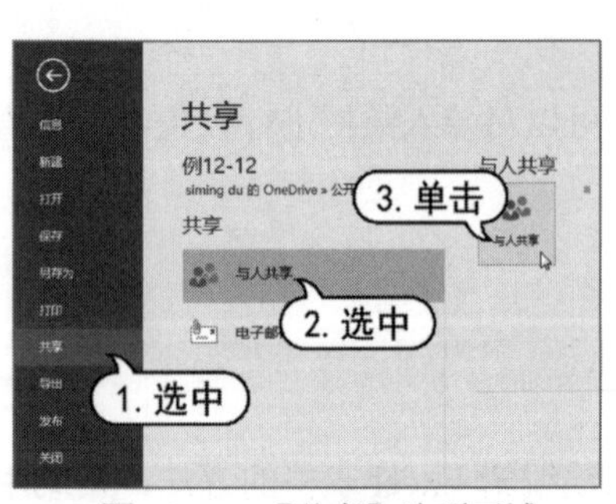

图 12-47　【共享】选项区域

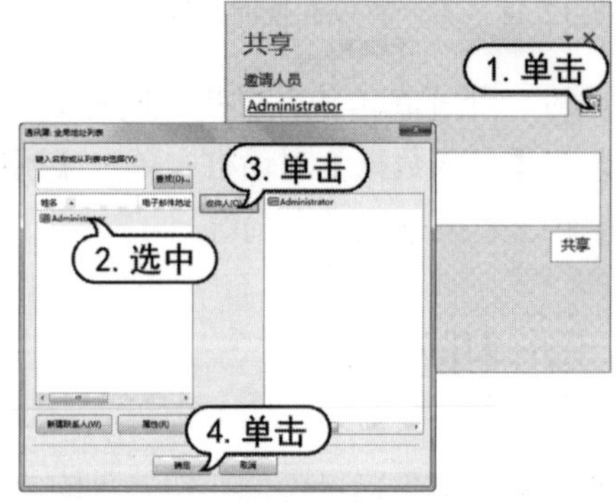

图 12-48　邀请用户共同编辑电子表格

(10) 返回【共享】界面后，在【邀请他人】选项区域中的多行文本框内输入邀请信息，并选中【要求用户在访问文档之前登录】复选框，单击【共享】按钮。

(11)此时，Excel 将通过邮件将电子表格的编辑链接发送至指定联系人的电子邮箱中，对方通过链接即可参与对表格的协同编辑。

12.8 习题

1. 在 Excel 电子表格中，常用的超链接有哪些？
2. 如何能让鼠标停放在超链接上时显示指定提示？
3. 链接对象和嵌入对象有何区别？